一流本科专业一流本科课程建设系列教材

高等院校安全工程类特色专业系列教材

建筑防排烟工程

主编　王　洁　姜学鹏　路世昌

参编　张洪杰　陆凯华　王　勇　卢　颖

主审　李国辉

机械工业出版社

防排烟工程是安全工程专业、消防工程专业的核心课程之一。本书以建筑防排烟技术为主线，以现行标准、规范为依据，融合建筑防排烟科研新成果，系统介绍了火灾烟气的产生及危害、火灾烟气的流动、火灾烟气的控制、建筑防烟系统设计、建筑排烟系统设计、汽车库防排烟系统设计、超高层建筑防排烟系统设计、防排烟系统管路设计等内容，在此基础上，为使读者熟识建筑防排烟系统工程全周期的运行，本书还概论性地对建筑防排烟系统的施工、调试、验收及维护进行了介绍。

本书主要作为高等院校安全工程、消防工程、建筑环境与能源应用工程等专业的本科教材，也可供从事建筑防排烟工程设计、施工、监理的专业人员和消防安全管理人员学习参考。

图书在版编目（CIP）数据

建筑防排烟工程/王洁，姜学鹏，路世昌主编. —北京：机械工业出版社，2024.2（2025.1 重印）

一流本科专业一流本科课程建设系列教材 高等院校安全工程类特色专业系列教材

ISBN 978-7-111-74472-6

Ⅰ.①建… Ⅱ.①王… ②姜… ③路… Ⅲ.①防排烟-防护工程-高等学校-教材 Ⅳ.①TU761.1

中国国家版本馆 CIP 数据核字（2023）第 244372 号

机械工业出版社（北京市百万庄大街 22 号 邮政编码 100037）

策划编辑：冷 彬　　责任编辑：冷 彬

责任校对：甘慧彤 张 征　　封面设计：张 静

责任印制：刘 媛

涿州市般润文化传播有限公司印刷

2025 年 1 月第 1 版第 2 次印刷

184mm×260mm · 18.75 印张 · 404 千字

标准书号：ISBN 978-7-111-74472-6

定价：58.00 元

电话服务　　网络服务

客服电话：010-88361066　　机 工 官 网：www.cmpbook.com

010-88379833　　机 工 官 博：weibo.com/cmp1952

010-68326294　　金 书 网：www.golden-book.com

封底无防伪标均为盗版　　机工教育服务网：www.cmpedu.com

前　言

大量的火灾案例证明，烟气是火灾中造成人员伤亡的主要原因，大约有80%的受害人是由于火灾烟气直接或间接致亡。科学合理地设计防排烟系统对于减缓火灾蔓延、争取安全疏散时间有着十分重要的意义。近二三十年来，建筑的防排烟（或称烟气控制）工程已成为国际消防界和建筑设计领域重点关注的问题。

本书是依据我国建筑防排烟工程相关标准规范，以武汉科技大学安全工程专业授课讲义为基础，结合当前高校建筑防排烟工程相关课程的教学实践编写而成的。全书力求简洁清晰，突出基础性，强调应用性和可拓展性。本书系统介绍了火灾烟气的产生及危害、火灾烟气的流动、火灾烟气的控制、建筑防烟系统设计、建筑排烟系统设计、汽车库防排烟系统设计、超高层建筑防排烟系统设计、防排烟系统管路设计以及防排烟系统施工、调试、验收及维护等内容，旨在让读者加深对火灾烟气基本理论的认识及对我国建筑防烟排烟系统技术标准规范的理解，提高分析和解决建筑防排烟工程中实际问题的能力。

本书由武汉科技大学和中国地质大学（武汉）的相关教师联合编写。全书共分9章，其中，王洁编写第1、5、9章，张洪杰编写第2章，陆凯华编写第3章，王洁、陆凯华共同编写第4章，姜学鹏、路世昌共同编写第6章，王勇、陆凯华共同编写第7章，王洁、卢颖共同编写第8章。本书由应急管理部天津消防研究所李国辉主审。

本书在编写和出版过程中，得到了武汉科技大学资源与环境工程学院、机械工业出版社等单位的大力支持，在此表示衷心感谢。研究生杨美琳、黄丹、陈奕豪、柴艺等参与了部分资料收集与整理和绘图工作；本书还参阅了参考文献中所列的相关文献，在此向上述研究生及文献作者一并表示感谢。

本书获得湖北本科高校省级教学改革研究项目（2023231）、武汉科技大学教材专项基金的资助。

由于编者水平有限，书中难免有疏漏与不妥之处，敬请广大读者批评指正。

编　者

目　录

第1章 火灾烟气的产生及危害

教学要求

了解火灾烟气的组成；掌握烟气的相关特征参数；掌握烟气的危害特性

重点与难点

烟气的遮光性及其与能见度的关系

烟气的主要危害及其耐受极限值

1.1 烟气的产生和组成

1.1.1 烟气的产生

火灾是在时间或空间上失去控制的燃烧。燃烧是可燃物与氧化剂发生的一种剧烈的发光、发热的化学反应，且通常伴随着热分解反应（热解是物质由于温度升高而发生无氧化作用的不可逆化学分解）。在一定的温度下，燃烧反应的速度并不快，但热分解的速度很快，此时的燃烧没有火焰和发光现象，但有发烟现象。因此，火灾烟气是火灾过程中物质因热解和燃烧作用而形成的一种重要产物，它的生成与燃烧工况有密切的关系。

对于正常的燃烧工况，燃烧条件（是指环境的供热条件、环境的空间时间条件和供氧条件）得到良好的保证，燃烧进行得比较完全，所生成的产物都不能再燃烧，这种燃烧称为完全燃烧，其燃烧产物称为完全燃烧产物。完全燃烧产物中烟气成分主要取决于可燃物的组成和燃烧条件，大多为二氧化碳、水、二氧化氮、五氧化二磷或卤化氢等，有毒有害物质相对较少。

对于非正常的燃烧工况，没有良好的燃烧条件，燃烧进行得不完全，称为不完全燃烧，相应的燃烧产物称为不完全燃烧产物。不完全燃烧产物主要是一氧化碳、有机磷、醇、醚、多环芳香烃等有机化合物，多为有毒有害物质。

建筑火灾发展一般依次经历三个阶段：火灾初期增长阶段、火灾充分发展阶段及火灾减弱阶段，如图 1-1 所示。在火灾初期增长阶段建筑室内氧气供应充足，外部点火源作用于可燃物后，可燃物温度缓慢上升、冒烟但无火焰，形成了阴燃现象。在热量累积作用下，阴燃会转化成明火燃烧。此时，火焰、烟气层、壁面会对室内可燃物产生热反馈作用，促使火灾快速发展，最终致使室内可燃物表面均发生着火燃烧（这个快速转变过程称为轰燃）。随后火灾进入充分发展阶段，建筑内热释放速率达到最大值，室内气体的平均温度通常较高，可达 700～1200℃，且热释放速率的大小只受氧气供给情况的限制，即燃烧速率由室内通风条件控制，因此也将充分发展的火灾称为通风控制型火灾（与燃料控制型火灾相对）。经过火灾充分发展阶段之后，可燃物几乎燃烧殆尽，室内温度也开始下降。一般情况下认为火灾减弱阶段是从平均温度降到其峰值的 80%左右的时候开始的。需要注意的是，虽然这一阶段可燃物被大量消耗，燃烧速率减小，火焰熄灭，但可燃固体仍会以焦炭燃烧的形式继续燃烧，而且建筑内仍积聚有大量的高温烟气和热量，平均温度仍比较高。

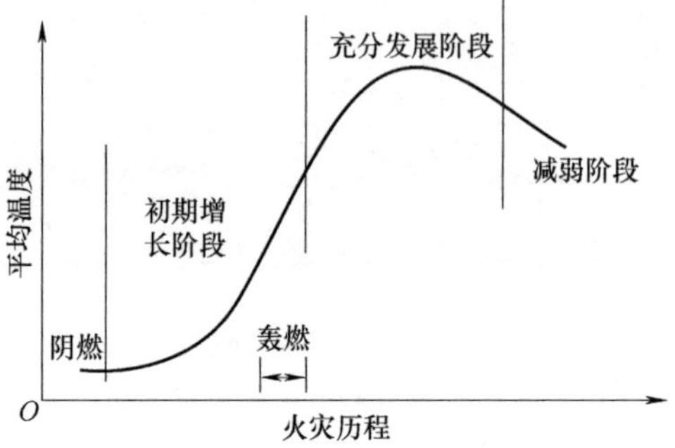

图 1-1　建筑火灾发展过程

根据建筑火灾发展过程和燃烧特点，除了处于燃料控制下的初期增长阶段及可燃物几乎消耗殆尽的减弱阶段，建筑火灾的燃烧常常属于不完全燃烧。因而，建筑火灾过程生成的烟气包含了完全燃烧产物和不完全燃烧产物。

1.1.2　烟气的组成

由于火灾时参与燃烧的物质比较复杂，尤其是发生火灾的环境条件千差万别，所以火灾烟气的组成也相当复杂。美国消防工程师协会编写的《消防工程师手册》（SFPE）将烟气定义为燃烧产物的烟雾气溶胶或凝结相成分，烟气主要组成包括烟灰、半挥发性有机化合物和固体无机化合物构成的微颗粒成分，以及非常易挥发的有机化合物、挥发性有机化合物、液态和气态无机化合物组成的非颗粒成分。美国试验与材料协会（ASTM）给烟下的定义是：某种物质在燃烧或分解时散发出的固态或液态悬浮微粒和高温气体。美国消防协会中庭建筑烟气控制设计指南（NFPA 92B）对烟气的定义则是在上述基础上增加"以及混合进去的任何空气"。

概括起来，火灾烟气由三类物质组成：①热解和燃烧所生成的气（汽）体；②热解和燃烧所生成的悬浮微粒；③由于卷吸而进入的空气。

1. 热解和燃烧所生成的气（汽）体

大部分可燃物质都属于有机化合物，其主要成分是碳（C）、氢（H）、氧（O）、硫（S）、磷（P）、氮（N）等元素。在一般温度条件下，氮在燃烧过程中不参与化学反应而呈游离状态析出，而氧作为氧化剂在燃烧过程中消耗掉了。碳、氢、硫、磷等元素则与氧化合生成相应的氧化物，即二氧化碳（CO_2）、一氧化碳（CO）、水蒸气（H_2O）、二氧化硫（SO_2）和五氧化二磷（P_2O_5）等。此外，还有少量氢气（H_2）和碳氢化合物（C_xH_y）产生。

现代建筑中除了一些室内家具和门窗采用木质材料，其余大量的装修材料、家具和用品采用高分子合成材料，如建筑塑料、高分子涂料、聚苯乙烯泡沫塑料保温材料、复合地板、环氧树脂绝缘层、化纤制的家具（如沙发）和装饰品（如窗帘）等。这些高分子合成材料的燃烧和热解产物比单一的木质材料要复杂得多。从火灾现场和燃烧实验所获得的烟气试样分析发现，火灾烟气中有一组称为游离基的中间气态物质。这种游离基是在有机物热分解和不完全燃烧情况下产生的，游离基的浓度可达 CO 的 3 倍多。有时，在火灾扑灭之后，游离基的浓度能在十几分钟内保持不变。

火灾在发生、发展和熄灭各阶段中所生成的气体是不同的。图 1-2 是日本在 1962 年和 1975 年先后两次进行实体火灾实验所得到的着火房间内的气体成分变化曲线。在燃烧最盛期，CO 含量可达到 5% 以上，但是在轰燃之前，CO 含量几乎小到可以忽略不计。相应的 O_2 含量在燃烧最盛期只有 3% 左右，但在轰燃之前，O_2 含量一直保持在 20% ~ 21%。可见，CO 的出现、增多总是伴随着 O_2 的减少而发生的，而且 O_2 含量的下降总是先行的。

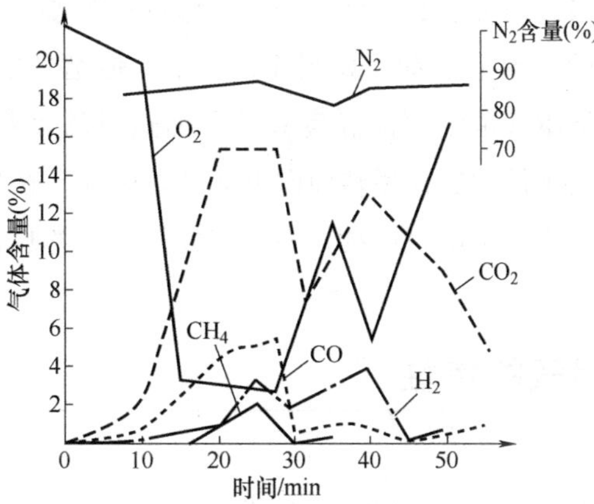

图 1-2　着火房间内的气体成分变化曲线

2. 热解和燃烧所生成的悬浮微粒

火灾烟气中热解和燃烧所生成的悬浮微粒，包括游离碳（炭黑粒子）、焦油类粒子和高沸点物质的凝缩液滴等，称为烟颗粒。这些固态或液态的微粒悬浮在气相中，随其飘流。

烟颗粒生成模式和其性质与火灾燃烧形式（包括阴燃、有焰燃烧）有关。碳素材料阴燃生成的烟气与该材料加热到热分解温度所得到的挥发分产物相似。这种产物与冷空气混合时可浓缩成较重的高分子组分，形成含有碳粒和高沸点液体的薄雾。在静止空气条件下，颗粒的中间直径 D_{50}（反映颗粒大小的参数）约为 1μm，并可缓慢地沉积在物体表面，形成油污。

有焰燃烧产生的烟气颗粒则不同，它们几乎全部由固体颗粒组成。其中，小部分颗粒是在高热通量作用下脱离固体的灰分，大部分颗粒则是在氧浓度较低的情况下，由于不完全燃烧和高温分解而在气相中形成的碳颗粒。即使原始燃料是气体或液体，也能产生固体颗粒。这两种类型的烟气都是可燃的，一旦被点燃就可能转变为爆炸，这种爆炸往往发生在一些通风不畅的特殊场合。

由于烟颗粒的性质不同，所以在火灾发展的不同阶段，烟气的颜色也不同。在起火之前的阴燃阶段，由于干馏热分解，主要产生的是一些高沸点物质的凝缩液滴粒子，烟气颜色常呈白色或青白色；而在起火阶段，主要产生的是炭黑粒子，烟气颜色呈黑色，形成滚滚黑烟。

3. 由于卷吸而进入的空气

火灾烟气在浮力控制下向上流动过程中，冷空气会被卷吸进入烟气羽流中。当向上流动的烟气撞击到房间顶棚后便改流动方向为沿顶棚下表面蔓延。烟气沿顶棚运动过程中持续从下层气体中卷吸进空气，烟气流量逐渐增大，并最终将会达到房间侧壁，受墙壁的限制作用，沿壁面向下运动，如图 1-3 所示。但烟气仍然比周围环境空气的温度高，因而这种流动最终会由于浮力的作用转而向上运动。因此，在顶棚下面形成热烟气层。此时，烟气中只有很小部分来源于燃烧产物，而大部分是这种卷吸作用进入的空气。

图 1-3 室内火灾条件下烟气层的形成与下降

1.2 烟气的特性

1.2.1 烟气的状态参数

气态物质在某瞬间所呈现的宏观物理状况称为状态，表示状态的物理量称为状态参数。常用的状态参数有压力、温度、比热容或密度、内能、焓、熵等，其中，压力、温度、密度为基本状态参数。

在一般情况下，火灾烟气中的悬浮微粒的含量是很少的，所以总体而言，可近似地把烟气当作理想混合气体对待。那么，正如一切气态物质那样，火灾烟气的基本状态参数也是压力、温度、密度三个。

1. 压力

在火灾发生、发展和熄灭的不同阶段，室内烟气的压力是各不相同的。在火灾发生初期，烟气的压力很低，随着着火房间内烟气量的增加，温度上升，压力相应升高。当发生爆燃时，烟气的压力瞬间达到峰值而振破门窗玻璃。烟气和火焰一旦冲出门窗孔洞后，室内烟气的压力就很快降低下来，接近当时当地的大气压力 p_0，据测定一般着火房间内烟气的平均相对压力 p_{ys} 为 10~15Pa，在短时可能达到的峰值为 35~40Pa。那么，烟气的绝对压力 p_y 表示如下：

$$p_y = p_0 + p_{ys} \tag{1-1}$$

由于 p_{ys} 相对 p_0 可忽略不计，于是有：

$$p_y \approx p_0 \tag{1-2}$$

2. 温度

火灾烟气的温度在火灾的发生、发展和熄灭各个阶段中也是不同的。在火灾发生初期，着火房间内烟气温度不高，随着火灾发展，温度逐渐上升，当发生轰燃时，燃烧很快达到高峰，室内烟气温度相应急剧上升，很快达到最高水平。实验表明，由于建筑物内部可燃材料的种类不同，而且门窗孔洞的开口尺寸不同，所以着火房间内最高温度也不同，低则达 500~600℃，高则达 800~1000℃。地下建筑火灾中烟气温度可高达 1000℃以上。

当烟气由着火房间窜出蔓延到走道及其他房间时，一方面迅速与周围的冷空气掺混，另一方面受到四周围护结构的冷却，烟气温度很快降低下来，若不计围护结构对烟气的冷却作用，混合后的烟气温度可用下式计算：

$$t_y = \frac{V_{y0} t_{y0} + V_k t_k}{V_{y0} + V_k} \tag{1-3}$$

式中 t_y——混合后的烟气温度（℃）；

V_{y0}——着火房间窜出的烟气量（m^3/s）；

t_{y0}——着火房间窜出的烟气温度（℃）；

V_k——走道或其他非着火房间内与烟气掺混的冷空气量（m^3/s）；

t_k——与烟气掺混的冷空气温度（℃）。

然而，走道和其他房间内与烟气掺混的冷空气量是很难确定的，所以国外通常采用经过实验确定的经验公式来计算掺混后的烟气温度：

$$t_y = \alpha_1 t_{y0} \tag{1-4}$$

式中 α_1——烟气的冷却系数，为经验常数；经过走道时 $\alpha_1 = 0.7$，经过走道和排烟竖井时 $\alpha_1 = 0.5$；

t_{y0}——着火房间窜出的烟气温度，一般可取 500℃。

那么，烟气的热力学温度：

$$T_y = 273 + t_y \tag{1-5}$$

3. 密度

烟气的组成与空气不同，所以在相同温度和压力下的密度也不同于空气。火灾烟气的组成又因燃烧物质、燃烧条件的不同而异，所以严格地说，在相同温度和压力下，不同条件下生成的火灾烟气的密度也不同。

烟气的密度 ρ_y 可利用理想气体状态方程来导出：

$$\rho_y = \rho_y^0 \frac{273}{T_y} \frac{p_y}{p_b} \tag{1-6}$$

式中 ρ_y^0——标准状态下的烟气密度，一般可取 1.3~1.33kg/m^3；

p_b——标准大气压力，为 101325Pa。

对于火灾烟气来说，$p_y \approx p_0$，于是烟气的密度确定如下：

$$\rho_y = \rho_y^0 \frac{273}{T_y} \frac{p_0}{p_b} \tag{1-7}$$

在海拔不高的沿海地带和平原地带，可近似认为 $p_0 \approx p_b$，这样式（1-7）可进一步简化如下：

$$\rho_y = \rho_y^0 \frac{273}{T_y} \tag{1-8}$$

根据一些实验测定的数据计算得到的烟气和空气密度差见表 1-1。烟气的密度一般比空气稍大，但两者差值最大也不超过 3%。

表 1-1　不同材料燃烧时产生的烟气与空气密度差

材料名称	燃烧温度/℃	剩余空气率（%）	密度差（ρ_y-ρ_k）/ρ_k(%)
木材	300~310	0.41~0.49	0.7~1.1
	580~620	2.43~2.65	0.9~1.5
聚乙烯树脂	820	0.64	2.7
苯乙烯泡塑	500	0.17	2.1
尿烷泡塑	720	0.97	0.4

对于高分子合成材料，因气体中含高沸点物质的凝缩液滴增多，它们在冷却过程中会凝聚而沉降或吸附在围护结构、管道表面上。因此，在一般工程计算中，烟气的密度可近似地取为相同温度的当地大气中空气的数值：

$$\rho_y \approx \frac{353 p_0}{T_y p_b} \tag{1-9}$$

式（1-11）、式（1-12）的计算误差大约为 4%，而对海拔不高的沿海或平原地带，可近似认为 $p_0 \approx p_b$，则式（1-9）可进一步简化如下：

$$\rho_y \approx \frac{353}{T_y} \tag{1-10}$$

1.2.2　烟气的浓度

1. 有毒气体的浓度

火灾烟气中有毒气体的浓度通常用体积分数表示。任何一种有毒气体的分体积 V_i 占烟气总体积 V_y 的比例，称为该有毒气体在烟气中的体积分数 r_i。根据有毒气体含量的多少，体积分数表示法有百分浓度（%）和百万分浓度（ppm）两种：

$$r_i = \frac{V_i}{V_y} \times 100(\%) \tag{1-11}$$

$$r_i=\frac{V_i}{V_y}\times10^6(\mathrm{ppm}) \tag{1-12}$$

式中　V_i——火灾烟气中有毒气体的分体积（m^3）；

V_y——火灾烟气的总体积（m^3）。

2. 烟粒子的浓度

火灾烟气中的烟粒子浓度通常有质量浓度、颗粒浓度和光学浓度三种表示法。

（1）烟粒子的质量浓度表示法

单位体积的烟气中所含烟粒子的质量，称为烟粒子的质量浓度 μ_s（mg/m^3）：

$$\mu_s=\frac{m_s}{V_y} \tag{1-13}$$

式中　m_s——体积烟气中所含烟粒子的质量（mg）；

V_y——烟气体积（m^3）。

（2）烟粒子的颗粒浓度表示法

单位体积的烟气中所含烟粒子的颗粒数，称为烟粒子的颗粒浓度 n_s(m^{-3})：

$$n_s=\frac{N_s}{V_y} \tag{1-14}$$

式中　N_s——体积烟气中所含的烟粒子的颗粒数。

（3）烟粒子的光学浓度表示法

烟粒子的光学浓度 D 是用透射率的变化来量度燃烧空间的浑浊程度，通常用透射率倒数（I_0/I）的常用对数表示：

$$D=\lg(I_0/I)=-\lg(I_0/I) \tag{1-15}$$

式中　I_0——光源处的光强度（cd）；

I——受光器处的光强度（cd）。

因此，烟粒子的光学浓度与烟气的遮光性密切相关。

1.2.3　烟气的遮光性

烟气的遮光性一般根据测量一定光束穿过烟场后的强度衰减确定，图 1-4 为烟气遮光性测量装置示意图。设 I_0 为由光源射入长度 L 给定空间的光束强度，I 为该光束由该空间射出后的强度，则比值 I/I_0 称为该空间内烟气透射率。若该空间没有烟气，射入和射出的光强度几乎不变，即透射率等于 1。当该空间存在烟气时，透射率应小于 1。透射率倒数的常用对数称为烟气的光学密度，见式（1-15）。

光束经过的距离是影响光学密度的重要因素。设给定空间的长度为 L，单位长度光学密度 D_0（m^{-1}）表示如下：

$$D_0=-\lg(I/I_0)/L \tag{1-16}$$

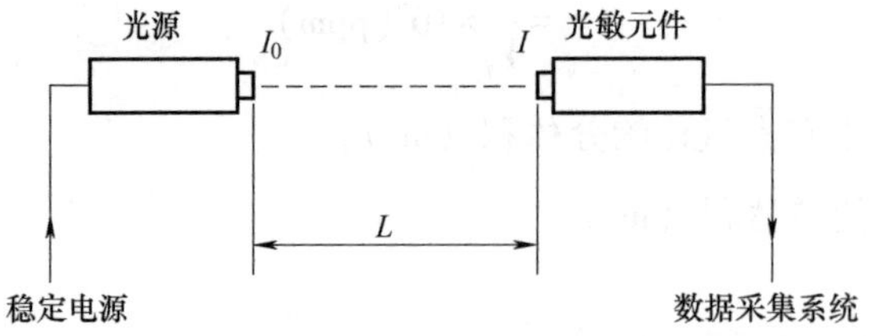

图 1-4　烟气遮光性测量装置示意图

另外，根据 Beer-Lambert 定律，有烟情况下的受光器处光强度 I 可表示如下：

$$I=I_0\exp(-K_cL) \tag{1-17}$$

式中　K_c——烟气的减光系数，可表示如下：

$$K_c=-\ln(I/I_0)/L \tag{1-18}$$

注意到自然对数和常用对数的换算关系，可得出：

$$K_c=2.303D_0 \tag{1-19}$$

此外，描述烟的遮光性也可用百分遮光度 B（%）：

$$B=(I_0-I)/I_0\times100\% \tag{1-20}$$

式（1-20）中，I_0 和 I 的意义同前，而（I_0-I）为光强度的衰减值。

烟气遮光性的这几种表示法和光学密度可以相互换算。由式（1-19）得到单位长度光学密度与减光系数间关系：

$$D_0=\frac{D}{L}=\frac{K_c}{2.303} \tag{1-21}$$

$$D=\frac{K_cL}{2.303} \tag{1-22}$$

这表明烟气的光学密度与烟气质量浓度、减光系数和光线行程长度成正比。比较烟气浓度通常采用单位长度光学密度 D_0。综合比较分析烟气遮光性表示法和光学密度表示法，可以看出，在相同的距离 L 和一定的光源强度 I_0 下，受光器处的光强 I 下降，透射率降低，减光系数 K_c 增大，百分遮光度 B 增大，单位光学密度 D_0 和光学密度 D 增大，说明了空间内烟气的遮光性增强，烟粒子浓度增大；反之，受光器处的光强 I 上升，透射率增大，减光系数 K_c 减小，百分遮光度 B 减小，单位光学密度 D_0 和光学密度 D 减小，说明了空间内烟气的遮光性变弱，烟粒子浓度减小。所以，烟气的透射率、减光系数 K_c、百分遮光度 B 的大小也能够表示烟粒子浓度的大小。另一方面，当光源强度 I_0 一定时，在受光器所接受的光源强度为某选定值 I 时，若距离 L 较小，说明烟粒子浓度较大，这时透射率较小，减光系数 K_c、百分遮光度 B 较大；反之，L 较大，说明烟粒子浓度较小，透射率较大，减光系数 K_c、百分遮光度 B 较小。这也说明了烟气遮光性与烟气浓度之间有强烈的相关性，对应关系见表 1-2。

表 1-2　烟气遮光性几种表示方法的对应关系

透射率 I/I_0	百分遮光度 B（%）	距离 L/m	单位光学密度 D_0/m^{-1}	减光系数 K_c/m^{-1}
1.00	0	任意	0	0
0.90	10	1.0	0.046	0.105
		10.0	0.0046	0.0105
0.60	40	1.0	0.222	0.511
		10.0	0.022	0.0511
0.30	70	1.0	0.523	1.20
		10.0	0.0523	0.12
0.10	90	1.0	1.00	2.30
		10.0	0.10	0.23
0.01	99	1.0	2.00	4.61
		10.0	0.20	0.46

1.2.4　材料发烟特性

火灾过程中，物质的燃烧和热解虽然是两种不同的化学反应，但它们却有一个共同之处，就是都伴有发烟现象。物质燃烧和热解时伴有发烟现象的性质称为发烟特性。反映材料发烟特性的物理量通常有发烟量和发烟速度。

发烟量是指单位质量材料在不同温度下燃烧和热解，当达到给定的光学浓度时的烟气生成量。从表 1-3 中可以看出，木材类在温度升高时，发烟量有所减少。这主要是由于分解出的碳微粒在高温下又重新燃烧，且温度升高后减少了碳微粒的分解所致。从表中还可以看出，高分子有机材料能产生大量的烟气，如聚氨酯材料在 400℃时，发烟量可达 14.0m^3/g。

表 1-3　各种材料在不同温度下的发烟量（K_c=0.5m^{-1}时）

材料名称	发烟量/(m^3/g)		
	300℃	400℃	500℃
松	4.0	1.8	0.4
杉木	3.6	2.1	0.4
普通胶合板	4.0	1.0	0.4
难燃胶合板	3.4	2.0	0.6
硬质纤维板	1.4	2.1	0.6
锯木屑板	2.8	2.0	0.4
玻璃纤维增强塑料	—	6.2	4.1
聚氯乙烯	—	4.0	10.4
聚苯乙烯	—	12.6	10.0
聚氨酯（人造橡胶之一）	—	14.0	4.0

发烟速度是指单位时间、单位质量材料在不同温度下燃烧和热解，当达到给定的光学浓

度时的烟气生成量。表 1-4 为由实验得到的各种材料发烟速度。木材类在加热温度超过 350℃时，发烟速度一般随温度的升高而降低，而高分子有机材料则恰好相反。同时，高分子材料的发烟速度比木材要大得多。

表 1-4 各种材料在不同温度下的发烟速度 ［单位：$m^3/(s\cdot g)$］

材料名称	加热温度/℃											
	225	230	235	260	280	290	300	350	400	450	500	550
针枞	—	—	—	—	—	—	0.72	0.80	0.71	0.38	0.17	0.17
杉	—	0.17	—	0.25	—	0.28	0.61	0.72	0.71	0.53	0.13	0.13
普通胶合板	0.03	—	—	0.19	0.25	0.26	0.93	1.08	1.10	1.07	0.31	0.24
难燃胶合板	0.01	—	0.09	0.11	0.13	0.20	0.56	0.61	0.58	0.59	0.22	0.20
硬质板	—	—	—	—	—	—	0.76	1.22	1.19	0.19	0.26	0.27
微片板	—	—	—	—	—	—	0.63	0.76	0.85	0.19	0.15	0.12
苯乙烯泡沫板 A	—	—	—	—	—	—	—	1.58	2.68	5.92	6.90	8.96
苯乙烯泡沫板 B	—	—	—	—	—	—	—	1.24	2.36	3.56	5.34	4.46
聚氨酯	—	—	—	—	—	—	—	—	5.0	11.5	15.0	16.5
玻璃纤维增强塑料	—	—	—	—	—	—	—	—	0.50	1.0	3.0	0.50
聚氯乙烯	—	—	—	—	—	—	—	—	0.10	4.5	7.50	9.70
聚苯乙烯	—	—	—	—	—	—	—	—	1.0	4.95	—	1.97

1.3 烟气的危害

1.3.1 能见度方面危害

当发生火灾时，由于烟气的遮光性，会降低人员在烟气场合的能见度，不利于火灾的扑救和火区人员的疏散。能见度是指视力正常的人在一定环境下所能看清楚目标轮廓的最大距离。烟气中烟粒子浓度越大，减光系数 K_c 越大，能见度 V 越小，即减光系数与能见距离成反比：

$$V=\frac{R}{K_c}=\frac{R}{2.303D_0} \tag{1-23}$$

式（1-23）中，R 为比例系数，反映了特定场合下各种因素对能见度的综合影响，根据实验数据确定：对发光型指示灯和窗，$R=5\sim10$；对反射型指示灯和门，$R=2\sim4$。

能见度主要由烟气的浓度决定，同时受到烟气的颜色、物体的亮度、背景的亮度及观察者对光线的敏感程度等因素的影响。日本的 Jin 和 Yamada 测试了不同烟气颜色下发光型指示标志和反射型指示标志的能见度。在充满烟气的试验箱内放置目标物，白色烟气是阴燃产生的，黑色烟气是明火燃烧产生的，发光型指示标志的能见度与减光系数的关系如图 1-5 所示。通过白色烟气的能见度较低，可能是由于光的散射率较高。在相同烟气情况下，发光型指示标志的能见度大于反射型指示标志，因此安全疏散标志采用发光型指示标志更佳。

烟气对眼睛的刺激作用也会影响能见度。刺激性与非刺激性烟气中发光型指示标志的能见度与减光系数的关系如图 1-6 所示。刺激性强的白烟是由木垛燃烧产生的，刺激性较弱的烟气是由煤油燃烧产生的。在刺激性的烟气中，人的睁眼时间、行走速度将降低，能见度低于非刺激性的烟气。此时，当 $K_c \geqslant 0.25\mathrm{m}^{-1}$时，能见度可表示如下：

$$V=(0.133-1.47\log K_c)R/K_c \tag{1-24}$$

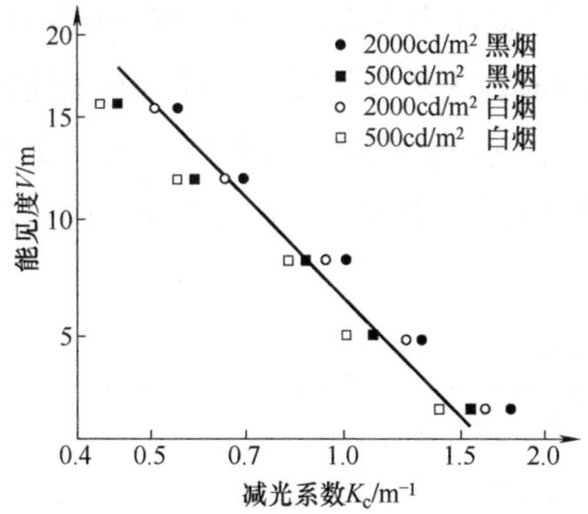

图 1-5 发光型指示标志的能见度与减光系数的关系

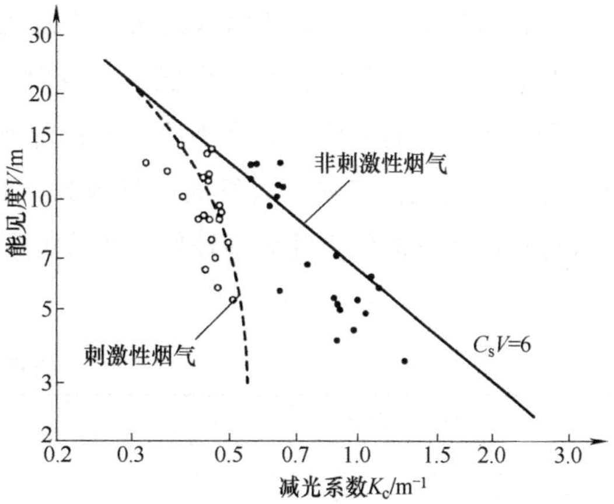

图 1-6 刺激性与非刺激性烟气中发光型指示标志的能见度与减光系数的关系

表 1-5 给出了人员可以耐受的能见度极限值。小空间通常功能分区简单，进入其中的人对内部构造可能熟悉起来比较容易，而且小空间到达安全出口的距离短，能见度的要求就相对低一些；大空间内功能分区复杂，人员流动性大，对疏散设施不容易熟悉，寻找安全出口需要看得更远，因此能见度要求更高。在疏散安全设计上，通常采用最小能见度为 10m。

表 1-5 人员可以耐受的能见度极限值

参数	小空间	大空间
光学密度/m^{-1}	0.2	0.08
能见度/m	5	10

相应于保证安全疏散的极限视距［V］，必然有一个极限的减光系数［K_s］：

$$[K_s]=\frac{R}{[V]} \tag{1-25}$$

由上式可以确定不同情况下的保证安全疏散的极限减光系数［K_s］，取值见表 1-6。由表可见，在任何情况下都能保证安全疏散的烟气光学浓度［D_0］为 $0.1\mathrm{m}^{-1}$左右。

表 1-6　保证安全疏散的极限减光系数 [K_s] 值　　（单位：m^{-1}）

光源标志形式	对建筑物熟悉者	对建筑物不熟悉者
发光型标志灯或窗	1~2	0.17~0.33
反射型指示灯或门	0.4~0.8	0.07~0.13

1.3.2　呼吸方面危害

1. 缺氧

氧是人体进行新陈代谢的关键物质，是人体生命活动的第一需要。一部分火灾实验显示，在许多情况下任一毒害气体还未到达致死浓度之前，已先行达到最低存活氧气浓度或最高呼吸温度。当空气中含氧量降低到 15%时，人的肌肉活动能力下降；降到 10%~14%时，人就四肢无力，智力混乱，辨不清方向；降到 6%~10%时，人就会晕倒。所以，对于处在着火房间内的人们来说，氧气的短时致死含量为 6%。空气中缺氧对人体的影响见表 1-7。现代建筑中房间的气密性大多较好，使得火灾烟气中的含氧量往往低于人的生理所需的正常数值。

表 1-7　缺氧对人体的影响

大气环境中氧气含量	人体症状
21%	活动正常
17%~21%	高山症，肌肉功能会减退
10%~17%	尚有意识，但显现错误判断力，神态疲倦本身不易察觉
10%	导致失能
9.6%	无法进行避难逃生
6%~8%	呼吸停止，在 6~8min 内发生窒息（Asphyxiation）死亡

前文介绍的图 1-2 显示，在轰燃发生之前，O_2 的含量一直保持在 20%~21%；而在轰燃最盛期，O_2 的含量只有 3%左右。这就是说，当着火房间 O_2 的含量低于 6%时，在短时间内人们将因缺氧而窒息死亡；含氧量在 6%~14%，虽然不会短时死亡，也会因失去活动能力和智力下降而不能安全逃离火场最终被火烧死。由此可见，在实际的着火房间中，烟气的含氧量往往低于人们生理正常所需要的数值，所以，在发生火灾时，建筑内人员如不及时逃离火场是十分危险的。

2. 中毒

建筑火灾中可燃物种类繁多，既包括各种木质材料、纸张、羊毛、丝绸等天然材料，又包括各种塑料、橡胶等高分子合成材料，加上燃烧状况千变万化，因而可以生成多种有毒气体。这些气体的含量如超过人们生理正常所允许的最低浓度，就会造成人的中毒死亡。目前，已知的火灾烟气中有毒气体有数十种，包括无机类有毒有害气体（CO、CO_2、NO_x、HCl、HBr、H_2S、NH_3、HCN、P_2O_5、HF、SO_2 等）和有机类有毒有害气体（光气、醛类气体、氰化氢等）。火灾时各种可燃物质燃烧时生成的有毒气体见表 1-8。

表 1-8 各种可燃物质燃烧时生成的有毒气体

物质名称	燃烧时生成的主要有毒气体
木材、纸张	二氧化碳、一氧化碳
棉花、人造纤维	二氧化碳、一氧化碳
羊毛	二氧化碳、一氧化碳、硫化氢、氨、氰化氢
聚四氟乙烯	二氧化碳、一氧化碳
聚苯乙烯	苯、甲苯、二氧化碳、一氧化碳、乙醛
聚氯乙烯	二氧化碳、一氧化碳、氨、氯化物、光气、氯气
尼龙	二氧化碳、一氧化碳、氨、氰化物、乙醛
酚树脂	一氧化碳、氨、氰化物
三聚氢胺-醛树脂	一氧化碳、氨、氰化物
环氧树脂	二氧化碳、一氧化碳、丙醛

从火灾死亡统计资料得知，大部分罹难者是因吸入一氧化碳等有害气体致死。一氧化碳被人吸入后，与血液中的血红蛋白结合成为一氧化碳血红蛋白。当一氧化碳和血液 50% 以上的血红蛋白结合时，便能造成脑和中枢神经严重缺氧，继而失去知觉，甚至死亡。即使吸入量在致死量以下，也会因缺氧而头痛无力及呕吐等，导致不能及时逃离火场而死亡。人体暴露在一氧化碳含量为 2000ppm（$1ppm=10^{-6}$） 的环境下约 2h，将失去知觉进而死亡；若一氧化碳含量高达 3000ppm 时，约 30min 可致人死亡；即使含量在 700ppm 以下，长时间暴露也将造成人体危害。人体暴露于不同 CO 含量环境中产生的生理症状见表 1-9。

表 1-9 人体暴露于不同 CO 含量环境中产生的生理症状

CO 暴露含量（$\times10^{-6}$）	暴露时间/min	症状
50	360~480	不会出现副作用的临界值
200	120~180	可能出现轻微头疼
400	50~120	头疼、恶心
600	45	头疼、头昏、恶心
	120	瘫痪可能失去知觉
1000	60	失去知觉
1600	20	头疼、头昏、恶心
3200	5~10	头疼、头昏
	30	失去知觉
6400	1~2	头疼、头昏
	10~15	失去知觉，有死亡危险
12800	1~3	即刻出现生理反应，失去知觉，有死亡危险

研究表明，火灾中产生的 CO_2 会造成在场人员的呼吸中毒。海因里希·赫布根（Heinrich Hebgen）在其编写的《房屋安全手册》中提到，碳和碳化物燃烧形成的 CO_2 及灭

火装置中的 CO_2 在含量较大时有毒害和麻醉作用。当人处在 CO_2 含量为 10%的环境中时就会有生命危险，当空气中的 CO_2 含量达到 5%时，呼吸就会比较困难。由于缺氧而使得呼吸系统受到刺激，这会造成人的呼吸频率加快、程度加深，这样又将导致人吸入更多的火灾烟气。当空气中 CO_2 含量达到 7%～10%时，人在数分钟内便会出现昏迷而丧失逃生的能力。空气中不同含量的 CO_2 对人体的影响见表 1-10。

表 1-10　空气中不同 CO_2 含量对人体的影响

CO_2 含量（%）	对人体的影响
0.55	6h 内不会产生任何症状
1～2	引起不适感
3	呼吸中枢受到刺激，呼吸频率增大，血压升高
4	感觉头痛、耳鸣、目眩、心跳加速
5	感觉喘不过气，30min 内引起中毒
6	呼吸急促，感觉难受
7～10	数分钟内失去知觉，甚至死亡

表 1-11 列出了除一氧化碳、二氧化碳外的火灾烟气中部分有害气体允许浓度。随着大量塑料被当作装饰材料使用，火灾中 HCN 气体对人体的毒害作用越来越引起人们的重视。HCN 为无色、略带杏仁气味的剧毒性气体，其毒性约为 CO 的 20 倍。HCN 是由含氮材料燃烧生成的，这类材料包括天然材料和合成材料，如羊毛、丝绸、尼龙、聚氨酯二聚物及尿素树脂等，尤其是棉花的阴燃。HCN 是一种毒性作用极快的物质，它虽然基本上不与血红蛋白结合，但却可以抑制人体中酶的生成，阻止正常的细胞代谢。HCN 浓度与人的中毒症状见表 1-12。通过研究火灾中死难者的血液，发现 30%以上的人员死亡是 HCN 中毒所致。

表 1-11　部分有害气体允许浓度

热分解气体的来源	主要的生理作用	短期（10min）估计致死浓度（ppm）
木材、纺织品、聚丙烯腈尼龙、聚氨酯及纸张等物质燃烧时分解出不等量氰化氢，本身可燃，难以准确分析	氰化氢（HCN）：一种迅速致死、窒息性的毒物；在涉及装潢和织物的新近火灾中怀疑有此种毒物，但尚无确切的数据	350
纺织物燃烧时产生少量的，硝化纤维素和赛璐珞（由硝化纤维素和樟脑制得，现在用量减少）产生大量的氮氧化物	二氧化氮（NO_2）和其他氮的氧化物：肺的强刺激剂，能引起即刻死亡以及滞后性伤害	>200
木材、纺织品、尼龙及三聚氰胺的燃烧产生；无机物燃烧产物	氨气（NH_3）：刺激性、难以忍受的气味，对眼、鼻有强烈的刺激作用	>1000
PVC 电绝缘材料、其他含氯高分子材料及阻燃处理物	氯化氢（HCL）：呼吸道刺激剂，相对于同等含量的 HCL 气体，吸附于微粒上的 HCL 的潜在危险性较大	>500，气体或微粒存在时

（续）

热分解气体的来源	主要的生理作用	短期（10min）估计致死浓度（ppm）
氟化树脂类或薄膜类以及某些含溴阻燃材料	其他含卤酸气体：呼吸刺激剂	HF 约为 400 COF_2 约为 100 HBr>50
硫化物，这类含硫物质在火灾条件下的氧化物	二氧化硫（SO_2）：一种强刺激剂，在远低于致死浓度下即令人难以忍受	>500
异氰酸脲的聚合物，在实验室小规模实验中已报道有像甲苯-2，4-二异氰酸酯（TDI）类的分解产物，在实际的火灾中的情况尚无定论	异氰酸酯类：呼吸道刺激剂，是异氰酸酯为基础的聚氨酯，燃烧烟气中的主要刺激剂	约为 100
聚烯烃和纤维素在低温热解（400℃）而得，在实际火灾中的重要性尚无定论	丙醛：潜在的呼吸刺激剂	30~100

表 1-12 HCN 浓度与人的中毒症状

HCN 暴露浓度（ppm）	暴露时间/min	症状
18~36	>120	轻度症状
45~54	30~60	损害不大
110~125	30~60	有生命危险或致死
135	30	致死
181	10	致死
270	<5	立即死亡

木材制品燃烧产生的醛类，聚氯乙烯燃烧产生的氢氯化合物都是刺激性很强的气体，甚至是致命的。例如，烟气中丙烯醛的含量为 5.5ppm 时，会对人的上呼吸道产生刺激症状，含量在 10ppm 以上时，就能引起人的肺部变化，数分钟内即可死亡。丙烯醛的允许浓度为 0.1ppm，而木材燃烧的烟气中丙烯醛含量高达 50ppm 左右，加之烟气中还有甲醛、乙醛、氢氧化物、氢化氰等毒气，对人体都是极为有害的。随着高分子合成材料在建筑、装饰以及家具制造中的广泛应用，火灾所产生的烟气毒性越加严重。

多种毒害气体混合可能加强烟气的毒害性。混合物作用可以通过每一种气体最高可忍受浓度相加估计出来，得到刺激性浓度分数（FIC）。当分数的总和达到 1 时，视为达到混合物的最高可忍受浓度。只要 FIC 不超过 1，就不太可能发生严重的肺部灼伤。

火灾中的各产物及其浓度因燃烧材料、建筑空间特性和火灾规模等不同而有所区别，各种组分的生成量及其分布比较复杂，不同组成对人体的毒性影响也有较大差异，在分析预测中很难精确予以定量描述。因此，工程应用采用一种有效的简化处理方法来度量烟气中燃烧产物对人体的危害浓度，通常以一氧化碳含量为主要的定量判定指标，即一氧化碳含量小于

0.25%（2500ppm）时，人员可以安全疏散。

3. 尘害

火灾烟气中悬浮微粒是有害的，危害最大的是颗粒直径小于10μm的飘尘，它们肉眼看不见，能长期漂浮在大气中，少则数小时，长则数年。尤其是微粒小于5μm的飘尘，由于气体的扩散作用，能进入人体肺部，黏附并聚集在肺泡壁上，引起呼吸道疾病和增大心脏病死亡率，对人体造成直接危害。除此之外，由于火灾过程中产生的大量烟气得不到有效并及时地净化，大量污染气体便会使城市的PM2.5指数迅速升高，对人们的日常生活造成严重影响，火灾中产生大量的CO_2气体，会加剧温室效应。

1.3.3 温度方面危害

1. 高温

烟气高温会引致烧伤、热虚脱、脱水及呼吸道闭塞（水肿），对于火场内及邻接区域的人员都具有危险性。建筑火灾中室内烟气具有较高的温度，可高达500~1000℃；在地下建筑中，火灾烟气温度甚至可高达1000℃以上。当周围气体温度达到60℃时，人体还能忍受一段时间，不过要视当时人的衣着及个人体质等因素决定承受时间的长短：若周围温度为120℃时，人体只能承受十几分钟；当火场温度达到175℃时，只要一分钟人的皮肤就会受到严重的伤害。表1-13给出了不同温度下人体可耐受时间，目前工程应用中认为安全的烟气温度应在60℃以下。

表1-13 不同温度下人体可耐受时间

温度/℃	40	50	60	70	80	90
可耐受时间/min	60	46	35	26	20	15

2. 热辐射

若烟气层高于人的头部，人主要受到热辐射的影响。根据人体对辐射热耐受能力的研究，人体对烟气层等火灾环境的辐射热的耐受极限是2.5kW/m^2，处于这个程度的辐射热被灼伤几秒钟之内就会引起皮肤强烈疼痛，辐射热为2.5kW/m^{2}的烟气相当于上部烟气层的温度达到180~200℃。而对于较低的辐射热流，人可以耐受5min以上。对于很短的曝火时间，例如快速通过一个发生火灾的封闭空间的敞开门洞所需的时间，人体甚至可以耐受10kW/m^{2}辐射热流。表1-14为人体对不同辐射热的耐受极限。

表1-14 人体对不同热辐射的耐受时间

热辐射强度	<2.5kW/m^2	2.5kW/m^2	10kW/m^2
耐受时间	>5min	30s	4s

3. 热对流

火场中人呼吸的空气已经被火源和烟气加热，吸入的热空气主要通过热对流的方式与人体尤其是呼吸系统换热。热烟气会对人体呼吸系统造成伤害，使得黏膜脱落，阻塞呼吸道的通畅，引起肺部水肿，氧气无法交换，最终因缺氧死亡。值得注意的是，由于灭火用水和燃烧产生的水在高温下汽化，火场中空气的绝对湿度会比正常环境下大大提高。湿度对热空气作用于呼吸系统的危害程度影响很大，例如，120℃的饱和湿空气对人体的伤害远远大于干空气所造成的危害。研究表明火场中可吸入空气的温度不高于 60℃才认为是安全的。对于大多数建筑环境而言，人体可以短时间内承受 100℃环境的对流热。表 1-15 给出了不同温度和湿度时人体对热对流的耐受极限。

表 1-15 人体对热对流的耐受时间

温度和湿度	<60℃，水分饱和	100℃，水分含量<10%	180℃，水分含量<10%
耐受时间	>30min	12min	1min

1.3.4 心理方面危害

火灾烟气的遮光性、毒性、高温等都对人的感官有刺激作用，使人在逃离火场过程中会产生一些特定的心理反应。譬如，当刺激因素到达人的耐受极限时，为了能尽快离开火场，人会产生一些冲动的想法，侥幸地认为某些过激的危险行为是可行的，采取冒险的疏散策略。表 1-16 给出了人员疏散心理反应特征及其对人员疏散的影响程度。

表 1-16 人员疏散心理反应特征及其对人员疏散的影响程度

心理反应特征	特征说明	与人员疏散的关系	对建筑内人员疏散的影响程度
冲动侥幸	冲动心理是由于外界环境的刺激引起的，受情绪左右，需要激情推动；侥幸心理是人们在特殊环境下的一种趋利避害的投机心理。两者密切联系，相互影响	火灾环境的外在刺激使人们容易产生冲动的想法，可能在侥幸心理的支配下做出过激决策，应避免这种情况的出现	◎
躲避心理	当察觉火灾等异常现象时，为确认而接近，但感觉危险时由于反射性的本能，马上向远离危险的方向逃跑	起火车厢内人员因危险而向两侧疏散时，将造成人群移动的困难与混乱	◎
习惯心理	对于经常使用的空间如走廊、楼梯、出入口等，有较深切的了解及安全感，火灾时宁可选择较危险但熟悉的路径	应加强人员应急疏散培训和教育	—
鸵鸟心态	在危险接近且无法有效应对时，出现判断失误的概率增加且具有逃往狭窄角落方向的行动	发生于地下空间内火灾，人们躲进封闭空间企图逃避危险	○
服从本能	人员在遭遇紧急状况时，较容易服从指示行事，但指令的内容必须非常简洁	空间内的紧急事故安抚与引导广播，为避难疏散成功的重要因素	◎

（续）

心理反应特征	特征说明	与人员疏散的关系	对建筑内人员疏散的影响程度
寄托概念	对于事物过于沉迷，忽略紧急事故发生，即使事故发生也很难转移其注意力，一般发生在消费性场所	一般具有餐饮及床铺的长途旅行列车较易发生	○
角色概念	人们认为花钱消费应得到一定服务，即使发生事故状况，仍需由员工服务指导避难，多属于消费性角色依赖行为	在事故状态不明的情况下，期待工作人员主动告知应该如何做	◎

注：◎表示影响程度大；○表示影响程度中；—表示影响程度小或无。

火灾中人的复杂心理严重影响人的反应。人员行为反应特征主要是指疏散中人们表现出来的行为共性，有归巢行为、从众行为、向光行为、往开阔处移动行为以及潜能发挥行为等。例如，大多数人尤其是不熟悉建筑结构和疏散路径的人，会在压力下做出选择跟随其他领导型人员或跟随大多数人的决策，而不是自己独立判断，这种行为称为从众行为。表1-17给出了人员疏散行为反应特征及其对人员疏散的影响程度。

表1-17 人员疏散行为反应特征及其对人员疏散的影响程度

行为特征	特征说明	与人员疏散的关系	对建筑内人员疏散的影响程度
归巢行为	当人遇到意外灾害时为求自保，会本能地折返原来的途径，或以日常生活惯用的途径以求逃脱	造成主出入口拥塞，避难时间增长	—
从众行为	人员在遭遇紧急状况时，思考能力下降，会追随先前疏散者（Leader）或多数人的倾向	若有熟悉环境的诱导人员，可减少避难时混乱及伤亡	◎
向光行为	由于火灾黑烟弥漫、视线不清，人们具有往稍亮方向移动的倾向（火焰亮光除外）	疏散路径上明亮的紧急出口、指引标识等设施，可安抚群众且加快疏散速度	◎
往开阔处移动行为	越开阔的地方，障碍可能越少，安全性也可能较高，生存的机会也可能较多	通道的入口处留设较开阔的空间	◎
潜能发挥行为	危险状态常能激发出人们的潜能，排除障碍逃生	紧急情况下潜能的激发有助于顺利疏散	○

注：◎表示影响程度大；○表示影响程度中；—表示影响程度小或无。

综上所述，火灾烟气对人的危害主要表现为能见度、毒性和温度，因此工程中评价火灾中人员安全的判据也一般从温度、毒性气体的浓度、能见度等方面进行讨论，见表1-18。

表 1-18 人员安全判据指标

项目	人体可耐受的极限
能见度	清晰高度下方，能见度临界指标为 10m
烟气中疏散的温度	清晰高度下方，人体直接接触的烟气温度小于 60℃
烟气的毒性	清晰高度下方，CO 的含量小于 0.25%（2500ppm）
辐射危害	清晰高度以上的烟气层的热辐射强度不得对人体构成危险（一般烟气温度为 180℃）

复 习 题

1. 火灾烟气的组成成分有哪些？
2. 烟气遮光性的定义是什么？它与能见度的关系如何？
3. 烟气的相关特征参数有哪些？
4. 火灾烟气的危害性主要体现在哪些方面？

第 1 章练习题

扫码进入小程序，完成答题即可获取答案

第2章 火灾烟气的流动

教学要求

了解烟气流动的驱动力；掌握烟囱效应；掌握压力中性面的计算

重点与难点

烟囱效应及其对烟气流动的影响；压力中性面的计算

在烟气流动蔓延规律的基础上，采用工程技术方法，对其流动进行控制，以保证人员疏散安全和建筑安全，是防排烟的目的。因此，要对火灾烟气进行有效的控制，必须要深入了解建筑物内烟气流动的基本特征和规律，弄清楚烟气流动的动力源和主要路径。本章将主要介绍着火房间及走廊和竖井中火灾烟气的蔓延规律及其影响因素，掌握这些基本知识，对合理地预测烟气的蔓延速度和方向，理解火灾烟气控制的工程技术方法，以及做好防排烟的理论计算和工程设计是非常重要的。

2.1 烟气流动的驱动力

建筑中引起烟气流动的主要因素有：热浮力、热膨胀、烟囱效应、外界风、通风空调系统和电梯活塞效应，如图2-1所示。当建筑物内外的温度不同时，室内外空气的密度出现差别，这将引发浮力驱动的流动。如果室内空气温度高于室外，在烟囱效应下室内空气将发生向上运动。在热浮力和膨胀力作用下烟气蔓延到隔壁房间进而向上蔓延。而在空调系统下将烟气带向管道，起到通风效果。一般而言，建筑火灾中这些因素共同作用导致烟气蔓延扩散。

2.1.1 热浮力引起的烟气流动

热浮力是建筑发生火灾时着火区烟气比周围空气温度高，密度相对比较低，从而产生的浮力。火灾烟气的热浮力实质上是着火区与非着火区形成热压差，导致烟气从高压区向低压区扩散。如图 2-2 所示，建筑火灾过程中，在热浮力的作用，烟气从火焰区直接上升到达楼板或者顶棚，然后会改变流动方向沿顶棚水平扩散。由于受冷空气掺混及楼板、顶棚等建筑围护结构的阻挡，水平方向流动扩散的烟气温度逐渐下降并向下流动。逐渐冷却的烟气和冷空气流向燃烧区，形成了室内的自然对流流动，火越烧越旺。着火房间内顶棚下方逐渐积累形成稳定的烟气层。若着火房间顶棚上有开口，则浮力作用产生的压力会使烟气经此开口向上面的楼层蔓延，同时浮力作用产生的压力还会使烟气从墙壁上的任何开口及缝隙或门缝中泄露。当烟气离开着火区后，由于热损失及与冷空气掺混，其温度会有所降低，因而，浮力的作用及其影响会随着与着火区之间距离的增大而逐渐减小。

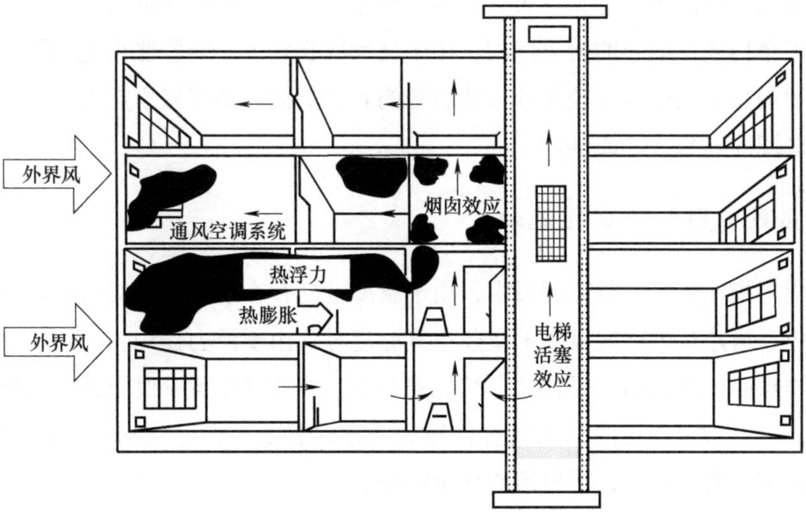

图 2-1　烟气流动的驱动力

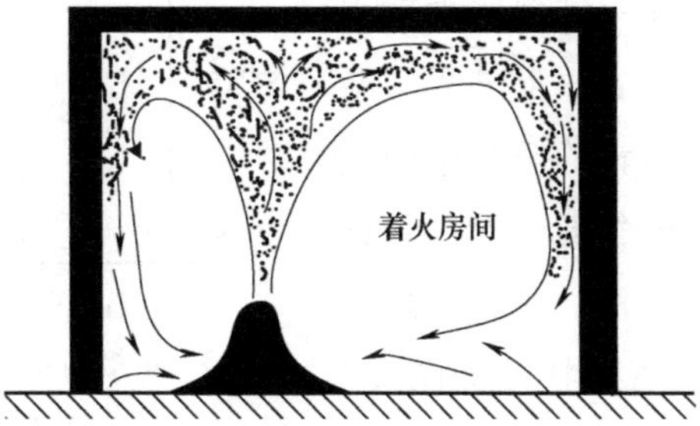

图 2-2　热浮力作用下着火房间内烟气的自然对流

2.1.2　热膨胀引起的烟气运动

着火房间温度升高引起气体热膨胀，从而驱使烟气流流出及外界空气流入。由于燃料燃烧所增加的质量与流入的空气质量相比很小，可以忽略不计，则热膨胀导致的烟气流出与空气流入的体积流量之比可表达为热力学温度之比：

$$\frac{V_{out}}{V_{in}}=\frac{T_{out}}{T_{in}} \tag{2-1}$$

式中 V_{out}——热膨胀导致的从着火房间流出的烟气体积流量（m^3/s）；

V_{in}——流入着火房间的空气流量（m^3/s）；

T_{out}——从着火房间流出烟气的热力学温度（K）；

T_{in}——流入着火房间空气的热力学温度（K）。

若流入空气的温度为20℃，当烟气温度为250℃时，热膨胀后气体体积增到原来的1.8倍；当烟气温度为500℃时，其体积膨胀到原来的2.6倍；当烟气温度达到600℃时，体积约膨胀到原来的3倍。由此可见，火灾会因热膨胀而产生大量体积烟气。

对于有多个门或窗敞开的着火房间，由于流动面积较大，热膨胀引起的开口处压差较小可忽略；对于门窗关闭或具有较小开口或缝隙的着火房间，热膨胀引起的压差较大，将使烟气通过各种缝隙向非着火区流动。

2.1.3 烟囱效应引起的烟气流动

烟囱效应是指在建筑的竖直通道中，由于温度差的存在使得自然对流循环加强，促使烟气流动的效应。当建筑内部气温高于室外空气温度时，由于浮力作用，在建筑物的各种竖直通道中，如楼梯间、电梯间、管道井、烟风竖井等，往往存在着一股上升的气流，这种现象称为正烟囱效应。当建筑物内外的温度差较大或建筑物的高度较高时，正烟囱效应是较大的。当然，正烟囱效应也存在于单层的建筑物中。

当建筑物内部的气温低于外界空气温度时，在建筑物的各种竖直通道中，往往存在着一股下降的气流，这种现象称为逆烟囱效应。一般逆烟囱效应发生在夏季。在一些气密性较强的建筑物中，当竖井靠外墙布置，而外界气温又较低时，可能出现靠外墙布置的竖井中的气温低于建筑物内部其他部位的气温的状况，这时在竖井中也会出现下降的气流。正、逆烟囱效应下高层建筑中各部分的气流状况如图2-3所示。

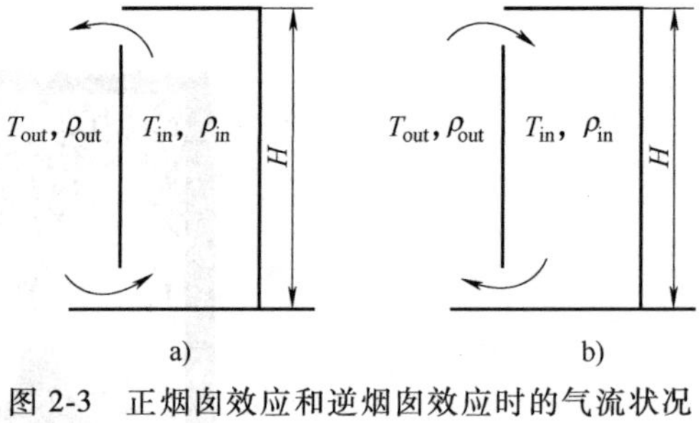

图2-3 正烟囱效应和逆烟囱效应时的气流状况

a) $T_{out}<T_{in}$ b) $T_{out}>T_{in}$

所以在烟囱效应作用下，建筑存在一个中性面，在此高度处，建筑内压力等于建筑外压力。在正烟囱效应作用下，如果火灾发生在中性面之下，烟气将随建筑物中的空气流入竖井，并沿竖井上升。烟气流入竖井后使井内气温升高，产生的浮力作用增大，竖井内上升气流加强。一旦烟气上升到中性面以上，烟气便可由竖井流出，进入建筑物上部各楼层，然后随气流通过各楼层的外墙开口排至室外；如果楼层间的缝隙可以忽略，则中性面以下的楼层，除了着火层外都将没有烟气进入；如果楼层上下之间存在缝隙，则着火层所产生的烟气将向上一层渗漏，中性面以下楼层的烟气将随空气进入竖井并向上流动，如图 2-4a 所示。如果火灾发生在中性面之上，由正烟囱效应引起的空气流从竖井进入着火层能够阻止烟气流进竖井，如图 2-4b 所示。当楼层间存在缝隙时，如果着火层的燃烧强烈，热烟气的浮力克服了竖井内的烟囱效应，则烟气仍可进入竖井继而流入上层楼层，如图 2-4c 所示。着火房间中的烟气将随着建筑物中的气流通过外墙开口排至室外。

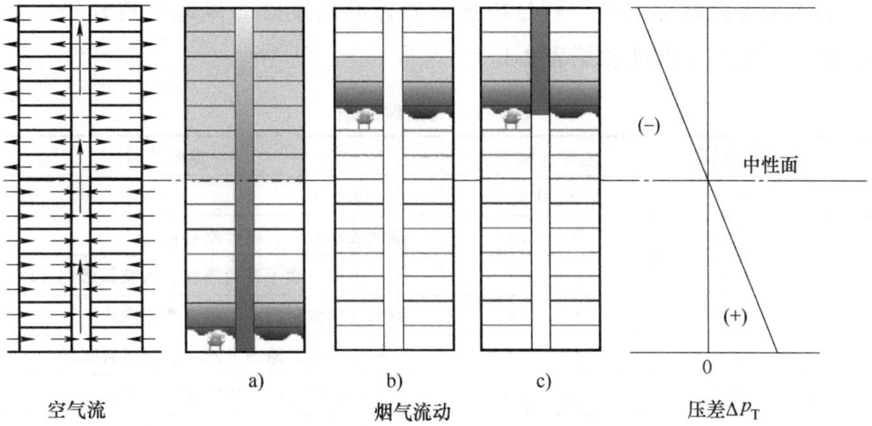

图 2-4 建筑物中正烟囱效应引起的烟气流动

逆烟囱效应作用下，如果火灾发生在中性面之上，火灾开始阶段烟气温度较低，烟气将随着建筑物中的空气流入竖井，烟气流入竖井后虽然使井内的气温有所升高，但仍然低于外界空气温度，竖井内气流方向朝下，烟气被带到中性面以下，然后随气流进入各楼层中。随着火灾的发展，高温烟气进入竖井后将导致井内气温高于室外气温，浮力作用克服了竖井内的逆烟囱效应，则烟气在竖井内转而向上流动，如图 2-5 所示。

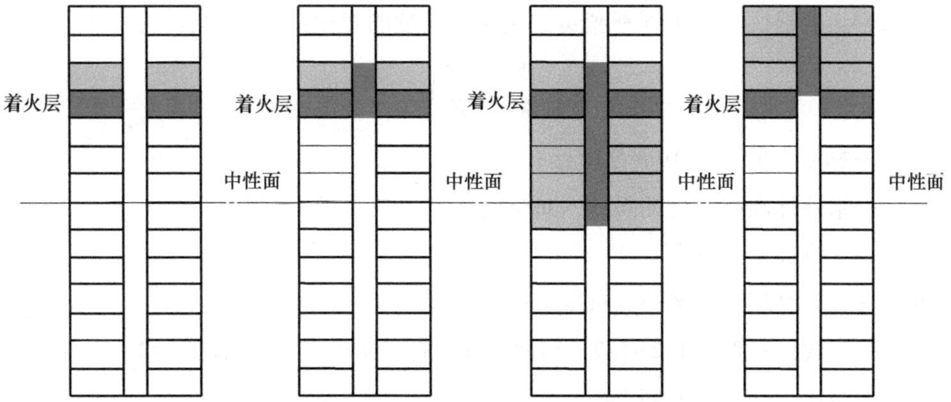

图 2-5 建筑物中逆烟囱效应对火灾烟气流动的影响

2.1.4 外界风作用下的烟气流动

外界风可在建筑物的迎风侧产生正风压，背风面产生负风压，这种压力分布能够影响建筑物内的烟气流动。风的作用受到多种因素的影响，包括风速、风向、建筑物高度和几何外形及邻近建筑物等。

1. 风的基本参数和分级

风的基本参数是方向和速度。由于风速是随着高度而变化的，所以为了便于比较，通常所说的风速是指室外标准高度处的风速。所谓标准高度是指离地面10m的高度。

气象上的风力等级简称风级，就是根据室外标准高度处的风速来划分的，共有13级。各级风的名称、风速和地面动态见表2-1。

表2-1　气象风级表

风级	风级名称	风速/(m/s)	地面动态
0	无风	0~0.2	静，烟直上
1	软风	0.3~1.5	烟能表示方向，树叶略有摇动
2	轻风	1.6~3.3	树叶微响，旗子开始摇动，人脸部感到有风
3	微风	3.4~5.4	树上有细树枝摇动不停，旗子展开
4	和风	5.5~7.9	小树枝摇动，地面上灰尘和纸屑被吹起
5	劲风	8.0~10.7	有叶的小树摇摆，内陆水面有小波
6	强风	10.8~13.8	大树枝摇动，举伞困难，电线呼呼作响
7	疾风	13.9~17.1	全树摇动，迎风步行感到不便
8	大风	17.2~20.7	折毁小树枝，迎风步行感到阻力很大
9	烈风	20.8~24.4	小房子被破坏，屋顶平瓦移动
10	狂风	24.5~28.4	陆地上少见，能把树木拔起，把建筑物摧毁
11	暴风	28.5~32.6	陆地上少见，摧毁力很大，造成严重灾害
12	台风	32.7~36.9	陆地上绝少见，摧毁力极大

风速随着高度的变化情况为：靠近地面的风速较小，随着高度的增加，风速相应增大；始时，风速增大得很快，后来逐渐减缓。风速随高度的变化可用下式表示：

$$\frac{W}{W_0}=\left(\frac{H}{H_0}\right)^n \tag{2-2}$$

式中　H_0——标准高度，即10m高度处；

W_0——室外标准高度处的风速（m/s）；

H——计算高度（m）；

W——计算高度处的风速（m/s）；

n——指数，一般在1/2~1/7，与地面状态有密切关系，如市区$n=1/3$，郊区$n=1/4$，海岸、开阔地$n=1/5$。

由于地面状态对空气的流动有一定的影响，在同一地区同一时刻所测定的标准风速值是不同的。设计时应根据当地气象部门提供的风速或实测的风速值的具体测定位置与所设计的建筑物的具体位置的地面状态加以修正：

$$W_0=\psi W_0' \tag{2-3}$$

式中 W_0——建筑物设计位置上方标准高度处的风速（m/s）；

W_0'——风速测定位置上方标准高度处的风速（m/s）；

ψ——风速修正系数，见表 2-2。

表 2-2 风速修正系数

设计建筑物的位置	风速测定位置	ψ 值
开阔地	开阔地	1.0
	市区	1.2
市区	开阔地	0.8
	市区	1.0

关于风向，气象上的标记为：N—北，S—南，E—东，W—西，具体又分为 16 个方位。另外，一年中的无风季节，称为静稳，标记为 C。因此所有风向的具体标记共有 17 个。对于某一地区，冬夏季的主导风向各取 2~4 个；至于全年的主导风向，一般取一个频率最大的，但当频率最大为静稳状态或与次大频率相近时，则再取一个或两个频率次大值的风向。室外风的方向一般情况下是水平的，所以上述 16 个方位都是表示与地面平行的水平面上的风向。但应当指出，个别情况下，在垂直面上也存在风速，如刮疾风的情况，这时风向就不是水平的了。

应当注意的是，风向和风速是在平坦的开阔地地面以上 10m 高度处进行测定的，因而称为自然风的风速和风向。所以，这些数据对建筑物的防排烟设计仅能作为参考。为慎重起见，外界风速最好在建筑物建设位置现场地面以上 10m 高度处实测。有时实测的风速值与天气预报的风速值有较大的差异，这正是地面附近的表面状态不同所造成的。

在设计防排烟系统时，涉及如何选择参考风速的问题。有资料指出，大部分地区的平均风速为 2~7m/s，但此值对于防排烟系统的设计未必合适。大量证据表明，约半数以上的火灾中，实际风速大于此值。建筑设计部门一般把当地的最大风速作为建筑安全设计参考值，其值常取为 30~50m/s。但对防排烟系统来说，此值又显得太大了，因为发生火灾的同时又遇到如此大风的概率太小了。在没有更理想的结果前，建议在设计防排烟系统时，将参考风速取为当地平均风速的 2~3 倍。

2. 风压作用

在海面或开阔地上空的风，由于没有任何阻挡，将按其原有的方向和速度向前流动，这股气流所具有的动能，即动压确定如下：

$$p_d=\frac{\rho_w W^2}{2} \tag{2-4}$$

式中 ρ_w——室外大气的密度（kg/m³）；

W——室外原有的风速（m/s）。

在森林、矿山或市区等大面积建筑群上空的风，由于受到阻挡，在障碍物四周，风的方向和速度将发生变化。在障碍物上方，风速增大；而在障碍物后面，则形成旋涡区，直到相当的距离以外，风才恢复到原来的方向和强度。

建筑物四周的气流形态如图 2-6 所示。由于建筑物的阻挡，建筑物四周的气流压力分布将发生如下变化：迎风面气流受阻，速度减小，动压降低，静压增高；侧面和背面由于产生局部旋涡，静压降低。风由于受到建筑物阻挡而造成建筑物四周气流静压发生升高或降低的现象称为风压作用，若以远处未受干扰的气流的压力为基准，静压升高，风压为正，称为正压；静压降低，风压为负，称为负压。

任何一座建筑物周围的风压分布与该建筑物的几何形状和风的方向有关。在某一风向下，建筑物外围上任一点的风压确定如下：

$$p_f = kp_d \tag{2-5}$$

式中　k——建筑物外围的风压系数，由实验确定；

p_d——室外未受干扰的气流的动压（Pa）。

建筑物外围的风压系数通常是在风洞内进行建筑物的模型实验得到的。不同形状的建筑物在不同方向的气流作用下，风压系数的分布是不同的。建筑物外墙面在不同方向（不同风向夹角）的气流作用下的风压系数分布如图 2-7 所示。

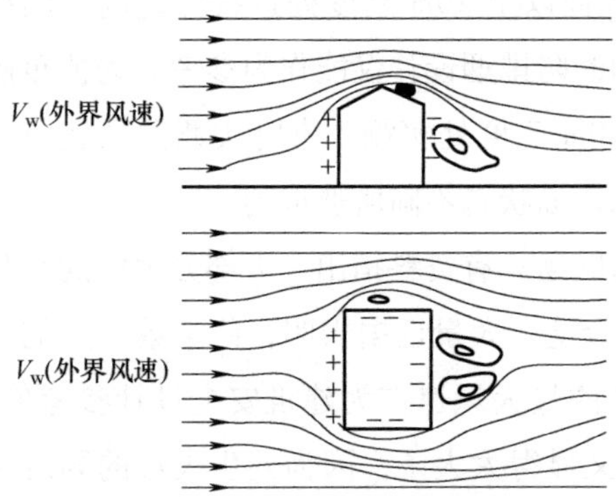

图 2-6　建筑物四周的气流形态

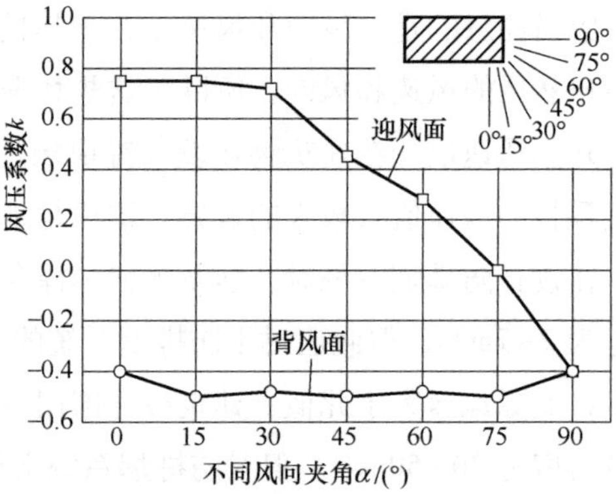

图 2-7　建筑物外墙面的风压系数分布

表 2-3 中列示的风压系数值与图 2-7 是一一对应的，显然，当风向夹角 α 为 90°时，是正侧面的情况。

表 2-3　建筑物外墙面的风压系数值

风向夹角 α	风压系数 C_w 值	
	迎风面	背风面
0°	0.75	−0.4
15°	0.75	−0.5
30°	0.72	−0.48
45°	0.45	−0.5
60°	0.28	−0.48

（续）

风向夹角 α	风压系数 C_w 值	
	迎风面	背风面
75°	0	−0.5
90°	−0.4	−0.4

对于各种独立的建筑物，由于形状和尺寸相差很大，其外围上各处的风压系数分布是很复杂的。几种典型建筑物外围的风压系数分布如图 2-8 所示。

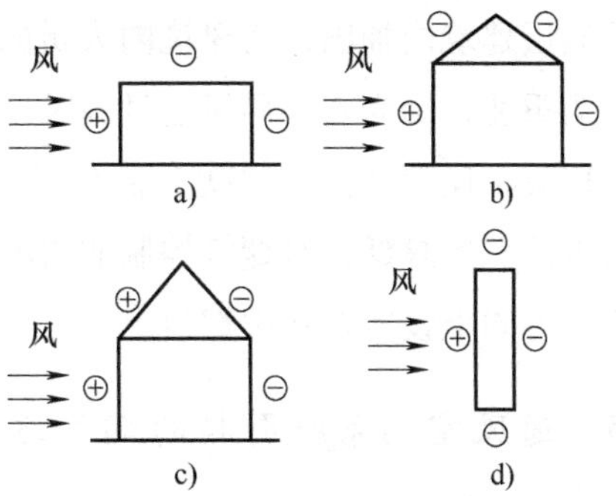

图 2-8 几种典型建筑物外围的风压系数分布

3. 风压作用对烟气流动的影响

无外界风时，着火房间的开口处在中性面以下外部空气流入，中性面以上室内烟气流出。当有外界风时，由于风压的作用，着火房间的室内外压差将重新分布，这时中性面的位置将发生移动，如果中性面移动到房间开口的上沿位置，那么室内的烟气仅靠内外压差是无法流出的。因此，分析风压对着火房间烟气流动的影响，就需要明确在风压作用下中性面位置的变化情况。

在无外界风情况下，一般建筑物房间开口处的压力分布如图 2-9 中的实线所示；在有外界风情况下，建筑房间开口处的压力分布状态如图 2-9 中虚线所示。

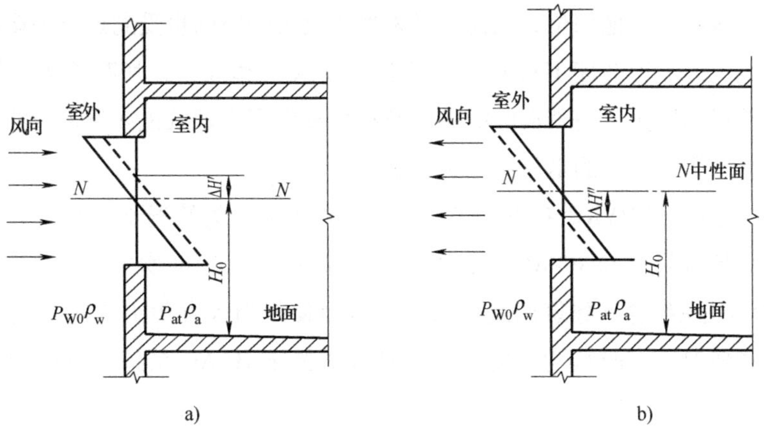

图 2-9 风压对建筑物外墙开口处压力分布的影响

a）风压为正时（迎风） b）风压为负时（背风）

在有外界风的情况下，且建筑物房间外墙面开口位于迎风侧，即开口受到的风压为正压时，外墙面开口的中性面因正压作用而升高，如图 2-9a 所示；在有外界风的情况下，且建筑物房间外墙面开口位于背风侧，即开口受到的风压为负压时，外墙面开口的中性面因负压作用而降低，如图 2-9b 所示。影响中性面上升幅度的主要因素是室外风速。当风速增大致使中性面上升到达窗孔的上缘时，无烟气流出，相应的风速称为临界风速。

当房间的开口处于正压区时，会造成烟气流出困难。高层建筑发生火灾往往出现外窗玻璃破碎，在这种情况下，若破碎的外窗处于迎风面，大量外界新鲜空气在高风压的作用下进入高层建筑内部，将驱动整个高层建筑内热烟气迅速流动，使火灾迅速蔓延，给建筑内人员的安全疏散及消防人员的灭火作业带来极大影响。而当房间的开口处于负压区时，有利于烟气的流出。若破碎的外窗处于背风面，则外部风压在高层建筑背风面产生的强大负压会将热烟气从高层建筑内抽出，为建筑内人员的安全疏散赢得宝贵时间。这对采用自然排烟方式的建筑尤为重要，因为当外界风速过高时，会造成排烟困难。当风速超过临界风速后，烟气不但流不出去，反而会被风“吹”回房间，通过房间的其他开口流入建筑内部，加剧了烟气在建筑内的扩散蔓延，对烟气控制非常不利。因此，为了避免排烟失效的问题，建筑必须在两个不同方向上设置自然排烟口。

2.1.5 通风空调系统引起的烟气运动

通风空调系统由通风系统和空调系统组成，它的主要功能是为提供人呼吸所需要的氧气，稀释室内污染物或气味，排除室内工艺过程产生的污染物，除去室内的余热或余湿，提供室内燃烧所需的空气。现代建筑中大多安装了采暖、通风和空气调节系统（Heat Ventilation and Air Condition，简称 HVAC）。在火灾情况下，即使风机不开动，HVAC 系统的管道也能成为烟气流动的通道。在前面所说的几种力（尤其是烟囱效应）的作用下，烟气将会沿管道流动，从而促使烟气在整个楼内蔓延。若此时 HVAC 系统仍在工作，HVAC 系统能将烟气送到建筑物的其他部位，从而使尚未发生火灾的空间也受到烟气的影响。对于这种情况，一般认为，应立即关闭 HVAC 系统管道的防火阀和风机，切断着火区与其他部位的联系。这种方法虽然防止了向着火区的供氧及在机械作用下烟气进入通风管的现象，但并不能避免由于压差等因素引起的烟气沿通风管道扩散。

图 2-10 所示为装有 HVAC 系统的某建筑，在发生火灾的情况下，烟气羽流的形状发生明显变化，部分烟气开始向 HVAC 系统的回风口流动。当建筑物的局部区域发生火灾后，烟气会通过 HVAC 系统送到建筑的其他部位，从而使得尚未发生火灾的空间也受到烟气的影响，对于这种情况，一般认为，发生火灾时应先关闭 HVAC 系统以避免烟气扩散，并中断向着火区供风。

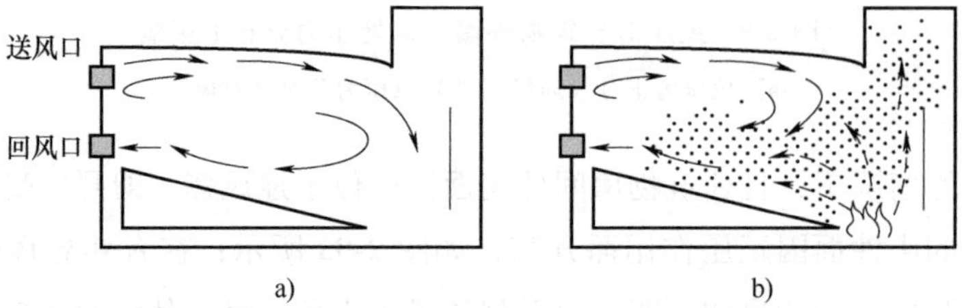

图 2-10 装有 HVAC 系统建筑中的气体流动状况

a）无火灾情况下 b）发生火灾时

2.1.6 电梯活塞效应

当电梯在电梯井中运动时，能够使电梯井内出现瞬时压力变化，称为电梯的活塞效应。当电梯向下运动时将会使其下部的空间向外排气，其上部的空间向内吸气，而电梯向上运动时气流运动则正好相反，如图 2-11 所示。当电梯井道面积较小或电梯高速运动时，电梯产生的活塞效应比较明显。发生火灾时，电梯的活塞效应能够在较短的时间内影响电梯附近空间和房间的烟气流动方向和速度。减弱电梯活塞效应的方法有多种，如减缓电梯运行速度、增加井道尺寸等，但这些措施无形中增加了建筑成本，这些都是建筑物防火设计时应予以充分考虑的。

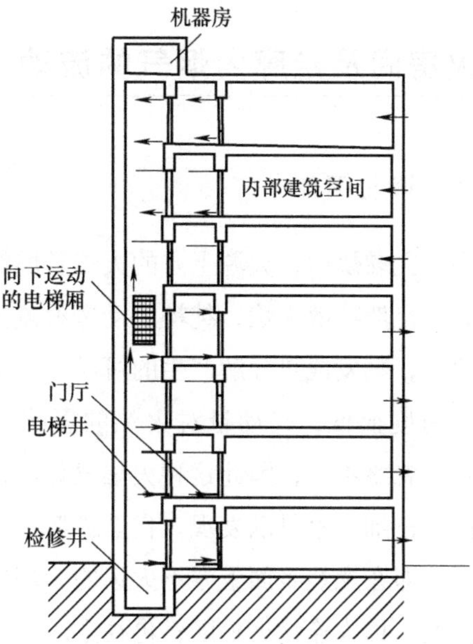

图 2-11 电梯活塞效应引起的气体流动

注：箭头表示气体流动方向

2.2 烟气的扩散路线

建筑发生火灾时，烟气流动的方向通常是火势蔓延的一个主要方向。建筑火灾中烟气在热浮力作用下向上流动，遇到水平楼板或顶棚时，改为水平方向继续流动，形成烟气的水平扩散。这时，如果烟气温度不降低，那么上层是高温烟气，而下层是常温空气，这样就形成明显的分离的两个层流在流动。实际上，烟气在流动扩散过程中，一方面总有冷空气掺混，另一方面受到楼板、顶棚等建筑围护结构的冷却，温度逐渐下降。沿水平方向流动扩散的烟气碰到四周围护结构时，进一步被冷却并向下流动。逐渐冷却的烟气和冷空气流向燃烧区，形成了室内的自然对流，导致火势增强。烟气在水平方向的扩散流动速度较小，在火灾初期为 0.1~0.3m/s，在火灾中期为 0.5~0.8m/s。

当建筑火灾发生在竖直通道中，或者当着火房间烟气流出进入竖直通道后，会形成烟气的竖向扩散。在垂直方向的扩散流动速度较大，通常为 1~5m/s。在楼梯间或管道竖井中，由于烟囱效应产生的抽力，烟气上升流动速度增大，可达 6~8m/s，甚至更大。

建筑火灾烟气流动扩散一般有三条路线：第一条，也是最主要的一条是着火房间→走廊→楼梯间→上部各楼层→室外；第二条是着火房间→室外；第三条是着火房间→相邻上层房间→室外。

2.3 着火房间及走廊内烟气的流动

2.3.1 烟气羽流

在火灾燃烧中，火源上方的火焰及燃烧生成烟气的流动通常称为火羽流。火羽流的火焰大多数为自然扩散火焰，纯粹的动量射流火焰在火灾燃烧中并不多见。例如当可燃液体或固体燃烧时，蒸发或热分解产生的可燃气体从燃烧表面升起的速度很低，其动量对火焰的影响几乎测不出来，可以忽略不计，因此这种火焰气体的流动是浮力控制的。仔细观察可以发现，自然扩散火焰还分为两个小区，即在燃烧表面上方不太远的区域内存在连续的火焰面，称为连续火焰区；再往上的一定区域内火焰则是间断出现的，称为间歇火焰区。火焰区的上方为燃烧产物（烟气）的羽流区，其流动完全由浮力效应控制，一般称为浮力羽流，或称烟气羽流，如图2-12所示。

图 2-12　火羽流的结构示意图

2.3.2 顶棚射流

当羽流与顶棚相遇时，热烟气在径向进行扩展，形成所谓的顶棚射流，如图 2-13 所示。

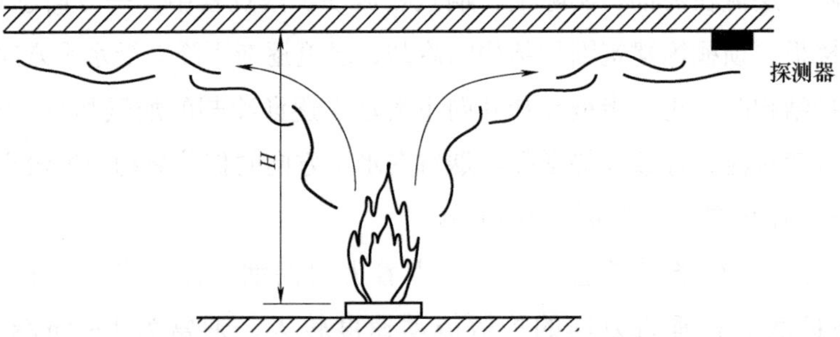

图 2-13　房间顶棚下方形成顶棚射流示意图

在实际建筑火灾初期，产生的热烟气不足以在室内上方积聚形成静止的热烟气层，在顶棚与静止环境空气之间的顶棚射流烟气层会出现迅速流动的现象。当顶棚射流的热烟气通过顶棚表面和边缘上的开口排出，可以延缓热烟气在顶棚以下积聚。热烟气羽流经撞击顶棚后形成顶棚射流流出着火区域。由于热烟气层的下边界会水平卷吸环境空气，因此热烟气层在流动的过程中逐渐加厚，空气卷吸使顶棚射流的温度和速度降低。另外，当热烟气沿顶棚流动时，与顶棚表面发生的热交换也使得靠近顶棚处的烟气温度降低。研究表明，多数情况下顶棚射流层的厚度为顶棚高度（顶棚距离可燃物的垂直高度）H 的 5%～12%，而顶棚射流层内最大温度和最大速度出现在顶棚以下顶棚高度 H 的 1%处，并可以用式（2-6）～式（2-9）计算。

$$T_{max}-T_0=\frac{5.38}{H}\left(\frac{\dot{Q}}{r}\right)^{2/3}\quad (r>0.18H) \tag{2-6}$$

$$T_{max}-T_0=\frac{16.9\,\dot{Q}^{2/3}}{H^{5/3}}\left(\frac{\dot{Q}}{r}\right)^{2/3}\quad (r\leqslant 0.18H) \tag{2-7}$$

$$u_m=0.052\times\left(\frac{\dot{Q}}{r}\right)^{2/3}\quad (r\leqslant 0.15H) \tag{2-8}$$

$$u_m=0.196\,\frac{\dot{Q}^{1/3}H^{1/2}}{r^{5/8}}\quad (r>0.15H) \tag{2-9}$$

式中　T_{max}——最大烟气温度（K）；

T_0——环境温度（K）；

Q——火源热释放速率（kW）；

u_m——最大烟气流动速度（m/s）；

H——顶棚高度（m）；

r——烟气羽流离开撞击区的中心的径向距离（m）。

前面考虑的情况均为非受限的顶棚射流，然而，实际建筑顶棚上的梁或墙会干扰和限制烟气流动。这种情况下，羽流撞击点附近烟气保持自由的径向顶棚射流，当遇到梁或墙后，烟气的流动将转变为受限流动。对于顶棚下建筑横梁之间和走廊中烟气的受限流动，其最大温度表示如下：

$$\frac{\Delta T}{\Delta T_{imp}}=0.29\times\left(\frac{H}{l_b}\right)^{1/3}\exp\left[0.20\times\left(\frac{Y}{H}\right)\left(\frac{l_b}{H}\right)^{1/3}\right]\quad (Y>l_b) \tag{2-10}$$

式中　ΔT——最大烟气温升（K）；

ΔT_{imp}——火焰上方顶棚附近气体温升（K）；

Y——烟气羽流离开撞击区中心的径向距离（m）；

l_b——走廊宽度或两梁间距的一半（m）。

如果上式用于走廊，其适用条件为 $l_b/H>0.2$；如果用于建筑横梁，其适用条件为整个烟气流必须在横梁之间，即无烟气从横梁之间溢出，为此，建筑横梁凸出顶棚部分的高度 h_b 必须满足 $h_b/H>0.1(l_b/H)^{-1/3}$。

当火焰达到无约束顶棚后，此时形成强羽流，未燃烧的气体也会在径向发生扩展，并卷吸空气形成燃烧，因此在顶棚下面会形成圆形火焰，如图 2-14 所示。

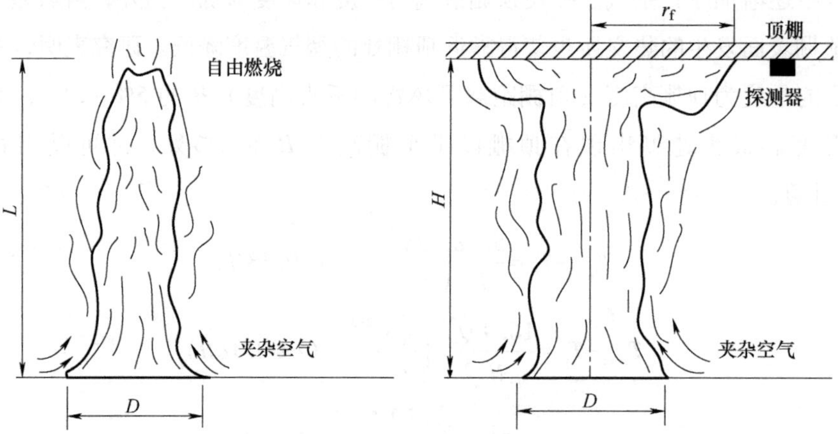

图 2-14　顶棚下面的火焰扩展

火灾科学学者 You 和 Faeth 给出了强羽流驱动的顶棚射流径向火焰扩展范围 r_f(m) 的表达式：

$$\frac{r_f}{D}=0.5\times\left(\frac{L-H}{D}\right)^{0.96} \tag{2-11}$$

式中　L——自由燃烧时的平均火焰高度（m），$L=0.235\dot{Q}^{2/5}-1.02D$，其中 $\dot{Q}$ 为热释放速率（kW）；

D——火源直径（m）。

由式（2-11）可知，径向火焰扩展的范围等于自由火焰高度的一半，部分火焰会扩展到顶棚上方，或者说 $r_f<0.5(L-H)$。因为所依据的实验规模太小，实验过程中的火焰尺寸很小，高度也有限，而且其能量释放速率也较慢，所以式（2-11）仅用于粗略的估算。

火灾科学学者 Heskestad 和 Hamada 在较大的能量释放速率条件下（93~760kW）进行了六次实验，得到火焰扩展的平均范围：

$$r_f=0.95(L-H) \tag{2-12}$$

式（2-12）中，常数 0.95 是常数范围 0.88~1.05 的平均值。对较大型的火焰而言，式（2-12）得到的估算值比式（2-11）更接近实际值。

2.3.3　烟气层沉降

随着火灾持续燃烧，烟气羽流不断向上补充新的烟气，室内烟气层的厚度将会逐渐增加。在这一阶段，上部烟气的温度逐渐升高、浓度逐渐加大，如果可燃物充足，且烟气不能充分地从上部排出，烟气层将会一直下降，直到浸没火源。由于烟气层的下降，室内的洁净空气减少，烟气中的未燃、可燃成分逐渐增多。如果着火房间的门、窗等开口是敞开的，烟气会沿着这些开口排出。根据烟气的生成速率，并结合着火房间的几何尺寸，可以估算出烟气层厚度随时间变化的状况。如图 2-15 所示，假设着火房间的高度为 H，平面面积为 A，烟气层界面到地板的垂直高度为 Y，烟气层界面下降时间为 t，则烟气层的体积变化率 $\dot{V}_S$ 可表示如下：

$$\dot{V}_S = d[A(H-Y)]/dt \quad (2\text{-}13)$$

又假设烟气的质量生成速率为 $\dot{m}$，则式（2-13）可进一步表示如下：

$$d[A(H-Y)]/dt = \dot{m}/\rho_0 \quad (2\text{-}14)$$

由上式可确定烟气层下降到高度为 Y 时的时间 t。如果火灾时要求烟气层的高度限制在高度 Y 以上，则应当在烟气层到达高度 Y 之前把相关排烟口打开。否则，着火房间烟气层下降到房间开口位置，如门、窗或其他缝隙时，烟气会通过这些开口蔓延扩散到建筑的其他地方。

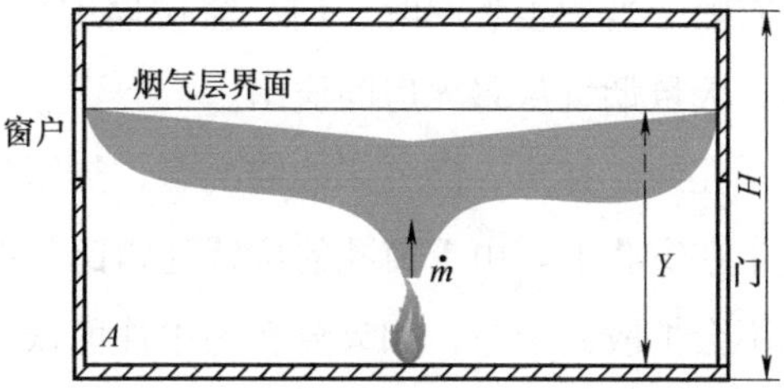

图 2-15 着火房间内烟气层形成示意图

2.3.4 走廊内烟气流动

随着火灾的发展，着火房间上部烟气层会逐渐增厚。如果着火房间设有外窗或专门的排烟口，烟气将从这些开口排至室外。若烟气的生成量很大，致使外窗或专设排烟口来不及排除烟气，烟气层厚度会继续增大，当烟气层厚度增大到超过挡烟垂壁的下端或房门的上缘时，烟气就会沿着水平方向蔓延扩散到走廊中去。着火房间内烟气向走廊的扩散流动是火灾烟气流动的主要路线。

1. 着火房间扩散到走廊中的烟气流动特点

烟气在走廊中的流动过程如图 2-16 所示，整体呈层流流动。烟气在上层流动，空气在下层流动，如果没有外部气流干扰的话，分层流动能保持 40~50m 的流程，上下两个流体层之间的掺混很微弱；但若流动过程中遇到外部气流干扰时，如室外空气送进或排气设备排气时，则层流状态将变成紊流状态。烟气层的厚度在一定的流程内能维持不变，从着火房间排向走廊的烟气出口起算，通常可达 20~30m。当烟气流过比较长的路程时，由于受到走廊顶棚及两侧墙壁的冷却，两侧的烟气沿墙壁开始下降，最后只在走廊断面的中部保留一个接近圆形的空气流股。

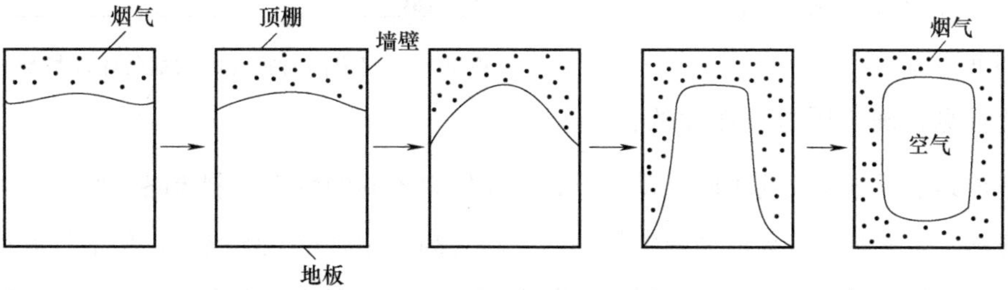

图 2-16 烟气在走廊流动过程中的下降状况

2. 着火房间蔓延到走廊中的烟气量

在火灾初期，如房间的门窗都紧闭，这时空气和烟气仅仅通过门窗的缝隙进出，流量非常有限。当发生轰燃时，门、窗玻璃破碎或门板破损，火势迅猛发展，烟气生成量快速增加，大量烟气从着火房间流出。

在外窗打开、门关闭的情况下，热压作用产生在窗孔上，空气和烟气的流进、流出主要发生在窗孔上。由于窗孔的位置通常比门的位置高，如果窗孔的中性面高于门框上缘，则烟气不会扩散到走道；如果窗孔的中性面低于门框上缘，则有一部分烟气将通过中性面以上的缝隙扩散到走道中去，但这部分烟气量有限，着火房间产生的烟气绝大部分从窗孔的上部排至室外。窗孔中性面及压力分布如图 2-17 所示。

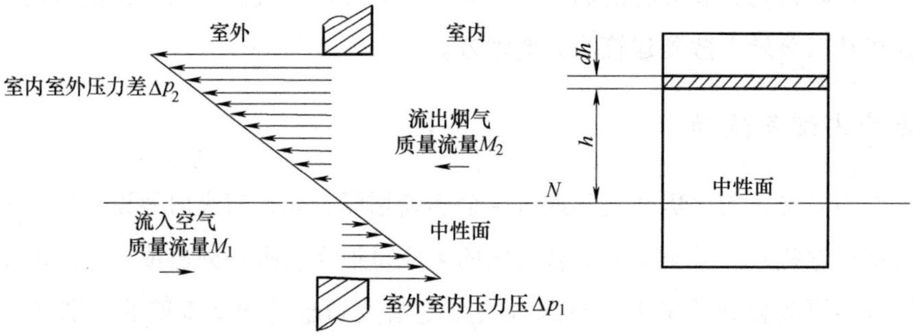

图 2-17　窗孔中性面及压力分布

如果外窗关闭、门打开，这时热压作用主要发生在门洞处，在门洞下部，走道中的冷空气流进着火房间；而在门洞上部，着火房间中的烟气流向走道，因此，大量烟气扩散到走道中，严重影响人员疏散安全。

如果门窗同时打开，热压作用同时在窗孔和门洞处产生，但由于窗孔的位置较高，使总的中性面位置较高，对窗孔而言偏下，对门洞而言偏上，大部分烟气将通过窗孔的上部排至窗外，扩散到走道中的烟气量仍较少，如图 2-18 所示。

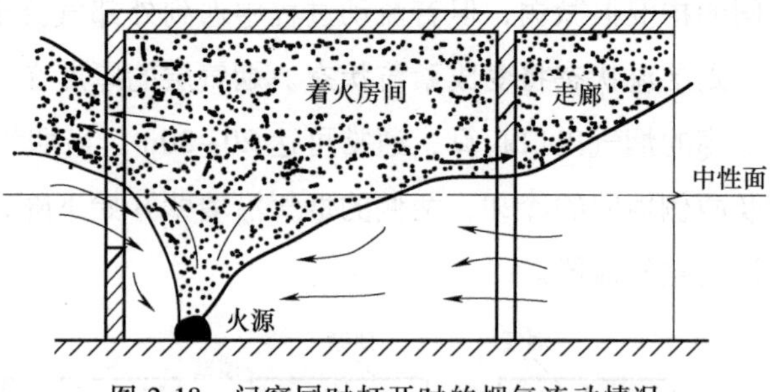

图 2-18　门窗同时打开时的烟气流动情况

由此可见，确定压力中性面的位置就可确定其上下方烟气的不同流动状况，从而制定不同的烟气控制策略，实现烟气的有效控制。在发生火灾时，着火房间内的气体温度总是高于室外空气的温度，使烟气流动受到正烟囱效应，尤其是对于高耸建筑，因此下节主要讨论正烟囱效应下竖井内中性面位置的确定方法。

2.4 竖井中烟气的流动

2.4.1 具有连续侧向开缝竖井

假设一个竖井（与地面相通的垂直通道），从其顶部到底部有连续的宽度相同的侧向开缝与外界连通，由于竖井内温度高于竖井外温度，则由正烟囱效应而引起的该竖井内气流状况如图 2-19 所示。

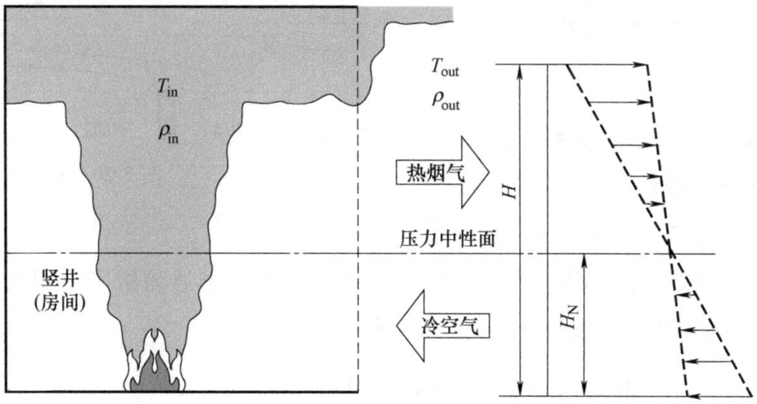

图 2-19 与外界具有连续开缝竖井的气流状况

竖井侧向开口高度为 H(m)，中性面 N 到竖井下缘的垂直距离为 H_N(m)，室内外气体温度、密度分别为 T_{in}(K)、T_{out}(K)、ρ_{in}(kg/m^3)、ρ_{out}(kg/m^3)。中性面处竖井内外压力相等，设此处压力为 p_0。则在距中性面 N 上方垂直距离 h 处的竖井内外压力分别用式（2-15）和式（2-16）计算：

$$p_{in}=p_0+\rho_{in}gh \tag{2-15}$$

$$p_{out}=p_0+\rho_{out}gh \tag{2-16}$$

以上两式相减得到距中性面 N 上方垂直距离 h 处的竖井内外压力差：

$$\Delta p=|\rho_{out}-\rho_{in}|gh \tag{2-17}$$

一般认为烟气也遵循理想气体定律，理想气体方程表述如下：

$$pM=\rho RT \tag{2-18}$$

式中 M——气体摩尔质量（kg/mol）；

R——理想气体常数，约为 8.31J/(mol·K)。

竖井内外压差变化远小于绝对大气压力 p_{atm}(Pa)，因此，可以用 p_{atm} 和竖井内外气体温度来表示气体密度，则式（2-18）可表示如下：

$$\Delta p=(\rho_{out}-\rho_{in})gh=\left(\frac{p_{atm}M}{RT_{out}}-\frac{p_{atm}M}{RT_{in}}\right)gh=\frac{ghp_{atm}}{R/M}\left(\frac{1}{T_{out}}-\frac{1}{T_{in}}\right) \tag{2-19}$$

烟气从开口向外蔓延遵循流体孔口流动规律。与开口壁的厚度相比，开口面积很大的孔洞（如门窗洞口）的气体流动，称为孔口流动，如图 2-20 所示。从开口面积为 A 的出口流出的气流发生缩流现象，流体发生缩流后的截面面积变为 A'。故引入收缩系数 $\alpha=A'/A$，由流体力学实验得知取值一般为 0.62～0.64。那么通过孔口的气体体积流量 Q（m^3/s）确定如下：

$$Q=\alpha Av \tag{2-20}$$

根据伯努利方程（不考虑孔口入口处的缩流阻力和孔口内的摩擦阻力）：

$$p_1=p_2+\frac{1}{2}\rho v^2 \tag{2-21}$$

式（2-20）可表示如下：

$$Q=\alpha A\sqrt{2(p_1-p_2)/\rho}=\alpha A\sqrt{2\Delta p/\rho} \tag{2-22}$$

式中　α——收缩系数；

v——气体通过孔口的流速（m/s）。

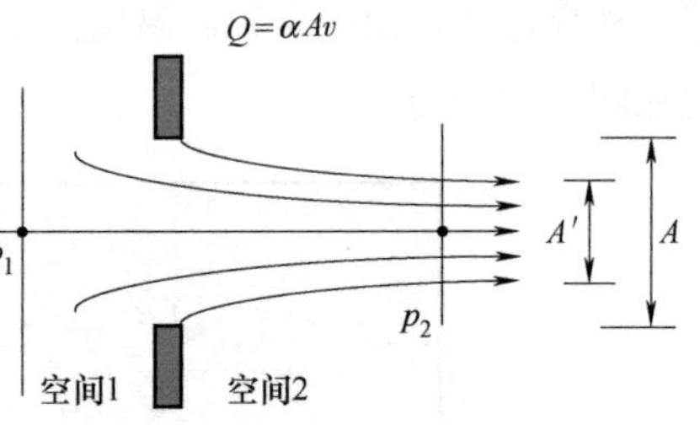

图 2-20　孔口流动

从 h 处起向上取微元高 dh，设 w 为竖井的宽度。根据上述流量平方根法则，通过该微元面积向外排出的气体质量流量 dm_{out} 表示如下：

$$dm_{out}=\rho_{in}dQ_{out}=\alpha w\sqrt{2\rho_{in}\Delta P}\,dh=\alpha w\sqrt{2\rho_{in}bh}\,dh \tag{2-23}$$

其中：

$$b=gp_{atm}(1/T_{out}-1/T_{in})M/R \tag{2-24}$$

则从竖井中性面至上缘之间的开口面积中排出的气体质量流量可用式（2-25）确定：

$$m_{out}=\int_0^{H-H_N}dm_{out}=\int_0^{H-H_N}\alpha w\sqrt{2\rho_{in}bh}\,dh \tag{2-25}$$

积分得：

$$m_{out}=\frac{2}{3}\alpha w(H-H_N)^{3/2}\sqrt{2\rho_{in}b} \tag{2-26}$$

同理，可以得到从竖井中性面至下缘之间的开口面积中流入的空气质量流量：

$$m_{in}=\frac{2}{3}\alpha wH_N^{3/2}\sqrt{2\rho_{out}b} \tag{2-27}$$

假设竖井除了连续开缝与大气相通外，其余各处密封均较好，则流入与流出房间的烟气流量相等，可近似认为 $m_{in}=m_{out}$。联立式（2-26）、式（2-27），消去相同的项，根据理想气体定律（$p_{atm}M=\rho RT$）整理得：

$$\frac{H_N}{H}=\frac{1}{1+(T_{in}/T_{out})^{1/3}} \tag{2-28}$$

另外，大开口房间的压力中性面与上述具有连续侧向开缝的竖井类似。火灾初期，室内气体分为上部热烟气层和下部冷空气层，因而室内压力分布由两段斜率不同的直线组成，下半段直线与室外压力分布线平行，室内外压力分布线没有交点，不存在压力中性面；随着火灾的发展，热烟气层逐渐变厚，室内压力分布线上半段随之变长，并与室外压力分布线相交，交点所在的水平面即为压力中性面；发生轰燃后，室内气体不再分层，压力分布线成为一条直线，其发展过程如图 2-21 所示。

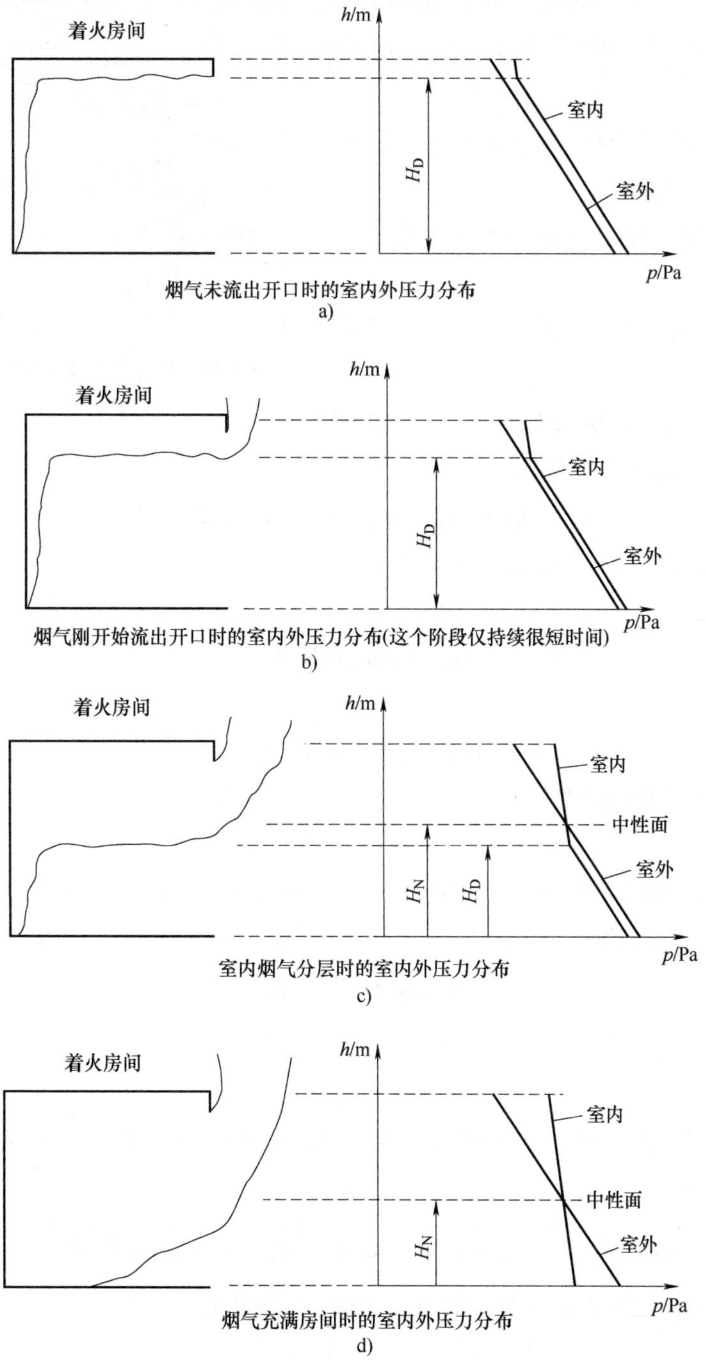

图 2-21　大开口房间压力分布线发展过程示意图

2.4.2 具有上下侧向开口的竖井

设某竖井具有上下两个侧向开口，由正烟囱效应而引起的该竖井内气流状况如图 2-22 所示（此种情况类似于着火房间与室外具有上、下两个开口）。

图中，H_N(m) 为中性面到竖井下部开口中心位置处的垂直距离。在中性面 N 处，竖井内外压力相等，设为 p_0。

式（2-29）~式（2-34）表示竖井上下部开口处压力及压力差的确定。

1）竖井下部开口处内外压力及压力差。

竖井内压力：

$$p_{1in}=p_0+\rho_{in}gH_N \tag{2-29}$$

竖井外压力：

$$p_{1out}=p_0+\rho_{out}gH_N \tag{2-30}$$

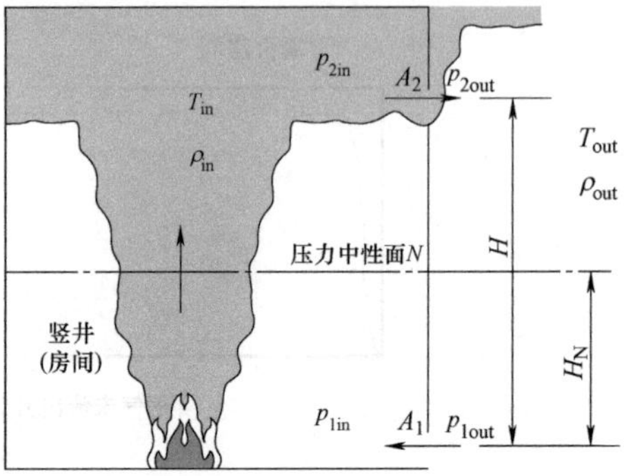

图 2-22 具有上下双开口竖井的气流状况

竖井下部开口处的内外压差：

$$\Delta p_1=|p_{1in}-p_{1out}|=|\rho_{in}-\rho_{out}|gH_N \tag{2-31}$$

2）竖井上部开口处内外压力及压力差。

竖井内压力：

$$p_{2in}=p_0+\rho_{in}g(H-H_N) \tag{2-32}$$

竖井外压力：

$$p_{2out}=p_0+\rho_{out}g(H-H_N) \tag{2-33}$$

竖井上部开口处的内外压差：

$$\Delta p_2=|p_{2in}-p_{2out}|=|\rho_{out}-\rho_{in}|g(H-H_N) \tag{2-34}$$

为了简化分析，假设两个侧向开口的间距比开口本身的尺寸大得多，这样可忽略沿开口自身高度的压力变化。根据流量平方根法则，通过下部流入口流进竖井的气体质量流量可表示如下：

$$m_{in}=\alpha_1A_1\sqrt{2\rho_{out}\Delta p_1} \tag{2-35}$$

通过上部排出口流出的气体质量流量 m_{out} 可表示如下：

$$m_{out}=\alpha_2A_2\sqrt{2\rho_{in}\Delta p_2} \tag{2-36}$$

由于根据质量守恒定律，流出竖井的气体质量应等于流入竖井的气体质量，即 $m_{in}=m_{out}$，于是有：

$$\alpha_1A_1\sqrt{2g\rho_{out}|\rho_{in}-\rho_{out}|H_N}=\alpha_2A_2\sqrt{2g\rho_{in}|\rho_{out}-\rho_{in}|(H-H_N)} \tag{2-37}$$

将式（2-37）两边平方，根据理想气体定律移项整理得：

$$\frac{H_N}{H}=\frac{1}{1+(T_{in}/T_{out})(\alpha_1A_1/\alpha_2A_2)^2} \tag{2-38}$$

式中　A_1——竖井下部开口面积（m^2）；

A_2——竖井上部开口面积（m^2）；

α_1——竖井下部开口收缩系数；

α_2——竖井上部开口收缩系数；

ρ_{in}——竖井内部气体密度（kg/m^3）；

ρ_{out}——竖井外部气体密度（kg/m^3）；

T_{in}——竖井内部气体温度（K）；

T_{out}——竖井外部气体温度（K）；

Δp_1——竖井下部开口处的内外压力差（Pa）；

Δp_2——竖井上部开口处的内外压力差（Pa）。

当竖井上下开口的结构形式基本相同，可认为其收缩系数相近，即 $\alpha_1=\alpha_2$，则式（2-38）可简化如下：

$$\frac{H_N}{H}=\frac{1}{1+(T_{in}/T_{out})(A_1/A_2)^2} \tag{2-39}$$

式（2-39）表明了中性面位置与上下开口面积、竖井内气体温度及外界空气温度之间的关系。显而易见，火灾温度越高，中性面越往下移；下部开口面积增大，中性面也往下移。中性面下移，有利于对外排烟，所以在进行自然排烟设计时，应适当加大竖井底部的开口面积，这样有利于上层的对外排烟。

2.4.3　具有连续侧向开缝和一个上部侧向开口的竖井

设某竖井具有连续侧向开缝和一个上部侧向开口，则竖井内由正烟囱效应所引起的气流流动状况如图 2-23 所示（此种情况类似于着火房间通向室外的单个门窗开启，且有一个上部开口）。

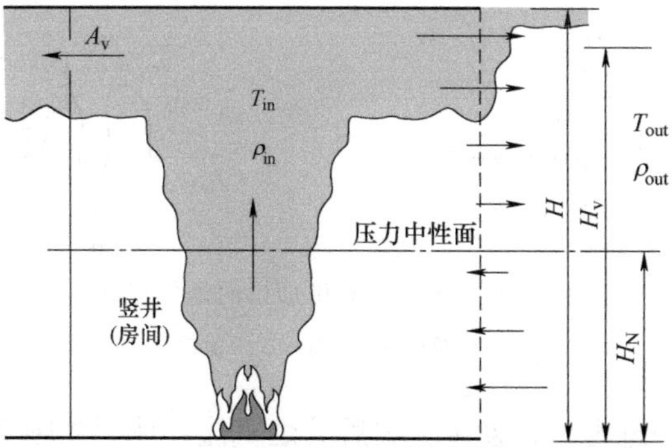

图 2-23　具有一个上部开口及连续开缝竖井的气流状况

设上部侧向开口的面积为 A_v，其中心到地面的高度为 H_v，w 为竖井开口宽度。开口位于中性面之下时也可做类似分析。为简化起见，认为开口的自身高度与竖井高 H 相比很小，这样可认为流体流过开口时的压力差不变。

流出房间的烟气质量是连续侧向开缝中性面至上缘之间的开口面积中流出的烟气质量与由上部开口流出的烟气质量之和：

$$m_{out}=\frac{2}{3}\alpha w(H-H_N)^{3/2}\sqrt{2\rho_{in}b}+\alpha A_v\sqrt{2\rho_{in}b(H_v-H_N)} \tag{2-40}$$

同理，可以得到从连续侧向开缝中性面至下缘之间的开口面积中流入的空气质量流量：

$$m_{in}=\frac{2}{3}\alpha wH_N{}^{3/2}\sqrt{2\rho_{out}b} \tag{2-41}$$

根据质量守恒定律，流出房间的质量应等于流入房间的质量，即 $m_{in}=m_{out}$。联立式（2-40）、式（2-41），消去相同的项，并将理想气体定律关于密度和温度的关系代入，得：

$$\frac{2}{3}w(H-H_N)^{3/2}+A_v(H_v-H_N)^{1/2}=\frac{2}{3}wH_N{}^{3/2}(T_{in}/T_{out})^{1/2} \tag{2-42}$$

当 $A_v\neq0$ 时，此式可进一步整理如下：

$$\frac{2}{3}\frac{wH(H-H_N)^{3/2}}{A_vH}+(H_v-H_N)^{1/2}=\frac{2}{3}\frac{wHH_N{}^{3/2}T_{in}{}^{1/2}}{A_vHT_{out}{}^{1/2}} \tag{2-43}$$

对于较大的开口，比值 wH/A_v 趋近于零。而当 wH/A_v 接近于零时，上式中的第 1、3 项接近于零，于是得到 $H_N=H_v$，这样中性面就位于上部开口处。显然，由上述各式决定的中性面位置受流动面积影响较大，而受温度影响较小。

无论开口在中性面上部还是下部，其位置将位于式（2-39）无开口时的高度与开口高度 H_v 之间。wH/A_v 的值越小，中性面的位置就越接近于 H_v。

2.4.4 顶部水平开口的竖井

建筑物顶部开设水平排烟口也是一种最普遍的自然排烟方式。但是受压差的影响，流动的方向有单向和双向两种情况，如图 2-24 所示。由于火灾情况下，室内压力高于室外，认为水平开口处仅存在单向流动。

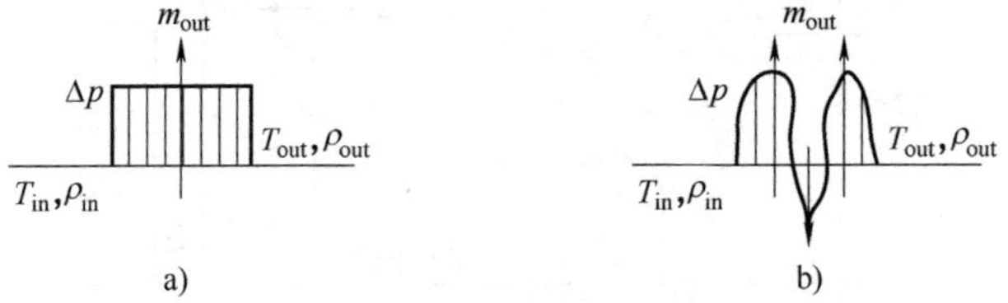

图 2-24　水平自然排烟口的烟气流动

a）单向流动　b）双向流动

假设某房间顶部有一排烟口，发生火灾后其烟气流动情况如图 2-25 所示。

上部开口处内外压差 Δp_u 表示如下：

$$\Delta p_u=(H-H_N)(\rho_{out}-\rho_{in})g \tag{2-44}$$

下部开口处内外压差 Δp_l 表示如下：

$$|\Delta p_l|=(H_N-H_C)(\rho_{out}-\rho_{in})g \tag{2-45}$$

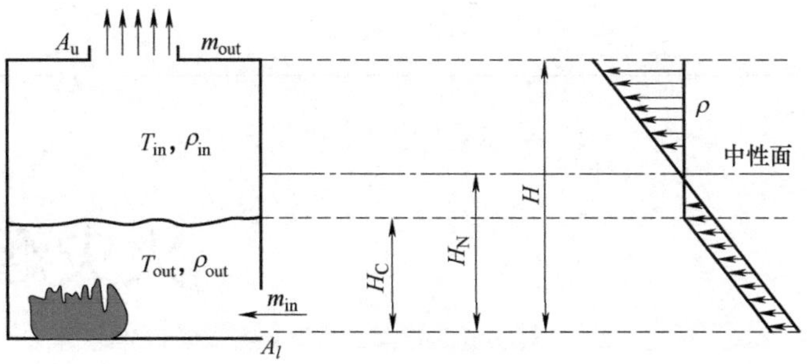

图 2-25 顶部自然排烟口的烟气流动

式中 ρ_{in}、ρ_{out}——房间内部和外部气体密度（kg/m^3）；

T_{in}、T_{out}——房间内部和外部气体温度（K）；

H、H_N、H_C——房间高度、中性面高度和冷空气层高度（m）；

结合式（2-44）、式（2-45），可以得到流出房间的烟气质量流量 m_{out}(kg/m^3）和流进房间的空气质量流量 m_{in}(kg/m^3)：

$$m_{out}=\alpha A_u\sqrt{2\Delta p_u\rho_{in}}=\alpha A_u\rho_{in}\sqrt{\frac{2(H-H_N)(\rho_{out}-\rho_{in})g}{\rho_{in}}} \tag{2-46}$$

$$m_{in}=\alpha A_l\sqrt{2\Delta p_l\rho_{out}}=\alpha A_l\rho_{out}\sqrt{\frac{2(H_N-H_C)(\rho_{out}-\rho_{in})g}{\rho_{in}}} \tag{2-47}$$

式中 A_u、A_l——水平排烟口面积和竖向进风口面积（m^2）。

根据质量守恒定律，即进入着火房间的空气流量等于流出顶部排烟口的烟气流量 $m_{in}=m_{out}$，因此，可得到中性面高度 H_N的表达式：

$$H_N=\frac{A_u^2\rho_{in}H+A_l^2\rho_{out}H_C}{A_l^2\rho_{out}+A_u^2\rho_{in}} \tag{2-48}$$

将烟气和空气都视为理想气体，则由理想气体定律，式（2-48）可写如下：

$$H_N=\frac{A_u^2T_{out}H+A_l^2T_{in}H_C}{A_l^2T_{in}+A_u^2T_{out}} \tag{2-49}$$

复 习 题

1. 火灾烟气流动的驱动力有哪些？
2. 烟囱效应的含义及其对烟气流动的影响？
3. 烟气的扩散路线有哪些？
4. 具有连续开缝和一个上侧开口的竖井的压力中性面计算公式是如何推导的？

第 2 章练习题

扫码进入小程序，完成答题即可获取答案

第3章 火灾烟气的控制

教学要求

理解烟气控制基本策略；掌握四种防烟方式；掌握自然排烟和机械排烟方式；熟悉防烟分区划分

重点与难点

机械加压排烟方式；自然排烟和机械排烟方式优缺点

根据火灾烟气的生成及其在建筑内的扩散蔓延规律，就可以提出针对性的控制方法。若建筑物的某区域发生火灾，烟气将迅速充满该区域而使之成为有烟区，建筑物其他区域暂时为无烟区。如何使着火区域不产生或尽量少产生有毒有害的烟气，并防止烟气从有烟区向无烟区蔓延扩散，这是建筑防烟问题。如何将有烟区的烟气及时排出建筑外，这是建筑排烟系统要解决的问题。因此，建筑火灾烟气控制有“防烟”和“排烟”两种方式。“防烟”是防止烟的进入，是被动的；相反，“排烟”是积极改变烟的流向，使之排出户外，是主动的，两者互相配合，才能达到良好的控烟效果。本章将重点介绍火灾烟气控制的基本策略及对其进行控制的基本方法。

3.1 火灾烟气控制的基本策略

火灾烟气控制的首要目的是保证人员生命的安全，其次是财产和建筑本身的安全。当然，建筑防排烟工程除了保障建筑内部人员安全疏散外，还有利于消防人员进入火场，进行灭火救援活动，并在灭火后对残余的烟气进行排除，恢复正常的环境。

因此，烟气控制策略和具体的措施都要紧紧围绕保证人的生命安全来进行。一般情况下，人只有接触到火灾烟气才会受到它的影响，因此火灾烟气控制的基本策略就是尽量做到“人、烟分离”。所谓“人、烟分离”有两层意思或两种情况。一种是人和烟气不在建筑物的同一区域内，此时需要采取措施防止烟气在建筑物内蔓延扩散；另一种是人和烟气在同一区域内，通过控制烟气流动或烟气层的沉降，使人在疏散出去前不接触到烟气。针对第一种情况，常见的控制措施是将建筑物划分成若干个控制区，采用防烟排烟或两者相结合的方法将火灾烟气限制在某个区域或阻止在某些控制区之外，如控制烟气在着火区域，使烟气不流向非着火区、疏散通道或安全区，而向室外流动。针对第二种情况，一般通过排烟将烟气层控制在某个高度，不与人接触；或通过组织有效气流将烟气“驱离”人员，如在交通隧道中采用纵向通风排烟的方式，保证隧道上风侧无烟气侵入。

烟气控制措施的目的是消除或减轻烟气遮光性、毒害性和高温对人的影响，给人员疏散提供安全的疏散条件，保障足够长的疏散时间。建筑内部人员逃生的时间主要集中在火灾初期。在此过程中，感知到火灾并给出报警的时间和火灾发展的状态对人员逃生构成危险的时刻具有重要意义。火灾时人员安全疏散的时间线一般来说可以划分为三个时间段，火灾探测报警时间段、人员接收到报警信息准备开始疏散时间段和疏散行动时间段，如图 3-1 所示。火灾发生时温度上升或烟气浓度上升或能见度下降到对人体构成危害所经过的时间称为可用疏散时间（ASET）。其中，人员安全判据指标可参考第 1 章表 1-18。火灾探测报警时间 t_p(s)、疏散准备时间 t_a(s) 和疏散行动时间 t_{rs}(s) 之和为必需疏散时间（RSET）。当 ASET>RSET 时，可以判定人员能够在火灾发展到对人体构成危害之前完成疏散。

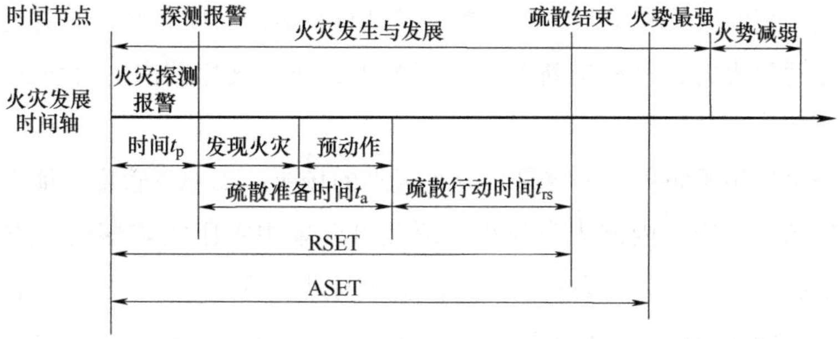

图 3-1 人员安全疏散时间线图

烟气控制措施对 ASET 和 RSET 都有影响。对着火区域进行排烟，可以降低烟气温度和有毒有害气体的浓度，延长 ASET；同时，排烟也能提高火场能见度，加快人员疏散速度，从而缩短 RSET。由此可见，建筑防排烟工程是火灾时保障人员安全的重要消防技术之一。

3.2 防烟方式

总结国内外的实践经验，防烟方式归纳起来有非燃化防烟、密闭防烟、阻碍防烟和机械加压防烟四种方法。

3.2.1 非燃化防烟

非燃化是指建筑材料、室内家具材料、各种管道及其保温绝热材料由非燃材料或难燃材料制成。非燃材料的特点是不易燃烧且发烟量很少，可使火灾时产生的烟气量大大减少，烟气光学浓度大大降低，这是从根本上杜绝或减少烟源的一种防烟方式。各国都制定了专门的标准或规范，对建筑材料、室内装修材料、室内家具材料及各种管道及其保温绝热材料等的燃烧性能做了明确的规定，特别是对大型建筑、无窗建筑、地下建筑和使用明火的场所要求更加严格。例如，我国现行的《建筑设计防火规范》（GB 50016—2014）对建筑构件的燃烧性能做了明确要求；《建筑内部装修设计防火规范》（GB 50222—2017）指出建筑内部装修设计应积极采用不燃性材料和难燃性材料；《建筑防烟排烟系统技术标准》（GB 51251—2017）要求送风管道、排烟管道应采用不燃材料制作。

不仅建筑材料及内部装修材料等要非燃化，而且还要考虑建筑物内储放的衣物、书籍等易燃物品的非燃化。这些可燃物并没有相关规范来规定它们的燃烧性能，主要依靠后期的消防管理和人们的消防安全意识去防范。通常的做法是把易燃物品存放在专门设计的不燃或难燃材料制作的壁橱、钢橱等橱柜中。当采用非燃化材料和非燃化设计的建筑物发生火灾时，建筑物本身及室内家具、物品等燃烧所产生的烟气量可减少到最低程度。

3.2.2 密闭防烟

密闭防烟是采用耐火性和密封性较好的围护结构将房间封闭起来，并对进出房间的气流加以控制。当房间起火时，可杜绝新鲜的空气流入，使着火房间内的燃烧因缺氧而自行熄灭，从而达到防烟灭火的目的。

密闭防烟一般适用于防火分隔容易划分得很细的场所，如地下管廊。地下管廊是狭长空间，很容易进行防火分隔，内部人员很少，因此可以采用密闭式防烟灭火方式。住宅、公寓、旅馆等建筑物的各个房间空间相对较小，也容易进行防火分隔，特别是容易发生火灾的房间，如厨房。密闭防烟的优点是不需要动力就能达到很好的效果。缺点是门窗经常处于关闭状态，使用不方便，而且发生火灾时，如果房间内有人需要疏散，房门打开时将引起漏烟。管道穿墙孔洞四周的缝隙采用不燃材料进行严密填塞，也属于密闭防烟方式，如图 3-2 所示。

a)　　　　　　b)

图 3-2　密闭防烟方式

a）风管穿楼板防火封堵　b）电缆管道防火封堵

3.2.3 阻碍防烟

阻碍防烟是在烟气扩散流动的路线上设置某些耐火性能好的阻碍结构（如防火卷帘、防火门、防火阀、挡烟垂壁等）把烟气阻挡在某些限定区域，防止烟气继续扩散。这种方式常用在烟气控制区域的分界处，有时在同一区域内也采用，以便和排烟设备配合进行有效排烟。

挡烟垂壁是为了延缓烟气水平流动而垂直安装在顶棚上的一种阻碍防烟结构。挡烟垂壁从顶棚向下的下垂高度一般距顶棚面要在 50cm 以上，称为有效高度。随着火灾的发展，烟气聚积在顶棚下，烟气层变厚。当挡烟垂壁有效高度 h_0 大于烟气层厚度 h 时，烟气就被阻挡在挡烟垂壁和墙壁所包围的区域内而不能向外扩散，如图 3-3a 所示。有时，即使烟气层厚度小于挡烟垂壁的有效高度 h_0，当烟气流动高于一定速度时，由于反浮力壁面射流的形成，烟气层可能克服浮力作用而越过挡烟垂壁的下缘继续水平扩散。当挡烟垂壁的有效高度 h_0 小于烟气层厚度 h 或小于烟气层厚度 h 与其下降高度 Δh 之和时，挡烟垂壁防烟失效，如图 3-3b 所示。因此，挡烟垂壁凸出顶棚的高度应尽可能大。

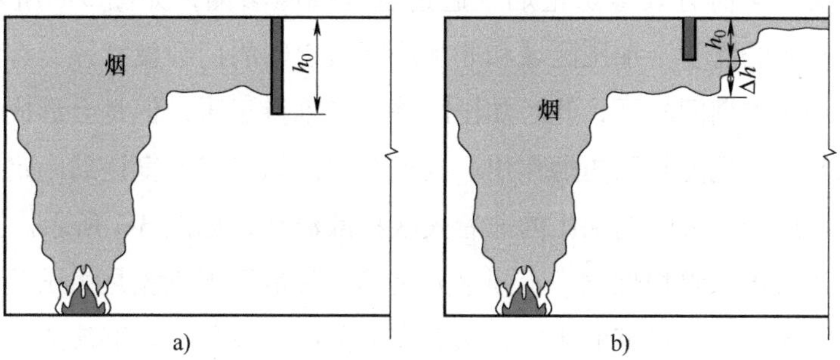

图 3-3 挡烟垂壁的作用机理

防烟空气幕是通过气幕机吹出的气流阻挡烟气从一侧流过的一种柔性阻碍防烟结构，如图 3-4a 所示。不同于防火卷帘等刚性结构，若设置在疏散通道上会妨碍人员疏散和灭火救援，防烟空气幕不会影响人员通行。根据气流组织形式，气幕可分为单吹式和吹吸式两种。吹吸式气幕形成的气流运动是由吹出气流、吸入气流和主气流三者合成的，如图 3-4b 所示。相关实验研究表明，在火灾初期吹吸式气幕隔烟效率接近 100%，优于单吹式气幕。目前，经过专门论证后，防烟空气幕可应用于一些特殊场所，如地铁车站疏散楼梯跨越楼层处。

隔断或阻挡防烟是一种被动的防烟方式，其防烟效果不稳定，受外界影响大。因此，一般都是配合排烟系统进行设置，帮助限制烟气流动或聚拢烟气，达到提高排烟效果的目的。

3.2.4 机械加压防烟

机械加压防烟是在建筑物发生火灾时，对着火区以外的区域进行加压送风，使其保持一定的正压，以防止烟气侵入的防烟方式，如图 3-5 所示。现在的建筑防排烟工程一般是在疏散通道（前室和楼梯间）、避难层（间）、避难走道等部位采用机械加压防烟方式。

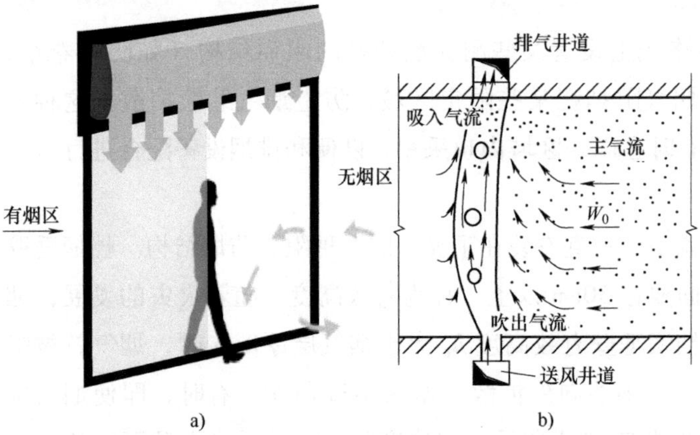

图 3-4　防烟空气幕

a）气幕阻烟示意　b）吹吸式气幕的阻烟原理

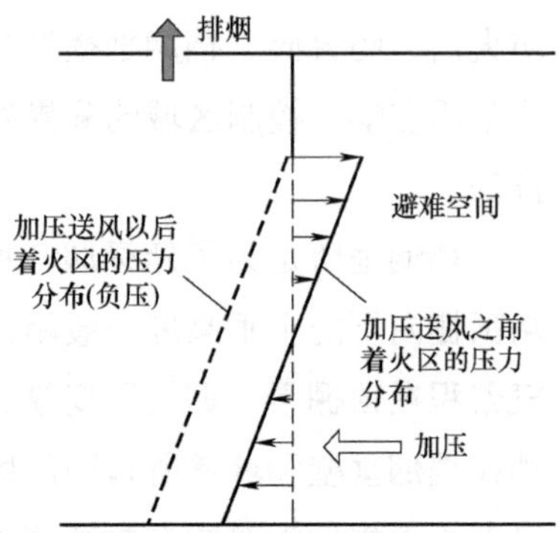

图 3-5　加压送风原理图

由于这些加压区域和非加压区域之间存在压力差，门窗周围的缝隙和围护结构缝隙中形成一定流速的气流，从而有效地防止烟气通过这些缝隙渗漏，如图 3-6 所示。当发生火灾时，由于疏散和扑救的需要，加压区域和非加压区域之间的门会被打开，有的仅在疏散期间打开，有的在整个火灾期间打开，此时加压区域不能维持正压，但是会形成门洞风，其方向与烟气流动方向相反，也能起到防烟作用。当这个门洞风气流速度达到一定值时，就能有效地阻止烟气由非加压的着火区向加压的非着火区扩散流动，如图 3-7 所示。这两种情况相同之处在于都是利用气流来阻挡烟气，不同之处是第一种情况下气流是由压差造成的，阻挡烟气需要维持两个区域之间有足够的压差，从而在缝隙中形成具有足够流速的气流；而第二种情况是送进来的风直接从门洞流出，这就需要提供足够的风量。因此，第一种情况设计的要点是维持压差需要多少风量，第二种情况是维持风速需要多少风量。所以，在采用机械加压防烟方式时，需要根据上述两种情况分别进行计算，并取数值大的作为最终的设计参数。一般来说，在非起火区域采用机械加压送风防烟的同时，在着火区域采用排烟，这就构成了送风和排烟的防排烟组合。

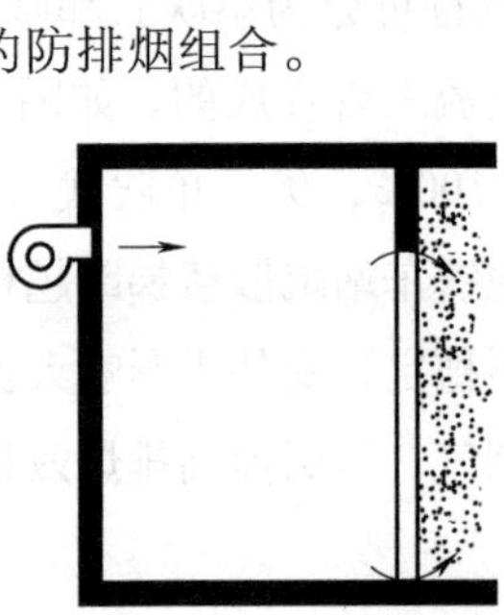

图 3-6　门关闭时，挡烟物两侧压力差防烟

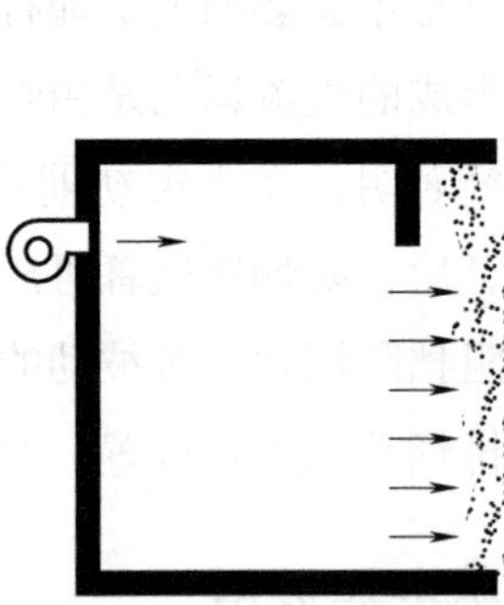

图 3-7　门开启时，敞开门洞处反向气流防烟

通过建筑结构缝隙、门缝以及其他流动路径的空气体积流率正比于这些路径两端压差的

n 次方。对于几何形状固定的流动路径，理论上 n 在 0.5~1.0 取值。对于除极窄的狭缝以外的所有流动路径，均可取 $n=0.5$。根据伯努利方程，可以近似地计算出通过门缝等的空气泄漏量：

$$W=\alpha A\left(\frac{2\Delta p}{\rho}\right)^{1/2} \tag{3-1}$$

式中 A——流动面积（m^2），通常等于流动路径的截面面积；

Δp——流动路径两端的压差（Pa）；

ρ——流动空气的密度（kg/m^3）；

α——收缩系数，取决于流动路径的几何形状及流动的湍流度等，其值通常在 0.6~0.7 的范围内。若 α 取 0.65，ρ 取 $1.2kg/m^3$，则上述方程可表示如下：

$$W=K_f A\Delta p^{1/2} \tag{3-2}$$

式（3-2）中，系数 $K_f=0.839$。也可利用图 3-8 来确定空气体积流率。例如，关闭的门周围缝隙的面积为 $0.01m^2$，两边压差为 2.5Pa 时空气体积流率约为 $0.013m^3/s$；当压差增至 75Pa 时空气体积流量增至 $0.073m^3/s$。

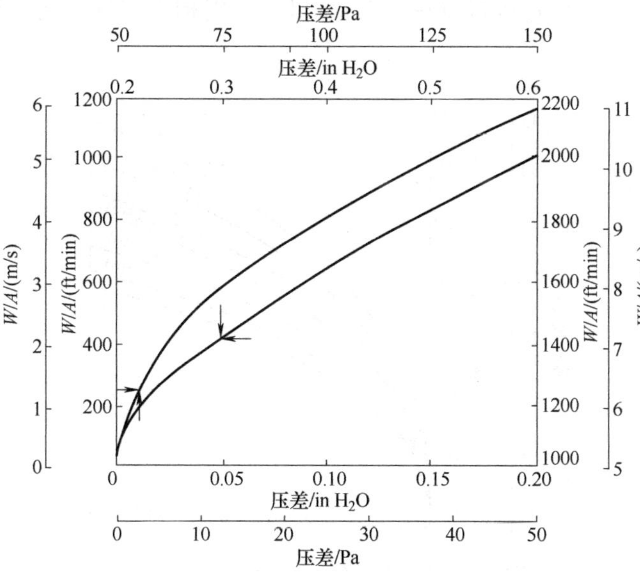

图 3-8 空气的体积流率和缝隙面积与压差关系图

当门开启时，合理利用空气气流能够有效地阻止烟气向走廊等区域蔓延。火灾科学学者托马斯（Thomas）提出了阻止烟气侵入走廊所需临界气流速度的经验公式：

$$V_k=k\left(\frac{gE}{\rho W c_p T}\right)^{1/3} \tag{3-3}$$

式中 V_k——阻止烟气扩散的临界气流速度（m/s）；

E——走廊中的能量进入速率（kW），取其为火灾热释放速率中的对流换热部分的热量 Q_c；

W——走廊的宽度（m）；

ρ——上游空气密度（kg/m^3）；

c_p——下游气体的比定压热容（kJ/kg·℃）；

T——下游气体的热力学温度（K）；

k——量纲为 1 的常数；

g——重力加速度（m/s^2）。

考虑到距火区较远处的物体物性参数在流动截面上的分布近似均匀，若取 $\rho=1.3kg/m^3$，$c_p=1.005kJ/(kg·℃)$，$T=300K$，$g=9.81m/s^2$ 和 $k=1$，则临界气流速度确定如下：

$$V_k=0.292\left(\frac{Q_c}{W}\right)^{1/3} \tag{3-4}$$

上式中，系数 k 取值为 0.292。图 3-9 给出了式（3-4）的图解。例如，当 1.22m 宽的走廊中烟气能量进入速率为 150kW 时，可得到临界气流速度约为 1.45m/s。而在同样走廊宽度的情况下，若烟气能量进入速率增至 2.1MW，则得到临界气流速度约为 3.50m/s。一般要求的气流速度越高，烟气控制系统设计的难度就越大，造价也越高。许多工程设计者认为，如果要求流经门的气流速度保持在 1.5m/s 以上，则相应烟气控制系统的造价就会难以承受。

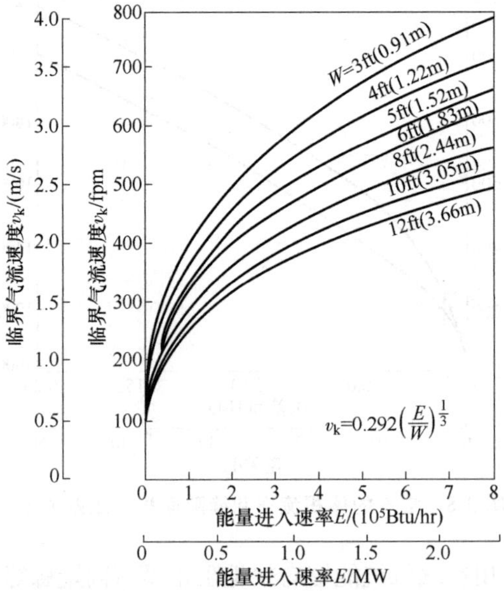

注：1Btu/hr = 1055.05W·S；1fpm = 0.00508m/s；1ft = 0.305m

图 3-9　走廊内临界气流速度与走廊宽度和能量进入速率的关系

由此可见，尽管空气气流的运用能够控制烟气蔓延，但它需要大量的空气才能发挥效用，而且阻止烟气逆流的空气量可以支撑相当强的火灾，存在增强火灾规模的可能性，因此空气气流并不是机械加压防烟的最基本方法。机械加压防烟基本方法是通过在门、隔墙及其他建筑构件两边产生压差来控制烟气蔓延。

机械加压防烟方式的优点有：

(1) 确保疏散通道的绝对安全

对作为重要疏散通道的楼梯间等处采用正压送风防烟方式，同时对着火区域采用自然或机械排烟能有效地保证疏散通道的安全。即使在某些情况下，偶然有少量烟气侵入，但在很短时间内就能被稀释排除，并不因此而降低疏散通道的安全性，这一优点已被大量的试验和火灾实践所证实。

(2) 降低对建筑物某些部位的耐火极限要求

以往为确保疏散通道的绝对安全，要求对疏散通道内的所有围护结构和进出口的门都要用耐火材料制作，这是完全必要的。但是采用正压送风的防烟方式能有效地防止烟气进入到疏散通道中去，也相应降低了可能侵入疏散通道的烟气的温度。这样一来，对疏散通道的耐火极限要求就可以适当降低。

(3) 便于旧式建筑物防排烟系统的技术改造

许多旧式建筑物没有很好考虑和解决防排烟的问题，最多是采用外窗进行自然排烟。且不说排烟的效果如何，更重要的是随着家具、室内装修的现代化，这些旧式建筑物发生火灾的危险性和危害性大大增加，为了贯彻“以防为主、防消结合”的方针，可以对这些旧式建筑物进行必要的防排烟技术改造。特别是对于一些位于建筑物中间位置，无直接对外开口的楼梯间，采用直灌式送风给疏散通道送入足够数量的新鲜空气，以维持一定的正压值，满足技术要求，而不必对建筑物本体进行较大的改动。这种方式工作量较小，改造工期较短。

但这种防烟方式也存在一定的问题，当正压值过高时，会影响疏散通道防火门的开启。目前对加压区域所维持的正压值各国的要求有所不同，一般为 25~50Pa。

3.3 排烟方式

排烟是一种主动式的火灾烟气控制方法，根据排烟动力的来源可分为自然排烟方式和机械排烟方式。

3.3.1 自然排烟

自然排烟是利用火灾热烟气流的浮力和外部风压作用，通过建筑开口将建筑内的烟气直接排至室外的排烟方式，其实质是热烟气和冷空气的对流运动。在自然排烟中，必须有冷空气的进口和热烟气的排出口，烟气排出口可以是建筑物的外窗，还可以是专门设置在侧墙上部或屋顶的排烟口，还可以采用专用的排烟竖井，如图 3-10 所示。

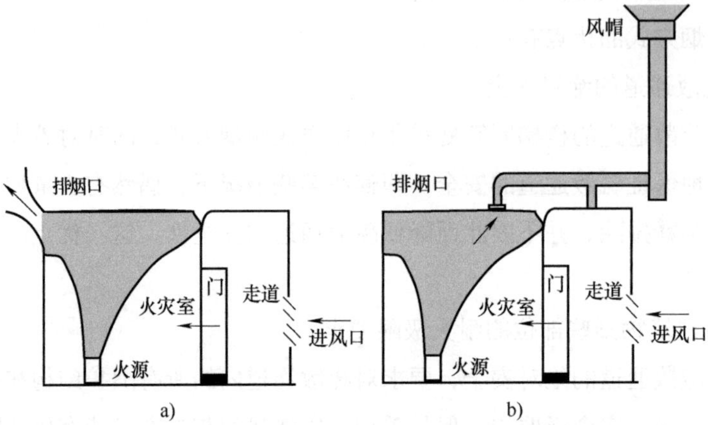

图 3-10　自然排烟方式

a）排烟口排烟　b）竖井排烟

图 3-10a 所示为利用可开启的外窗进行排烟。如果外窗不能开启或无外窗，可以专设排烟口进行自然排烟。专设的排烟口也可以是外窗的一部分，但它在火灾时可以人工开启或自动开启。开启的方式也有多种，如可以绕一侧轴转动，或绕中轴转动等。

图 3-10b 所示为利用竖井排烟。各层房间设排烟风口与排烟竖井相连接，当某层起火有烟时，排烟风口自动或人工打开，热烟气即可通过竖井排到室外。这种排烟方式实质上是利用烟囱效应的原理，在竖井的排出口设避风风帽，还可以利用风压的作用。但是由于烟囱效应产生的热压很小，而排烟量又大，因此需要竖井的截面和排烟风口的面积都很大。

自然排烟的优点是：构造简单、经济，不需要专门的排烟设备及动力设施；运行维修费用低，排烟口可以兼做平时通风换气使用，避免设备的闲置；对于顶棚较高的房间（中庭），若在顶棚上开设排烟口，自然排烟的效果会很好。但是，自然排烟也存在不少缺点，主要有：

（1）自然排烟的效果不稳定

由于自然排烟是利用烟气热浮力作用、室内外温差引起的热压作用和外部风力作用，而这些因素本身又是不稳定的，例如，火灾时烟气温度随时间发生变化、室外风向和风速随季节变化、高层建筑的热压作用随季节发生变化等，这就导致自然排烟的效果不稳定。特别是排烟口设置在建筑物的迎风面时，不仅排烟效果大大降低，还可能出现烟气倒灌现象，并使烟气扩散蔓延到未着火的区域，如图 3-11 所示。

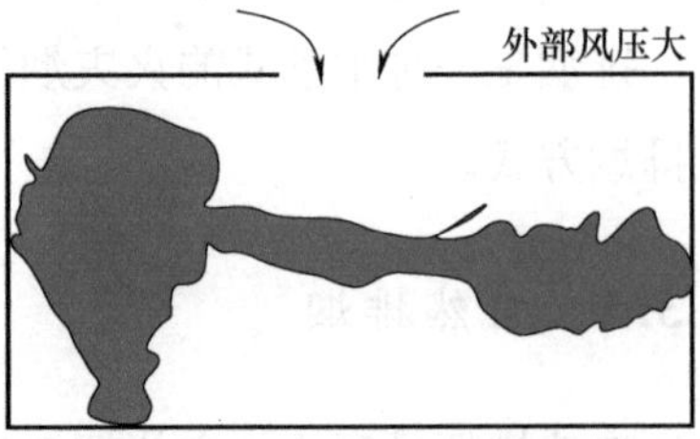

图 3-11　自然排烟时烟气倒灌现象

（2）对建筑结构有特殊要求

由于自然排烟是通过外墙或顶棚上的外窗或专用的排烟口将烟气直接排至室外，所以需要排烟的房间必须靠室外或在楼层顶部；房间的进深不宜过长，避免烟气流动路径过长，热浮力下降，烟气在流动过程中发生沉降，导致烟气滞留室内，不能从排烟口流出；排烟口的有效排烟面积要达到一定比例，有时会影响到建筑结构和功能，如有明确要求做分隔的房间采用自然排烟，必须设置外窗或排烟口，会带来诸如隔声、防尘、防雨等问题。

（3）存在火势蔓延至上层的可能性

由外窗或排烟口向外排烟时，如果烟气排出时的温度很高，则烟气中所含的大量未燃尽的可燃物质排至室外后会形成火焰。因为火焰四周补气条件不同，靠近外墙面的火焰内侧，空气得不到补充，造成负压区，致使火焰有扑向墙壁面的贴壁现象，如图 3-12 所示。现代建筑为了节能大多在外墙敷设了外保温材料，按照规范要求满足一定条件的建筑可以采用 B1 和 B2 级保温材料，

图 3-12　烟气贴壁现象

在有猛烈燃烧的火焰直接接触的状态下，外保温材料可能被点燃或发生热分解，加剧燃烧或使烟气在建筑物竖向蔓延扩散。因此，为了防止火焰或烟气蔓延到上部楼层而引起火灾扩大，可以在建筑结构上采用以下措施：

1）建筑外墙上、下层开口之间设置高度不小于 1.2m 的实体墙或挑出宽度不小于 1.0m、长度不小于开口宽度的防火挑檐；当室内设置自动喷水灭火系统时，上、下层开口之间的实体墙高度不小于 0.8m。

2）当上、下层开口之间设置实体墙有困难时，可设置防火玻璃墙，且高层建筑的防火玻璃墙的耐火完整性不低于 1.00h，多层建筑的防火玻璃墙的耐火完整性不低于 0.50h。

3）建筑幕墙与楼层楼板、隔墙处的缝隙采用防火封堵材料封堵。

3.3.2　机械排烟

机械排烟是借助机械力作用强迫送风或排气的手段来排除火灾烟气的一种方式。一般民用建筑多采用排烟风机进行强制排烟，而交通隧道会采用风机进行强迫送风将烟气吹出隧道（即纵向通风排烟方式）。在火灾发展初期，这种排烟方式能使着火房间压力下降，造成负压，烟气不会向其他区域扩散。

1. 机械排烟的形式

机械排烟可分为局部排烟和集中排烟两种方式。局部排烟方式是在每个需要排烟的部位设置独立的排烟风机直接进行排烟；集中排烟方式是将建筑物划分为若干个区域，在每个区域内设置排烟风机，烟气通过排烟口进入排烟管道引到排烟风机直接排至室外，如图 3-13 所示。由于局部机械排烟方式投资大，且排烟风机布置分散，给维修管理造成麻烦，所以很少采用。若采用局部机械排烟，一般与通风换气要求相结合，即平时可兼做通风排风使用。

根据补气方式的不同，机械排烟可分为机械排烟-自然补风、机械排烟-机械补风两种方式。图 3-14 是机械排烟-自然补风方式的示意图。在需要排烟房间的上部安装排烟风机，风机启动后使排烟口处形成负压，从而使烟气排出至室外。而房间的门、窗等开口便成为新鲜空气的补入口。使用这种方式需要在排烟口处附近形成相当大的负压，否则难以将烟气吸过来。如果负压程度不够，在室内远离排烟口区域的烟气往往无法排出。若烟气生成量较大，烟气仍然会沿着门窗上部蔓延出去。另外，由于排烟风机直接接触高温烟气，所以要求能耐高温，同时还应当在进烟管中安装防火阀，以防烟气温度过高而损坏风机。这种机械排烟方式的设计和安装都比较方便，适合于大型建筑空间的烟气控制，因此是目前采用最多的机械排烟方式。图 3-15 是机械排烟-机械补风方式的示意图。使用这种方式时，同样在需要排烟房间的上部安装排烟风机进行排烟，补风则利用机械送风风机进行机械送风，通常让送风量略小于排烟量，即让房间内保持一定的负压，从而防止烟气的外溢或渗漏。这种机械排烟方式的防排烟效果最好，运行稳定，且不受外界气象状况的影响。但由于使用两套风机，其造价较高，且在风压的配合方面需要精心设计，否则难以达到预定的排烟效果。因此，机械排烟-机械补风方式多用于性质重要、对防排烟设计较为严格的高层建筑或大型建筑空间的烟气控制。

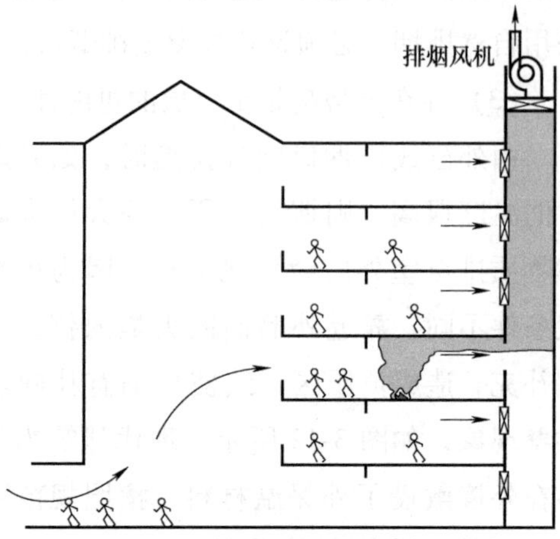

图 3-13　机械集中排烟方式

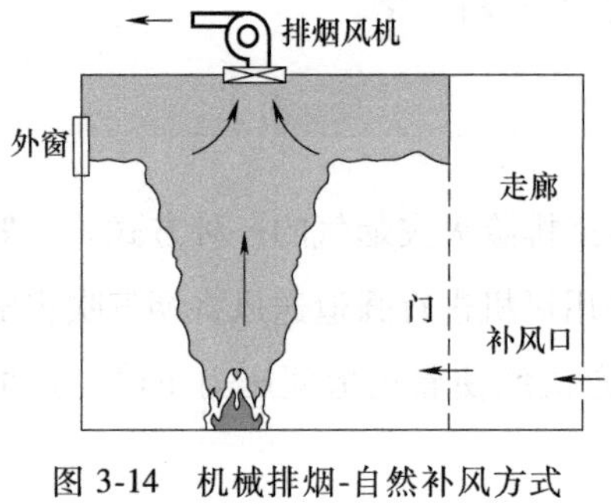

图 3-14　机械排烟-自然补风方式

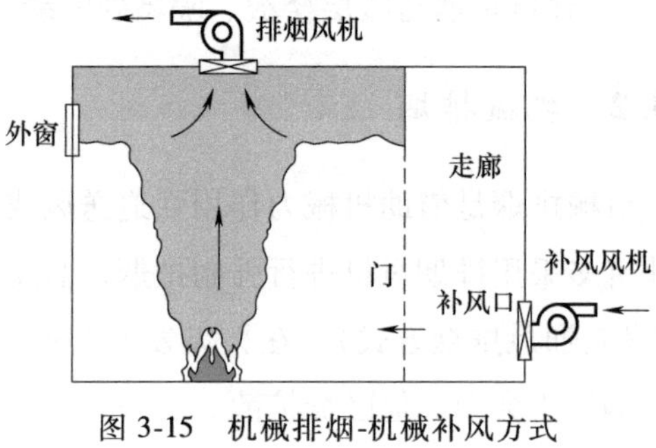

图 3-15　机械排烟-机械补风方式

2. 机械排烟的优缺点

机械排烟的优点是能够克服自然排烟受外界气象条件及高层建筑热压作用，不受外界条件的影响；能保证有稳定的排烟量，排烟效果比较稳定，特别是火灾初期，能有效地保证非着火层或区域的人员疏散和物资转移的安全，但这种排烟方式也存在着不少问题。

（1）排烟效果与火灾发展密切相关

火灾的情况错综复杂，某些场合下，火灾进入猛烈发展阶段，烟气大量产生，可能出现烟气的生成量短时内超过风机排烟量的情况，这时排烟风机来不及把所生成的烟气完全排除，使着火房间内形成正压，从而使烟气扩散到非着火区中去，因此防烟效果大大降低。这就是说，机械排烟方式在火灾初期行之有效，在火灾猛烈发展阶段可能失效。要保证机械排烟在整个火灾过程中绝对有效，就需大大增大排烟风机的容量，这将使设备投资增高。

（2）系统设计难度较大

机械排烟系统要达到良好的排烟效果，其设施及设计计算需要精心设计、反复论证。比如，排烟口的位置就很有讲究，根据吸气气流的特性，其速度衰减非常快，因此距离排烟口一段距离后，排烟口的抽吸效果就急速下降，此时较远距离的烟气就无法被排出，而加大排烟风速会造成“吸穿效应”，即吸气气流穿透了烟气层，排烟口吸进了大量的烟气层以下的空气，如图 3-16 所示。烟气层吸穿会导致机械排烟效率下降；同时，风机对烟气与空气交界面处的扰动更为直接，可使得较多的空气被卷吸进入烟气层内，增大了烟气的体积。走廊上进行机械排烟时，往往容易造成烟气层失稳，使走廊充满烟气，影响疏散安全性。因此，为保证系统的有效排烟，要求设计人员需要具备较深厚的烟气控制理论功底和实践经验。

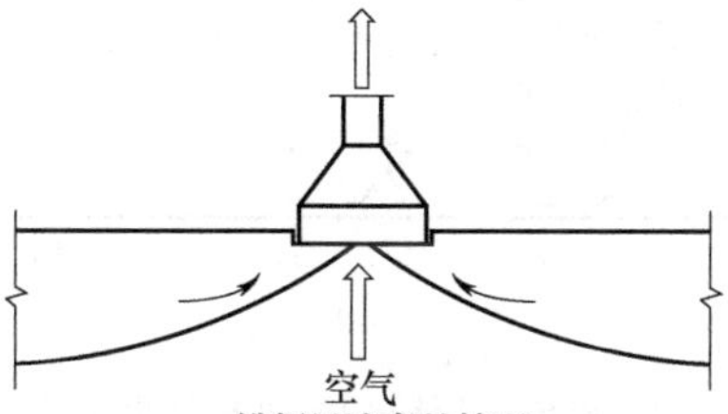

图 3-16 机械排烟时排烟口下方烟气层吸穿现象

（3）系统设备和设施要求较高

火灾初期，烟气温度较低，随着火灾的发展，烟气温度逐渐升高；火灾猛烈发展阶段，着火房间内的烟气温度可能高达 600～1000℃，此时排烟效果可能大大降低。要求排烟风机和排烟管道承受如此高的温度是不可能的。目前防排烟系统的设置目的主要是满足火灾早期人员疏散的需求。为保证排烟风机和管道工作的安全可靠，必须采取相应的技术措施。比如，排烟风机与排烟管道的连接部件应能在 280℃时连续 30min 保证其结构完整性；排烟风机应满足 280℃时连续工作 30min 的要求，排烟风机应与风机入口处的排烟防火阀联锁，当该阀关闭时，排烟风机应能停止运转；排烟管道的设置和耐火极限也应满足规范标准的具体要求。

（4）建设和维护费用高

完整的机械排烟系统包括风机、管道排烟口、阀门和控制装置等，加上设计与施工，需要较大的初期投资；同时，为了能够正常使用，平时也要定期保养维护。因此，在系统的整个生命周期，需要较高的费用。

最后应强调的是，防烟、排烟两者是一个有机的整体，是烟气控制的两个方面。在建筑防排烟工程中，上述各种防烟和排烟的方式往往不是单一的应用，而是多种方式的综合应用，这种综合性应用的结果，往往比采用单一方式的效果更好。图 3-17 为机械加压防烟与机械排烟两种组合形式。

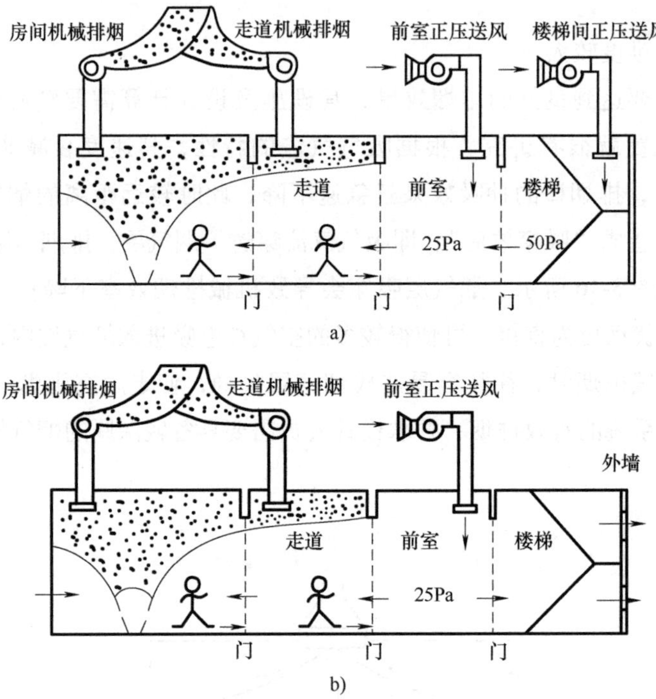

图 3-17　机械加压防烟与机械排烟组合示意

a）楼梯间及其前室分别机械加压送风，房间和走道机械排烟

b）楼梯间自然通风，前室机械加压送风，房间和走道机械排烟

3.4 防烟分区

3.4.1 防烟分区的划分

1. 防火分区

防烟分区是在建筑防火分区的基础上进行划分的，如图 3-18 所示。防火分区是指在建筑内部采用防火墙、楼板及其他防火分隔设施分隔而成，能在一定时间内防止火灾向同一建筑的其余部分蔓延的局部空间。防火分区的面积大小应根据建筑物的使用性质、高度、火灾危险性、消防扑救能力等因素确定。

划分防火分区，应考虑水平方向的划分和垂直方向的划分。水平防火分区是指在同一水平面内，利用防火分隔物将建筑平面分为若干防火分区或防火单元，如图 3-19 所示。普通建筑防火分区通常采用防火墙、防火卷帘、防火门等防火分隔物进行划分。特殊建筑使用空间要求较大时，经专家论证可以通过采用防火卷帘加水幕的方式进行防火分区分隔，此时需要强化自动报警、自动灭火、防排烟等消防设施以满足防火安全要求。建筑物室内火灾不仅可以在水平方向上蔓延，而且还可以通过建筑物楼板缝隙、楼梯间等各种竖向通道向上部楼层延烧，可以采用竖向防火分区方法阻止火势竖向蔓延。竖向防火分区是指上、下层分别用耐火极限不低于 1.50h 或 1.00h 的楼板等构件进行防火分隔，如图 3-20 所示。一般来说，竖向防火将每一楼层作为一个防火分区。对住宅建筑而言，上下楼板大多为非燃烧体的钢筋混凝土板，它完全可以阻止火灾的蔓延，可以起到防火分区的作用。然而，在许多公共建筑或其他建筑中常设有敞开式自动扶梯、跨层窗、走廊等各种竖向通道。对于上述竖向通道，规范中按实际情况考虑，允许每 2~3 层作为一个防火分区，但应当把连通面积作为整体来看，总面积不得超过表 3-1 中的规定。

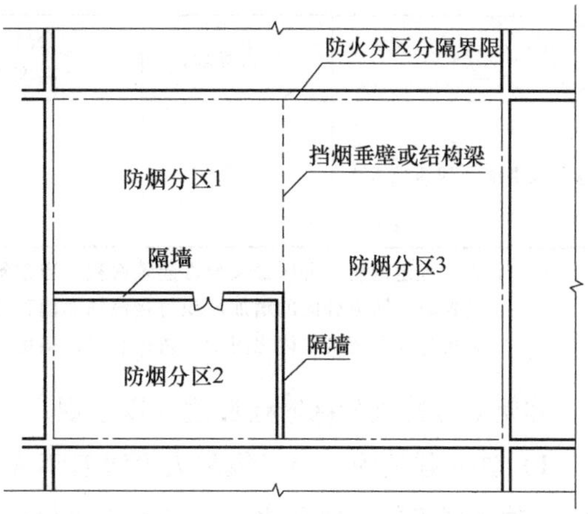

图 3-18　防火分区内防烟分区分隔方法示意图

图 3-19　水平防火分区示意图

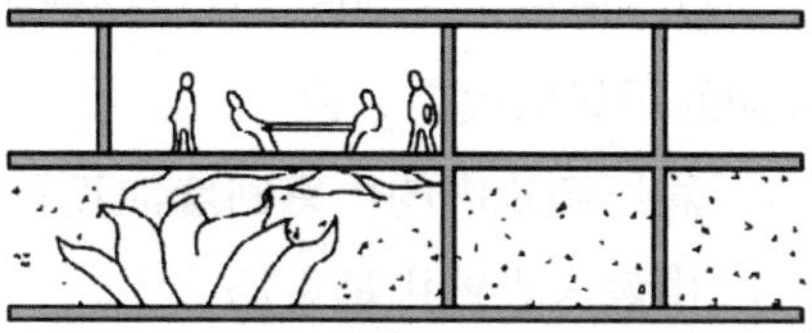

图 3-20　竖向防火分区示意图

当建筑面积过大时，室内容纳的人员和可燃物的数量相应增大，为了减少火灾损失，对建筑物防火分区的面积按照建筑物耐火等级的不同给予相应的限制。表 3-1 给出不同耐火等级建筑的允许建筑高度或层数、防火分区的最大允许建筑面积。

表 3-1　不同耐火等级建筑的允许建筑高度或层数、防火分区最大允许建筑面积

<table>
<tr><th>名称</th><th>耐火等级</th><th>允许建筑
高度或层数</th><th>防火分区的最大
允许建筑面积/m²</th><th>备注</th></tr>
<tr><td>高层民用建筑</td><td>一、二级</td><td rowspan="2">按《建筑设计防火规范》（GB 50016—2014）确定</td><td>1500</td><td rowspan="4">对于体育馆、剧场的观众厅，防火分区的最大允许建筑面积可适当增加</td></tr>
<tr><td rowspan="3">单、多层民用建筑</td><td>一、二级</td><td>2500</td></tr>
<tr><td>三级</td><td>5 层</td><td>1200</td></tr>
<tr><td>四级</td><td>2 层</td><td>600</td></tr>
</table>

（续）

名称	耐火等级	允许建筑高度或层数	防火分区的最大允许建筑面积/m^2	备注
地下或半地下建筑（室）	一级	—	500	设备用房的防火分区最大允许建筑面积不应大于 1000m^2

注：1. 表中规定的防火分区最大允许建筑面积，当建筑内设置自动灭火系统时，可按本表的规定增加 1.0 倍；局部设置时，防火分区的增加面积可按该局部面积的 1.0 倍计算。
2. 裙房与高层建筑主体之间设置防火墙时，裙房的防火分区可按单、多层建筑的要求确定。

建筑划分防火分区时还应遵守以下规定：

1）独立建造的一、二级耐火等级老年人照料设施的建筑高度不宜大于 32m，不应大于 54m；独立建筑的三级耐火等级老年人照料设施，不应超过 2 层。

2）建筑内设置自动扶梯、敞开楼梯等上、下层相连通的开口时，其防火分区的建筑面积应按上、下层相连通的建筑面积叠加计算；当叠加计算后的建筑面积大于表 3-1 的规定时，应划分防火分区。

3）建筑内设置中庭时，其防火分区的建筑面积应按上、下层相连通的建筑面积叠加计算；当叠加计算后的建筑面积大于表 3-1 的规定时，应符合下列规定：

① 与周围连通空间应进行防火分隔：采用防火隔墙时，其耐火极限不应低于 1.00h；采用防火玻璃墙时，其耐火隔热性和耐火完整性不应低于 1.00h，采用耐火完整性不低于 1.00h 的非隔热性防火玻璃墙时，应设置自动喷水灭火系统进行保护；采用防火卷帘时，其耐火极限不应低于 3.00h，并应符合相关规定；与中庭相连通的门、窗，应采用火灾时能自行关闭的甲级防火门、窗。

② 高层建筑内的中庭回廊应设置自动喷水灭火系统和火灾自动报警系统。

③ 中庭应设置排烟设施。

④ 中庭内不应布置可燃物。

4）一、二级耐火等级建筑内的商店营业厅、展览厅，当设置自动灭火系统和火灾自动报警系统并采用不燃或难燃装修材料时，其每个防火分区的最大允许建筑面积应符合下列规定：

① 设置在高层建筑内时，不应大于 4000m^2。

② 设置在单层建筑或仅设置在多层建筑的首层内时，不应大于 10000m^2。

③ 设置在地下或半地下时，不应大于 2000m^2。

5）总建筑面积大于 20000m^2 的地下或半地下商店，应采用无门、窗、洞口的防火墙、耐火极限不低于 2.00h 的楼板分隔为多个建筑面积不大于 20000m^2 的区域。相邻区域确需局部连通时，应采用下沉式广场等室外开敞空间、防火隔间、避难走道、防烟楼梯间等方式进行连通，并应符合下列规定：

① 下沉式广场等室外开敞空间应能防止相邻区域的火灾蔓延和便于安全疏散，并应符

合现行的《建筑设计防火规范》中用于防火分隔的下沉式广场等室外开敞空间疏散楼梯间和疏散楼梯等的规定。

② 防火隔间的墙应为耐火极限不低于 3.00h 的防火隔墙，并应符合现行的《建筑设计防火规范》中关于防火隔间的设置规定。

③ 避难走道应符合现行的《建筑设计防火规范》中关于避难走道的设置的规定。

④ 防烟楼梯间的门应采用甲级防火门。

6）餐饮、商店等商业设施通过有顶棚的步行街连接，且步行街两侧的建筑需利用步行街进行安全疏散时，应符合下列规定：

① 步行街两侧建筑的耐火等级不应低于二级。

② 步行街两侧建筑相对面的最近距离均不应小于《建筑设计防火规范》对相应高度建筑的防火间距要求且不应小于 9m。步行街的端部在各层均不宜封闭，确需封闭时，应在外墙上设置可开启的门窗，且可开启门窗的面积不应小于该部位外墙面积的一半。步行街的长度不宜大于 300m。

③ 步行街两侧建筑的商铺之间应设置耐火极限不低于 2.00h 的防火隔墙，每间商铺的建筑面积不宜大于 $300m^2$。

④ 步行街两侧建筑的商铺，其面向步行街一侧的围护构件的耐火极限不应低于 1.00h，并宜采用实体墙，其门、窗应采用乙级防火门、窗；当采用防火玻璃墙（包括门、窗）时，其耐火隔热性和耐火完整性不应低于 1.00h；当采用耐火完整性不低于 1.00h 的非隔热性防火玻璃墙（包括门、窗）时，应设置闭式自动喷水灭火系统进行保护。相邻商铺之间面向步行街一侧应设置宽度不小于 1.0m、耐火极限不低于 1.00h 的实体墙。当步行街两侧的建筑为多个楼层时，每层面向步行街一侧的商铺均应设置防止火灾竖向蔓延的措施（建筑外墙上、下层开口之间设置实体墙或防火挑檐）；设置回廊或挑檐时，其出挑宽度不应小于 1.2m；步行街两侧的商铺在上部各层需设置回廊和连接天桥时，应保证步行街上部各层楼板的开口面积不应小于步行街地面面积的 37%，且开口宜均匀布置。

⑤ 步行街两侧建筑内的疏散楼梯应靠外墙设置并宜直通室外，确有困难时，可在首层直接通至步行街；首层商铺的疏散门可直接通至步行街，步行街内任一点到达最近室外安全地点的步行距离不应大于 60m。步行街两侧建筑二层及以上各层商铺的疏散门至该层最近疏散楼梯口或其他安全出口的直线距离不应少于 37.5m。

⑥ 步行街的顶棚材料应采用不燃或难燃材料，其承重结构的耐火极限不应低于 1.00h。步行街内不应布置可燃物。

⑦ 步行街的顶棚下檐距地面的高度不应小于 6.0m，顶棚应设置自然排烟设施并宜采用常开式的排烟口，且自然排烟口的有效面积不应小于步行街地面面积的 25%。常闭式自然排烟设施应能在火灾时手动和自动开启。

⑧ 步行街两侧建筑的商铺外应每隔 30m 设置 DN65 的消火栓，并应配备消防软管卷盘

或消防水龙，商铺内应设置自动喷水灭火系统和火灾自动报警系统；每层回廊均应设置自动喷水灭火系统。步行街内宜设置自动跟踪定位射流灭火系统。

⑨ 步行街两侧建筑的商铺内外均应设置疏散照明、灯光疏散指示标志和消防应急广播系统。

2. 防烟分区的定义及划分原则

防烟分区是指在建筑内部屋顶或顶板、吊顶下采用具有挡烟功能的构、配件分隔成具有一定蓄烟能力的局部空间。防烟分区设置的目的是将烟气控制在着火区域所在的空间范围内，并限制烟气从储烟仓内向其他区域蔓延。储烟仓是位于建筑空间顶部，由挡烟垂壁、梁或隔墙等形成的用于蓄积火灾烟气的空间，如图 3-21 所示。储烟仓高度一般是指设计烟层厚度，准确地说，设计烟层厚度是一个在排烟系统设计中表征设计目标的参数，即满足设计要求的烟层厚度。设计要求的烟层厚度应保证人员疏散必需的清晰高度，同时有利于排烟系统排烟。排烟系统设计计算中设定的烟层厚度，都需要在排烟设施的设计中通过设置与之相当的挡烟垂壁、建筑分隔等措施加以体现或落实，以使得实际工况与设计火灾的模型预期尽量接近，设计目标得以实现。

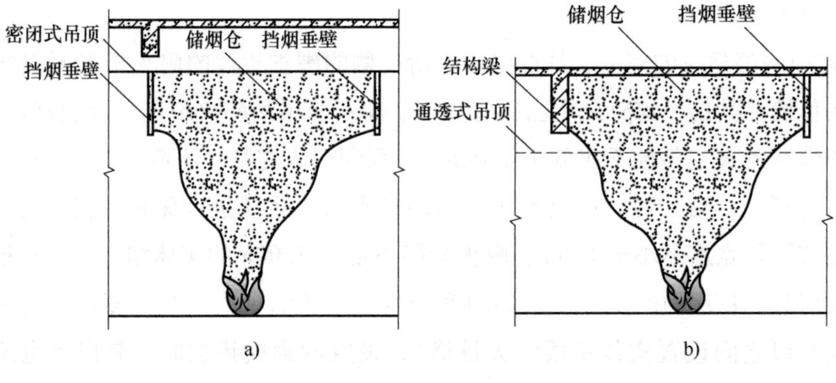

图 3-21 储烟仓

a）密闭式吊顶的储烟仓示意图 b）无吊顶或通透式吊顶的储烟仓示意图

防烟分区的划分应一般遵循以下原则：

1）防烟分区不应跨越防火分区，如图 3-22 所示。划分防火分区和防烟分区的作用不完全相同。防火分区的作用是有效地阻止火灾在建筑物内沿水平和垂直方向蔓延，把火灾限制在一定的空间范围内，以减少火灾损失。而防烟分区的作用是在一定时间内把建筑火灾的高温烟气控制在一定的区域范围内，为排烟设施排除火灾

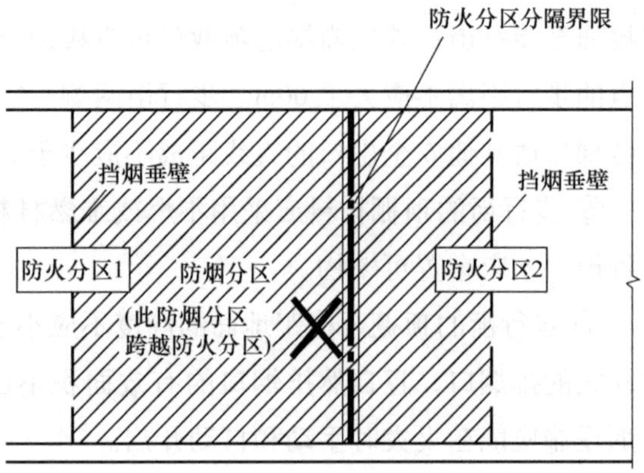

图 3-22 防烟分区不应跨越防火分区示意图

初期的高温烟气创造有利条件，防止烟气蔓延。由于针对的对象不同，因此分隔构件也不相同。防火分区的分隔构件必须是不燃烧体，而且具有规定的耐火极限，在构造上需要是连续的，从外墙到外墙，从地板到楼板，从一个防火分隔构件到另一个防火分隔构件，或是以上的组合。而防烟分区的分隔构件虽然也是不燃烧体，但却没有耐火极限的要求，防烟构件在水平方向上要求连续设置，但在竖直方向上则不要求连续，如挡烟垂壁和挡烟梁。因此，防火分区的构件可以作为防烟分区构件，反之却不行。热烟气在流动过程中会被建筑的围护结构和卷吸进来的冷空气冷却，流动一定距离后热烟气会成为冷烟气而离开顶板沉降下来，这时挡烟垂壁等防烟设施就不再起控制烟气的作用了，所以每个防烟分区面积不应过大，应小于防火分区面积。因此可以在一个防火分区内划分若干个防烟分区，而防火分区的构件可作为防烟分区的边界。

2）每个防烟分区的建筑面积不宜超过相关规范标准要求。设置防烟分区时，如果防烟分区面积过大，会使烟气波及面积扩大，增加受灾面积，不利于安全疏散和扑救；如果面积过小，热烟气冷却沉降后挡烟设施会失去作用，同时也会提高工程造价，不利于工程设计。从实际排烟效果看，防烟分区面积划分小一些为宜，这样安全性就会提高。我国现行有关设计规范对各类建筑防烟分区的面积有明确规定。

3）通常应按楼层划分防烟分区。通常把建筑物中楼板选作防烟分区的分隔构件，一个楼层可以包括一个以上的防烟分区。有些情况下，如低层建筑每层面积远小于 $500m^2$ 时，为节约投资，一个防烟分区可以跨越一个以上的楼层，但一般不宜超过 3 层，最多不应超过 5 层。

4）特殊用途的场所应单独划分防烟分区。对有特殊用途的场所，如疏散楼梯间及其前室、消防电梯间前室或合用前室，作为疏散和扑救的主要通道，应单独划分防烟分区。对于一些重要的、大型的、复杂的高层建筑，尤其是超高层建筑，为了保证建筑物内所有人员在发生火灾时能安全疏散脱险，往往设置了专门的避难间或避难层，不论面积多大，都应单独划分防烟分区，并应有良好的防排烟设施。另外，建筑内某些需要设置机械排烟的特殊场所，例如，面积超过 $100m^2$ 的需要设置机械排烟的地上房间，以及总面积超过 $200m^2$，或单个房间面积超过 $50m^2$，需要设置机械排烟的地下室就是自然形成的排烟区域，这些地方就可以作为特殊的防烟分区。

通过挡烟垂壁等划分防烟分区，实际上是在建筑的上部构成了若干个储烟仓，这些储烟仓将烟气聚拢起来，便于其内部的排烟设施进行排烟。那么，这些储烟仓的体积应该与排烟系统的排烟量有关，体积过小或过大都不利于排烟，因此，储烟仓的面积和厚度有一定的要求。储烟仓的厚度取决于隔烟设施的深度，因此，挡烟垂壁等挡烟分隔设施的深度不应小于储烟仓厚度。当采用自然排烟方式时，储烟仓的厚度不应小于空间净高的 20%，且不应小于 500mm；当采用机械排烟方式时，不应小于空间净高的 10%，且不应小于 500mm。同时储烟仓底部距地面的高度应大于安全疏散所需的最小清晰高度，最小清晰高度应由计算确定。

当建筑物有吊顶时，如果吊顶开孔均匀或者开孔率较高，如图 3-23a 所示，那么烟气容易进出吊顶空间，既容易聚集到吊顶上部形成较好的聚烟和排烟效果，也容易通过储烟仓内的排烟设施相排除，达到储烟仓的功能要求；但如果吊顶开孔不均匀或者开孔率不高，如图 3-23b 所示，那么烟气不容易进入吊顶上方的空间，或分布不均匀，此时吊顶上方空间就不能形成有效的聚烟和排烟区域，吊顶也会对排烟产生不利影响，导致达不到储烟仓的功能要求。简单地讲，吊顶开孔均匀或者开孔率较高，吊顶内的空间可作为储烟仓的一部分，吊顶开孔不均匀或者开孔率不高，吊顶内的空间不可作为储烟仓的一部分，如图 3-24 所示。因此，对于有吊顶的空间，吊顶开孔不均匀或者开孔率小于或等于 25%时，吊顶内空间高度不得计入储烟仓厚度。

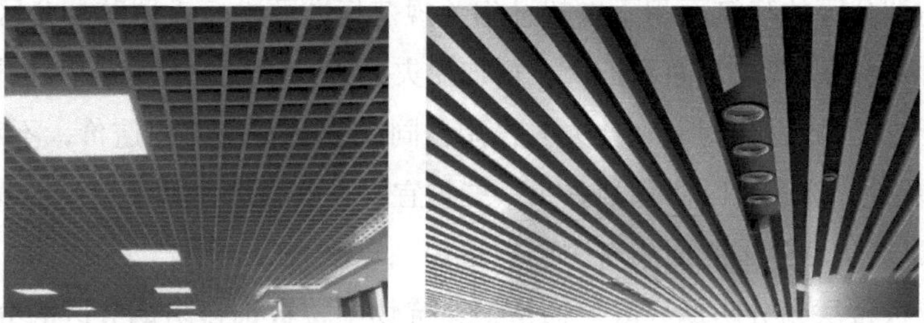

a)　　b)

图 3-23　不同开孔情况的吊顶

a）开孔均匀且开孔率高的吊顶　b）开孔不均匀且开孔率不高的吊顶

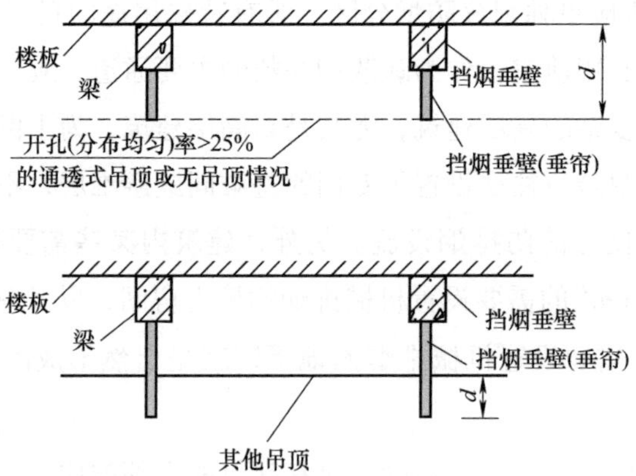

图 3-24　不同吊顶的储烟仓实际厚度 d

3.4.2　防烟分区的划分方法

根据建筑物的种类和要求不同，防烟分区可按用途、面积、方向进行划分。

1. 按用途划分

对于建筑物的各个部分，如厨房、卫生间、起居室、客房及办公室等，按其不同的用途来划分防烟分区比较合适，也较方便。国外常把高层建筑的各部分划分为居住或办公用房、疏散通道、楼梯间及其前室、停车库等防烟分区。但是按此种方法划分防烟分区时，应注意对通风空调管道、电气配管、给水排水管道等穿墙和楼板处，用不燃烧材料填塞密实。

2. 按面积划分

在建筑物内按面积将其划分为若干个基准防烟分区，这些防烟分区在各个楼层，一般形状相同、尺寸相同、用途相同。不同形状和用途的防烟分区，其面积也宜一致。每个楼层的防烟分区可采用同套防排烟设施。

防烟分区的面积也有一个合理的范围，防烟分区过大时（包括长边过长），烟气水平射流的扩散中，会卷吸大量冷空气而沉降，有时会超出储烟仓的范围，不利于烟气的及时排出；而防烟分区的面积过小，又会使储烟能力减弱，使烟气过早沉降或蔓延到相邻的防烟分区。因此，在实际划分防烟分区时一定要满足防烟分区的最大允许面积及其长边最大值的要求。这些数值是综合考虑了火源功率、顶棚高度、储烟仓形状、温度条件等主要因素对火灾烟气蔓延的影响，并结合建筑物类型、建筑面积和高度确定的，具体见表 3-2。

表 3-2 公共建筑、工业建筑防烟分区的最大允许面积及其长边最大允许长度

空间净高 H/m	最大允许面积/m^2	长边最大允许长度/m
$H \leqslant 3.0$	500	24
$3.0 < H \leqslant 6.0$	1000	36
$H > 6.0$	2000	60m；具有自然对流条件时，不应大于 75m

注：1. 公共建筑、工业建筑中的走道宽度不大于 2.5m 时，其防烟分区的长边长度不应大于 60m。
2. 当空间净高大于 5m 时，防烟分区之间可不设置挡烟设施。

不同净高建筑防烟分区最大允许面积及长边最大允许长度如图 3-25 所示。

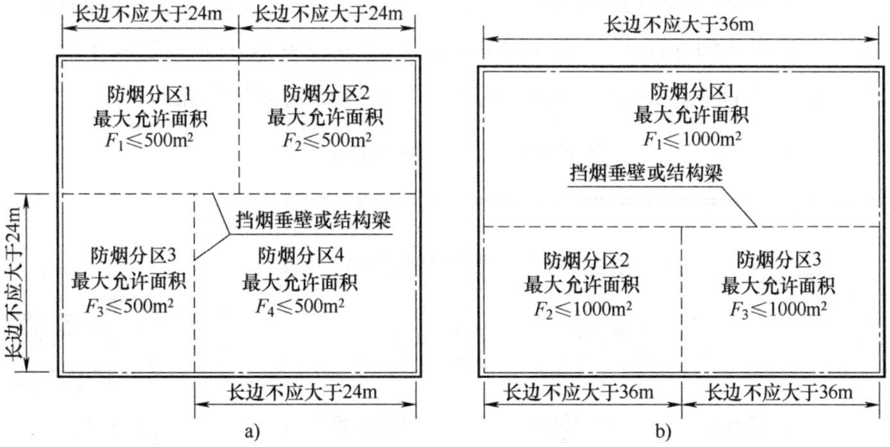

图 3-25 不同净高建筑防烟分区最大允许面积及长边最大允许长度

a）净高 ≤ 3.0m b）3.0m < 净高 ≤ 6.0m

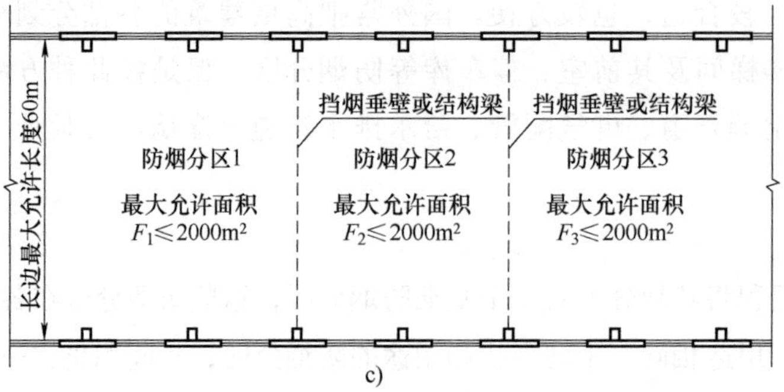

图 3-25 不同净高建筑防烟分区最大允许面积及长边最大允许长度（续）

c）净高>6.0m

对于工业建筑，在采用自然排烟系统时，其防烟分区的长边长度还不应大于建筑内空间净高的 8 倍，如图 3-26 所示。

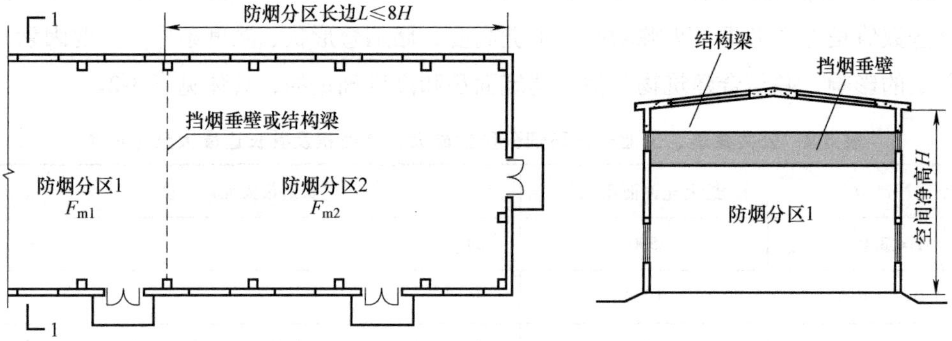

图 3-26 工业建筑采用自然排烟系统时防烟分区长边长度的要求

但是，若该建筑具有自然对流条件时，则其防烟分区的长边长度不应大于 75m，如图 3-27 所示。建筑具备自然对流条件要符合下列四个条件：①室内场所采用自然对流排烟的方式。②两个排烟窗应设在防烟分区短边外墙面的同一高度位置上，窗的底边应在室内 2/3 高度以上且应在储烟仓以内。③房间补风口应设置在室内 1/2 高度以下且不高于 10m。④排烟窗与补风口的面积应满足标准的计算要求，且排烟窗应均匀布置。

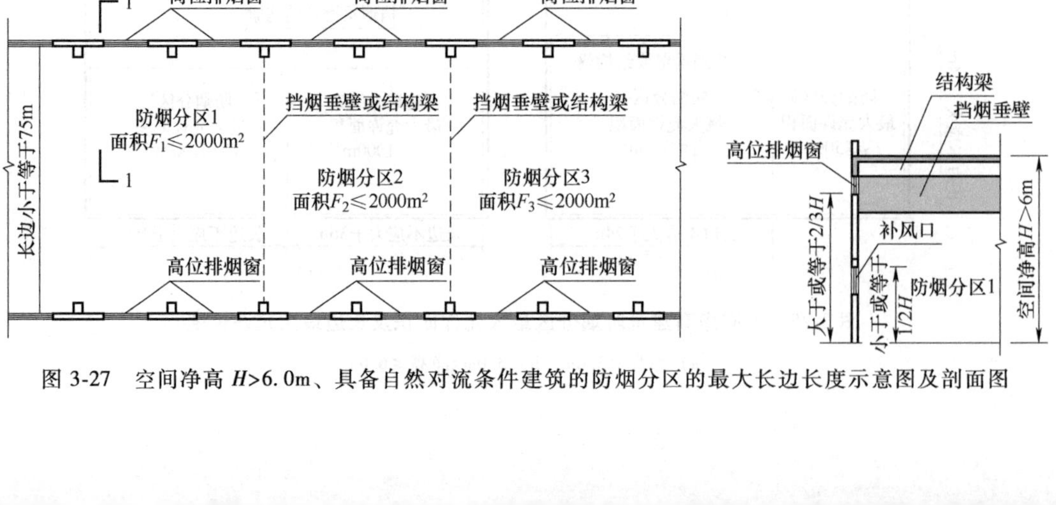

图 3-27 空间净高 $H>6.0\text{m}$、具备自然对流条件建筑的防烟分区的最大长边长度示意图及剖面图

3. 按方向划分

在高层建筑中，底层部分和上层部分的用途往往不太相同，如高层旅馆建筑，底层部分一般布置餐厅、接待室、商店、会计室、多功能厅等，上层部分多为客房。火灾统计资料表明，底层发生火灾的机会较多，发生概率大，上部主体发生火灾的机会较小。因此，应尽可能根据房间的不同用途沿垂直方向按楼层划分防烟分区。图 3-28a 所示为典型高层旅馆防烟分区的划分示意图，该设计把底层公共设施部分和高层客房部分严格分开。图 3-28b 所示为典型高层办公楼防烟分区的划分示意图，从图中可以看出，底部商场是沿垂直方向按楼层划分防烟分区的，地上层则是沿水平方向划分防烟分区的。

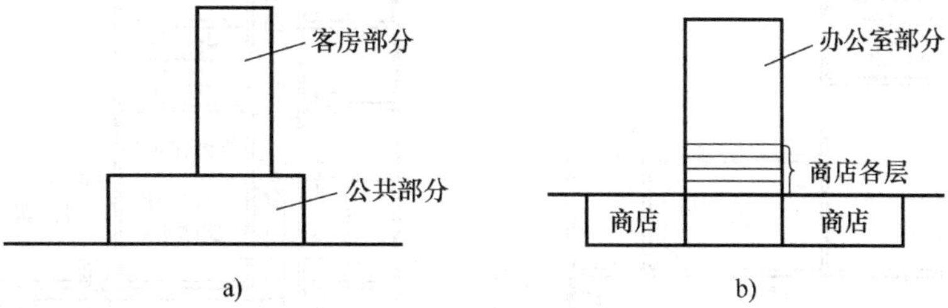

图 3-28 高层建筑按方向分区示意图

a）高层旅馆 b）高层办公大楼

从防排烟的观点看，在进行建筑设计时应特别注意的是垂直防烟分区，尤其是对于建筑高度超过 100m 的超高层建筑，可以把高层建筑按 15~20 层分段，一般是利用不连续的电梯井在分段处错开，楼梯间也做成不连续的，这样处理能有效地防止烟气无限制地向上蔓延，这对超高层建筑的安全是十分有益的。

4. 特殊划分方式

针对几种特殊情况有以下防烟分区的划分要求：

1）公共建筑、工业建筑中的走道宽度不大于 2.5m 时，其防烟分区的长边长度不应大于 60m。图 3-29a 中 $L_2+L_3\leqslant 60\text{m}$，图 3-29b 中，$L_2+L_3+L_4+L_5\leqslant 60\text{m}$，如果 $L_2+L_3+L_4+L_5>60\text{m}$，则需要将走道至少划分为两个防烟分区；若走道宽度大于 2.5m 时，应按表 3-2 中的数据确定。

2）当空间净高大于 9m 时，防烟分区之间可不设置挡烟设施。这一条主要针对的是高大空间，如航站楼、高铁候车大厅、会展中心、大型厂房等。由于这类建筑净高较高，烟气层不容易沉降至清晰高度处，因此可以不设置挡烟设施，而充分利用其上部巨大的储烟空间。但是，并不代表这类建筑不需要划分防烟分区，实际上仍然应该按照单个防烟分区面积不超过 2000m^2 的要求进行划分，此时划分防烟分区主要是为了布置自然排烟或机械排烟系统，并进行相关参数的选取和计算用。

另外，设置排烟设施的建筑内，为了防止烟气通过竖向的通道迅速向建筑上部蔓延，在敞开楼梯和自动扶梯穿越楼板的开口部应设置挡烟垂壁等设施，如图 3-30 所示。建筑物内分别设置了自然排烟系统和机械排烟系统，在穿越楼板的开口部位采用挡烟垂壁阻挡烟气，工程上还可以采用卷帘或气幕，但采用气幕要经过严格的论证，此时，上、下层之间应是两个不同的防烟分区，不得叠加计算防烟分区。烟气还应该在着火层及时排出，否则容易向上层蔓延，给人员疏散和扑救都带来不利。

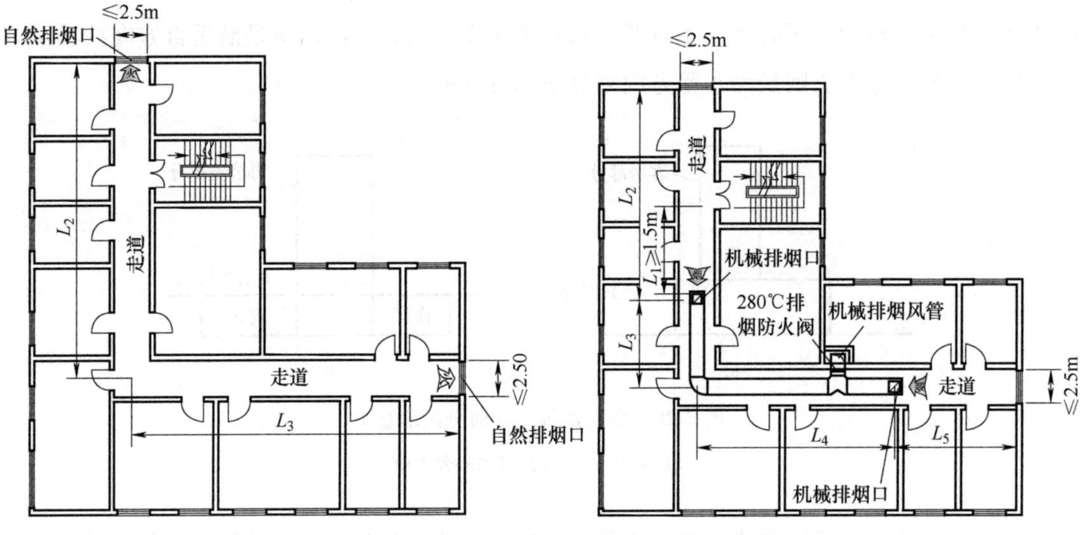

a)　　　　　　　　b)

图 3-29　走道防烟分区规定平面示意图

a）自然排烟　b）机械排烟

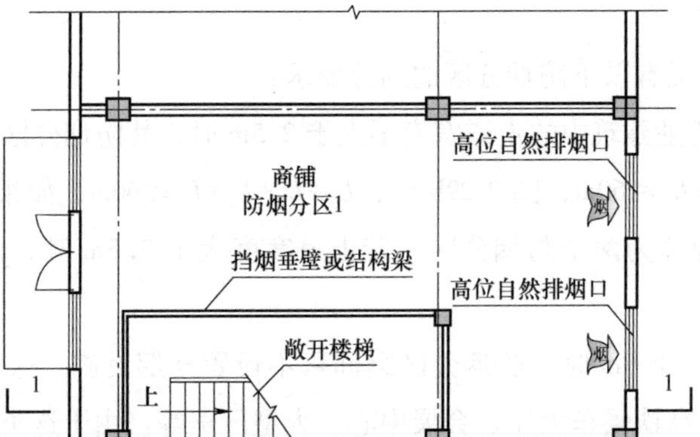

a)

图 3-30　穿越楼板开口处的挡烟垂壁布置示意图

a）敞开楼梯穿越楼板的开口部设置挡烟垂壁

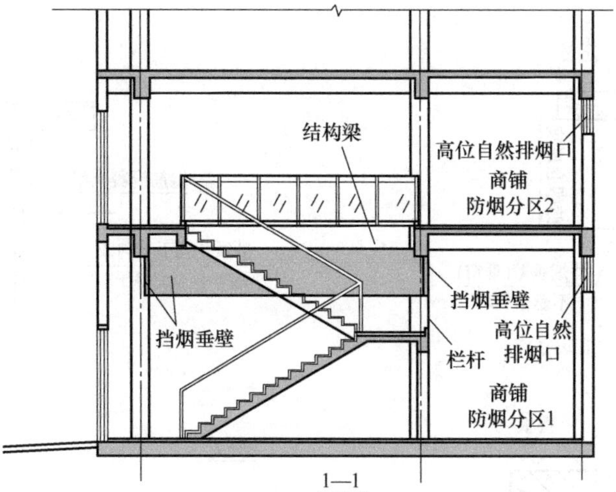

b)

图 3-30 穿越楼板开口处的挡烟垂壁布置示意图（续）

b）自动扶梯穿越楼板的开口部设置挡烟垂壁

还需要注意的是，建筑内的某些部位采用隔墙等形成了独立的分隔空间，实际就是一个防烟分区和储烟仓，该空间应作为一个防烟分区设置排烟口，并且其与其他相邻区城或房间叠加面积不能作为防烟分区的设计值。

3.4.3 防烟分区的划分构件

设置排烟系统的场所或部位采用挡烟垂壁、结构梁及隔墙等划分防烟分区。不同分隔设施划分防烟分区的做法可参考图 3-31。

1. 挡烟垂壁

挡烟垂壁是划分防烟分区的主要措施。挡烟垂壁用不燃材料制成，垂直安装在建筑顶棚、梁或吊顶下，是能在火灾时形成一定的蓄烟空间的挡烟分隔设施。挡烟垂壁可分为以下几类：按照安装方式划分，可分为电动式挡烟垂壁和固定式挡烟垂壁；按照活动方式划分，可分为卷帘式挡烟垂壁和翻板式挡烟垂壁；按照刚度性能划分，可分为刚性挡烟垂壁和柔性挡烟垂壁，如图 3-32 所示。

固定式挡烟垂壁是固定安装的、能满足设定挡烟高度的挡烟垂壁，一般采用单片防火玻璃加工制成，此类玻璃透光度高，耐火效果好，美观大方，符合国家防火设计规范和室内装修设计需求，是较为理想的挡烟产品。固定式挡烟垂壁还可分为固定布基式、透明玻璃式、夹丝玻璃式。

活动式挡烟垂壁是可从初始位置自动运行至挡烟工作位置，并满足设定挡烟高度的挡烟垂壁。它的运行控制方式有三种：与相应的感烟火灾探测器联动，当探测器报警后，挡烟垂壁应能自动运行至挡烟工作位置；接收到消防联动控制设备的控制信号后，挡烟垂壁应能自动运行至挡烟工作位置；系统主电源断电时，活动式挡烟垂壁应能自动运行至挡烟工作位置。活动挡烟垂壁落下时，其下端距地面的高度应大于 1.8m。

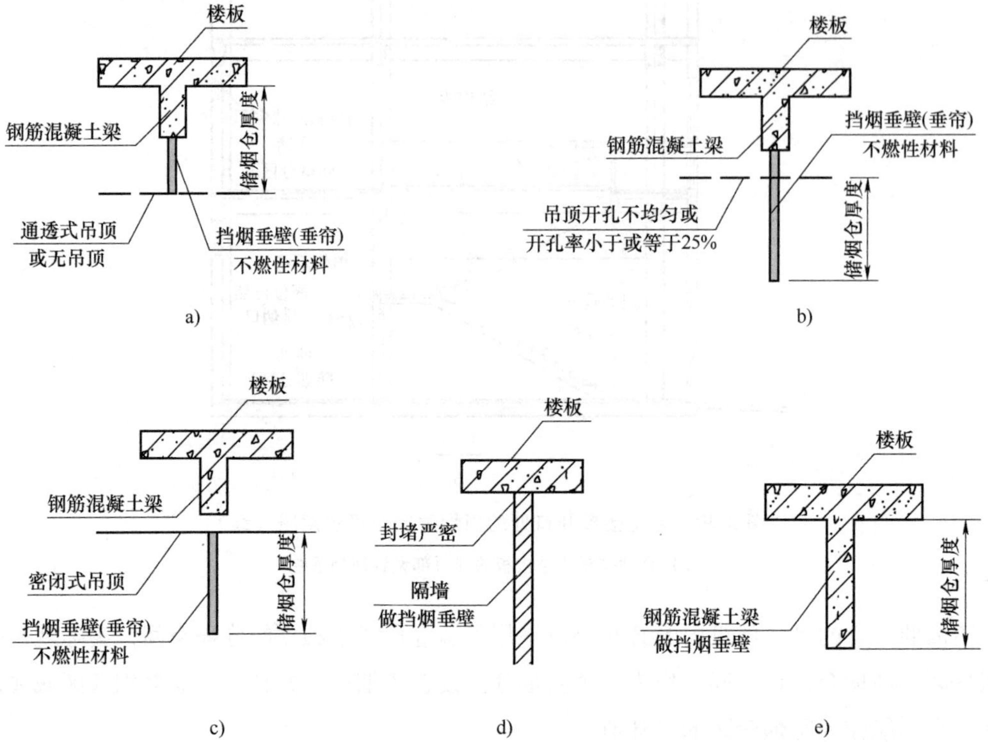

图 3-31　利用结构壁划分防烟分区做法示意图

a）无吊顶或有通透吊顶　b）开孔不均匀或孔率小于等于 25%

c）有密闭吊顶　d）利用隔墙　e）利用结构梁隔

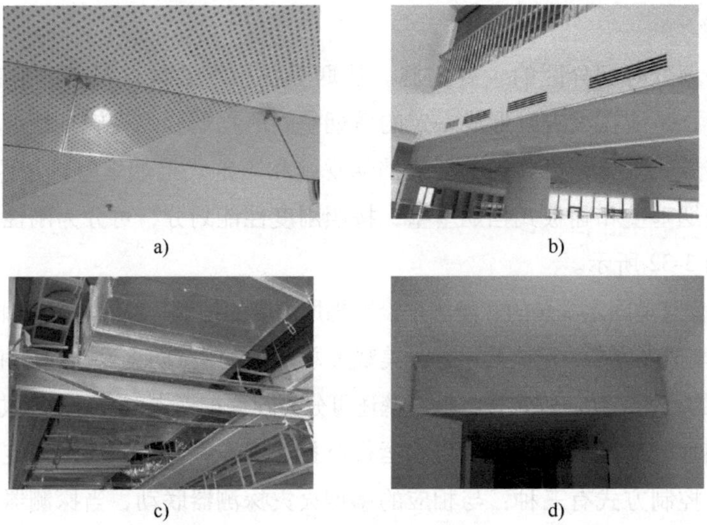

图 3-32　不同种类的挡烟垂壁

a）固定式玻璃挡烟垂壁（刚性）　b）固定式防火布挡烟垂壁（柔性）

c）卷帘式活动挡烟垂壁（柔性）　d）翻板式挡烟垂壁（刚性）

挡烟垂壁种类繁多，不同的建筑要因地制宜，按照建筑的设计要求采用不同的挡烟垂壁。在消防管道较多的工厂或地下车库主要使用固定布基式挡烟垂壁；超市、大型商场或无尘车间，主要使用透明玻璃式或夹丝玻璃式挡烟垂壁。柔性挡烟垂壁样式单一、尺寸小、跨度小，无法满足建筑弧形区域，而翻板式挡烟垂壁可解决上述问题，满足不同建筑风格。

有关挡烟垂壁的要求、试验方法、检验规则及标志、包装、运输和储存等可参考中华人民共和国公共安全行业标准《挡烟垂壁》(FX 533—2012)。

挡烟垂壁的设置应与顶棚构造相适应，这样才能起到有效的挡烟作用。具有代表性的挡烟垂壁设置方式有以下几种：

(1) 顶棚高度不同

顶棚高度不同时，挡烟垂壁的下垂有效高度应从较低的顶棚面算起，如图 3-33 所示。

(2) 顶棚材料不同

1) 当顶棚为可燃材料时，挡烟垂壁的下垂有效高度应从顶棚面算起，但必须要穿过顶棚平面，并紧贴不燃烧体楼板或顶板，如图 3-34 所示，必须完全隔断，这样一旦顶棚烧毁，挡烟垂壁仍能起到有效的防烟作用。

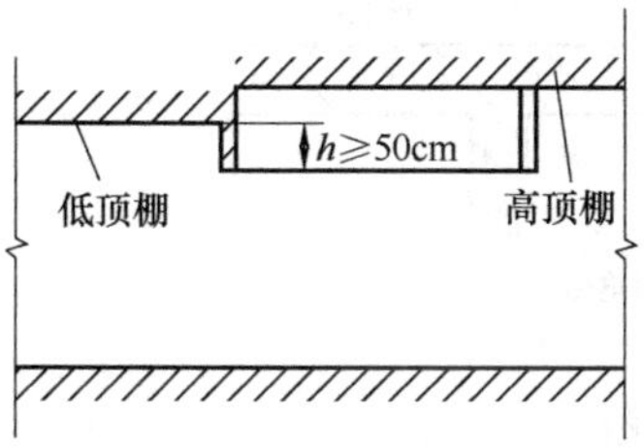

图 3-33　顶棚高度不同时挡烟垂壁设置示意图

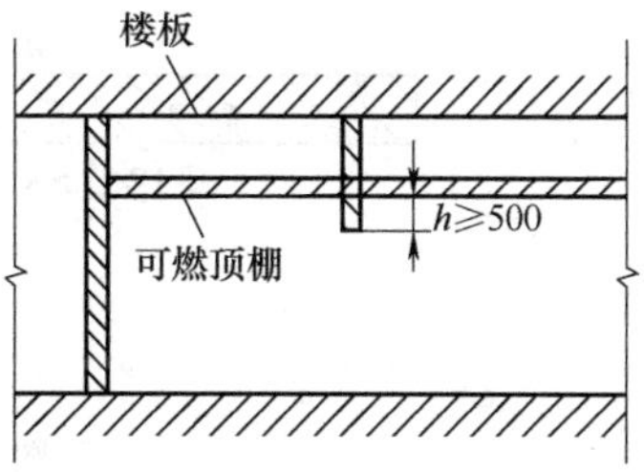

图 3-34　配合可燃顶棚的挡烟垂壁

2) 当顶棚为不燃烧材料或难燃烧材料时，挡烟垂壁的下垂有效高度应从顶棚面算起，只紧贴顶棚平面即可，不必完全隔断，如图 3-35 所示。

3) 当顶棚为格栅式顶棚时，由于顶棚本身不隔烟，所以挡烟垂壁应设置在顶棚内，其下垂有效高度从楼板底面算起，如图 3-36 所示。

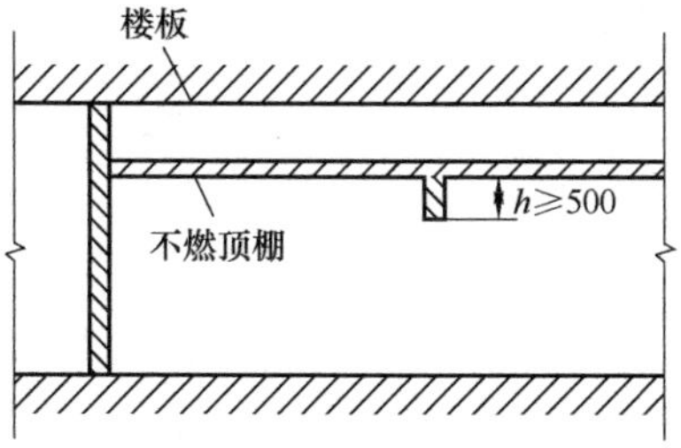

图 3-35　配合不燃或难燃顶棚的挡烟垂壁

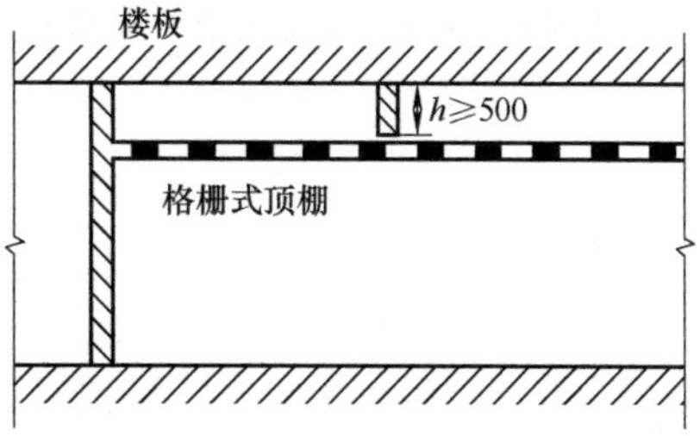

图 3-36　配合格栅式顶棚的挡烟垂壁

2. 挡烟隔墙

从挡烟效果看，挡烟隔墙比挡烟垂壁的效果好，如图 3-37 所示。因此，在不同安全区之间宜采用挡烟隔墙，建筑内的挡烟隔墙应砌至梁板底部，且不宜留有缝隙。例如，走廊两侧的隔墙、面积超过 100m² 的房间隔墙、贵重设备房间隔墙、火灾危险性较大的房间隔墙及病房等房间隔墙，均应砌至梁板底部，不留缝原，以阻止烟火流窜蔓延，避免火情扩大。

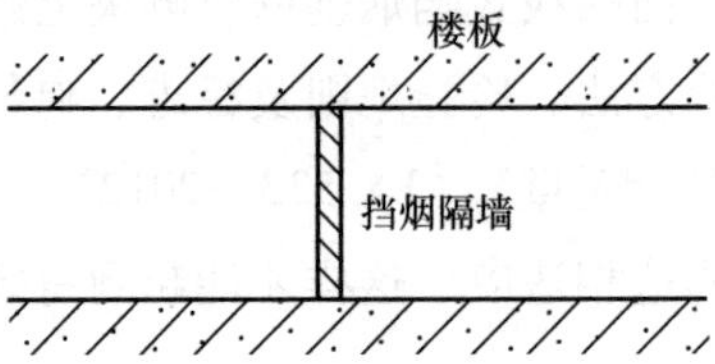

图 3-37 挡烟隔墙示意图

3. 挡烟梁

有条件的建筑物，可利用钢筋混凝土梁或钢梁进行挡烟，如图 3-38 所示。挡烟梁作为顶棚构造的一个组成部分，其高度应超过挡烟垂壁的有效高度，如图 3-38a 所示。若挡烟梁的下垂高度小于 500mm 时，可以在梁底增加适当高度的挡烟垂壁，以加强挡烟效果，如图 3-38b 所示。

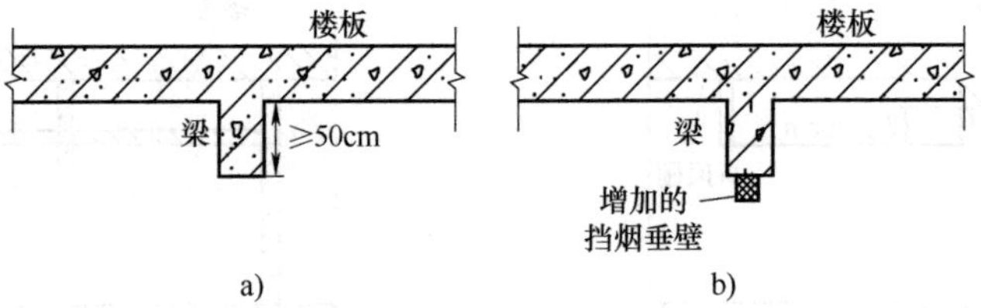

图 3-38 挡烟梁示意图

复 习 题

1. 简述火灾烟气控制的基本策略。
2. 防烟和排烟的方式主要有哪些？
3. 自然排烟和机械排烟有哪些优缺点？
4. 防烟分区划分原则是什么？列出至少三种防烟分区的划分构件。

第 3 章练习题

扫码进入小程序，完成答题即可获取答案

第 4 章 建筑防烟系统设计

教学要求

熟悉自然通风、机械加压送风方式及其设置部位；熟识防烟系统设计程序；掌握机械加压送风系统的设计计算；掌握自然通风、机械加压送风系统的设计要求

重点与难点

自然通风、机械加压送风系统的设计要求，机械加压送风系统的设计计算

防烟系统是指通过采用自然通风方式，防止火灾烟气在楼梯间、前室、避难层（间）等空间内积聚，或通过采用机械加压送风方式阻止火灾烟气侵入楼梯间、前室、避难层（间）等空间的系统。防烟系统的设计出发点是将着火区域产生的烟气有效地堵截于楼梯间、前室、避难层（间）之外，确保人员疏散路径或避难空间的安全。防烟系统分为自然通风系统和机械加压送风系统。

4.1 防烟系统的设置部位

建筑物设置防烟系统的部位主要有：防烟楼梯间及其前室、消防电梯间前室或合用前室、避难走道的前室、避难层（间）。建筑高度不大于 50m 的公共建筑、厂房、仓库和建筑高度不大于 100m 的住宅建筑，当其防烟楼梯间的前室或合用前室符合下列条件之一时，楼梯间可不设置防烟系统：①前室或合用前室采用敞开的阳台、凹廊，如图 4-1 所示；②前室或合用前室具有不同朝向的可开启外窗，且独立前室两个外窗面积分别不小于 2.0m^2，合用前室两个外窗面积分别不小于 3.0m^2，如图 4-2 所示。

1. 防烟楼梯间及其前室

防烟楼梯间是指在楼梯间入口处设置防烟的前室、开敞式阳台或凹廊（统称前室）等设施，且通向前室和楼梯间的门均为防火门，以防止火灾的烟和热气进入的楼梯间，如图 4-3 所示。公共建筑、高层厂房（仓库）的防烟楼梯间前室面积不应小于 6.0m^2；住宅建筑的防烟

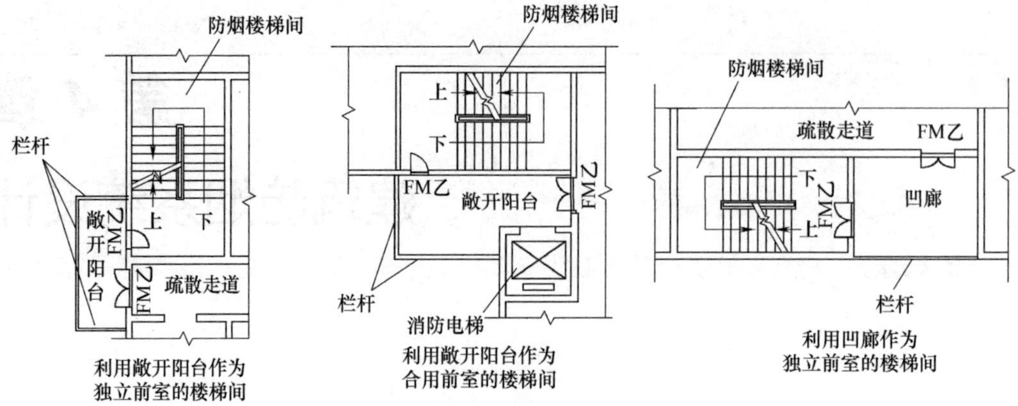

图 4-1 采用敞开的阳台或凹廊作为前室的防烟楼梯间

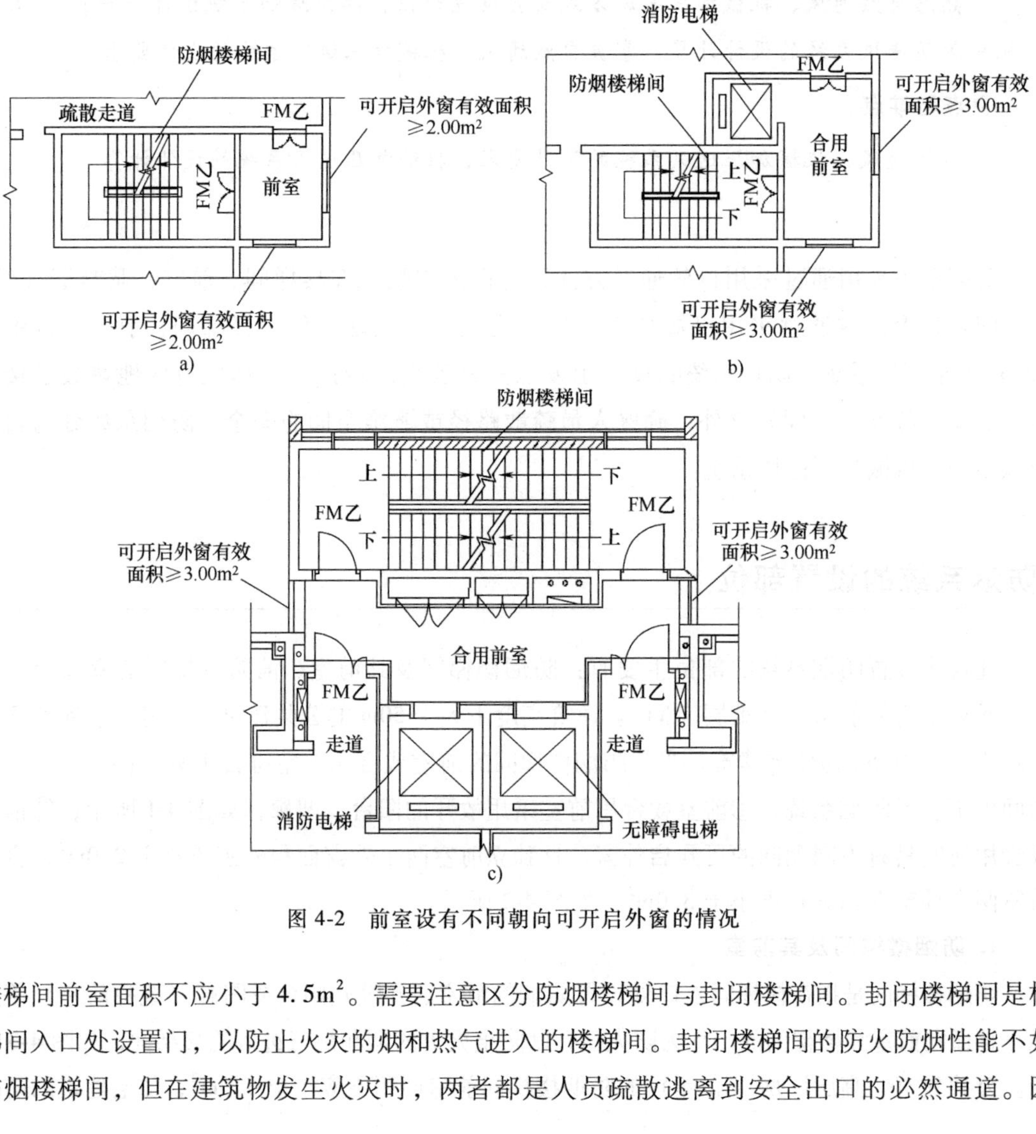

图 4-2 前室设有不同朝向可开启外窗的情况

楼梯间前室面积不应小于 $4.5m^2$。需要注意区分防烟楼梯间与封闭楼梯间。封闭楼梯间是楼梯间入口处设置门，以防止火灾的烟和热气进入的楼梯间。封闭楼梯间的防火防烟性能不如防烟楼梯间，但在建筑物发生火灾时，两者都是人员疏散逃离到安全出口的必然通道。因此，为了阻挡火灾烟气进入防烟楼梯间及其前室，降低建筑物本身由于热压差而产生的烟囱效应，保持疏散通道安全，防烟楼梯间及其前室需设置防烟系统。

2. 消防电梯间前室或合用前室

消防电梯间前室是指消防电梯（专供消防队员在火灾等特定时间使用的电梯）门至电梯厅或走廊之间的空间，如图 4-4 所示。它与电梯厅或走廊之间以乙级防火门分隔。合用前室则是指将防烟楼梯间和消防电梯的两个前室合并为一个前室，如图 4-5 所示。合用前室对前室的面积要求将会增大公共建筑、高层厂房（仓库）的合用前室，不应小于 $10m^2$；住宅建筑合用前室不应小于 $6m^2$。当建筑发生火灾时，消防电梯间前室或合用前室是消防员进行灭火救援的必经之处，为了避免对灭火、搜救的消防员造成伤害，保证其生命安全，消防电梯前室或合用前室需设置防烟系统。

图 4-3　防烟楼梯间及其前室

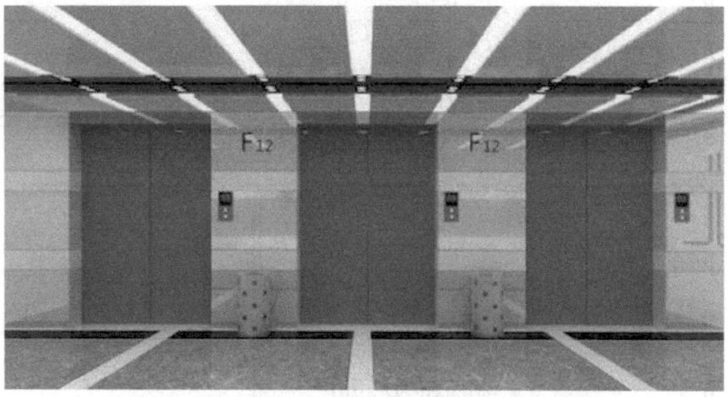

图 4-4　消防电梯及其前室平面示意图

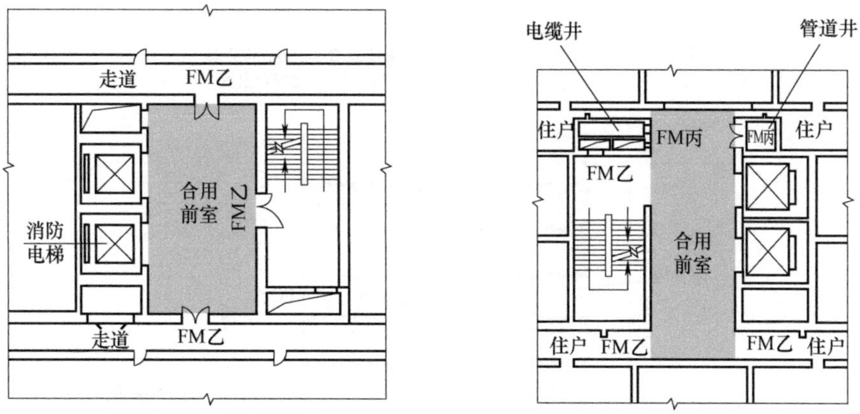

前室与消防电梯间前室合用的防烟楼梯间

住宅建筑的防烟楼梯间前室

图 4-5　合用前室平面示意图

3. 避难走道的前室

避难走道是指采取防烟措施且两侧设置耐火极限不低于 3.00h 的防火隔墙，用于人员安全通行至室外的走道，多用作解决大型建筑中疏散距离过长或难以按照标准要求设置直通室外的安全出口等问题。疏散时人员只要进入避难走道，就视作进入相对安全的区域。前室则是指在进入避难走道入口处设置的面积不小于 $6m^2$ 的过渡空间，如图 4-6 所示。为了保证火灾中人员进入避难走道中疏散时的安全，避难走道的前室需设置防烟系统，使避难走道内的风压大于前室风压，前室风压大于房间风压，形成走道→前室→房间的正向风压序列，防止烟气进入。

4. 避难层（间）

避难层是指建筑内用于人员暂时躲避火灾及其烟气危害的楼层，如图 4-7 所示。避难间则是指建筑内用于人员暂时躲避火灾及其烟气危害的房间，如图 4-8 所示。避难层（间）在高层建筑物中较为常见，在建筑物发生火灾时，避难层和避难间都是人员等待救援和躲避火灾的重要部位。为了确保人员能够安全等待救援，避难层（间）需设置防烟系统，使其风压大于外部风压，防止烟气进入。

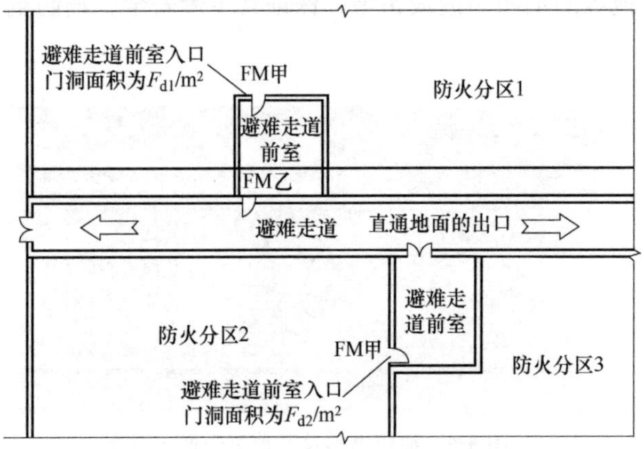

图 4-6　避难走道及其前室平面示意图

图 4-7　避难层示意图

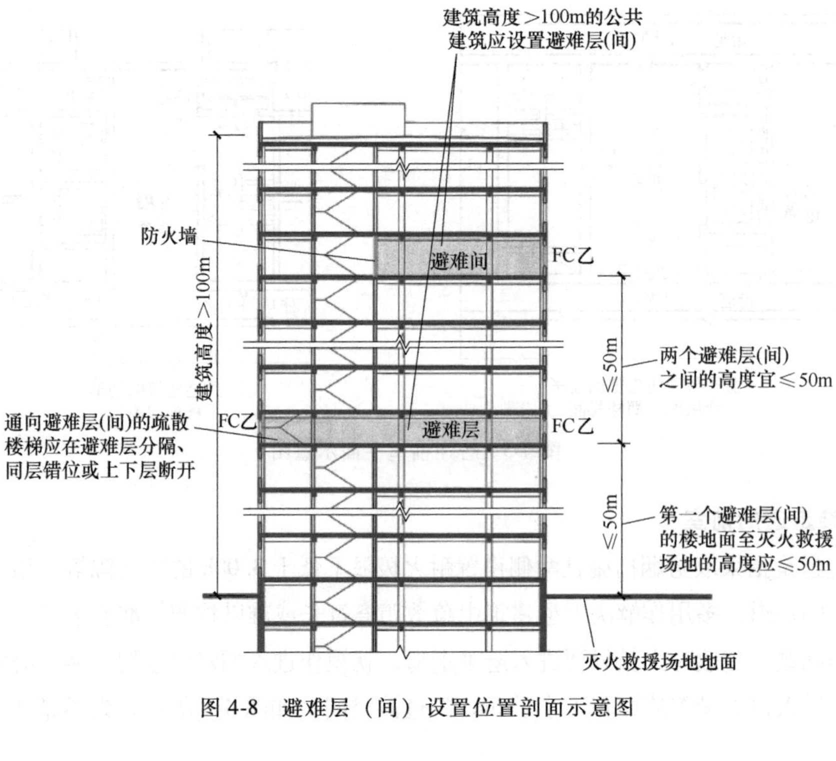

图 4-8　避难层（间）设置位置剖面示意图

4.1.1　自然通风系统的选择

自然通风系统是以热压和风压作用的、不消耗机械动力的、经济的通风方式。如果室内外空气存在温度差或者窗户开口之间存在高度差，则会产生热压作用下的自然通风。当室外气流遇到建筑物时，会产生绕流流动，在气流的冲击下，将在建筑迎风面形成正压区，在建筑屋顶上部和建筑背风面形成负压区，这种建筑物表面所形成的空气静压变化即为风压。当建筑物受到热压、风压同时作用时，外围护结构上的各窗孔就会产生因内外压差引起的自然通风。由于室外风的风向和风速经常变化，因此导致风压是一个不稳定因素。

一般情况下，建筑高度小于或等于 50m 的公共建筑、工业建筑和建筑高度小于或等于 100m 的住宅建筑，其防烟楼梯间、独立前室、共用前室、合用前室（除共用前室与消防电梯前室合用外）及消防电梯前室采用自然通风系统。这些建筑受风压作用影响较小，且一般不设火灾自动报警系统，利用建筑本身的采光通风也可基本起到防止烟气进入安全区域的作用，因此建议防烟楼梯间、前室均采用自然通风方式的防烟系统，简便易行。

封闭楼梯间一般采用自然通风系统。不能满足自然通风条件的封闭楼梯间，应设置机械加压送风系统。封闭楼梯间靠外墙设置时，满足以下条件的可采用自然通风系统：

1）地下仅为一层，且地下最底层的地坪与室外出入口地坪高度差小于 10m；首层有直接开向室外的门或有不小于 1.2m^2 的可开启外窗。

2）封闭楼梯间地上每 5 层内可开启外窗的有效面积不小于 2m^2，并应保证该楼梯间最高部位设有有效面积不小于 1m^2 的可开启外窗、百叶窗或开口。

当地下、半地下建筑（室）的封闭楼梯间不与地上楼梯间共用且地下仅为一层时，可不设置机械加压送风系统，但首层应设置有效面积不小于 1.2m^2 的可开启外窗或直通室外的疏散门。地下封闭楼梯间自然通风设置如图 4-9 所示。

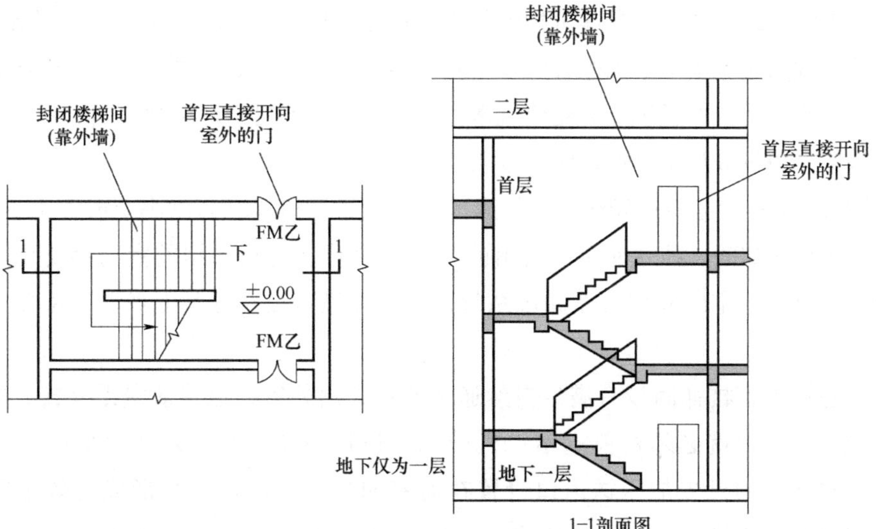

a)

图 4-9　地下的封闭楼梯间防烟系统布置

a）首层设置直接开向室外的门

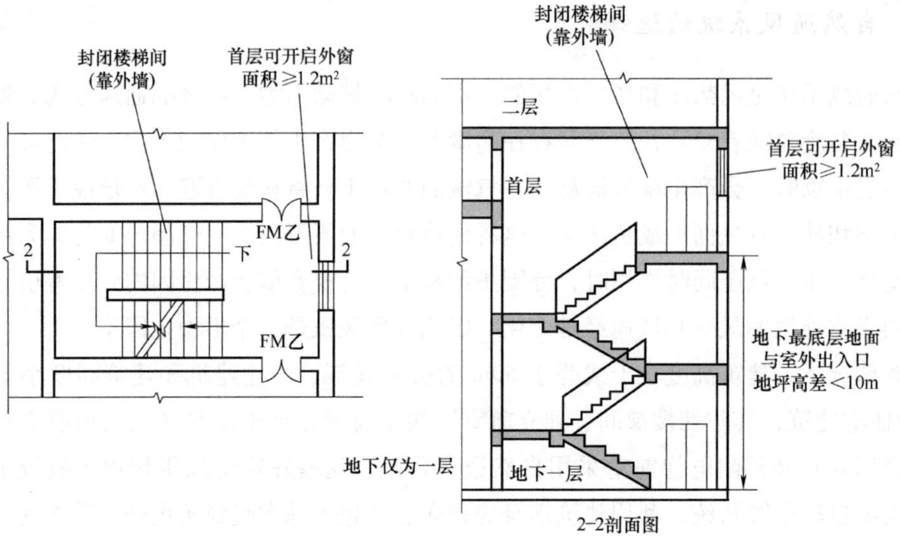

b)

图 4-9　地下的封闭楼梯间防烟系统布置（续）

b）首层设置可开启外窗

4.1.2　机械加压送风系统的选择

机械加压送风系统通过对防烟区域吹送空气，从而在此区域内形成一定的正压值以阻止通过门窗缝隙漏进烟气，或通过打开的门洞形成一股阻止烟气流入的气流。设置机械加压送风系统的场所有以下几种：

1）建筑高度大于 50m 的公共建筑、工业建筑和建筑高度大于 100m 的住宅建筑，其防烟楼梯间、独立前室、共用前室、合用前室及消防电梯前室应采用机械加压送风系统。当建筑物发生火灾时，疏散楼梯间是建筑物内部人员疏散的通道，同时，前室、合用前室是消防员进行火灾扑救的起始场所。因此火灾发生时首要的就是控制烟气进入上述安全区域。对于高度较高的建筑，其自然通风效果受建筑本身的密闭性以及自然环境中风向、风压的影响较大，所以需要采用机械加压来保证防烟效果。

2）建筑高度小于或等于 50m 的公共建筑、工业建筑和建筑高度小于或等于 100m 的住宅建筑，其防烟楼梯间、独立前室、共用前室、合用前室（除共用前室与消防电梯前室合用外）及消防电梯前室应采用自然通风系统；当不能设置自然通风系统时，应采用机械加压送风系统。

在一些建筑中，楼梯间设有满足自然通风的可开启外窗，但其前室无外窗，要使烟气不进入防烟楼梯间，就必须对前室增设机械加压送风系统，并且对送风口的位置提出更严格要求。将前室的机械加压送风口设置在前室的顶部，其目的是形成有效阻隔烟气的风幕；而将机械加压送风口设在正对前室入口的墙面上，是为了形成正面阻挡烟气侵入前室的效果。当前室的加压送风口的设置不符合上述规定时，其楼梯间就必须设置机械加压送风系统。

当防烟楼梯间在裙房高度以上部分采用自然通风时，不具备自然通风条件的裙房的独立前室、共用前室及合用前室应采用机械加压送风系统，且独立前室、共用前室及合用前室送风口的设置方式应符合规定。

在建筑高度小于或等于 50m 的公共建筑、工业建筑和建筑高度小于或等于 100m 的住宅建筑中，可能会出现裙房高度以上部分利用可开启外窗进行自然通风，裙房高度范围内不具备自然通风系统的布局，为了保证防烟楼梯间下部的安全并且不影响其上部，对该高层建筑中不具备自然通风条件的前室、共用前室及合用前室，规定设置局部正压送风系统。特别需要注意的是，将送风口设置在前室的顶部或将送风口设在正对前室入口的墙面上，如图 4-10 所示。

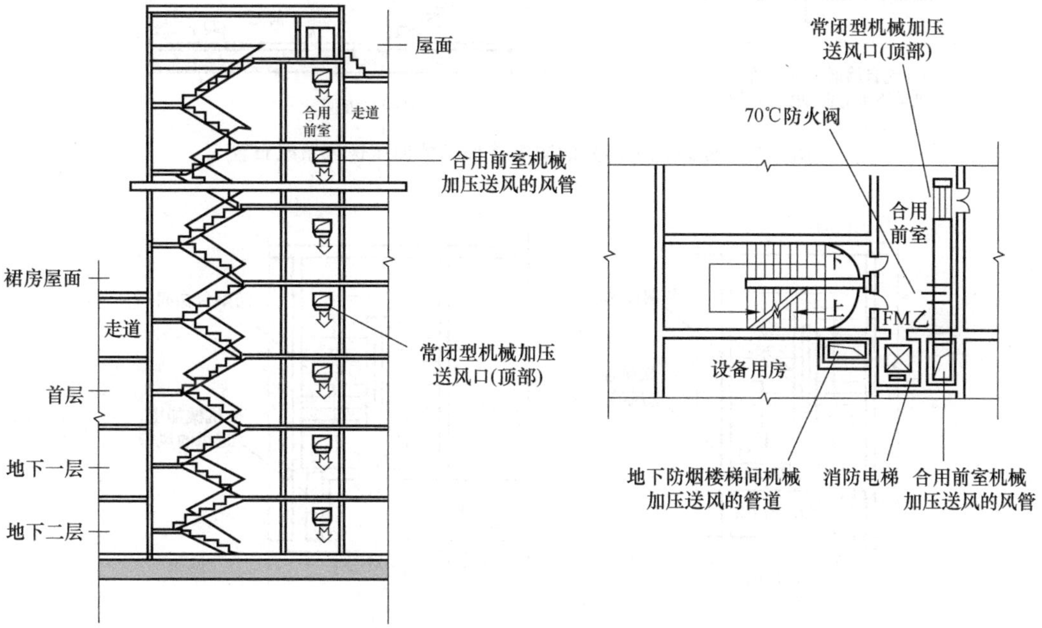

图 4-10 不具备自然通风条件的裙房的前室的机械加压送风系统

3）建筑地下部分的防烟楼梯间前室及消防电梯前室，当无自然通风条件或自然通风不符合要求时，应采用机械加压送风系统，如图 4-11 所示。

4）防烟楼梯间及其前室的机械加压送风系统的设置应符合下列规定：

① 建筑高度小于或等于 50m 的公共建筑、工业建筑和建筑高度小于或等于 100m 的住宅建筑，当采用独立前室且其仅有一个门与走道或房间相通时，可仅在楼梯间设置机械加压送风系统；当独立前室有多个门时，楼梯间、独立前室应分别独立设置机械加压送风系统，如图 4-12 所示。当前室为独立前室时，因其漏风泄压较少，可以采用仅在楼梯间送风而前室不送风的方式，也能保证防烟楼梯间及其前室（楼梯间→前室→走道）形成压力梯度。

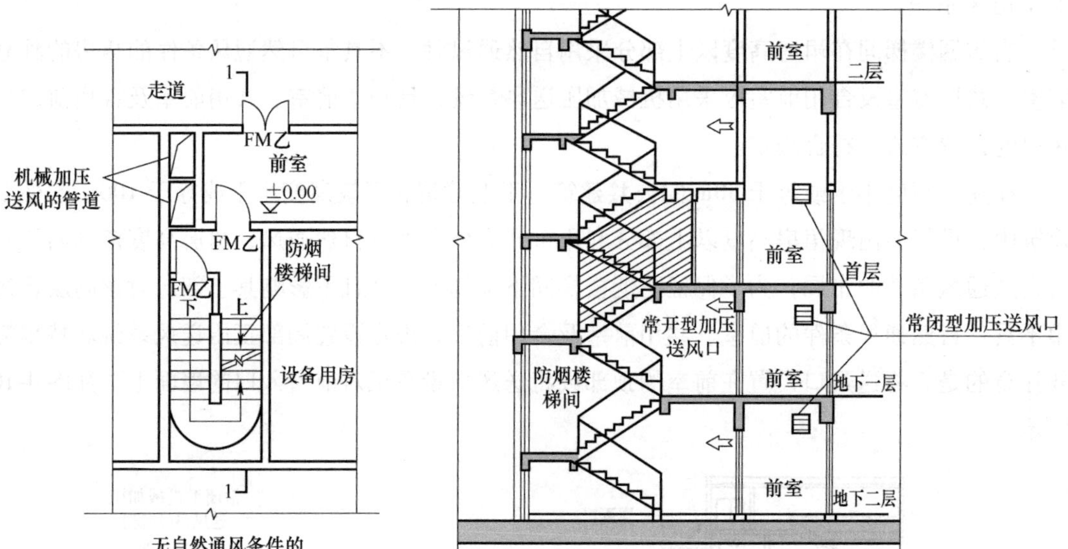

无自然通风条件的
建筑地下部分防烟楼梯间前室

1—1剖面图

图 4-11　建筑地下部分的防烟楼梯机械加压送风系统布置

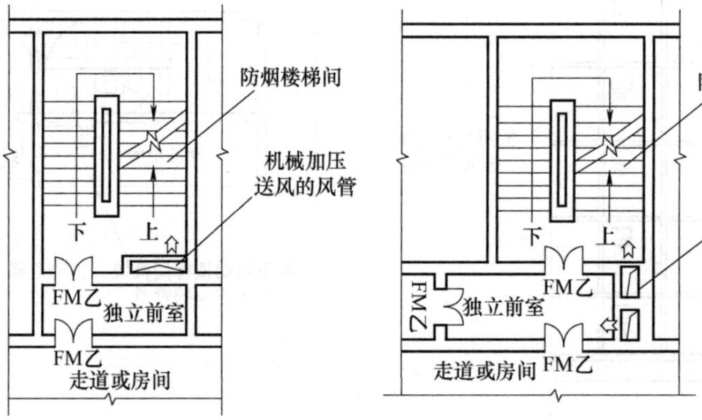

a)　　　　b)

图 4-12　防烟楼梯间及其前室机械加压送风系统的布置

a）仅有一个门　b）有多个门

② 当采用合用前室时，楼梯间、合用前室应分别独立设置机械加压送风系统。当采用共用前室或合成前室时，机械加压送风的楼梯间溢出的空气会通过共用前室或合用前室的其他开口或缝隙而流失，无法保证共用前室或合用前室和走道之前的压力梯度，不能有效地防止烟气的侵入，此时楼梯间、共用前室或合用前室应分别独立设置机械加压送风的防烟设施，如图 4-13 所示。

③ 当采用剪刀楼梯时，其两个楼梯间及其前室的机械加压送风系统应分别独立设置。对于剪刀楼梯无论是公共建筑还是住宅建筑，为了保证两部楼梯的加压送风系统不至于在火灾发生时同时失效，其两部楼梯间及其前室、合用前室的机械加压送风系统（风机、风道、

风口）应分别独立设置，既不可以合用，也不允许交错，两部楼梯间也要独立设置风机和风道、风口，不要出现送风口都集中到一个楼梯间内的错误设置情况，如图 4-14 所示。

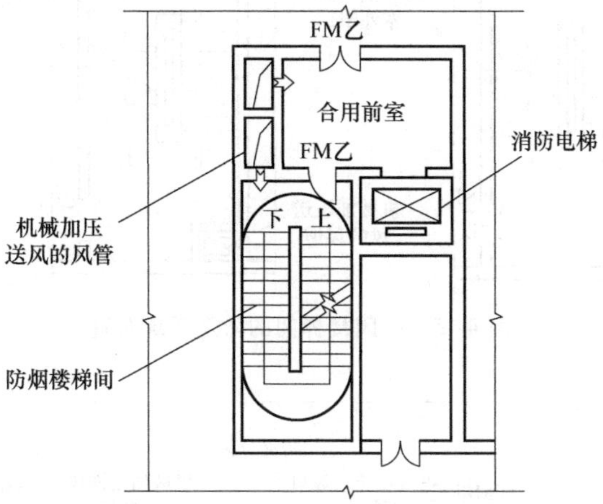

图 4-13　楼梯间、合用前室分别独立设置机械加压送风系统

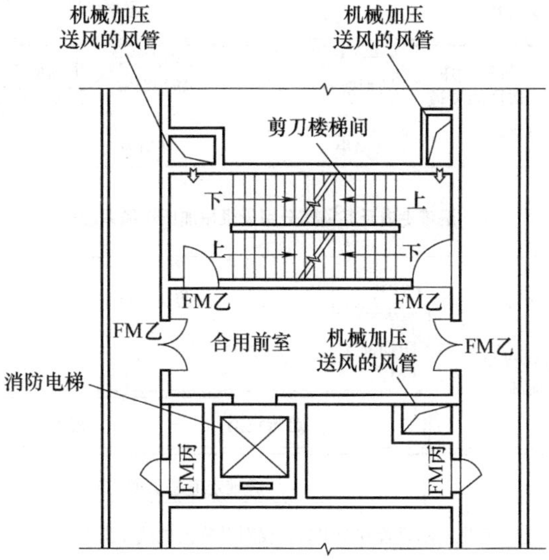

图 4-14　剪刀楼梯两个楼梯间及其前室分别独立设置机械加压送风系统

5）封闭楼梯间应采用自然通风系统，不能满足自然通风条件的封闭楼梯间，应设置机械加压送风系统。封闭楼梯间也是火灾时人员疏散的通道，当楼梯间没有设置可开启外窗时或开窗面积达不到标准规定的面积时，进入楼梯间的烟气就无法有效排除，影响人员疏散，这时就应在楼梯间设置机械加压送风进行防烟，如图 4-15 所示。

6）避难走道应在其防烟前室及避难走道分别设置机械加压送风系统，但避难走道一端设置安全出口且总长度小于 30m 或避难走道两端设置安全出口且总长度小于 60m 时，可仅在防烟前室设置机械加压送风系统，如图 4-16 所示。

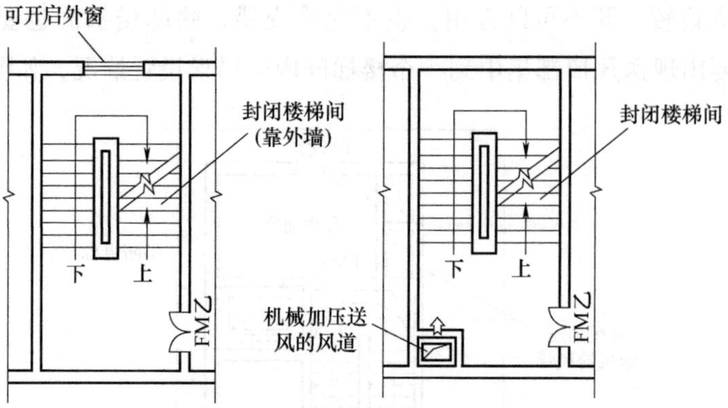

图 4-15　封闭楼梯间的防烟系统布置

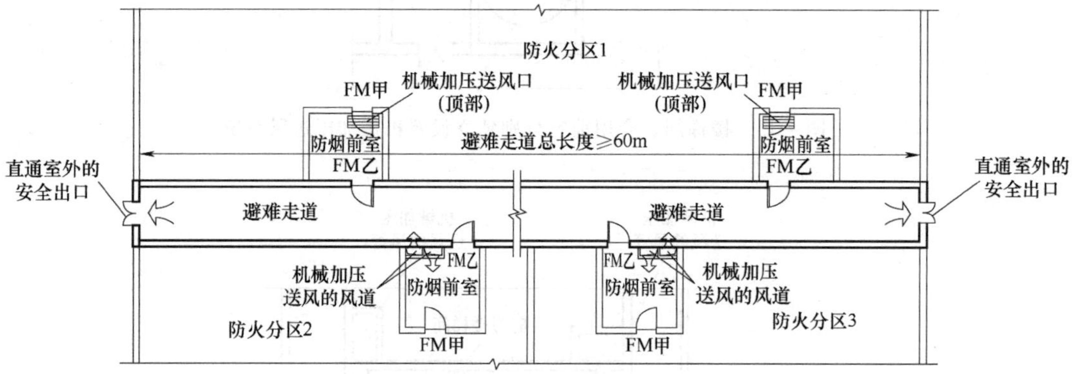

避难走道及其前室分别设机械加压送风系统

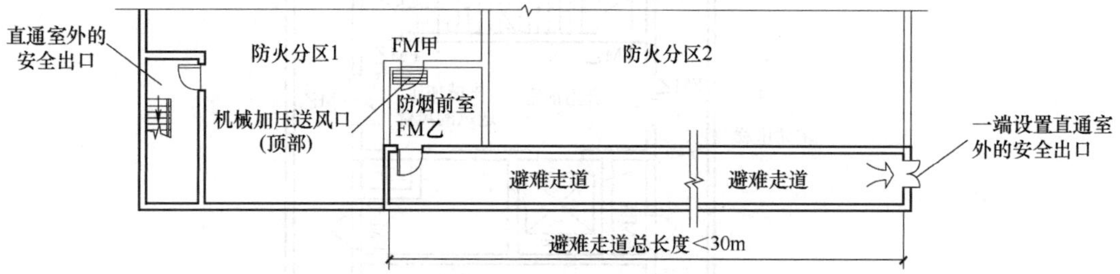

避难走道一端设置安全出口，仅对前室设机械加压送风系统

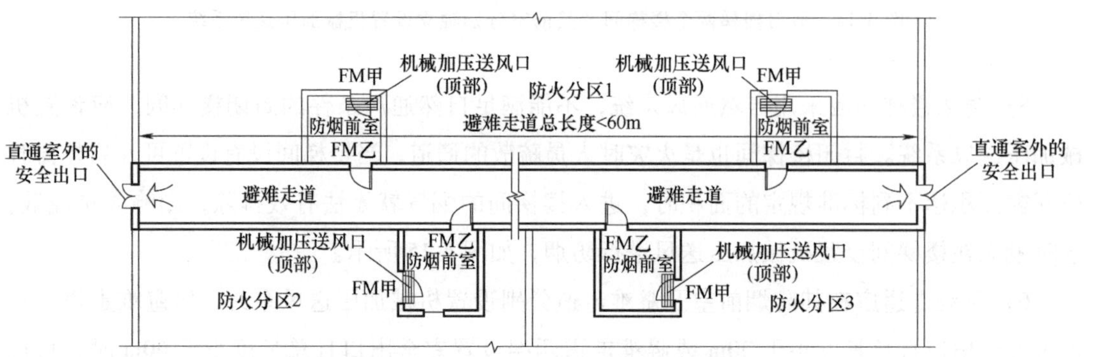

避难走道两端设置安全出口，仅对前室设机械加压送风系统

图 4-16　避难走道机械加压送风系统的设置

4.2 防烟系统设施

4.2.1　自然通风设施

自然通风设施简单，一般是在需要防烟的部位安装可开启的外窗或设置开口。这些可开启外窗或开口包括悬窗（根据转轴的位置不同，分为上、中、下悬窗）、平开窗、平推窗及推拉窗等多种结构型式（图 4-17），可通过手动、电动、与火灾探测报警系统联动等方式开启。在防烟系统中，设置开启外窗或开口是为了形成自然通风，既能将侵入的烟气排出，又能引入室外新鲜空气，维持疏散楼梯、前室等部位的安全环境。

a)　b)　c)

d)　e)　f)

图 4-17　自然通风开窗形式

a）上悬窗　b）下悬窗　c）中悬窗　d）平开窗　e）平推窗　f）推拉窗

天窗、天井和屋顶通风器等也可以作为自然通风的形式。天窗和天井在人们的日常生活中较为常见，是较为传统的自然通风的形式。而屋顶通风器则是一种以型钢为骨架，用彩色压型钢板（或玻璃钢）组合而成的全避风的新型自然通风装置。屋顶通风器具有结构简单、重量轻、不用电力也能达到良好的通风效果等优点，其外形如图 4-18 所示。该设备局部阻力小，可由工厂批量生产，特别适用于高大的工业建筑。

图 4-18　通风器示意图

4.2.2 机械加压送风设施

一个完整的机械加压送风系统由吸、送、漏、排几个环节所构成。吸是指吸风口，一般就是风机的入口；送是指送风管路及送风口；漏是指漏风通路，由正压区与非正压区之间的关闭的门的缝隙、围护结构的缝隙或开启的门窗等组成；排是指排气部位，泄漏出去的风量通过建筑的外窗、门、电梯井排气口等部位排出室外，有时为了防止正压区间的压力过高，会专门设计泄压排气装置。

以高层建筑为例，正压送风防烟系统中的空气流程如下：①向楼梯间及其前室、避难层（间）、避难走道送风，使其保持一定的正压力，形成正压区；②正压区中的空气通过正压区与非正压区之间关闭的门的缝隙、围护结构的缝隙或开启的门窗向非正压区泄漏或排泄；③泄漏出去的空气通过外窗或专设排气口排出室外。

通常所说的机械加压送风系统包括从吸风口到送风口之间的各个部分，主要的设备与设施有送风机、送风管道或送风井、送风口、联动控制装置、余压（泄压）控制装置等，如图4-19所示。

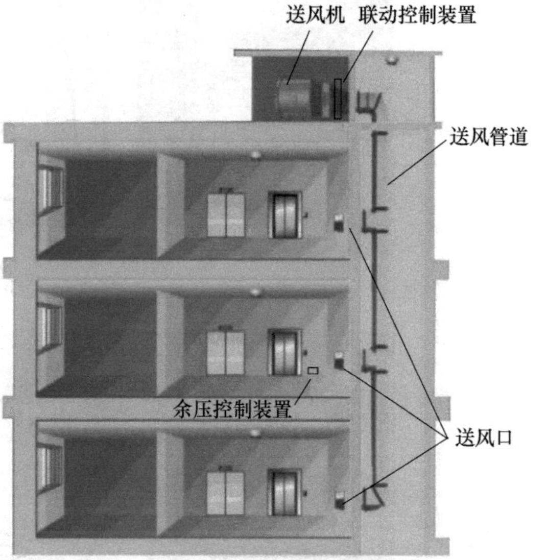

图4-19 机械加压送风防烟系统的组成

1. 送风机

轴流式风机（图4-20）就是气流与风叶的轴同方向的风机，如电风扇、空调外机风扇就是轴流式运行风机。轴流式风机主要由叶轮、机壳、电动机等零部件组成，支架采用型钢与机壳风筒连接。当叶轮旋转时，气体从进风口轴向进入叶轮，受到叶轮上叶片的推挤而使气体的能量升高，然后流入导叶。导叶将偏转气流变为轴向流动，同时将气体导入扩压管，进一步将气体动能转换为压力能，最后引入工作管路。

离心式风机（图4-21）是根据动能转换为势能的原理，当电动机转动时，高速旋转的叶轮将气体加速，同时旋转时产生的离心力将空气从叶轮中甩出，空气从叶轮中甩出后汇集在机壳中，由于速度慢、压力高（即使动能转换成势能），空气便从通风机出口排出流入管道。当叶轮中的空气被排出后，就形成了负压，吸气口外面的空气在大气压作用下又被压入叶轮中。因此，叶轮不断旋转，空气在通风机的作用下，在管道中不断流动。

离心式风机按风机出口全压值分为高、中、低压离心式风机三类：低压离心式风机的全压小于1000Pa，中压离心式风机的全压为1000～3000Pa，高压离心式风机的全压大于3000Pa。

图 4-20 轴流式风机

图 4-21 离心式风机

轴流式风机与离心式风机相比有以下不同点：

（1）风机效率

轴流式风机的效率一般较高，可高达 92%甚至更高，而高效的离心式风机的效率通常也不超 90%，另外，轴流式风机高效工况区域较广泛。

（2）调节性能及方式

轴流式风机的调节性能较好，特别是可以通过改变入口导向叶片装置角的调节方式，从而保证风机在负荷变动范围内保持接近设计点的高效率。离心式风机的调节性能较差，通常利用风道上的阀门（如闸阀或旋板阀）来调节。轴流式风机和离心式风机均可通过改变电动机的转速来调节风量风压，随着多速电动机和无级调速电动机的广泛应用，这种调节方式得以快速推广。

（3）风机出口风压

通常所说的风机出口风压是指风机出口全压。轴流式风机出口风压较低，特别是单级轴流式风机，其压头一般不超过 300Pa。所以，轴流式风机一般应用在大流量低压头的场合，如在防排烟工程中用于排烟区域的机械排烟。离心式风机的出口风压则较高，特别是高压离心式风机，其出口压力可高达 10kPa 以上。在防排烟工程中，特别是在正压送风防烟系统中，离心式风机得到了较多的应用。

（4）风机体积和占地面积

轴流式风机的体积较小，特别是由于气流轴向流动，风机可直接与管道连通，无需弯头，因而风机布置紧凑，占地面积较小。离心式风机则不然，特别是随着风量和压头的增大，离心式风机的体积快速增大，另外离心式风机的进出口始终是相互垂直的，管道布置上弯头较多，因而占地面积较大。特别是随着风机容量的增大，轴流式风机体积小、占地面积小的优点更加突出。

由于机械加压送风系统的风压通常在中、低压范围，所以其风机宜采用轴流风机或中、低压离心风机。

2. 送风管道

机械加压送风系统中，外部新鲜空气由风机吸入后，经过叶轮的做功，由风机出口导入加压风道中，再由风道输送至送风口。常用的加压风道是金属制成的，如镀锌钢板，也有采用非金属材料的风道（管），如酚醛复合风管、镁板风管、无机玻璃钢风管等。图 4-22 和图 4-23 分别是采用镀锌钢板和酚醛复合板制成的通风管路系统。

图 4-22　镀锌钢板风管系统

图 4-23　酚醛复合板风管系统

3. 加压送风口

机械加压送风系统的送风通过管道上设置的送风口吹出至加压区域，从而起到防烟的作用。加压送风口应由其所在防火分区内的两只独立的火灾探测器或一只火灾探测器与一只手动火灾报警按钮的报警信号，作为送风口开启和加压送风机起动的联动触发信号，并应由消防联动控制器联动控制相关层前室等需要加压送风场所的加压送风口开启和加压送风机起动。加压送风口的主要组成部件有阀体、阀片和栅格面板等，如图 4-24 所示。

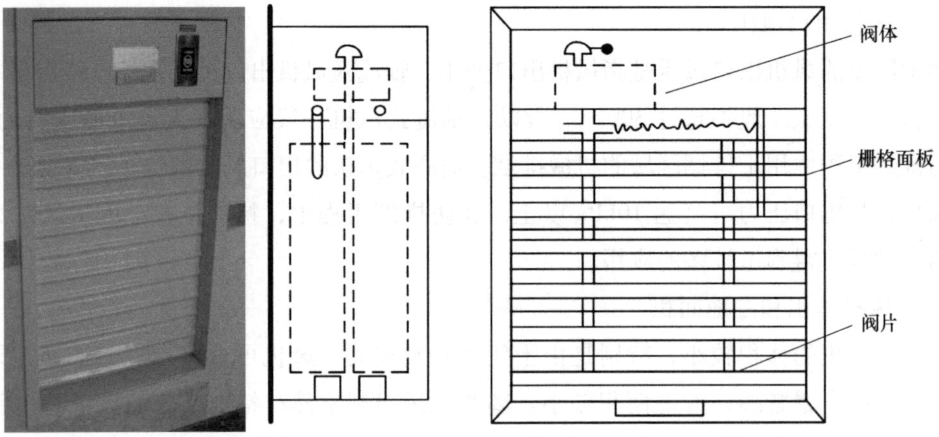

图 4-24　加压送风口

4. 余压阀

余压阀是为了维持一定的加压空间静压、实现其正压的无能耗自动控制而设置的设备。它是一个单向开启的风量调节装置，按静压差来调整开启度，用重锤的位置来平衡风压，如图 4-25 和图 4-26 所示。一般在楼梯间与前室和前室与走道之间的隔墙上设置余压阀。这样空气通过余压阀从楼梯间送入前室，当前室超压时，空气再从余压阀漏到走道，使楼梯间和前室能维持各自的压力。表 4-1 给出了余压阀的常用规格。

图 4-25　余压阀实物图

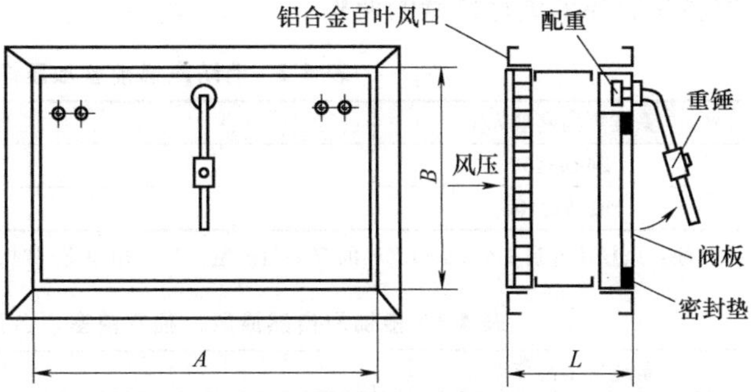

图 4-26　余压阀示意图

表 4-1　余压阀的常用规格　　（单位：mm）

序号	规格 $A \times B$
1	300×150
2	400×150
3	450×150
4	500×200
5	600×200
6	600×250
7	800×300

机械加压送风系统中还用到防火阀，用于烟气侵入后切断管道、关闭风机，具体内容与机械排烟系统中的排烟防火阀一起介绍。

4.3 机械加压送风量计算

机械加压送风系统通过对防烟区域吹送空气，从而在此区域内形成一定的正压值以阻止通过门窗缝隙漏进烟气，或通过打开的门洞形成一股阻止烟气流入的气流，因此为了达到有效的防烟效果，吹送进来的空气要有足够的量才行。机械加压送风系统计算风量是由计算法和查表法相结合确定的，同时充分考虑实际工程中由于风管（道）的漏风与风机制造标准中允许风量的偏差等各种风量损耗的影响，为保证机械加压送风系统的效能，机械加压送风系统的设计风量（即加压送风机的公称风量）不应小于计算风量的 1.2 倍。

4.3.1 查表法

防烟楼梯间、独立前室、共用前室、合用前室和消防电梯前室的机械加压送风的计算风量应由计算确定。当系统负担建筑高度大于 24m 时，防烟楼梯间、独立前室、合用前室和消防电梯前室应按计算值与表 4-2～表 4-5 所列数值中的较大值确定。查表法给出的风量参考取值是经过多年实践验证得出的，在工程选用中应用数学的线性插值法取值，还要注意根据表注的要求进行风量的调整。

表 4-2　消防电梯前室加压送风的计算风量

系统负担高度 h/m	加压送风量/(m^3/h)
$24<h\leqslant 50$	35400~36900
$50<h\leqslant 100$	137100~40200

注：风量按开启 1 个 2m×1.6m 的双扇门确定。当采用单扇门时，风量可按乘以系数 0.75 计算。

表 4-3　楼梯间自然通风，独立前室、合用前室加压送风的计算风量

系统负担高度 h/m	加压送风量/(m^3/h)
$24<h\leqslant 50$	42400~44700
$50<h\leqslant 100$	45000~48600

注：风量按开启 1 个 2m×1.6m 的双扇门确定。当采用单扇门时，风量可按乘以系数 0.75 计算。

表 4-4　前室不送风，封闭楼梯间、防烟楼梯间加压送风的计算风量

系统负担高度 h/m	加压送风量/(m^3/h)
$24<h\leqslant 50$	36100~39200
$50<h\leqslant 100$	39600~45800

注：风量按开启 1 个 2m×1.6m 的双扇门确定。当采用单扇门时，风量可按乘以系数 0.75 计算。

表 4-5　防烟楼梯间及独立前室、合用前室分别加压送风的计算风量

系统负担高度 h/m	送风部位	加压送风量/(m^3/h)
$24<h\leqslant 50$	楼梯间	25300~27500
	独立前室、合用前室	24800~25800
$50<h\leqslant 100$	楼梯间	27800~32200
	独立前室、合用前室	26000~28100

注：1. 风量按开启 1 个 2m×1.6m 的双扇门确定。当采用单扇门时，风量可按乘以系数 0.75 计算。
2. 表中风量按开启着火层及其上下两层，共开启三层的风量计算。
3. 表中风量的选取应按建筑高度或层数、风道材料、防火门漏风量等因素综合确定。

剪刀楼梯间和共用前室的疏散门的配置数量与面积往往会比较复杂，应采用计算方法确定，也不再提供简单的可直接读取风量数值的表格进行比对选用。

4.3.2　计算法

机械加压送风系统的工作状态分为两种情况：一种是疏散门关闭的情况下，通过维持楼梯间或前室的一定正压，使得门缝处形成向外的气流以阻止烟气渗入门缝，可称为压差法；还有一种是当门打开后，送入的风量通过疏散门向外流动，形成具有足够高流速可以阻止烟气侵入的气流，可称为风速法。这两种工况所需的风量是不同的，需要分别计算，但一般情况下，门开启时所需的风量要大得多。但是，通过工程实测得知，加压送风系统的风量仅按保持该区域门洞处的风速进行计算是不够的。这是因为门洞开启时，虽然加压送风开启门洞区域中的压力会下降，但远离门洞开启楼层的加压送风区域或管井仍具有一定的压力，存在门缝、阀门和管道的渗漏风，使实际开启门洞区域的风速达不到设计要求。因此机械加压送风系统送风机的送风量应按门开启时规定风速值所需的送风量和其他门漏风总量以及未开启常闭送风阀漏风总量之和计算。

楼梯间或前室的机械加压送风量应按下列公式计算：

$$L_j = L_1 + L_2 \tag{4-1}$$

$$L_s = L_1 + L_3 \tag{4-2}$$

式中 L_j——楼梯间的机械加压送风量（m^3/s）；

L_s——前室的机械加压送风量（m^3/s）；

L_1——门开启时，达到规定风速值所需的送风量（m^3/s），对于楼梯间来说，开启门是指前室通向楼梯间的门；对于前室，是指走廊或房间通向前室的门；

L_2——门开启时，规定风速值下，其他门缝漏风总量（m^3/s）；

L_3——未开启的常闭送风阀的漏风总量（m^3/s）。

由式（4-1）和式（4-2）可知，楼梯间或前室的机械加压送风量分别由两部分构成。对于楼梯间来讲，当一些楼层的疏散门打开后，大部分送风量 L_1 通过这些开启的门流出，但此时楼梯间仍然存在一定的正压，因此，机械加压送风系统负担的其他关闭的疏散门门缝仍然会向外泄漏一部分风量 L_2。同样的，打开门的前室的送风量 L_1 会直接流出去，而前室采用常闭送风阀，因此当送风管道有压力时，总会通过未开启的常闭送风阀漏出一定的风量，所以需要将这部分风量 L_3 也算入前室总的机械加压送风量中。

实际上，加压送风量还可能通过楼梯间的窗缝或合用前室的电梯门缝泄漏出去，但在一般情况下，经计算后楼梯间窗缝或合用前室电梯门缝的漏风量对总送风量的影响很小，在工程的允许范围内可以忽略不计。火灾时，只有消防电梯可以运行，而在消防电梯前室使用时，仅仅是使用层消防电梯门开启时的漏风量，其他楼层只有常闭阀的漏风量 L_3。实际上计算风量公式中已经考虑了这部分消防电梯门缝隙的漏风量了。

利用式（4-1）和式（4-2）计算加压系统的送风量还需解决几个参数：一是同时开启疏散门的数量；二是开启门处阻挡烟气的风速值；三是开门后，为保证开门门洞处风速达标楼梯间的余压值。

门开启时，达到规定风速值所需的送风量应按下式计算：

$$L_1 = A_k v N_1 \tag{4-3}$$

式中 A_k——一层内开启门的截面面积（m^2）；对于住宅电梯前室，可按一个门的面积取值；

v——门洞断面风速（m/s）；当楼梯间和独立前室、共用前室、合用前室均采用机械加压送风时，通向楼梯间和独立前室、共用前室、合用前室疏散门的门洞断面风速均应不小于 0.7m/s；当楼梯间机械加压送风、只有一个开启门的独立前室不送风时，通向楼梯间疏散门的门洞断面风速应不小于 1.0m/s；当消防电梯前室机械加压送风时，通向消防电梯前室门的门洞断面风速应不小于

1.0m/s；当独立前室、共用前室或合用前室机械加压送风而楼梯间采用可开启外窗的自然通风系统时，通向独立前室、共用前室或合用前室疏散门的门洞风速应不小于 $0.6(A_l/A_g+1)$，其中，A_l 为楼梯间疏散门的总面积（m^2），A_g 为前室疏散门的总面积（m^2）；

N_1——设计疏散门开启的楼层数量；楼梯间：采用常开风口，当地上楼梯间为 24m 以下时，设计 2 层内的疏散开启门，取 $N_1=2$；当地上楼梯间为 24m 及以上时，设计 3 层内的疏散门开启，取 $N_1=3$；当为地下楼梯间时，设计 1 层内的疏散门开启，取 $N_1=1$；前室：采用常闭风口，计算风量时取 $N_1=3$。

门开启时，规定风速值下的其他门漏风总量应按下式计算：

$$L_2=0.827A\Delta p^{\frac{1}{n}}\times1.25N_2 \tag{4-4}$$

式中 0.827——漏风系数；

A——每个疏散门的有效漏风面积（m^2），疏散门的门缝宽度取 0.002～0.004m；

Δp——计算漏风量的平均压力差（Pa），当开启门洞处风速为 0.7m/s 时，取 $\Delta p=6.0$Pa；当开启门洞处风速为 1.0m/s 时，取 $\Delta p=12.0$Pa；当开启门洞处风速为 1.2m/s 时，取 $\Delta p=17.0$Pa；

n——指数，一般取 $n=2$；

1.25——不严密处附加系数；

N_2——漏风疏散门的数量，楼梯间采用常开风口，取 N_2=加压楼梯间的总门数$-N_1$ 楼层数上的总门数。

式（4-4）实际上是基于伯努利方程推导的，也有的资料将这种计算方法称为压差法。

未开启的常闭送风阀的漏风总量应按下式计算：

$$L_3=0.083A_fN_3 \tag{4-5}$$

式中 0.083——阀门单位面积的漏风量［$m^3/(s\cdot m^2)$］；

A_f——单个送风阀门的面积（m^2）；

N_3——漏风阀门的数量；前室采用常闭风口，取 N_3=楼层数-3，因为前室机械加压送风系统是按开启着火层及其上下共 3 层的方式工作的。

【例 4-1】 某商务大厦办公防烟楼梯间共 13 层、高 48.1m，每层楼梯间 1 个双扇门 1.6m×2.0m，楼梯间的送风口均为常开风口；前室也是一个双扇门 1.6m×2.0m。机械加压送风系统设计为楼梯间机械加压送风、前室不送风。试给出该机械加压送风系统的设计送风量。

解：（1）开启着火层疏散门时为保持门洞处风速所需的送风量 L_1 的确定。

开启门的截面面积：

$$A_k=(1.6\times2.0)\,m^2=3.2m^2$$

门洞断面风速：

$$v=1.0\text{m/s}$$

常开风口，开启门的数量：

$$N_l=3$$

$$L_1=A_k v N_l=(3.2\times1.0\times3)\text{m}^2/\text{s}=9.60\text{m}^2/\text{s}$$

（2）对于楼梯间，保持加压部位一定的正压值所需的送风量 L_2 的确定。

取门缝宽度为 0.004m，每层疏散门的有效漏风面积：

$$A=[(2\times3+1.6\times2)\times0.004]\text{m}^2=0.0368\text{m}^2$$

门开启时的压力差：

$$\Delta p=12.0\text{Pa}$$

漏风门的数量：

$$N_2=(13-3)\text{个}=10\text{个}$$

$$L_2=0.827A\Delta p^{\frac{1}{2}}\times1.25N_2=(0.827\times0.0368\times12.0^{\frac{1}{2}}\times1.25\times10)\text{m}^2/\text{s}=1.32\text{m}^3/\text{s}$$

因此，楼梯间的机械加压送风量为：

$$L_j=L_1+L_2=(9.6+1.32)\text{m}^3/\text{s}=10.92\text{m}^3/\text{s}=39312\text{m}^3/\text{h}$$

因为该商务大厦办公高 48.1m 大于 24m 时，所以应按计算值与查表法中较大值确定。查表 4-4 知该机械加压送风系统的风量在 36100～39200m^3/h，计算值略大于表中的数据，所以应以计算值为准。

设计风量不应小于计算风量的 1.2 倍，因此设计风量不应小于 $39312\times1.2=47174.4(\text{m}^3/\text{h})$。

【例 4-2】 某商务大厦办公室防烟楼梯间 16 层、高 48m，每层楼梯间至合用前室的门为双扇 1.6m×2.0m，楼梯间的送风口均为常开风口；合用前室至走道的门为双扇 1.6m×2.0m，合用前室的送风口为常闭风口，火灾时开启着火层合用前室的送风口。火灾时楼梯间压力为 50Pa，合用前室为 25Pa。机械加压送风系统设计为楼梯间机械加压送风、合用前室机械加压送风，试给出该建筑内机械加压送风系统的设计送风量。

解：（1）楼梯间机械加压送风量计算。

1）对于楼梯间，开启着火层楼梯间疏散门时为保持门洞处风速所需送风量 L_1 的确定。

每层开启门的总断面面积：

$$A_k=(1.6\times2)\text{m}^2=3.2\text{m}^2$$

门洞断面风速：

$$v=0.7\text{m/s}$$

常开风口，开启门的数量：

$$N_1=3$$

$$L_1=A_k v N_1=(3.2\times0.7\times3)\text{m}^3/\text{s}=6.72\text{m}^3/\text{s}$$

2）保持加压部位一定的正压值所需的送风量 L_2 确定。

取门缝宽度为0.004m，每层疏散门有效漏风面积：

$$A=(1.6+2.0)\times2\times0.004+0.004\times2=0.0368(m^2)$$

门开启时的压力差：

$$\Delta p=6Pa$$

漏风门的数量：

$$N_2=13$$

$$L_2=0.827A\Delta p^{\frac{1}{2}}\times1.25N_2=(0.827\times0.0368\times6^{\frac{1}{2}}\times1.25\times13)m^3/s=1.21m^3/s$$

3）楼梯间的机械加压送风量 L_j 的确定。

$$L_j=L_1+L_2=(6.72+1.21)m^3/s=7.93m^3/s=28548m^3/h$$

按照表4-5中的数据，该机械加压送风系统的风量在25300~27500m^3/h，计算值略大于表中的数据，所以应以计算值为准。设计风量应不小于计算风量的1.2倍，因此设计风量应不小于（28548×1.2）m^3/h=34257.6m^3/h。

（2）合用前室机械加压送风量计算。

1）对于合用前室，开启着火层楼梯间疏散门时，为保持走廊开向前室门洞处风速所需送风量 L_1 的确定。

每层开启门的总断面面积：

$$A_k=(1.6\times2.0)m^2=3.2m^2$$

门洞断面风速：

$$v=0.7m/s$$

常闭风口，开启门的数量：

$$N_1=3$$

$$L_1=A_kvN_1=3.2\times0.7\times3=6.72(m^3/s)$$

2）送风阀门总漏风量 L_3 的确定。

常闭风口，漏风阀门的数量：

$$N_3=13$$

每层送风阀门的面积：

$$A_f=0.9m^2$$

$$L_3=0.083A_fN_3=(0.083\times13\times0.9)m^3/s=0.97m^3/s$$

3）当楼梯间至合用前室的门和合用前室至走道的门同时开启时，机械加压送风量 L_s 的确定。

$$L_s=L_1+L_3=(6.72+0.97)m^3/s=7.69m^3/s=27864m^3/h$$

按照表4-5中的数据，该机械加压送风系统的风量在24800~25800m^3/h，计算值略大于表中的数据，所以应以计算值为准。设计风量应不小于计算风量的1.2倍，因此设计风量应

不小于 (27684×1.2)m^3/h = 33220.8m^3/h。

上述计算中没有考虑楼梯间窗缝漏风的情况，如果要考虑这部分风量，则需要了解窗缝的漏风特性参数。现行《民用建筑供暖通风与空气调节设计规范》(GB 50736—2012)根据建筑类型（居住建筑和公共建筑）、地区类型（夏热冬冷地区、严寒地区、寒冷地区、夏热冬暖地区）及建筑高度等的不同，对外窗气密性的要求不同。以单位缝长的漏风量（以下为 q_1）或单位面积的漏风量（以下为 q_2）为指标，为方便计算，可以取值如下。

居住建筑：$q_1 \leqslant 2.5m^3/(m \cdot h)$；$q_2 \leqslant 7.5m^3/(m^2 \cdot h)$。

公共建筑：$q_1 \leqslant 1.5m^3/(m \cdot h)$；$q_2 \leqslant 4.5m^3/(m^2 \cdot h)$。

假设 15 层居住建筑，每层外窗尺寸为 1.5m×1m，以面积计算，则每层漏风量为 (7.5×1.5)m^3/h = 11.25m^3/h，整栋建筑共计 (11.25×15)m^3/h = 168.75m^3/h；以缝长计算，则每层漏风量为 (2.5×5)m^3/h = 12.5m^3/h，整栋建筑共计 (12.5×15)m^3/h = 187.5m^3/h。

假设 15 层公共建筑，每层外窗尺寸为 2m×1m，以面积计算，则每层漏风量为 (4.5×2)m^3/h = 9m^3/h，整栋建筑共计 (4.5×2×15)m^3/h = 135m^3/h；以缝长计算，则每层漏风量为 (1.5×6)m^3/h = 9m^3/h，整栋建筑共计 (9×15)m^3/h = 135m^3/h。

另外，需要说明的是，上述漏风量指标是在 10Pa 的压差的条件下得到的。这里计算漏风量的平均压力差 (Pa)：当开启门洞处风速为 0.7m/s 时取 6.0Pa；当开启门洞处风速为 1.0m/s 时取 12.0Pa；当开启门洞处风速为 1.2m/s 时取 17.0Pa。压差在这个范围内的差异对漏风量的影响不大。

所以，在门开启时，窗缝的漏风量相对很小，可以忽略不计。如果一定要计算在内，则可以按照上述单位缝长的漏风量或单位面积的漏风量指标计算。这些指标均来自现行国家标准，具有依据性。

除了楼梯间和前室外，需要加压送风的部位还有封闭避难层（间）和避难走道等，这些部位的加压送风量计算要比楼梯间和前室的加压送风量计算简单得多。封闭避难层（间）和避难走道的机械加压送风量应按避难层（间）、避难走道的净面积每平方米不少于 30m^3/h 计算。避难走道前室的送风量应按直接开向前室的疏散门的总断面面积乘以 1.0m/s 门洞断面风速计算。

【例 4-3】 某超高层的避难层净面积为 1200m^2。试设计该避难层的机械加压送风量。

解： 机械加压计算风量：

$$L = (1200 \times 30)m^3/h = 36000m^3/h$$

设计风量应不小于计算风量的 1.2 倍，因此设计风量应不小于 (36000×1.2)m^3/h = 43200m^3/h。

4.4 防烟系统设计要求

4.4.1 自然通风系统设计要求

1. 楼梯间自然通风系统设置

采用自然通风方式的封闭楼梯间、防烟楼梯间，应在最高部位设置面积不小于 1.0m² 的可开启外窗或开口，如图 4-27a 所示；当建筑高度大于 10m 时，还应在楼梯间的外墙上每 5 层内设置总面积不小于 2.0m² 的可开启外窗或开口，且布置间隔不大于 3 层，如图 4-27b 所示。之所以在楼梯间的最高部位设置可开启外窗或开口是因为一旦有烟气进入楼梯间，如不能及时排出，将会给上部人员疏散和消防扑救带来很大的危险。根据烟气流动规律，在顶层楼梯间设置一定面积的可开启外窗可防止烟气的积聚，以保证楼梯间有较好的疏散和救援条件。

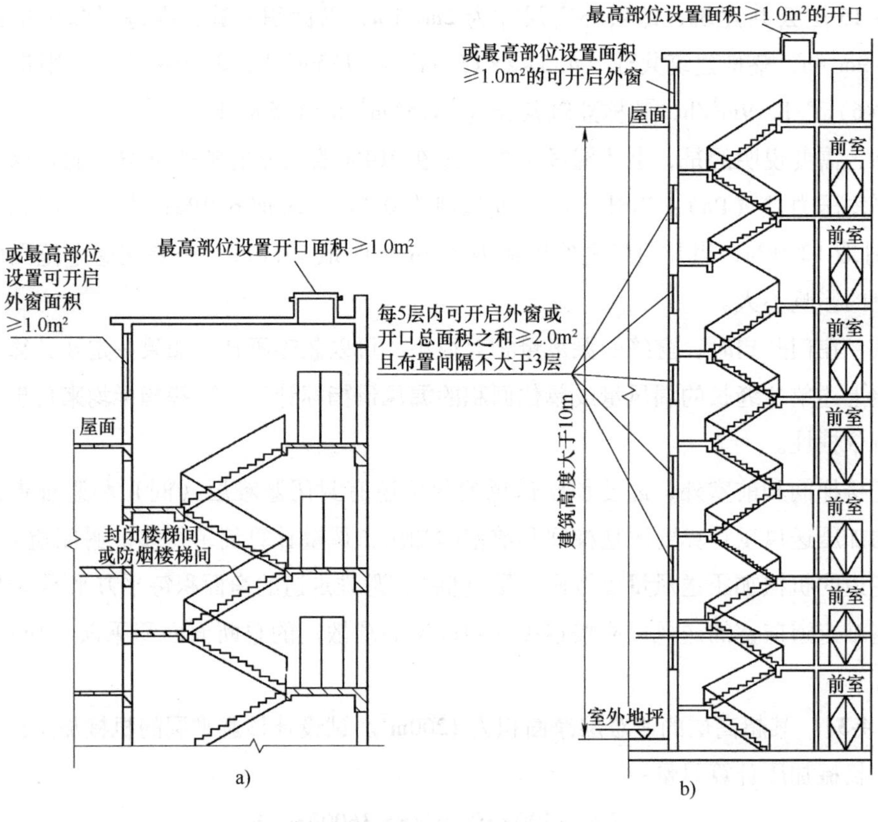

图 4-27 楼梯间自然通风系统设置

2. 前室自然通风系统设置

前室采用自然通风方式时，独立前室、消防电梯前室可开启外窗或开口的面积应不小于

2.0m²，共用前室、合用前室应不小于3.0m²，如图4-28所示。因为可开启窗的自然通风方式如没有达到一定的面积，难以达到排烟效果，而且这一开启面积必须是有效的开启面积。

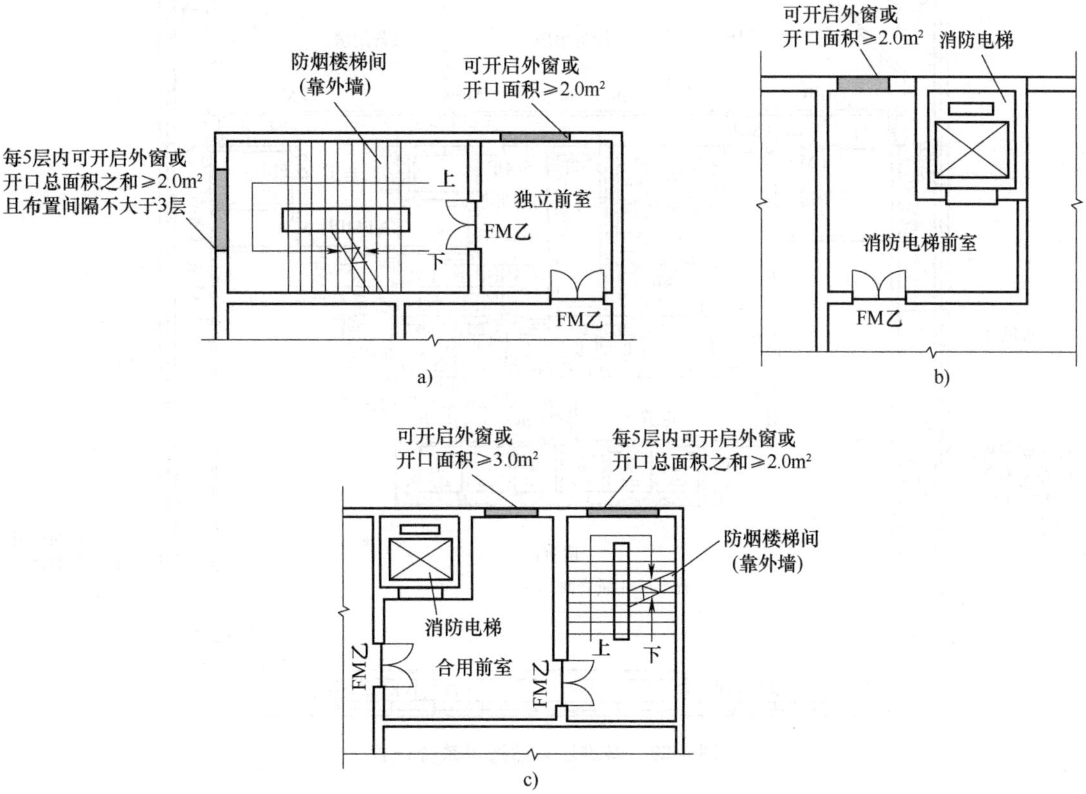

图 4-28 前室自然通风系统设置

a）独立前室自然通风设置示意图 b）消防电梯前室自然通风设置示意图 c）合用前室自然通风设置示意图

3. 避难层自然通风系统设置

采用自然通风方式的避难层中的避难区应设有不同朝向的可开启外窗，其有效面积不应小于该避难区地面面积的2%，且每个朝向的面积不应小于2.0m²，如图4-29所示。避难间应至少有一侧外墙具有可开启外窗，其可开启有效面积应大于或等于该避难间面积的2%，并应大于或等于2.0m²。

可开启外窗应方便直接开启，设置在高处不便于直接开启的可开启外窗应在距地面高度为1.3~1.5m的位置设置手动开启装置。

4.4.2 机械加压送风系统设计要求

设置机械加压送风系统的部位主要是楼梯间及其前室、避难层和避难走道。一般情况下采用机械加压送风系统的防烟楼梯间及其前室应分别设置送风井（管）道、送风口（阀）和送风机，如图4-30所示。

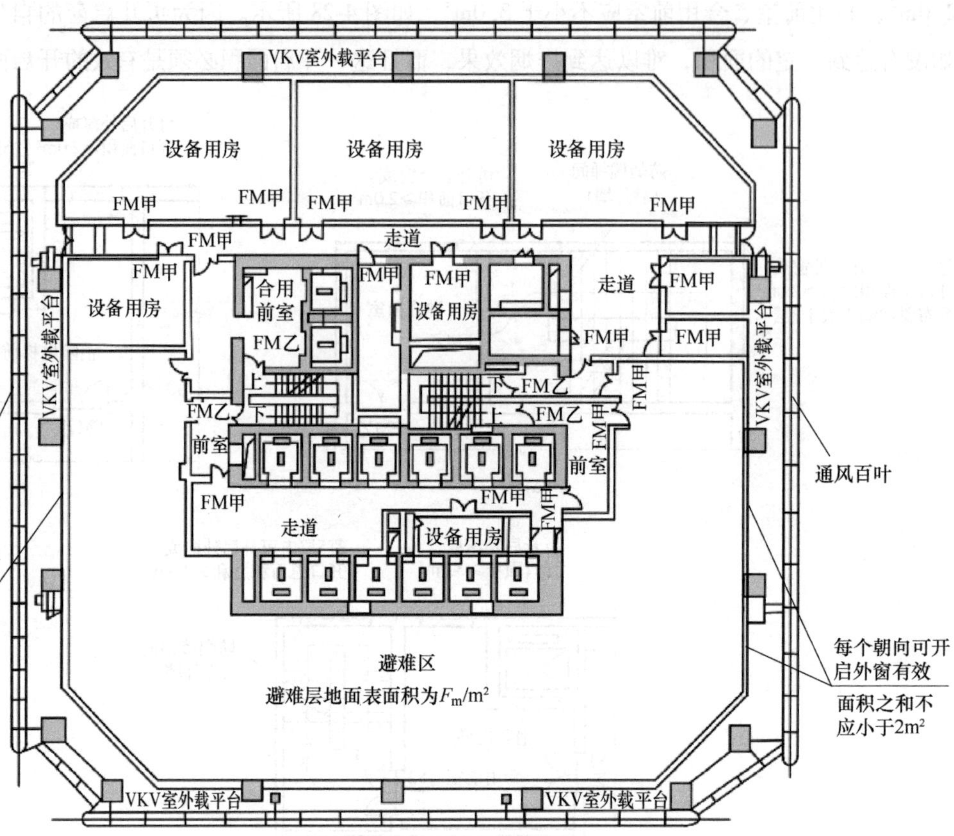

图 4-29　避难层自然通风系统设置

疏散楼梯的机械加压送风系统的布置形式主要与建筑的高度有关。当建筑物较高时，需要将楼梯分成若干个区段，每个区段由一个独立的机械加压送风系统负责。因为如果不分段而采用一个加压系统时，容易造成楼梯间内压力分布不均匀，可能造成局部压力过高，影响疏散门的打开，给人员疏散造成障碍；或局部压力过低，不能起到防烟作用。建筑高度大于100m 的建筑，其机械加压送风系统应竖向分段独立设置，且每段高度不应超过 100m。注意，这里的分段高度是指加压送风系统的服务区段高度。

当建筑物不太高时，可以采用一种简单的机械加压送风方式，即直灌式机械加压送风。简单地讲，就是无送风井道，采用风机直接对楼梯间进行机械加压的送风方式。直灌式机械加压送风系统中送风口的布置有单点送风和多点送风两种方式。对每个正压区间，送风口只有一处时称为单点送风，而送风口有多处时，称为多点送风。

单点送风系统的送风机可以设在建筑物的屋顶层，也可设在建筑物的地面层，还可以设在建筑物的中间设备层，其中最常见的是设在屋顶层。

若高层建筑的楼梯间采用单风口送风，当火灾在远离送风口的楼层发生，而且送风向附近的几个楼层的楼梯间的门开启时，几乎全部加压送风量将从这几个开启的门流失掉，致使着火层楼梯间起加压作用的风量只占总送风量的极小部分，风压也很低，起不到应有的防烟

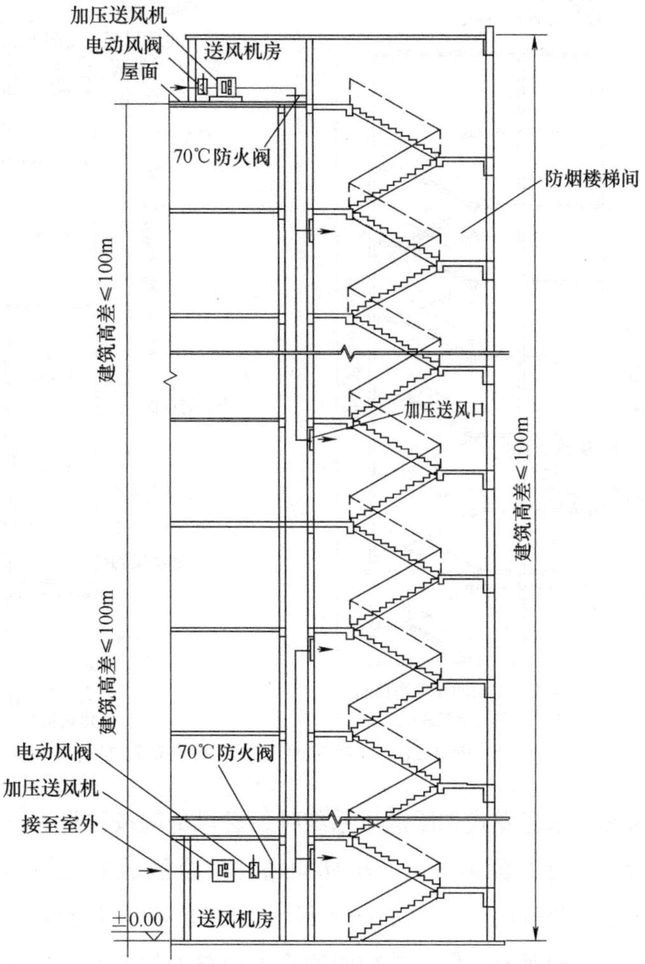

图 4-30 防烟楼梯间及其前室分别设置送风井道、送风口和送风机

作用。这就是说，采用单风口送风的正压送风防烟系统不能在任何情况下使远离送风口的楼梯间处保持足够的正压。从建筑物底部通过单风口送风的系统尤其容易发生这种情况，因为在发生火灾时，受灾人员的疏散活动和消防人员的救援活动将使楼梯间底层的外门经常处于开启状态。所以，单风口送风系统通常设计成从顶部送风的形式。

为了有利于楼梯间的压力均衡，当高度较高时可采用多点送风的方式，其送风机可布置在屋顶层，也可以布置在地面层和建筑物的中间设备层。在多点送风系统中，送风机布置在地面层也不会产生单风口送风形式的固有弊端，在实际工程中，一般是采用两点送风的形式。

建筑高度小于或等于 50m 的建筑，当楼梯间设置加压送风井（管）道确有困难时，楼梯间可采用直灌式加压送风系统。建筑高度大于 32m 的高层建筑，应采用楼梯间两点部位送风的方式，送风口之间距离不宜小于建筑高度的 1/2，如图 4-31 所示。

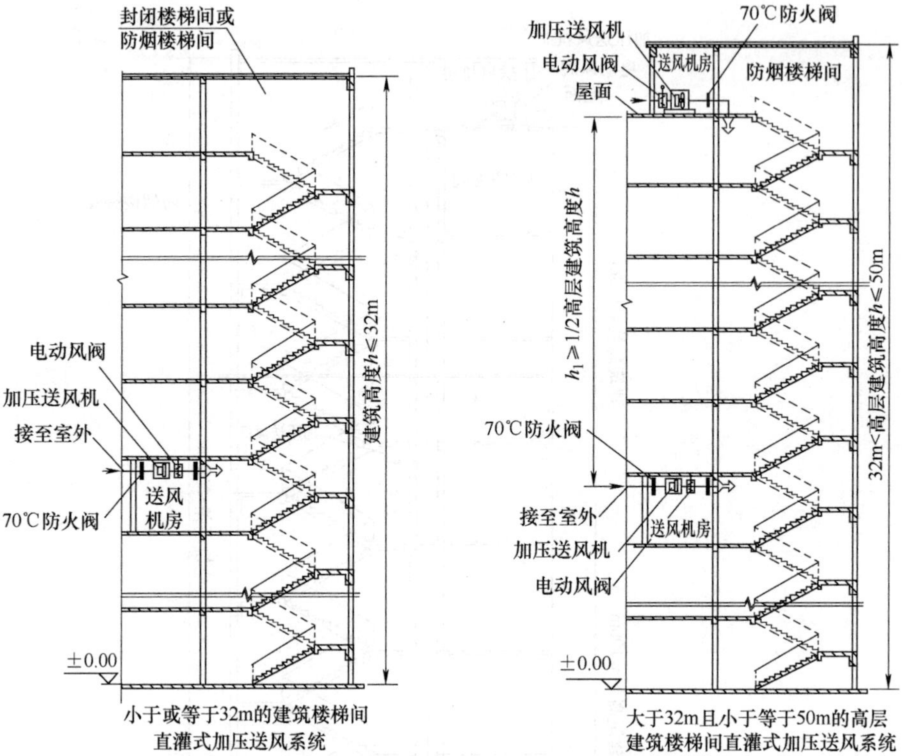

图 4-31　直灌式加压送风系统布置方案

需要指出的是采用直灌式加压送风系统时，送风量应按常规的机械加压送风系统设计风量进行调整加大，以弥补漏风。由于楼梯间通往安全区域的疏散门（包括一层、避难层、屋顶通往安全区域的疏散门）开启的概率最大，加压送风口应远离这些楼层，避免大量的送风从这些楼层的门洞泄漏，导致楼梯间的压力分布均匀性差，另外加压送风口不宜设在影响人员疏散的部位。如图 4-32a 所示，送风口位置偏下，影响人员疏散这样是不合理的，应布置在高于人体处，这样既不妨碍人的疏散，也可以避开门的影响。建议在改造建筑中采用直灌式机械加压送风系统，新建项目尽量不采用这种方式。

当地下、半地下与地上的楼梯间在一个位置布置时，由于首层必须采取防火分隔措施，此时，其机械加压送风系统应分别独立设置，当受建筑条件限制，且地下部分为汽车库或设备用房时，可共用机械加压送风系统，如图 4-33 所示。

当分开独立设置时，每个系统的加压风量独立计算，但共用时要分别计算地上、地下部分的加压送风量，相加后作为共用加压送风系统风量。在设计时还应采取有效措施分别满足地上、地下部分的送风量的要求，要注意采取有效的技术措施来解决超压的问题。

在进行系统布置时，还需要注意一些细节问题，如采用机械加压送风的场所不应设置百叶窗，且不宜设置可开启外窗，如图 4-34 所示。这是为了保证机械加压送风的效果。在机械加压送风的部位设置外窗时，往往因为外窗的开启而使空气大量外泄，无法保证送风部位的正压值或门洞风速，从而造成防烟系统失效。

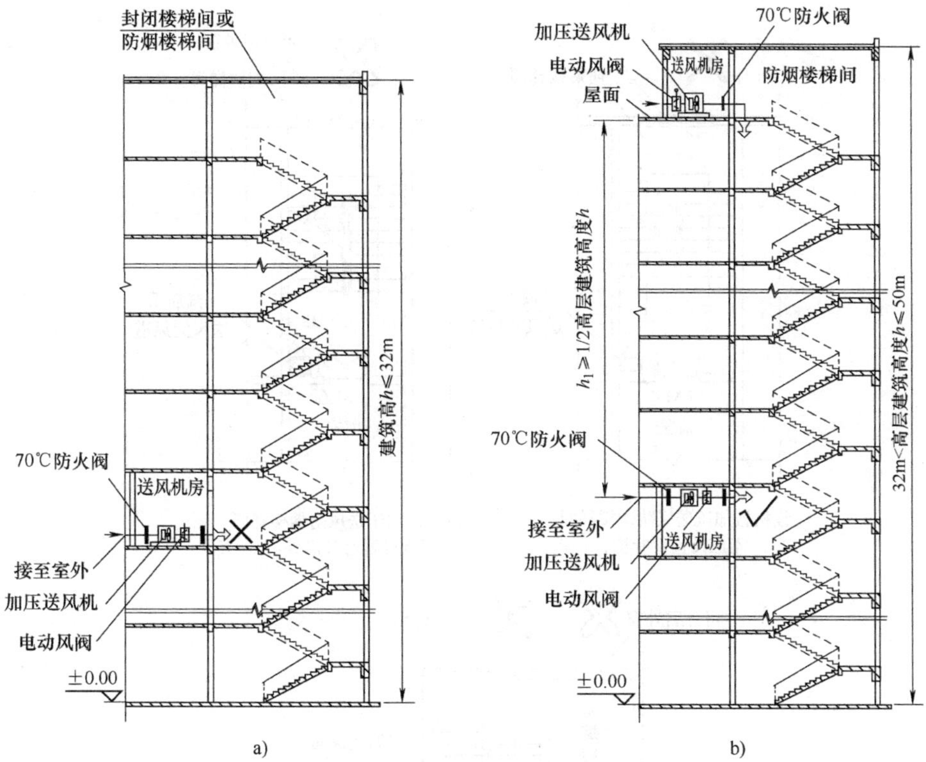

图 4-32 直灌式加压送风的布置位置

a）送风口错误位置 b）送风口正确位置

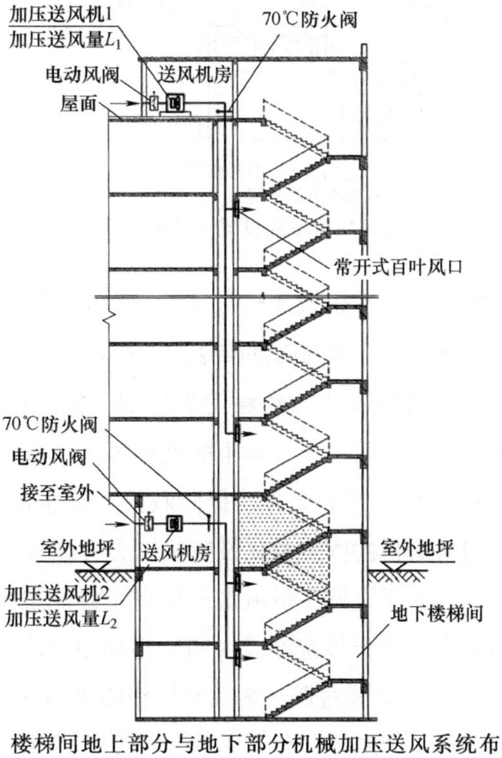

图 4-33 楼梯间地上部分与地下部分机械加压送风系统布置方案

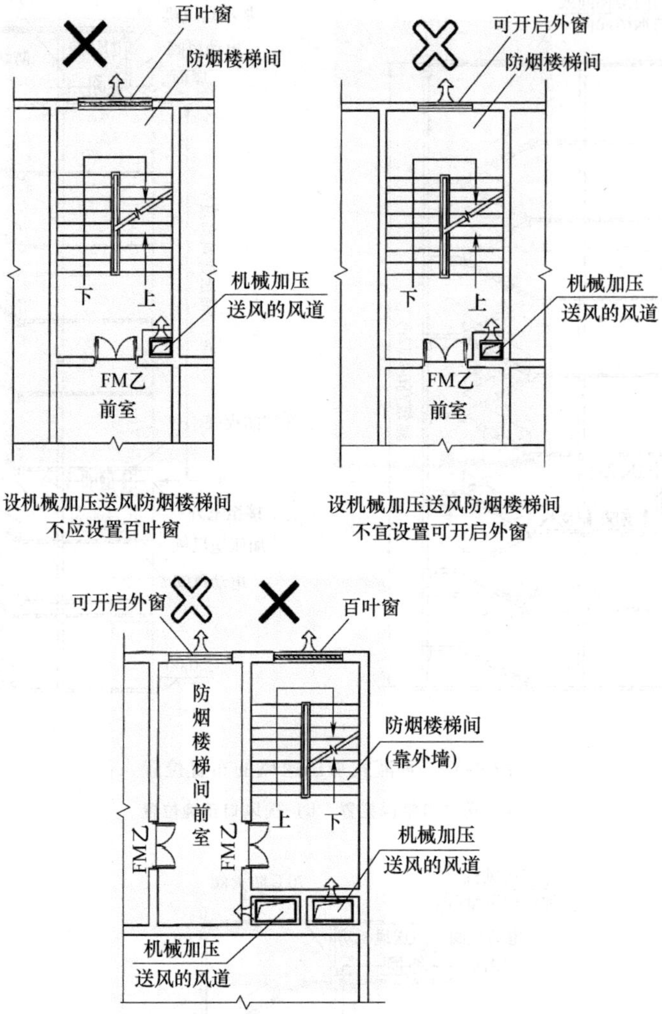

图 4-34　机械加压送风场所不应设置百叶窗，且不宜设置可开启外窗

但是，需要特别指出的是，设置机械加压送风系统的封闭楼梯间、防烟楼梯间，应在其顶部设置不小于 $1m^2$ 的固定窗。靠外墙的防烟楼梯间，应在其外墙上每 5 层内设置总面积不小于 $2m^2$ 的固定窗。固定窗是设置在设有机械防烟排烟系统的场所中，窗扇固定、平时不可开启，仅在火灾时便于人工破拆以排出火场中的烟和热。通过对多起火灾案例的实际研究后发现：为给灭火救援提供一个较好的条件，保障救援人员生命安全、不延误灭火救援时机，应在楼梯间的顶部设置可破拆的固定窗以及时排出火灾烟气和热量，如图 4-35 所示。

避难层与疏散楼梯不同，对于设置了机械加压送风系统的避难层（间），还应在外墙设置可开启外窗，其有效面积应不小于该避难层（间）地面面积的 1%。

图 4-36 为某一建筑的避难层，通过防火隔墙和甲级防火门（疏散门为乙级防火门），将该楼层划分出 2 个避难层，这 2 个避难层分别采用一套独立的加压送风系统进行送风防烟。

每个避难区都要设置可开启外窗，且每个避难区的可开启外窗的有效面积应不小于该避难层（间）地面面积的 1%。

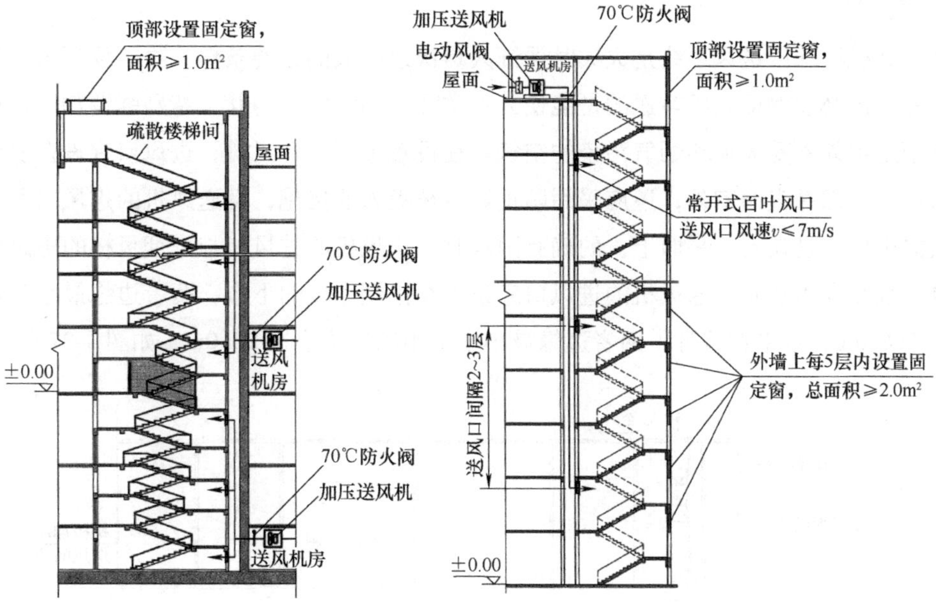

图 4-35 固定窗在加压送风楼梯中的布置

a）顶部固定窗 b）外墙固定窗

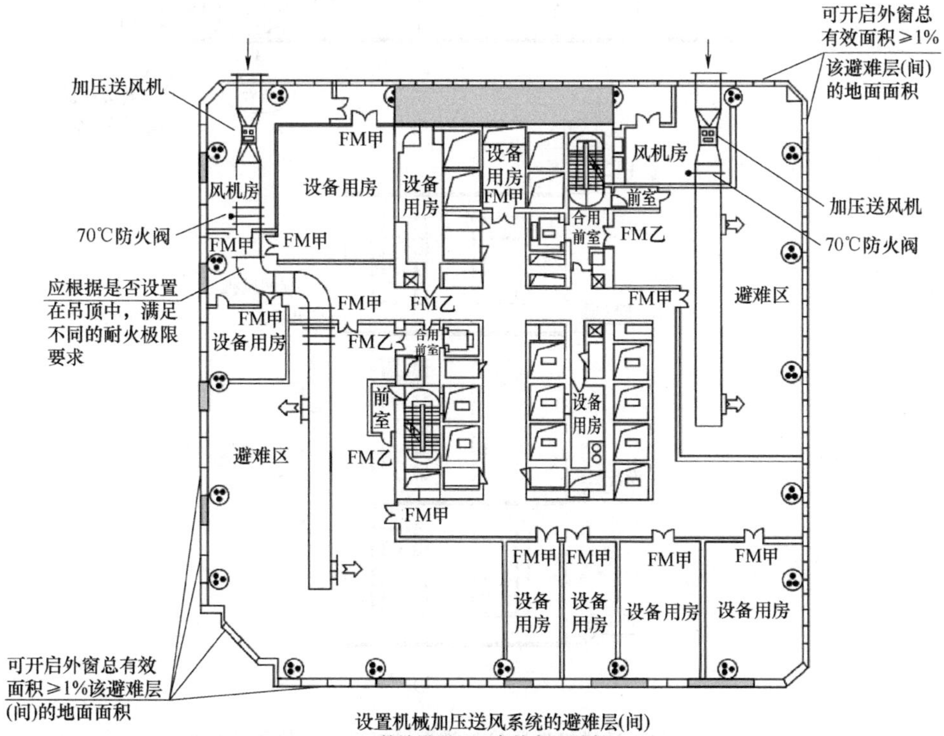

设置机械加压送风系统的避难层(间)
外墙设置可开启外窗的要求

图 4-36 避难层设置可开启外窗

4.4.3 机械加压送风系统设施设计要求

1. 送风机

考虑到机械加压送风系统是火灾时保证人员快速疏散的必要条件，除了保证该系统能正常运行外，还必须保证它所输送的是能使人正常呼吸的空气。为此，特别强调加压送风机的进风必须是室外不受火灾和烟气污染的空气。在设置加压送风机时，进风口宜设在机械加压送风系统的下部并直通室外，还应采用防止烟气被吸入的措施，且送风机的进风口不应与排烟风机的出风口设在同一平面上。的确有困难时，送风机的进风口与排烟风机的出风口应分开布置，且竖向布置时，送风机的进风口应设置在排烟出口的下方，两者边缘最小垂直距离应不小于 6.0m；水平布置时，两者边缘最小水平距离应不小于 20.0m，如图 4-37 所示。

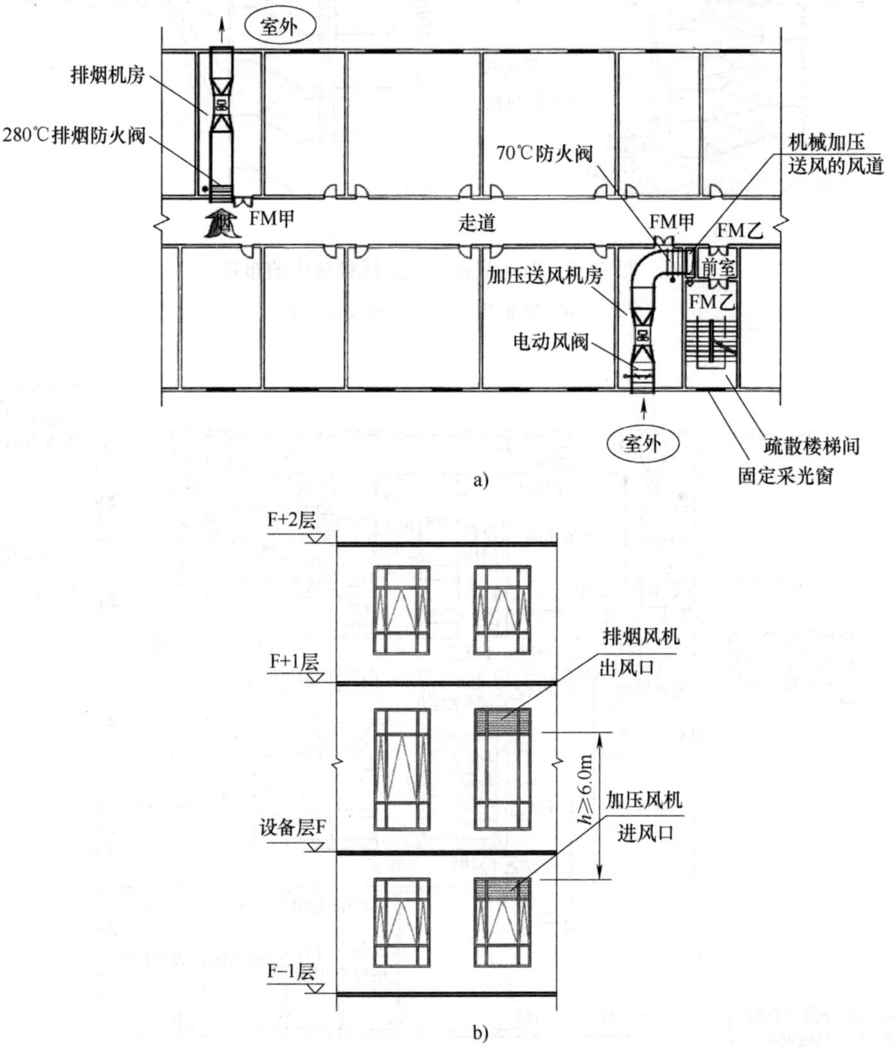

图 4-37　加压送风机进风口与排烟风机出风口位置关系图

a）加压送风机进风口与排烟风机的出风口在不同建筑平面上　b）加压送风机进风口与排烟风机出风口竖向布置

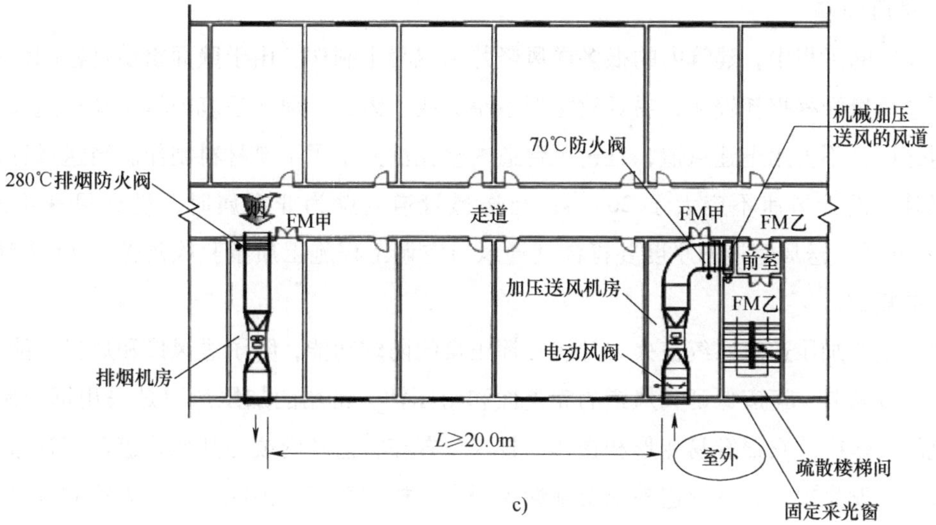

图 4-37 加压送风机进风口与排烟风机出风口位置关系图（续）

c）加压送风机进风口与排烟风机出风口水平布置

由于烟气自然向上扩散的特性，为了避免从取风口吸入烟气，送风机的进风口宜设置在系统的下部。当受条件限制必须在建筑上部布置加压送风机时，应采取措施防止加压送风机进风口受烟气影响。

除此之外，为保证加压送风机不受风、雨、异物等侵蚀损坏，在火灾时能可靠运行，送风机还应设置在专用机房内。附设在建筑内的消防控制室、灭火设备室、消防水泵房和通风空气调节机房、变配电室等，应采用耐火极限不低于 2. 00h 的防火隔墙和 1. 50h 的楼板与其他部位分隔。设置在丁、戊类厂房内的通风机房，应采用耐火极限不低于 1. 00h 的防火隔墙和 0. 50h 的楼板与其他部位分隔。通风、空气调节机房和变配电室开向建筑内的门应采用甲级防火门，消防控制室和其他设备房开向建筑内的门应采用乙级防火门，如图 4-38 所示。

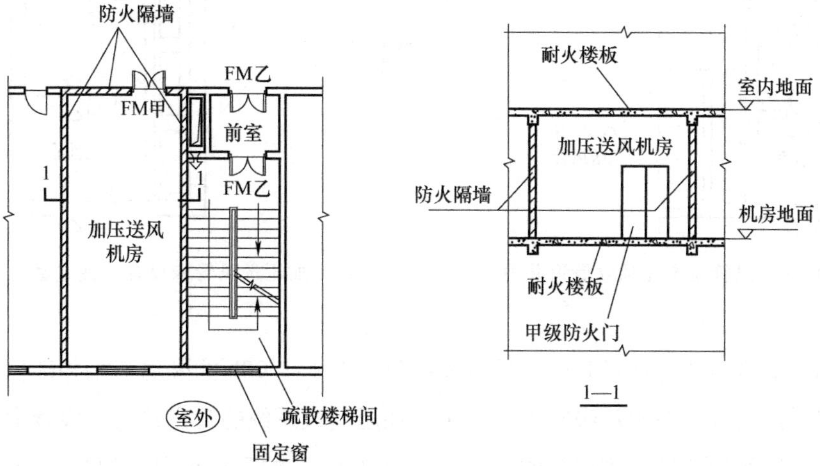

图 4-38 附设在建筑内的送风机房

2. 送风管道

在以往的工程中，建筑内的很多送风竖井由混凝土制作，由于壁面粗糙且密闭性差，机械加压送风量沿程损耗较大，易导致防烟系统失效。因此，现在建筑中机械加压送风系统采用管道送风，不再用土建风道，且送风管道内壁光滑并采用不燃材料制作。当送风管道内壁为金属时，设计风速不应大于 20m/s；当送风管道内壁为非金属时，设计风速不应大于15m/s；同时，送风管道的厚度要符合《通风与空调工程施工质量验收规范》（GB 50243—2016）的规定。

为使整个加压送风系统在火灾时能发挥正常的防烟功能，除了进风口和风机不能受火焰与烟气的威胁外，还应保证其风道的完整性和密闭性。常用的加压风道是采用钢板制作的，在燃烧的火焰中，它很容易变形和损坏，且未设置在管道井内或与其他管道合用管道井的送风管道，在发生火灾时从管道外部受到烟火侵袭的概率较高。因此，竖向设置的送风管道应独立设置在管道井内，的确有困难时，未设置在管道井内或与其他管道合用管道井的送风管道，其耐火极限应不低于 1.00h。水平设置的送风管道，当设置在吊顶内时，其耐火极限应不低于 0.50h；当未设置在吊顶内时，其耐火极限应不低于 1.00h。对于管道的耐火极限的判定也应按照现行国家标准《通风管道耐火试验方法》（GB/T 17428—2009）的测试方法，当耐火完整性和隔热性同时达到要求时，方能视作符合要求。实际工程中可参考图 4-39、图 4-40和图 4-41。

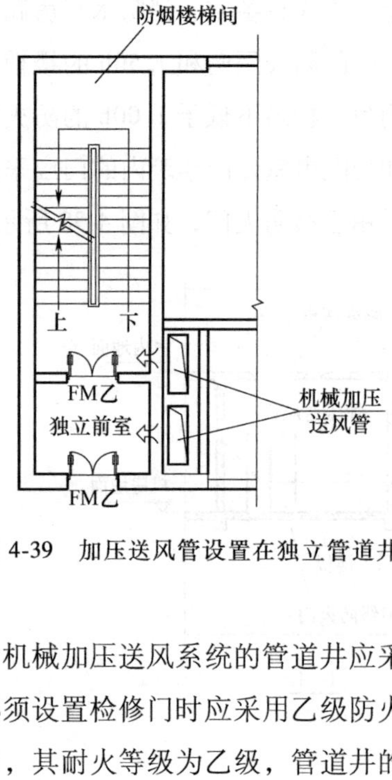

图 4-39　加压送风管设置在独立管道井内

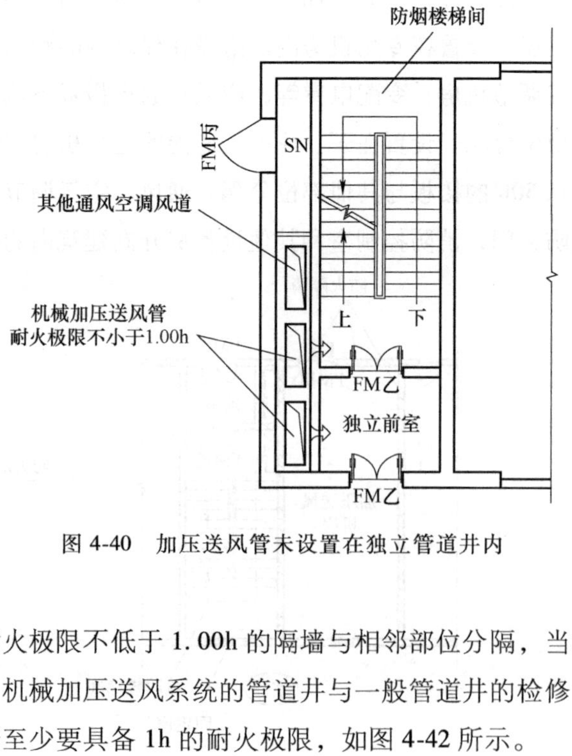

图 4-40　加压送风管未设置在独立管道井内

机械加压送风系统的管道井应采用耐火极限不低于 1.00h 的隔墙与相邻部位分隔，当墙上必须设置检修门时应采用乙级防火门。机械加压送风系统的管道井与一般管道井的检修门不同，其耐火等级为乙级，管道井的隔墙至少要具备 1h 的耐火极限，如图 4-42 所示。

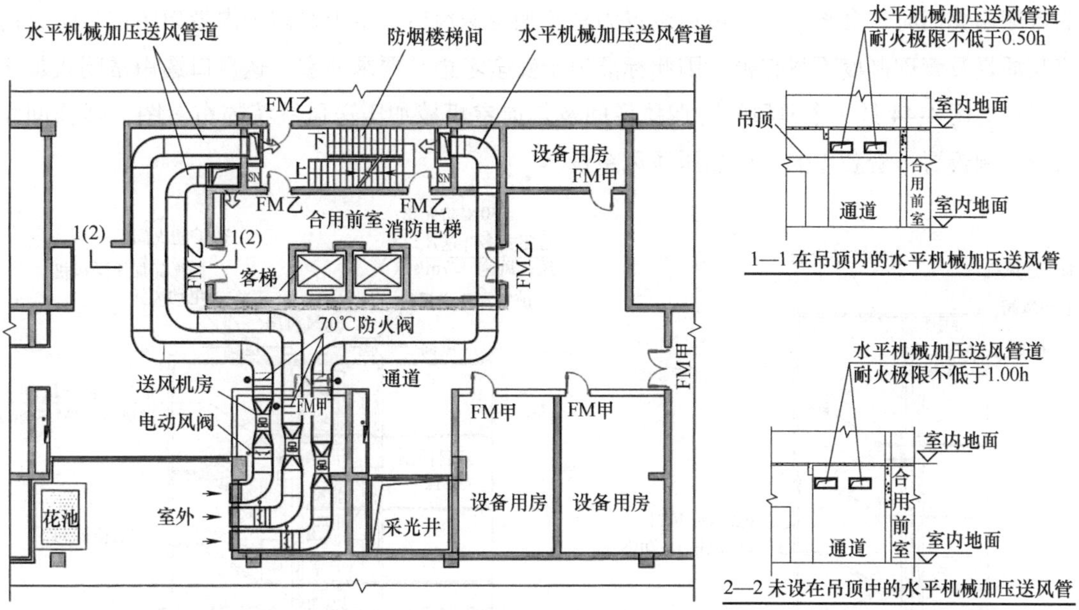

图 4-41　水平机械加压送风管的耐火极限要求

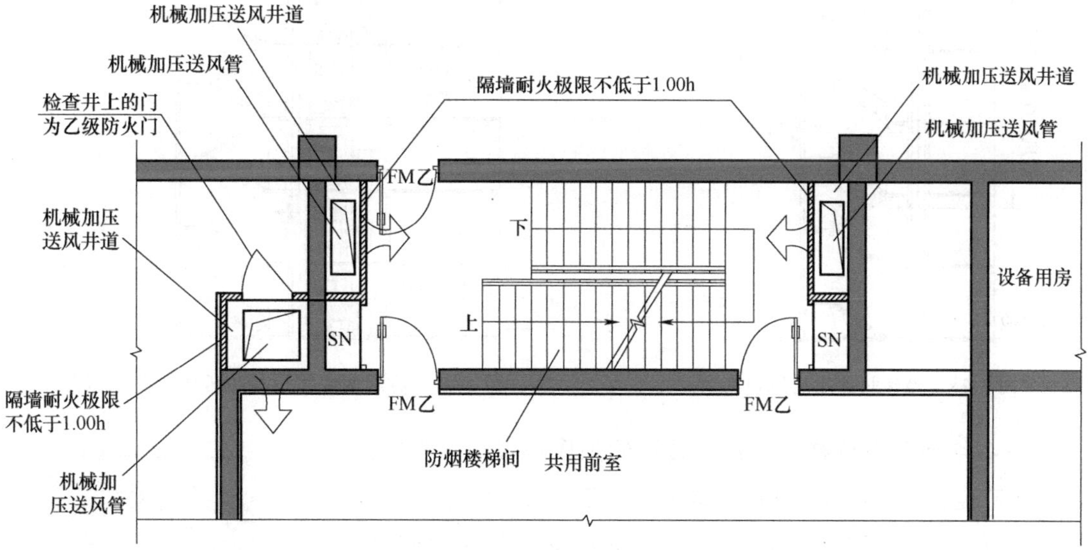

图 4-42　机械加压送风井道的耐火极限要求

3. 送风口

除直灌式加压送风方式外，楼梯间宜每隔 2~3 层设一个常开式百叶送风口。为了保证楼梯间全高度内的压力均衡一致，在楼层较多时，楼梯间机械加压送风系统一般采用多点送风的布置方案，但也不需要每层都设置送风口。每隔 2~3 层设置一个加压送风口，这样可以保持楼梯间压力均衡，且能降低系统的复杂程度和造价，如图 4-43 所示。

与楼梯间不同，前室的加压送风口需要每层都设置一个，并应设手动开启装置。且前室的加压送风口为常闭，而楼梯间的加压送风口为常开。国外建筑中，当前室采用带启闭信号的常闭防火门时，会将前室送风口设置为常开加压送风口。鉴于目前国内带启闭信号防火门产品质量及管理制度不尽完善，因此标准出于安全考虑，要求前室的送风口选用常闭式加压送风口。图 4-44 是一个典型的防烟楼梯间及其前室机械加压送风系统的布置图，楼梯间和前室分别设置一套独立的机械加压送风系统。

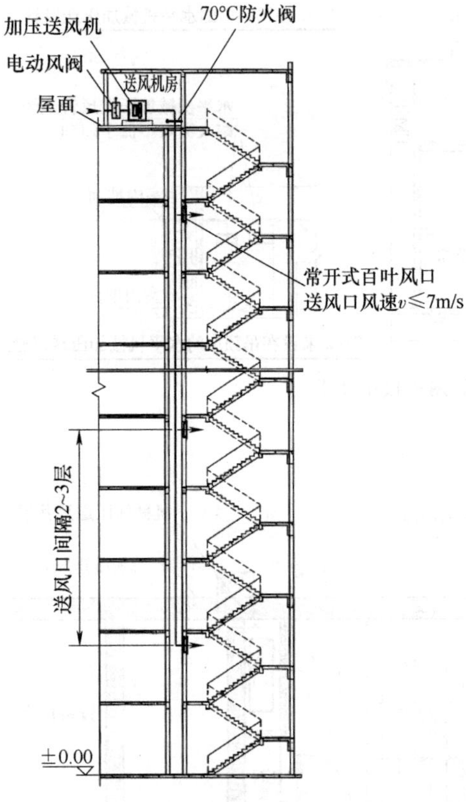

图 4-43　楼梯间加压送风口布置

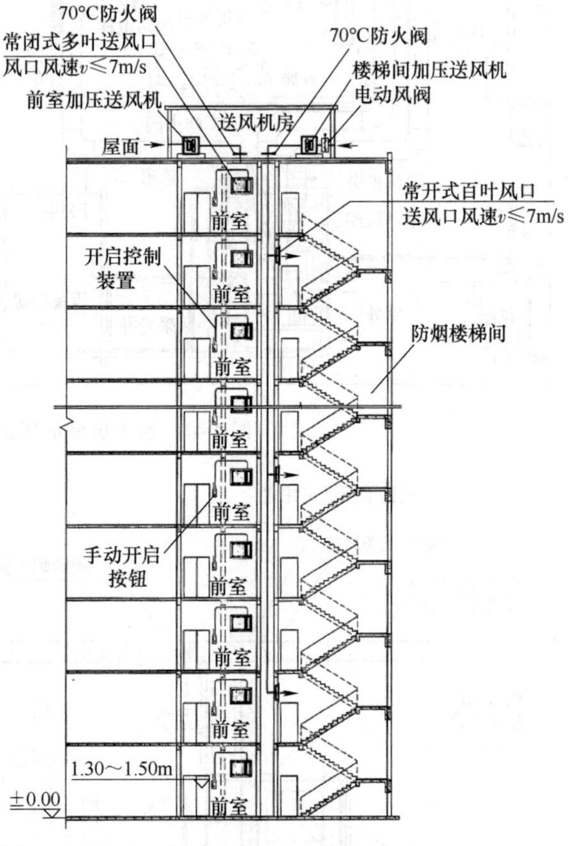

图 4-44　防烟楼梯间机械加压送风系统布置

图 4-45 所示为带有手动开启装置的加压送风口，其安装的位置高度宜在距地面 1.30~1.50m 处，便于人员的操作。

同时，兼顾经济性、可靠性、送风效果及对人的影响等因素，送风口的风速不宜太大，建议不超过 7m/s，在防烟系统设计时，可以采用这个数据进行相关计算。

除此之外，送风口不宜设置在被门挡住的部位。在一些工程的检测中发现，加压送风口位置设置不当，不但会削弱加压送风系统的防烟作用，有时甚至会导致烟气的逆向流动，阻碍人员的疏散活动。另外，如图 4-46a 所示，加压送风口的位置设在前室进入口的背后，火灾时，疏散的人群会将门推开，推开的门扇将前室的送风口挡住，就会影响正常送风，降低前室的防烟效果。

图 4-45　带手动开启装置的加压送风口

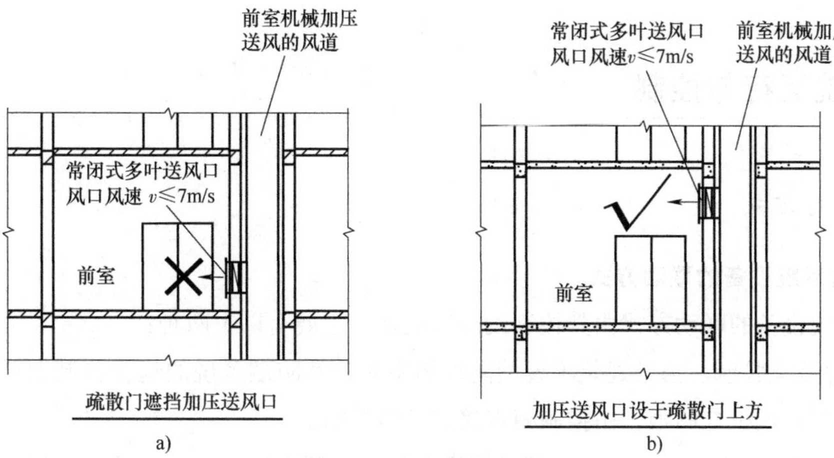

图 4-46 送风口竖向设置位置

a）送风口设置在疏散门后 b）送风口设置在疏散门上方

为了达到较好的防烟效果，送风口应该位于疏散门的上方（图 4-46b）。送风口的位置与疏散门之间一般可以分为同墙布置、邻墙布置或者对墙布置这三种情况。当疏散门打开时，根据吹出气流的朝向，同墙布置的防烟效果最差，因为吹出的气流对烟气没有直接的阻挡作用；对墙布置时，气流方向与烟气侵入方向正好相反，防烟效果最好；邻墙布置时，吹出的气流可以在疏散门处形成一道气幕阻止烟气侵入。因此在实际工程应用时，送风口应与疏散门邻墙布置或者对墙布置。图 4-47 是送风口与疏散门邻墙布置的一种情况。

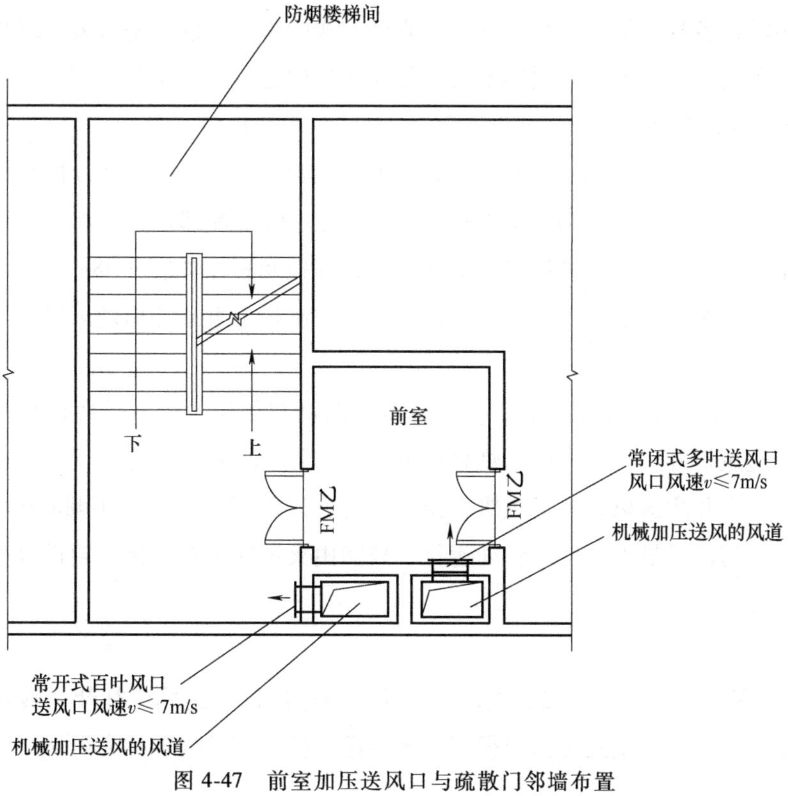

图 4-47 前室加压送风口与疏散门邻墙布置

4.5 防烟系统运行与控制

4.5.1 运行方式

1. 防烟系统设备的联动方式

防烟系统设备的联动方式由其控制设施来决定，主要有以下两种：

1）直接联动控制。当某建筑不设消防控制室时，其防烟系统的运行控制主要是把火灾报警信号连到送风机控制柜，由控制柜直接启动送风机。

2）消防控制中心联动控制。当某建筑设有消防控制室时，火灾报警信号通过总线连到消防控制室，由消防控制中心的主机发出相应的指令程序，通过控制模块启动送风口、送风机。

2. 防烟系统的控制程序

当火灾发生时，机械加压送风系统应能够及时开启，防止火灾烟气侵入作为疏散通道的防烟楼梯间及其前室、消防电梯前室或合用前室以及封闭的避难层（间），以确保安全可靠、畅通无阻的疏散通道及安全疏散所需的时间，这就需要及时正确地控制和监视机械加压送风防烟系统的运行。防烟系统的控制通常采用手动、自动、手动和自动控制相结合的方式。

火灾发生时，各种消防设施是否联动、联动方式的不同，以及是有人发现火灾还是由火灾监控设施探测到火灾，这些设置的不同，防烟系统的运行方式也就不同。

（1）不设消防控制室

1）当火灾现场有人发现火灾发生，可手动开启常闭送风口，送风口打开，送风机与送风口联动，送风机开启，即可向防烟楼梯间、（合用）前室等部位进行加压送风，此时也可直接在控制柜上开启送风口和送风机，使其运行，其控制程序如图 4-48a 所示，如果送风口常开，送风口与送风机无法实现联动运行，只能在控制柜上直接开启送风机，其控制程序如图 4-48b 所示。

2）如果火灾由火灾探测器发现，火灾探测器启动常闭送风口，送风口打开，送风机与送风口联动，送风机开启，即可向防烟楼梯间、（合用）前室等部位进行加压送风，此时也可直接在控制柜上开启送风口和送风机，使其运行，其控制程序如图 4-48a 所示，如果送风口常开，送风口与送风机无法实现联动运行，只能由火灾探测器直接开启送风机，其控制程序如图 4-48b 所示。

（2）设消防控制室

1）当火灾现场有人发现火灾发生，可手动开启送风口，送风口打开，其开启信号反馈到消防控制室，消防控制室发出指令程序，开启送风机，该过程即称为送风口联动控制送风机，其控制程序如图 4-49a 所示。当消防控制室接到电话报警或通过监控系统发现火情，可在消防控制室直接开启送风机，或开启送风联动控制送风机运行，其控制程序如图 4-49b 所示。

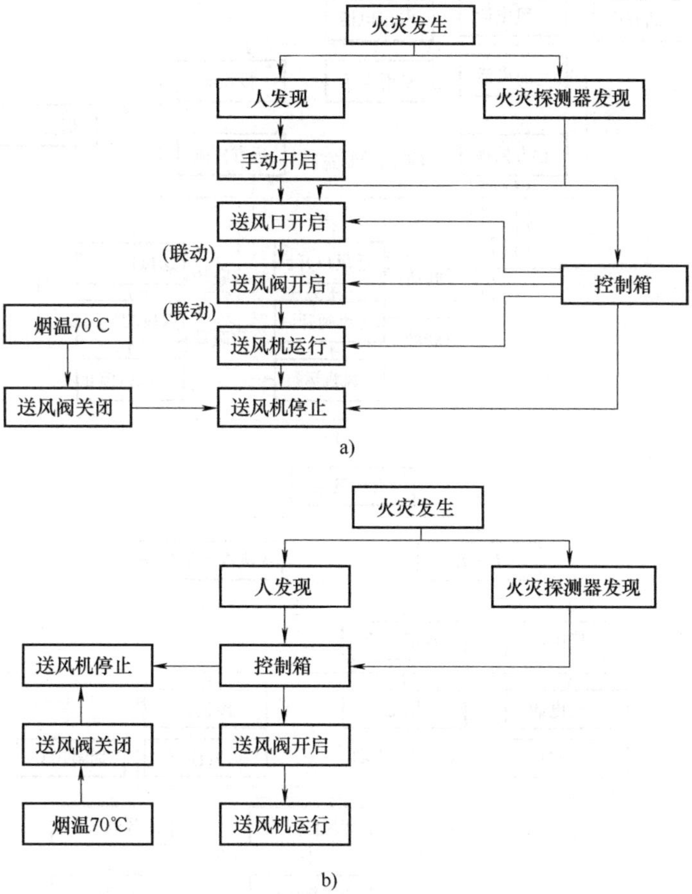

图 4-48 不设消防控制室的机械防烟系统控制程序

a）送风口常闭 b）送风口常开

2）如果火灾由火灾探测器发现，火灾探测器将信号反馈到消防控制室，由消防控制室通过联动控制程序启动常闭送风口、送风机，向防烟楼梯间、（合用）前室等部位进行加压送风，其控制程序如图 4-49a 所示。

火灾发生时，如果建筑内的空调系统正在运行，消防控制室在发出指令程序，开启排烟风机和送风机的同时，消防控制室也应发出指令程序，停止空调系统的运行。在送风机的运行过程中，如果火灾烟气危害到新风入口，使送风温度升高，达到 70℃ 时送风阀应立即关闭，送风机停止运行，停止送风。

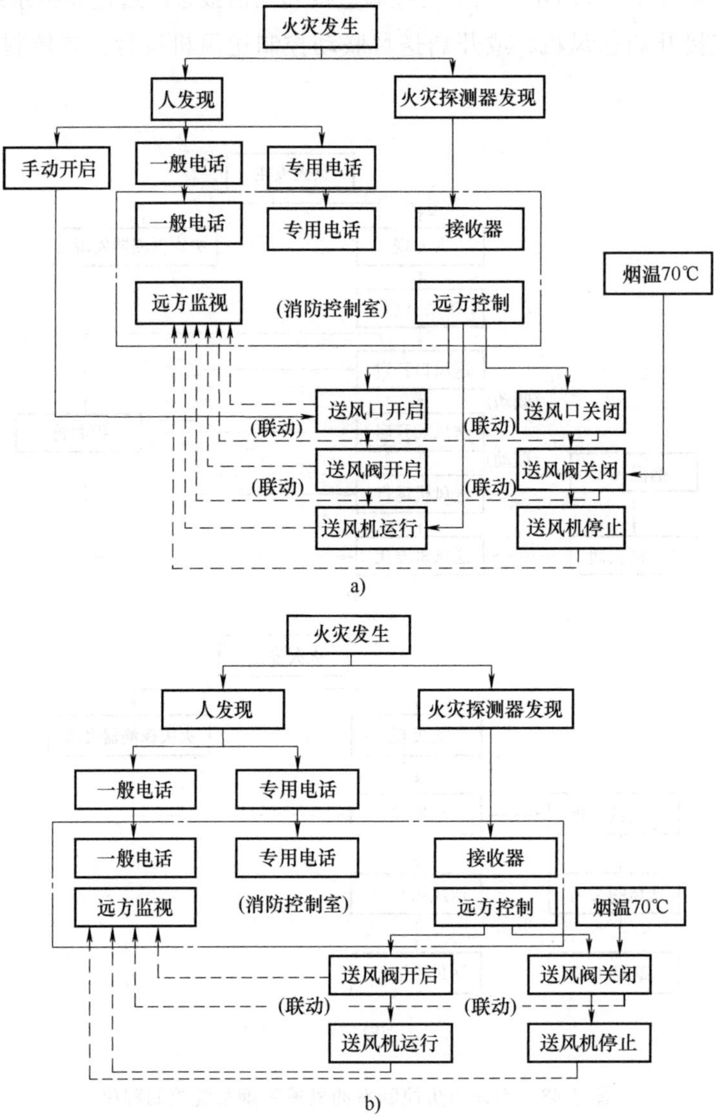

图 4-49　设消防控制室的机械防烟系统控制程序

a）送风口常闭　b）送风口常开

3. 防烟系统运行调节方式的确定

一个性能良好的机械防烟系统在设计条件下运行时，应该满足设计参数的要求，即关门正压间应保持一定的正压值，开门门洞处的气流应维持高于最低流速值的速度。当系统在非设计条件下运行时，如施工质量较差，开门工况变化等，也应能保证关门正压间不超压不卸压，维持开门门洞处的风速不低于最低流速。这就意味着正压系统必须有良好的应变能力，这除了在计算系统的加压送风量时充分考虑各种不利的因素、风量储备系数等外，还有一个系统的运行调节方式问题。此处着重指出，前室加压时，通常只加压火灾层及其上下邻层的前室，如果着火层前室设有独立的加压系统，每层前室内设出风口，出风口为常闭。当火灾发生时，火灾信号传至消防中心，立即指令加压风机起动，并同时指令火灾层及其上下邻层前室出风口打开，对前室进行加压。着火层是随机的，而其上下邻层也随着火层同时控制，在控制线路上较为繁杂，但可以解决。另外其正压值与楼梯间正压保持一定压差，并在各前室设置泄压装置。当出现超压时，可自动泄压。在楼梯间通往前室和前室通往走廊的隔墙上分别设泄压阀，保证各处之间的压差梯度，从而简化压力控制方法。

4.5.2 余压值的设定

机械加压送风系统通过向加压区域送风，以维持与走廊等部位的压差，从而防止烟气的侵入。加压区域正压力越高，防烟性能越好。但正压力高将带来其他弊端：首先，正压力越高，系统漏泄风量越大，所需送风量就越大，送风机等设备投资增大；其次，正压力越高，有可能使人们在疏散时打不开门。因此，加压区域的正压力不能过高。反之，正压力也不能过低，否则，阻止不了烟气通过门缝等渗漏。机械加压送风系统有最大允许正压值和最小允许正压值的限制，这是兼顾到既保证有良好的防烟性能又保证受灾人员能顺利疏散两方面而确定的。

为了阻挡烟气进入楼梯间，要求在加压送风时，防烟楼梯间的空气压力大于前室的空气压力，而前室的空气压力大于走道的空气压力。即机械加压送风量应满足走道至前室至楼梯间的压力呈递增分布，压差应符合下列规定：①前室、合用前室、封闭避难层（间）、封闭楼梯间与走道之间的压差应为 25～30Pa；②防烟楼梯间与走道之间的压差应为 40～50Pa；③当系统余压值超过最大允许压力差时应采取泄压措施。

防烟楼梯间和前室送风井的布置如图 4-50 所示。机械加压送风系统工作后应使各部分的压力值满足走道 p_3<前室 p_2<楼梯间 p_1，并且前室与走道之间的余压 p_2-p_3 为 25～30Pa，防烟楼梯间与走道之间的压差 p_1-p_3 为 40～50Pa，相应的，楼梯间与前室之间也维持 10～25Pa 的压差。

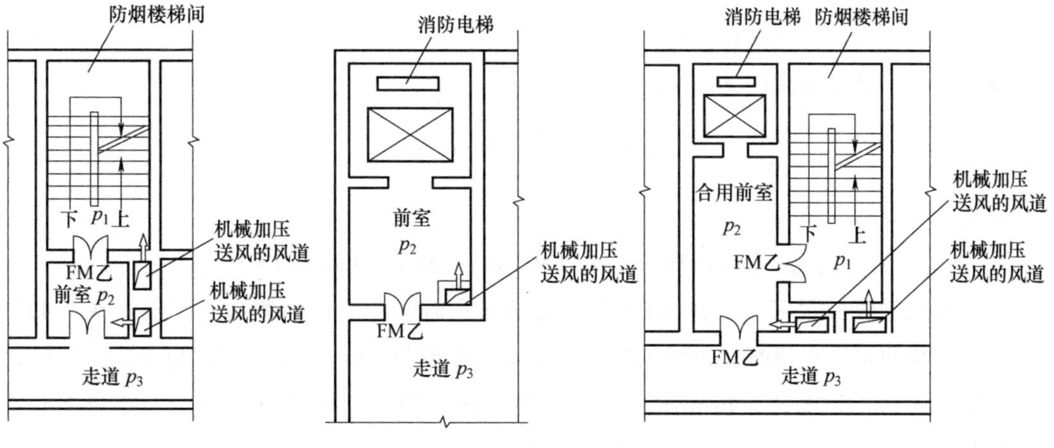

图 4-50 防烟楼梯间和前室送风井的布置

对于楼梯间及前室等空间，由于加压送风作用力的方向与疏散门开启方向相反，楼梯间和前室之间、前室和室内走道之间防火门两侧压差过大会导致防火门无法正常开启，影响人员疏散和消防人员施救。疏散门开启时的力矩关系如图 4-51 所示，根据这个力矩关系，很容易就可以推算出当门的两侧存在压差时开启门所需的力，而这个力要在多数人能够达到的范围内才具有实际意义。

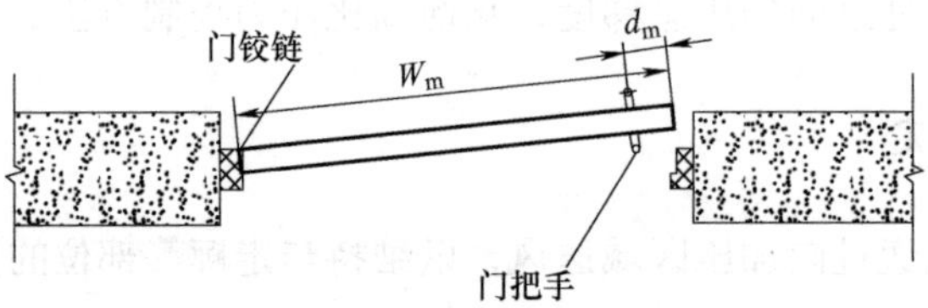

图 4-51　疏散门开启示意图

疏散门的最大允许压力差应按下列公式计算：

$$p=2(F'-F_{dc})(W_m-d_m)/(W_m A_m) \tag{4-6}$$

$$F_{dc}=M/(W_m-d_m) \tag{4-7}$$

式中　p——疏散门的最大允许压力差（Pa）；

F'——门的总推力（N），一般取 110N；

F_{dc}——门把手处克服闭门器所需的力（N）；

W_m——单扇门的宽度（m）；

A_m——门的面积（m^2）；

d_m——门的把手到门的距离（m）；

M——闭门器的开启力矩（N · m）。

还要注意疏散门开启所克服的最大压力差应大于前室或楼梯间的设计压力值，否则不能满足防烟的需要。

【例 4-4】　门宽 1m、高 2m，闭门器开启力矩 60N · m，门把手到门闩的距离 6cm，求在 110N 的力量下推门时能克服门两侧的最大压力差。

解： 门把手处克服闭门器所需的力：

$$F_{dc}=\frac{60}{1-0.06}\text{N}=64\text{N}$$

最大压力差：

$$p=[2\times(110-64)\times(1-0.06)/(1\times2)]\text{Pa}=43\text{Pa}$$

从上面的计算结果可见，在 110N 的力量下推门时能克服门两侧的最大压力差为 43Pa。当前室或楼梯间正压送风时，这样的开启力基本能够克服设计压力值，保证门在正压送风的情况下能够开启；如果计算最大压力差小于设计压力值，则应调整闭门器力矩重新计算。表 4-6是防火（疏散）门的闭门器规格。

表 4-6 闭门器规格

规格代号	开启力矩/(N·m)	关闭力矩/(N·m)	适用门扇质量/kg	适用门扇最大宽度/mm
1	≤25	≥10	25~45	830
2	≤45	≥15	40~65	930
3	≤80	≥25	60~85	1030
4	≤100	≥35	80~120	1130
5	≤120	≥45	110~150	1330

实际上，将式（4-6）和式（4-7）做进一步的推导，就可以得到在某个差压值下开门所需的力，即：

$$F'=F_{dc}+p\frac{A_mW_m}{2\times(W_m-d_m)}=\frac{M}{W_m-d_m}+p\frac{A_mW_m}{2\times(W_m-d_m)} \tag{4-8}$$

对于一般人来讲，妇女和儿童的臂力约为 100N，成年男子的臂力约为 150~200N。闭门器开启力矩为 25~100N·m。若门宽 1m，高 2m，开启力矩为 50N·m，压差值为 50Pa，由式（4-8）计算得到开门的力大概需要 100N。所以，通常对自动关闭的门内外压力差控制在 30~50Pa 为宜，当压差值超过 50Pa 时，就可能使妇女和儿童打不开门。对于普通的门，由于开启力矩为 0，当门内外压力差达到 100Pa 时，开门力大概是 100N，从打开门的角度来说，门内外的压力差可不受 50Pa 的限制，但从不使送风机的压头和容量过大，也就是不使设备的初投资过大的角度出发，则不希望门内外的压力差高于 50Pa。

4.5.3 余压调节

机械加压送风系统为了维持一定的正压力，避免出现压差过大的情况，要么改变超压部位排风量的大小，要么改变送风部位的送风量。这种通过改变机械加压送风系统的送风量或排风量来改变系统正压值的方法，称为机械加压送风系统的余压调节。加大超压部位的排风量可通过设置余压阀来进行，而改变送风部位的送风量可以通过改变管路中的风量或改变风机的实际送风量来实现。

1. 余压阀泄压

余压阀一般安装在需要维持压差的两个空间的隔墙上，达到设定的压差时打开，排除一定量的空气后达到平衡，压差降低到最小压差后关闭，具体设置如下：

1）对于防烟楼梯间及其前室只对楼梯间加压送风的情况，在防烟楼梯间与前室和前室与走道的隔墙上设置余压阀，如图 4-52 所示。这样空气通过余压阀从防烟楼梯间进入前室，当前室余压值超过 25Pa，空气再通过余压阀泄漏到走道，使防烟楼梯间和前室能维持各自的压力值。

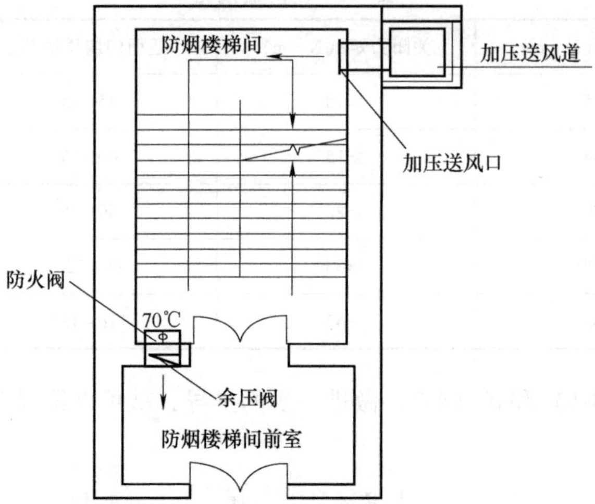

图 4-52 前室或合用前室自然排烟，防烟楼梯间加压送风

2）对于防烟楼梯间自然排烟而前室或合用前室加压送风的情况，在前室或合用前室与走道之间的隔墙上设置余压阀，向走道泄压，如图 4-53 所示；或者将余压阀设置在合用前室与防烟楼梯间的隔墙上，向楼梯间泄压，如图 4-54 所示。向防烟楼梯间泄压的余压阀设置方法实际工程中较少，应慎重考虑，采用此方法前应寻求当地消防部门的意见。

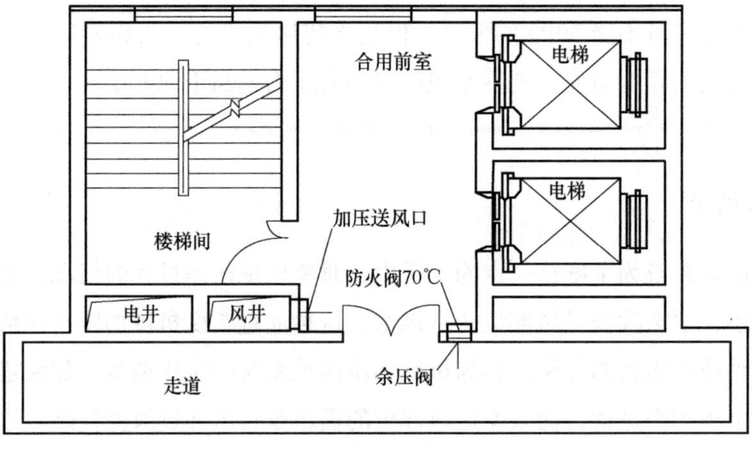

图 4-53 防烟楼梯间自然排烟，前室或合用前室加压送风（泄向走道）

3）对于防烟楼梯间、前室或合用前室分别加压送风的情况，余压阀应分别设置在楼梯间与走道的隔墙上、前室或合用前室与走道的隔墙上，如图 4-55 所示。防烟楼梯间、前室或合用前室均对走道泄压，可以准确控制加压间室内正压值。

4）对于防烟楼梯间、前室或合用前室分别加压送风的情况，当防烟楼梯间超压风量只能泄入前室或合用前室时，负责防烟楼梯间泄压的余压阀也可以设置在防烟楼梯间与前室或合用前室的隔墙上，如图 4-56 所示。此时，防烟楼梯间前室或合用前室余压阀板开启面积除考虑自身的超压风量外，还需考虑防烟楼梯间的超压风量。此设置方法需保持防烟楼梯间、前室或合用前室各自的余压值，两者余压值又相互联系，压力控制较复杂，实际工程中较少。

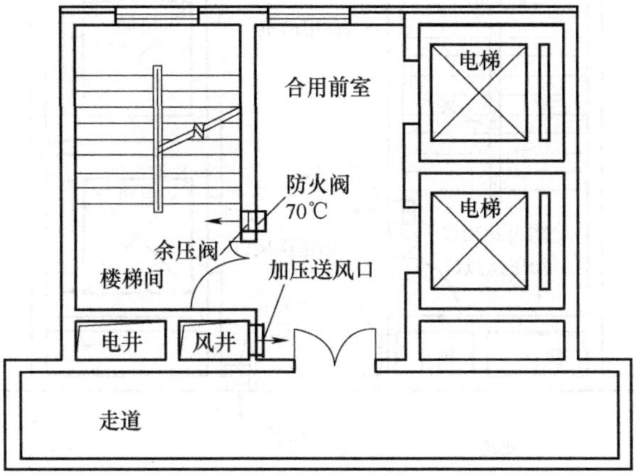

图 4-54 防烟楼梯间自然排烟，前室或合用前室加压送风（泄向楼梯间）

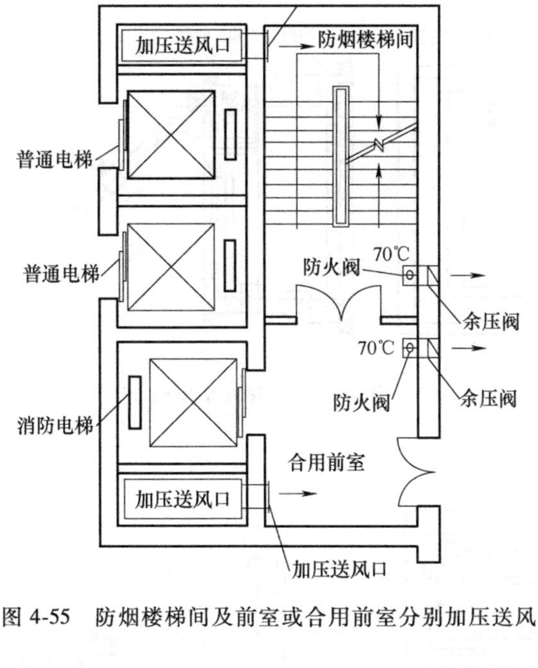

图 4-55 防烟楼梯间及前室或合用前室分别加压送风

常见的余压阀可以分为普通余压阀和电动余压阀两种。普通余压阀是一个单向开启的风量调节装置，按静压值调整开启角度，为壁挂式结构，安装在需要维持压差的两个空间的隔墙上。普通余压阀分为重锤式余压阀和自垂式余压阀，重锤式余压阀分为固定式余压阀和可调式余压阀，可调重锤式余压阀可通过调整重锤位置，进行压差调整，它的最小开启压差为 5Pa，最大开启压差为 30Pa，如图 4-57 所示。自垂式余压阀为固定压差式余压阀，类似于自垂百叶，最大工作压差为 50Pa，如图 4-58 所示。重锤式余压阀适用于前室、合用前室，自垂式余压阀适用于防烟楼梯间。

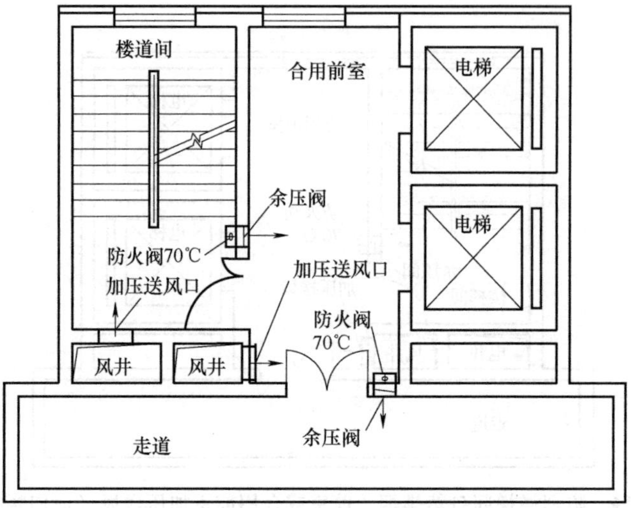

图 4-56　防烟楼梯间及前室分别加压送风

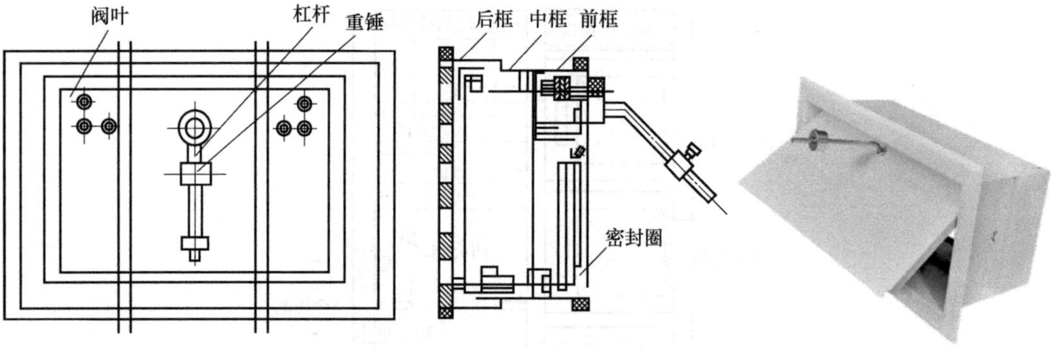

图 4-57　重锤式余压阀

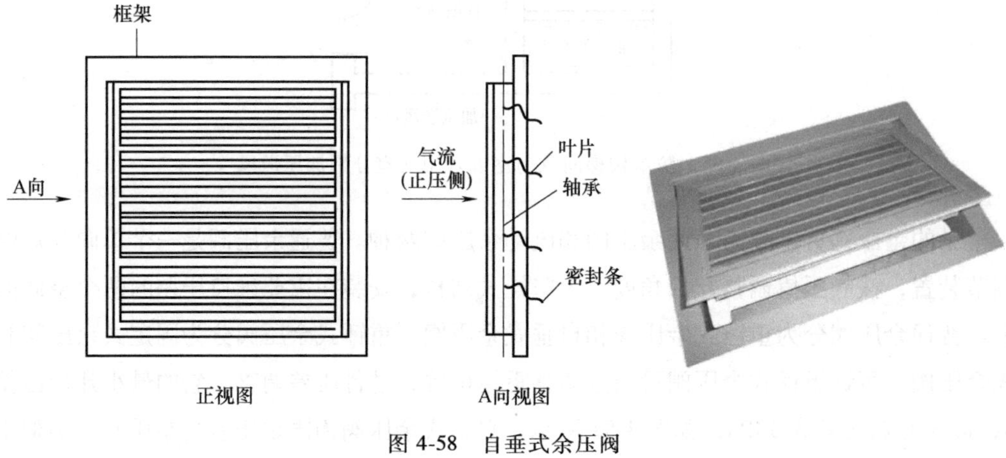

图 4-58　自垂式余压阀

电动余压阀主要采用压力传感器进行压力采样，压力传感器直接将压力（差）转换为可直接测量的电量（电压或电流）。通过信号放大并处理数据输出数字信号，并根据设定的上下限压力值（即动作压力及复位压力）驱动后部电路（风阀控制箱）控制开关，开启或关闭旁通阀以实现压力（差）控制。

为及时排出多余的气量，余压阀应该具有一定大小的泄压面积，计算如下：

$$A=\frac{L-L_2'}{3600\times6.41} \tag{4-9}$$

式中　A——余压阀的泄压面积（m^2）；

L——系统设计风量（m^3/h）；

L_2'——维持正压值所需的风量（m^3/h），一般采用压差法计算，见式（4-4），但式中 N_2 取为加压楼梯间的总门数。

2. 改变送风量

改变送风量可以通过直接改变风机的送风量或改变管路中的风量来实现。由风机的工作原理可知，风量与电动机转速功率相关，因此给风机加装变频调速控制装置后就可以通过改变风机的转速来改变风机风量，从而可以适应送风部位正压值的需要。该变风量系统实现需要在送风部位加装压力传感器（图 4-59），由压力传感器采集传送压力信号，系统根据压力值调整变频调速控制装置，对风机风量进行调节。

a)　　b)

图 4-59　风机变频器和压力传感器

a）风机变频器　b）压力传感器

改变管路中的风量也有两种形式，一种是改变送风总管中的风量，通过在送风机的出口管道上设置一旁通管道，将系统多余的空气直接排出或引到送风机入口进行再循环，如图 4-60所示。在楼梯间、前室等送风部位安装压力传感器，根据压力控制点正压值的变化改变旁通管道上电动风阀的开度，从而改变送往正压系统的送风量。

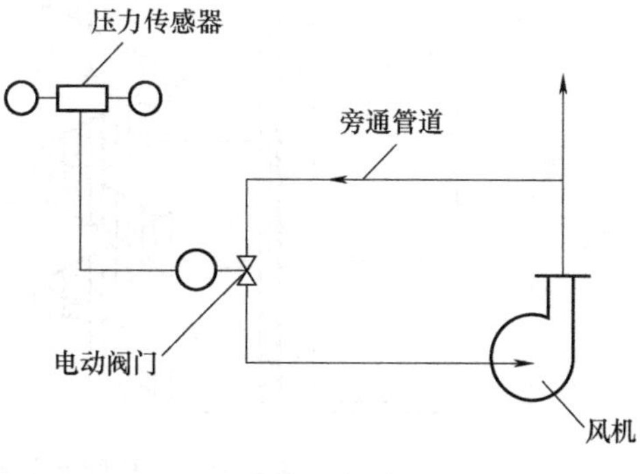

图 4-60　旁通管路示意图

这种方式工作时，当送风部位的所有门都关闭，这些部位的正压增大，超过限定值，就将旁通阀门开大，使直接排出或循环回到送风机入口的风量增加，从而减少送入机械加压送风系统的送风量，使送风部位不至超压；反之，当送风部位的某些门开启，送风部位内的正压降低，压力传感器就控制旁通阀门关小直至关闭，使送入机械加压送风系统的风量增加，以维持开门门洞处的气流速度达到最低风速值以上。楼梯间和前室采用旁通管控制正压值的原理，如图 4-61 所示，由于楼梯间是上下贯通的空间，因此不需要每层都布置压力传感器，可在系统负担的上部和下部各设置一个压力传感器，同时保证两者之间的距离不小于系统负担高度的 1/2。而各层的前室上下不贯通，因此必须每层都布置压力传感器以保证其中某个前室发生超压，系统都可以做出调节。

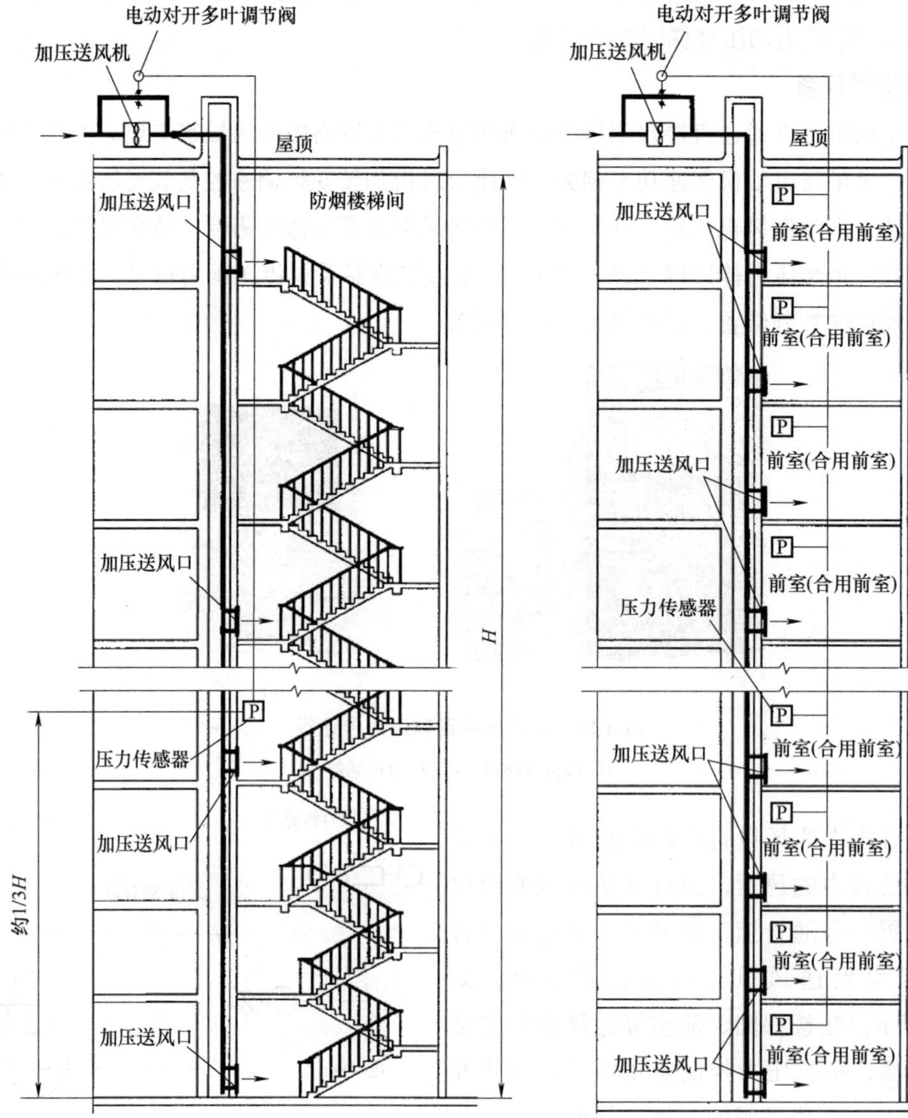

图 4-61　楼梯间和前室采用旁通管控制正压值原理图

改变管路风量的另一种方式是改变支管路的风量，即在需要改变风量部位的送风支管路上设置由压力传感器控制的电动阀门，通过改变阀门开度来改变该支管路的送风量。前室正压送风系统在每个送风口上装有电动阀门，利用设置在前室的差压控制器即静压传感器来控制阀门的开度，从而改变对每个前室的送风量。

改变管路风量的第二种方式系统控制比较复杂，从实际应用的角度讲，采用旁通管控制总管路的风量要简单、经济一些。需要注意的是，在改变管路风量时，风机的送风量实际上是维持不变的。

复　习　题

1. 简述建筑中需要进行防烟系统设计的部位。
2. 简述机械加压送风系统的主要设施。
3. 如何计算机械加压送风量？
4. 防烟系统余压调节的方法有哪些？

第 4 章练习题

扫码进入小程序，完成答题即可获取答案

5

第5章 建筑排烟系统设计

教学要求

熟悉自然排烟、机械排烟常见形式、设置部位及其主要设施；掌握排烟系统的计算；掌握排烟系统的设计要求

重点与难点

自然排烟窗有效排烟面积、机械排烟系统排烟量设计计算，排烟系统的设计要求

排烟系统是指采用自然排烟或机械排烟的方式，将房间、走道等空间的火灾烟气排至建筑物外的系统。该系统可在建筑中某部位起火时排除大量烟气和热量，使局部空间形成相对负压区，起到控制烟气和火势蔓延的作用。排烟系统包括机械排烟系统和自然排烟系统。两者都能起到较好的排烟效果，但需要注意的是不能合用于同一空间。

5.1 排烟系统的设置部位

排烟系统主要设置部位包括：

1）厂房或仓库的下列场所或部位应设置排烟设施：①人员或可燃物较多的丙类生产场所，丙类厂房内建筑面积大于300m² 且经常有人停留或可燃物较多的地上房间；②建筑面积大于5000m² 的丁类生产车间；③占地面积大于1000m² 的丙类仓库；④高度大于32m的高层厂房（仓库）内长度大于20m的疏散走道，其他厂房（仓库）内长度大于40m的疏散走道。丙类仓库和丙类厂房的火灾往往会产生大量浓烟，不仅加速了火灾的蔓延，而且增加了灭火救援和人员疏散的难度，因此需采取排烟措施。丁类生产车间的火灾危险性较小，但建筑面积较大的车间仍可能存在火灾危险性大的局部区域，如空调生产与组装车间、汽车部件加工和组装车间等，且车间进深大、烟气难以依靠外墙的开口进行排除，因此也需考虑设置排烟系统。有爆炸危险的甲、乙类厂房（仓库）主要考虑加强正常通风和事故通风等预防

发生爆炸的技术措施，对排烟系统没有明确要求。

2）民用建筑的下列场所或部位应设置排烟设施：①设置在一、二、三层且房间建筑面积大于 $100m^2$ 的歌舞娱乐放映游艺场所，设置在四层及以上楼层、地下或半地下的歌舞娱乐放映游艺场所；②中庭；③公共建筑内建筑面积大于 $100m^2$ 且经常有人停留的地上房间；④公共建筑内建筑面积大于 $300m^2$ 且可燃物较多的地上房间；⑤建筑内长度大于 20m 的疏散走道。歌舞娱乐放映游艺场所人员密集且燃烧物众多，火灾时发烟速率快、发烟量大，极易造成群死群伤，因此需采取排烟措施。中庭在建筑中往往贯通数层，在火灾时会产生一定的烟囱效应，能使火势和烟气迅速蔓延，易在较短时间内使烟气充填或弥散到整个中庭，并通过中庭扩散到相连通的邻近空间，因此也需结合中庭和相连通空间的特点、火灾荷载的大小和火灾的燃烧特性等，采取有效的排烟措施。根据试验观测，人在浓烟中低头掩鼻的最大行走距离为 20~30m。为此，建筑内长度大于 20m 的疏散走道应设排烟设施。

3）地下或半地下建筑（室）、地上建筑内的无窗房间，当总建筑面积大于 $200m^2$ 或一个房间建筑面积大于 $50m^2$，且经常有人停留或可燃物较多时，应设置排烟设施。地下、半地下建筑（室）不同于地上建筑，地下空间的对流条件、自然采光和自然通风条件差，可燃物在燃烧过程中缺乏充足的空气补充，导致可燃物燃烧慢、产烟量大、温升快、能见度降低很快，这样不仅增加人员的恐慌心理，而且对安全疏散和灭火救援十分不利。因此，地下空间的排烟系统要求比地上空间严格。地上建筑中无窗房间的通风与自然排烟条件与地下建筑类似，因此需设置排烟系统。

5.1.1　自然排烟系统的选择

自然排烟系统是利用火灾产生的热烟气流的浮力和外部风压作用，通过房间、走道的开口部位把烟气排至室外。这种排烟方式的实质是通过室内外空气对流进行排烟。在自然排烟中，必须有冷空气的进口和热烟气的排出口。一般采用可开启外窗、专门设置的排烟口进行自然排烟，这种排烟方式经济、简单、易操作，并具有不需使用动力及专用设备等优点。自然排烟是简单、不消耗动力的排烟方式，系统无复杂的控制方法及控制过程，因此，对于满足自然排烟条件的建筑，首先应考虑采取自然排烟方式。

自然排烟系统一般用于以下场所：

1）多层建筑。多层建筑受外部条件影响较小，一般多采用自然排烟方式。

2）中庭。中庭可以利用烟气热浮力和烟囱效应进行自然排烟。

3）厂房和仓库。因生产工艺的需要，出现了许多无窗或设置固定窗的厂房和仓库，丙类及以上的厂房和仓库内可燃物荷载大，考虑到厂房、库房建筑的外观要求没有民用建筑的要求高，因此可以采用可熔材料制作的采光带和采光窗进行排烟。为保证可熔材料在平时环境中不会熔化和熔化后不会产生流淌火引燃下部可燃物，要求制作采光带和采光窗的可熔材料必须是只在高温条件下（一般大于最高环境温度 50℃）自行熔化且不产生熔滴的可燃材料，其熔化温度应在 120~150℃。

4）四类隧道和行人或非机动车辆的三类隧道。当隧道较短、火灾发生概率低、危险性较小时，可沿途顶部开设自然通风排烟口。

5）人防工程地下空间。当可以开设自然排烟口时，宜采用自然排烟系统，其中，排烟口总面积大于本防烟分区面积的 2%。

5.1.2 机械排烟系统的选择

机械排烟系统是通过排烟风机抽吸，使排烟口附近压力下降，形成负压，进而将烟气通过排烟口、排烟管道、排烟风机等排出室外。目前常见机械排烟系统有机械排烟与自然补风组合、机械排烟与机械补风组合、机械排烟与排风合用、机械排烟与通风空调系统合用等形式，如图 5-1 和图 5-2 所示。

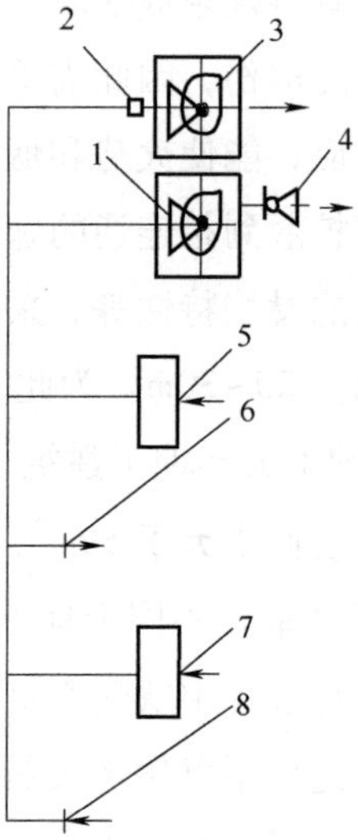

图 5-1 机械排烟与排风合用排烟系统

1—排烟风机 2—排烟防火阀及止回阀 3—排风机 4—止回阀或电动风阀 5、7—排烟口 6、8—排风口

机械排烟系统一般用于以下场所：

1）高层建筑，其主要受自然条件（如室外风速、风压、风向等）的影响较大，一般多采用机械排烟方式。

2）建筑内应设排烟设施，但不具备自然排烟条件的房间、走道及中庭等。

3）人防工程中建筑面积大于 $50m^2$，且经常有人停留或可燃物较多的房间和大厅。

4）丙、丁类生产车间。

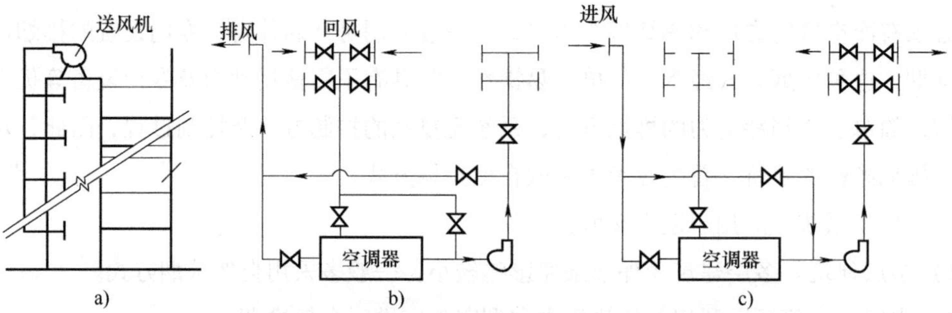

图 5-2 利用通风空调系统的机械送风与机械排烟组合式排烟系统

a）楼梯间加压 b）有烟区排烟 c）无烟区送风

5）总长度大于 20m 的疏散走道。

6）电影放映间和舞台等。

同一个防烟分区应采用同一种排烟方式。如图 5-3 所示，防烟分区 1 采用的是自然排烟

方式，符合要求；而防烟分区 2 中自然排烟和机械排烟方式共存，是错误的。在同一个防烟分区内不能同时采用自然排烟方式和机械排烟方式，主要是考虑到两种方式相互之间对气流产生干扰，影响排烟效果。尤其是排烟时，自然排烟口还可能会在机械排烟系统启动后变成进风口，失去排烟作用。

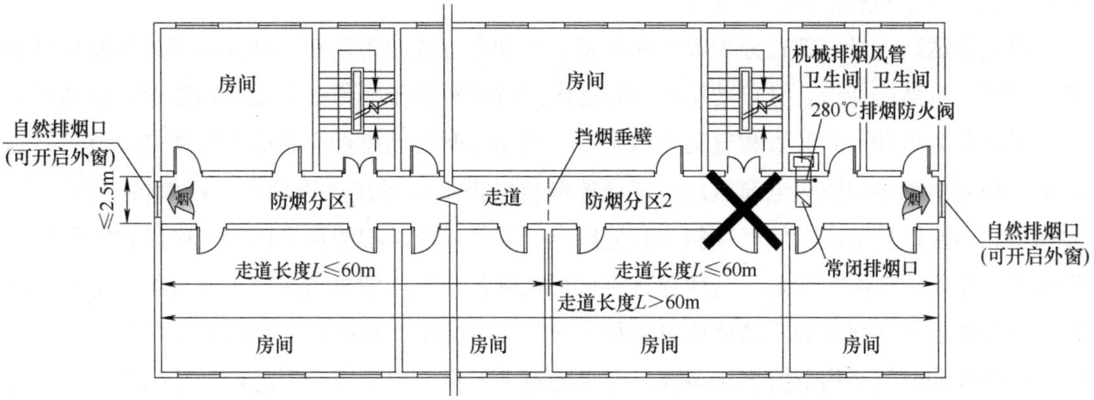

图 5-3　同一防烟分区（走道）内并存两种排烟方式

5.2 排烟系统设施

5.2.1　自然排烟设施

采用自然排烟系统的场所应设置自然排烟窗（口）。各种类型的自然排烟窗（图 5-4）是自然排烟系统最常见的设施，可通过自动、手动、温控释放等方式开启。注意排烟窗和排烟口与自然通风系统中可开启的外窗和开口的区别。排烟窗和排烟口是设置在需要进行排烟的部位，成为烟气流出建筑的开口，服务于自然排烟而不以防烟为主要目的。自然排烟设施包括常见的便于人工开启的普通外窗，以及专门为高大空间自然排烟而设置的自动排烟窗。自动排烟窗平时作为自然通风设施，根据气候条件及通风换气的需要开启或关闭。

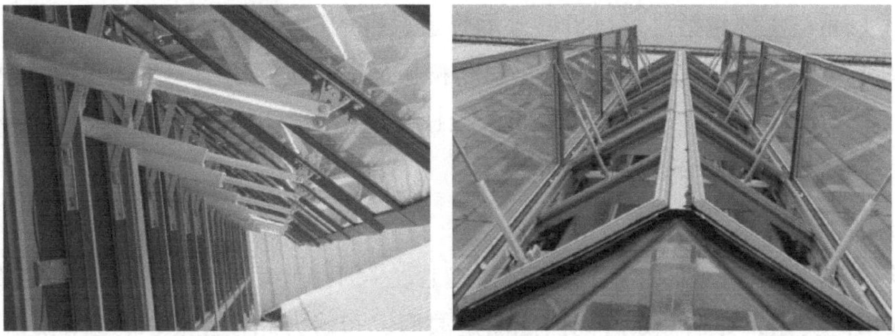

a)　　b)

图 5-4　自然排烟窗形式

a）推杆配曲臂开启方式的自然排烟窗　b）建筑顶部电动开启自然排烟窗

在有些情况下，自然排烟口是全敞开式的，即常年敞开，不论系统运行或停用，自然排烟口都畅通无阻。但在大多数情况下，自然排烟口都设有开关装置，当系统运行时，开关打开，而当系统停用时，开关关闭。这样做是因为当一座建筑物的某部位发生火灾时，并不是排烟系统中全楼的排烟口都同时开放，而是按火灾的发生情况和烟气的蔓延扩散情况有秩序地开放，从而达到良好的排烟效果。

自然排烟口按设置部位分为天窗和侧窗，按动作方式分为设有手动开启装置和设有自动开启装置的自然排烟口，且自动排烟口附近应同时设置便于操作的手动开启装置。自动开启装置又可分为电动开启装置和气动开启装置。电动控制自动排烟窗系统由排烟窗、消防控制电源、控制柜和专用防火电缆组成。气动控制自动排烟窗系统由排烟窗、压缩机、储气罐、控制柜和连接铜管组成，储气罐储气容量应至少满足系统承担的最大防烟分区设置的所有排烟窗开启及关闭 3 次的要求，气体管路应采用铜管，空气压缩机与储气罐设置的场所应采用耐火极限不低于 2.00h 的不燃烧体隔墙和 1.50h 的不燃烧体楼板与建筑其他部分隔开。

自然排烟窗的结构形式多种多样，常见的有上悬窗、中悬窗、下悬窗、平推窗、平开窗和推拉窗等。实际上，这些外窗或开口的结构形式与自然通风系统用到的外窗和开口并无本质上的区别，只是承担的功能和设置部位有差异。

为了提高自然排烟的效果，满足自然排烟口应沿火灾气流方向开启的要求，北京市地方标准《自然排烟系统设计施工及验收规范》（DB 11/1025—2013）中规定，设置在外墙上的单开式自动排烟窗应采用下旋外开式；设置在屋面上的自动排烟窗宜采用对开式或百叶式。自动排烟窗必须具备在任何紧急情况下（系统失电、失消防信号）都能正常工作的防失效保护功能，保证在发生故障时能自动打开并处于全开位置。同时，自动排烟窗应具备与火灾报警系统联动功能，并应具备手动开启功能、远程控制开启和关闭功能。另外，自动排烟窗应能够承受一定的风压荷载，即使在风力较大的情况下仍能正常开启，所以还应具备一定的抗风功能；当自动排烟窗安装在房顶时，还应具备一定的防雨水、抵抗冰雪影响的性能。

5.2.2 机械排烟设施

机械排烟系统主要包括排烟风机、排烟管道、排烟口（阀）、排烟防火阀及相关的联动控制设备等，如图 5-5 所示。消防排烟风机与机械加压送风系统中应用的风机在结构、类型上是一致的，可采用离心式或轴流式风机。排烟管道是烟气排出的主要路径，其材料和结构与机械加压送风系统的管道区别不大。

1. 排烟防火阀

排烟防火阀是安装在机械排烟系统的管道上，平时呈开启状态，火灾时当排烟管道内温度达到 280℃时关闭，并在一定时间内能满足漏烟量和耐火完整性要求，起隔烟阻火作用的阀门。排烟防火阀一般由阀体、叶片、执行机构和温感器等部分组成，如图 5-6 所示。排烟防火阀与防火阀的主要区别在于安装位置和动作温度的不同。

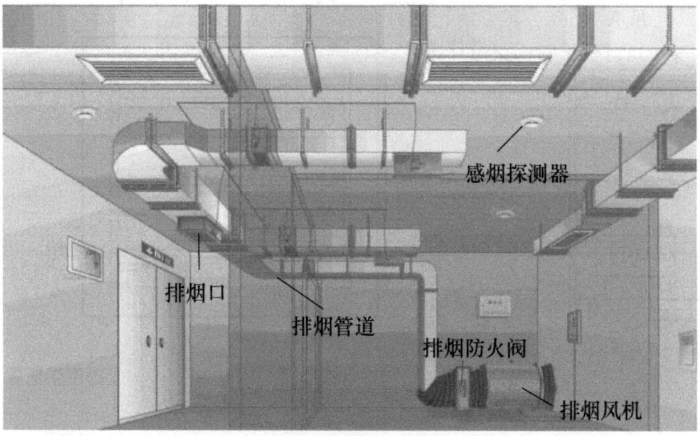

图 5-5 排烟系统示意图

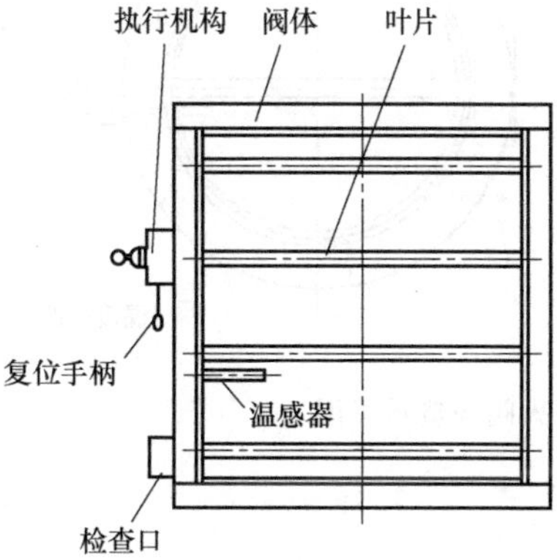

图 5-6 排烟防火阀结构示意图

2. 防火阀

防火阀是一般安装在通风、空气调节系统的送、回风路管道上的阀门，如图 5-7 所示。防火阀一般由阀体、叶片、执行机构和温感器等部件组成，如图 5-8 所示。防火阀平时呈开启状态，火灾时当管道内烟气温度达到 70℃，高温使阀门上的易熔合金熔解，或记忆合金产生形变，阀门在重力作用和弹簧机构的作用下自动关闭，防止火灾烟气从风道蔓延。当风道从防火分隔构件处及变形缝处穿过，或在风道的垂直管向每层水平管分支的交接处上都应安装防火阀。

图 5-7 防火阀实物图

防火阀的阀门关闭驱动方式有重力式、弹簧力驱动式（或称电磁式）、电动机驱动式及气动驱动式等四种。常用的防火阀有重力式防火阀，弹簧式防火阀，弹簧式防火调节阀，防火风口，气动式防火阀，电动防火阀，电子自控防烟防火阀。图 5-9 为重力式圆形单板防火阀，图 5-10 为弹簧式圆形防火阀，图 5-11 为温度熔断器的构造。

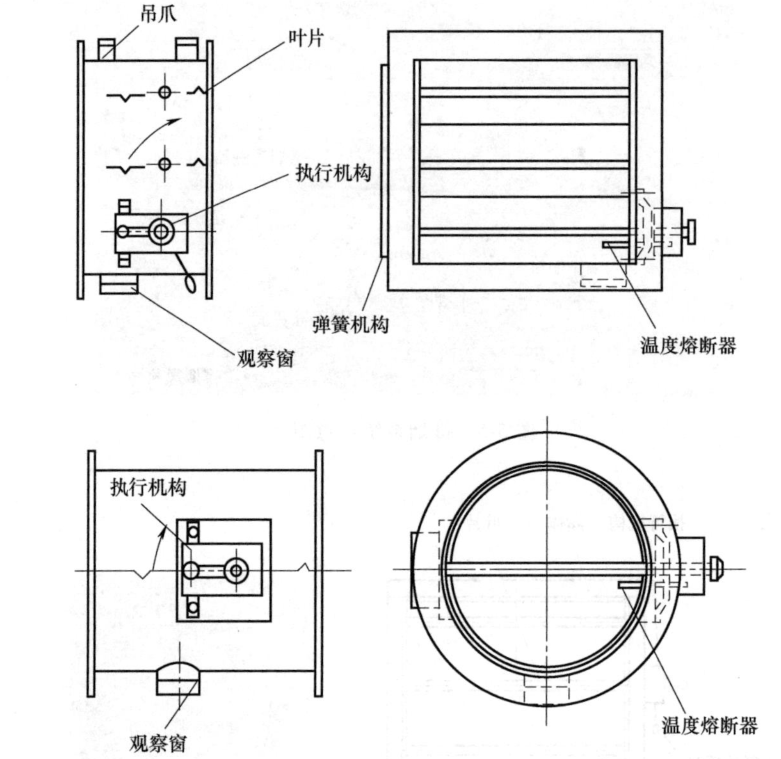

图 5-8　防火阀构造示意图

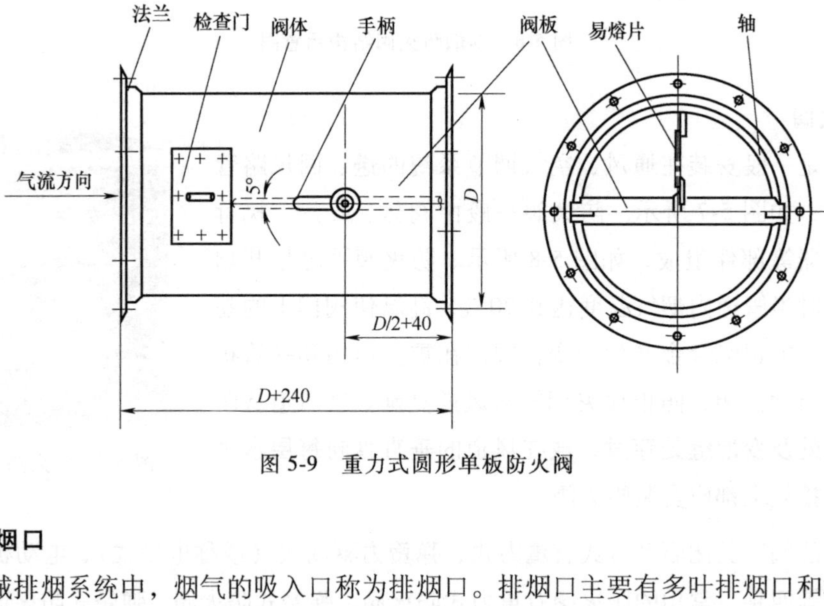

图 5-9　重力式圆形单板防火阀

3. 排烟口

在机械排烟系统中，烟气的吸入口称为排烟口。排烟口主要有多叶排烟口和板式排烟口两种。根据是否有电动装置，多叶排烟口可分为带远控装置的多叶排烟口和不带远控装置的多叶排烟口，如图 5-12 所示。

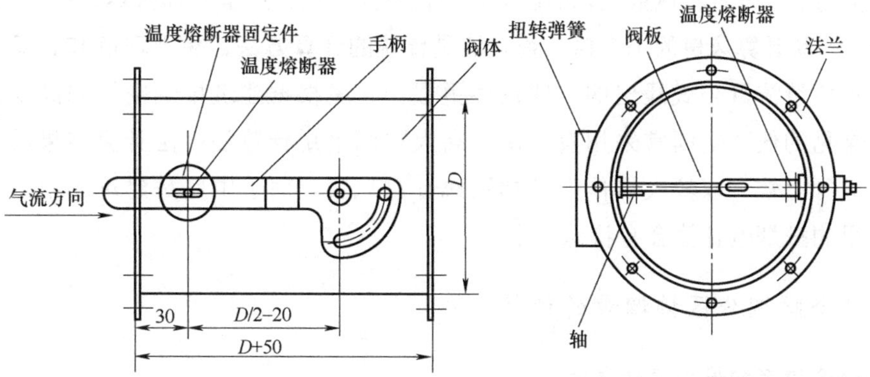

图 5-10　弹簧式圆形防火阀

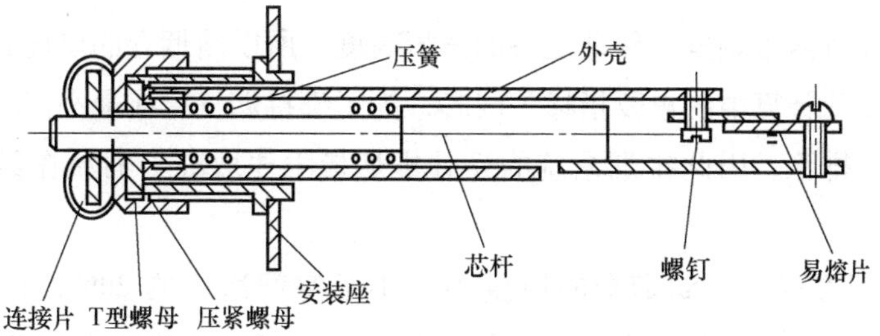

图 5-11　温度熔断器的构造

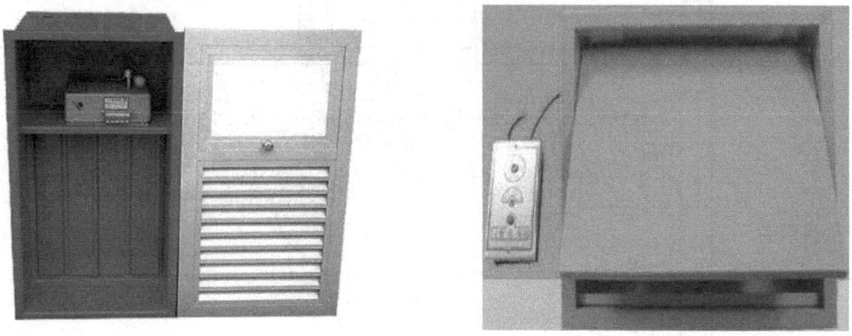

a)　　b)

图 5-12　常见类型的排烟口

a）多叶排烟口　b）远控板式排烟口

5.3 排烟量计算

为了在发生火灾时有足够的清晰高度保证人员疏散，排烟系统要具有的排烟量才行；且排烟口的有效面积、排烟管道的截面面积及排烟风机容量的确定都是以排烟量为基础的，因此排烟量的确定是建筑排烟系统设计的基础。排烟系统计算风量是由计算法和查表法相结合确定的，同时综合考虑实际工程中由于风管（道）及排烟阀（口）的漏风及风机制造标准中允许风量的偏差等各种风量损耗的影响，排烟系统的设计风量（即排烟风机的公称风量）不应小于该系统计算风量的1.2倍。查表法是传统的计算方法，易于理解和计算。计算法是基于羽流质量流量公式提出的，理论性更强。一般根据建筑排烟空间的高度选用这两种方法。常见的低矮空间常采用查表法；高大空间采用计算法得出计算结果后，与查表法中数值进行比较，取较大值作为排烟系统计算风量。由于中庭是建筑物中比较特殊的部位，那里的排烟量计算会有特殊要求。

5.3.1 单个防烟分区排烟量的计算

1. 储烟仓厚度和最小清晰高度

储烟仓必须具备一定的蓄烟体积，以便于烟气聚集进行排烟。它的体积由防烟分区的面积和储烟仓的厚度决定。为了保证人员安全疏散和消防扑救，必须控制烟气层厚度即储烟仓的厚度，并且计算所需排烟量以保证足够的清晰高度。所以储烟仓的厚度和最小清晰高度是排烟系统排烟量设计计算中的重要指标。同时，为了维持烟气层在最小清晰高度之上，就必须将烟气羽流及时排除，因此排烟系统的设计排烟量主要取决于羽流在最小清晰高度处的流量。

采用自然排烟方式时，储烟仓的厚度不应小于空间净高的20%，且应不小于500mm（图5-13）；当采用机械排烟方式时不应小于空间净高的10%，且应不小于500mm（图5-14）。

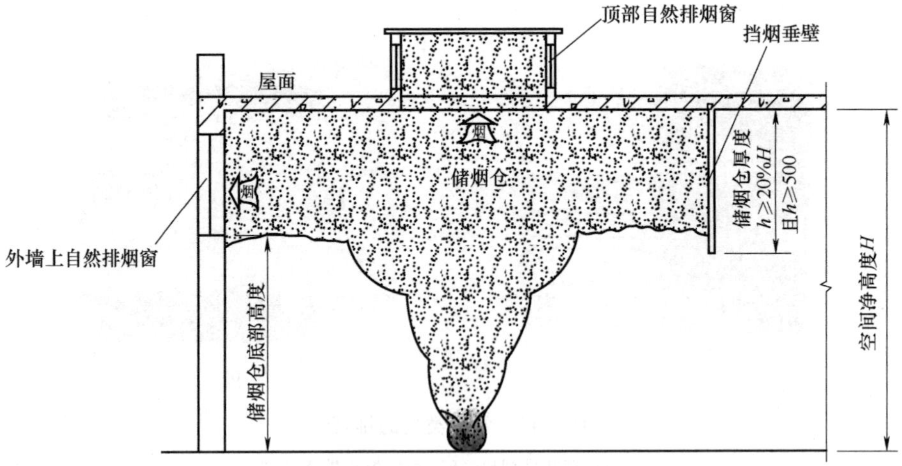

图5-13 自然排烟时储烟仓的厚度要求

一般情况下，空间净高大于3m的区域的自然排烟窗（口）应该设置在储烟仓内，若由于特殊情况不能完全满足时，其有效排烟面积应该进行折减。

当吊顶为通透式，或开孔均匀，或开孔率>25%时，吊顶内的空间可以计入储烟仓厚度，此时排烟管路（口）可以布置在吊顶上方，为了有利于排烟，排烟口宜设在管路的顶部或侧面。当吊顶为密闭式时，就需要利用挡烟垂壁等在吊顶下方构建储烟仓。

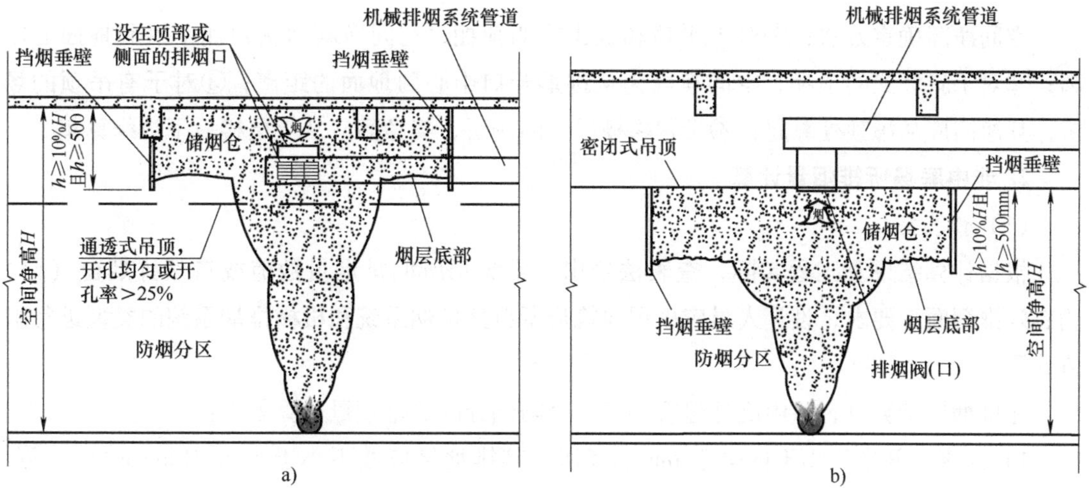

图 5-14　机械排烟时储烟仓的厚度要求

a）通透式吊顶　b）密闭式吊顶

当然储烟仓的厚度也不能设置得太大，储烟仓底部距地面的高度应大于安全疏散所需的最小清晰高度。最小清晰高度是为了保证室内人员安全疏散和方便消防人员的扑救而提出的最低要求，也是排烟系统设计时必须达到的最低要求。走道、室内空间净高不大于 3m 的区域，最小清晰高度不宜小于其净高的 1/2，其他区域的最小清晰高度应按下式计算：

$$H_q = 1.6 + 0.1H' \tag{5-1}$$

式中　H_q——最小清晰高度（m）；

H'——对于单层空间取排烟空间的建筑净高度（m），如图 5-15a 所示；对于多层空间，取最高疏散楼层的层高（m），如图 5-15b 所示。多个楼层组成的高大空间，最小清晰高度同样也是针对某一个单层空间提出的，往往是连通空间中同一防烟分区中最上层计算得到的最小清晰高度，在这种情况下，燃料面到烟气层底部的高度 Z 是从着火的那一层起算的。

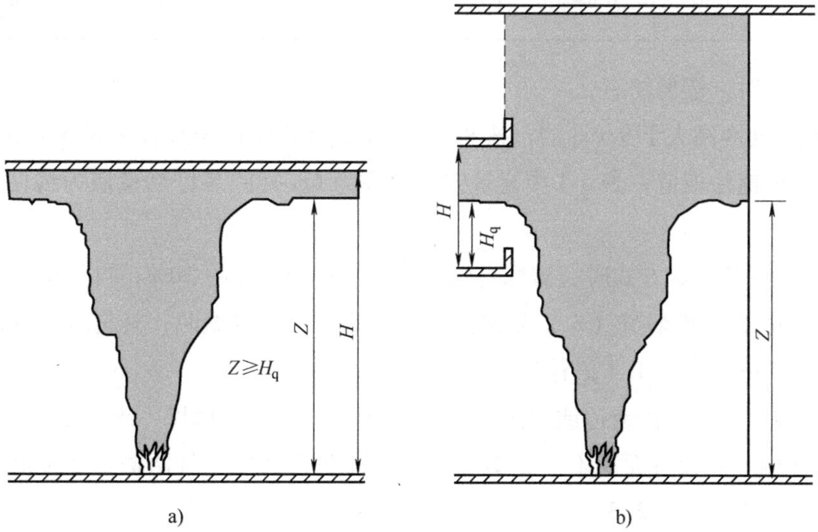

图 5-15　最小清晰高度示意图

a）单层空间　b）多层高大空间

空间净高确定方法：①对于平顶和锯齿形的顶棚，空间净高为从顶棚下沿到地面的距离；②对于斜坡式的顶棚，空间净高为从排烟开口中心到地面的距离；③对于有吊顶的场所，其净高应从吊顶处算起；④设置格栅吊顶的场所，其净高应从上层楼板下边缘算起。

2. 非中庭场所排烟量计算

（1）查表法

根据计算结果及工程实际，查表法给出了常见场所的排烟量数值或自然排烟窗（口）的有效排烟面积要求，设计人员应根据建筑场所自然排烟系统和机械排烟系统的类型进行取值计算。

在排烟量计算时，除中庭外建筑场所一个防烟分区的排烟量计算如下：

1）建筑空间净高小于或等于 6m 的场所，其排烟量应按不小于 $60m^3/(h \cdot m^2)$ 计算，且取值不小于 $15000m^3/h$，或设置有效面积不小于该房间建筑面积 2%的自然排烟窗（口）。

2）公共建筑、工业建筑中空间净高大于 6m 的场所，其每个防烟分区排烟量应根据场所内的热释放速率采用计算法确定，且不应小于表 5-1 中的数值，或设置自然排烟窗（口），其所需有效排烟面积应根据表 5-1 及自然排烟窗（口）处风速计算。

表 5-1　公共建筑、工业建筑中空间净高大于 6m 场所的计算排烟量及自然排烟侧窗（口）处风速

空间净高/m	办公室、学校 /($\times10^4 m^3/h$)		商店、展览厅 /($\times10^4 m^3/h$)		厂房、其他公共建筑 /($\times10^4 m^3/h$)		仓库 /($\times10^4 m^3/h$)	
	无喷淋	有喷淋	无喷淋	有喷淋	无喷淋	有喷淋	无喷淋	有喷淋
6.0	12.2	5.2	17.6	7.8	15.0	7.0	30.1	9.3
7.0	13.9	6.3	19.6	9.1	16.3	8.2	32.8	10.8
8.0	15.8	7.4	21.8	10.6	18.9	9.6	35.4	12.4
9.0	17.8	8.7	24.2	12.2	21.1	11.1	38.5	14.2
自然排烟侧窗（口）处风速/(m/s)	0.94	0.64	1.05	0.78	1.01	0.74	1.28	0.84

应用查表法时，需要注意：

1）建筑空间净高大于 9.0m 的，按 9.0m 取值；建筑空间净高位于表 5-1 中两个高度之间的，按线性插值法取值；表 5-1 中建筑空间净高为 6m 处的各排烟量值为线性插值法的计算基准值。

2）当采用自然排烟方式时，储烟仓厚度应大于房间净高的 20%；自然排烟窗（口）面积=计算排烟量/自然排烟窗（口）处风速；当采用顶开窗排烟时，其自然排烟窗（口）的风速可按侧窗口处风速的 1.4 倍计算。

3）当公共建筑仅需在走道或回廊设置排烟时，其机械排烟量不应小于 $13000m^3/h$，或在走道两端（侧）均设置面积不小于 $2m^2$ 的自然排烟窗（口）且两侧自然排烟窗（口）的距离不应小于走道长度的 2/3。

4）当公共建筑房间内与走道或回廊均需设置排烟时，其走道或回廊的机械排烟量可按

$60m^3/(h \cdot m^2)$ 计算且不小于 $13000m^3/h$，或设置有效面积不小于走道、回廊建筑面积 2% 的自然排烟窗（口）。

（2）计算法

空间高度 6m 是排烟量计算方法的一个区分标准。当排烟场所的净高小于或等于 6m 时，计算排烟量可以按照单位面积排烟量乘以防烟分区面积得到。而高于 6m 的场所需要根据火源热释放速率、清晰高度、烟气羽流质量流量及烟气羽流温度等参数计算系统所需的排烟量。

采用计算法时，首先要确定烟气羽流的类型，一般分为轴对称型烟羽流、阳台溢出型烟羽流和窗口型烟羽流。

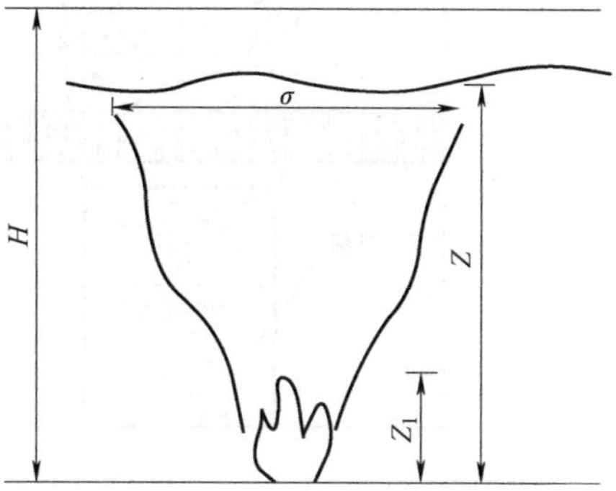

图 5-16 轴对称型烟羽流

1）轴对称型烟羽流。轴对称型烟羽流如图 5-16 所示。轴对称型烟羽流的质量流量 M_p（单位：kg/s）的确定分以下两种情况：

① 当计算位置高于火焰极限高度时：

当 $Z>Z_l$ 时
$$M_p=0.071Q_c^{1/3}Z^{5/3}+0.0018Q_c \tag{5-2}$$

式中 Q_c——火源热释放速率的对流部分（kW），一般取值为 $Q_c=0.7Q$；

Z——燃料面到烟气层底部的高度（m），取值应大于或等于最小清晰高度与燃料面高度之差；

Z_l——火焰极限高度（m），确定如下：

$$Z_l=0.166Q_c^{2/5} \tag{5-3}$$

② 当计算位置在火焰极限高度下方时：

当 $Z\leqslant Z_l$ 时
$$M_p=0.032Q_c^{3/5}Z \tag{5-4}$$

2）阳台溢出型烟羽流。阳台溢出型烟羽流如图 5-17 所示，其质量流量 M_p（kg/s）确定如下：

$$M_p=0.36(QW^2)^{1/3}(Z_b+0.25H_l) \tag{5-5}$$
$$W=w+b$$

式中 Q——火源的热释放速率（kW）；

H_l——燃料面至阳台的高度（m）；

Z_b——从阳台下缘至烟气层底部的高度（m）；

W——烟羽流扩散宽度（m）；

w——火源区域的开口宽度（m）；

b——从开口至阳台边沿的距离（m），$b\neq0$。

3）窗口型烟羽流。窗口型烟羽流如图 5-18 所示，其质量流量 M_p（kg/s）确定如下：

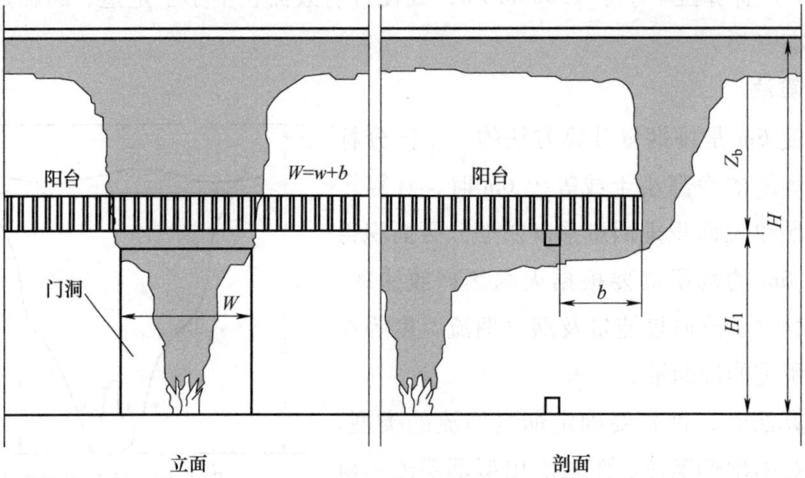

图 5-17 阳台溢出型烟羽流

$$M_p = 0.68\left(A_w\sqrt{H_w}\right)^{1/3}(Z_w+\alpha_w)^{5/3}+1.59A_wH_w^{1/2} \tag{5-6}$$

式中 A_w——窗口开口的面积（m^2）；

H_w——窗口开口的高度（m）；

Z_w——窗口开口的顶部到烟气层底部的高度（m）；

α_w——窗口型烟羽流的修正系数，$\alpha_w = 2.40A_w^{2/5}H_w^{1/5}-2.1H_w$。

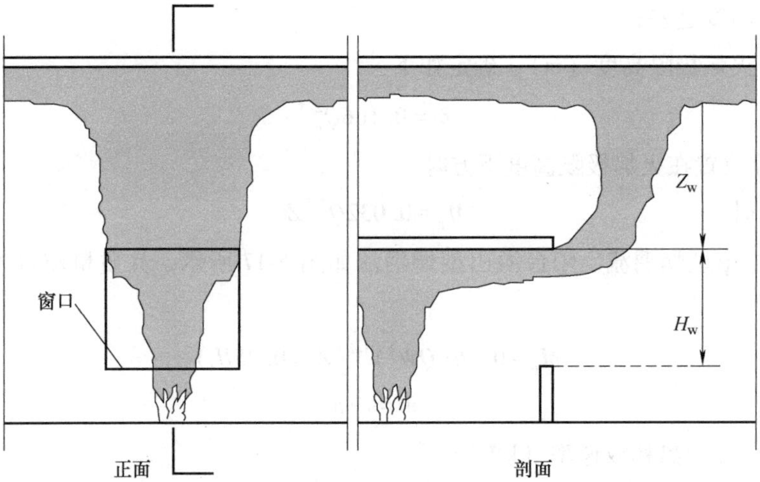

图 5-18 窗口型烟羽流

在应用轴对称型烟羽流、阳台溢出型烟羽流质量流量公式时，需要首先解决火源的热释放速率问题。窗口型烟羽流的质量流量公式是在火灾房间处于通风控制燃烧状态下推导得到的，此时火场的热释放速率已经达到供氧所能维持的极限，因此在公式中没有热释放速率这一项。需要特别注意的是，式（5-6）仅适用于只有一个窗口的空间。

火灾热释放速率 Q(kW) 取决于燃烧材料性质、时间等因素和自动灭火设施的设置情况，一般按可能达到的最大火势确定火灾热释放速率，其计算如下：

$$Q=\alpha t^2 \tag{5-7}$$

式中 t——火灾增长时间（s）；

α——火灾增长系数（kW/s^2），按表 5-2 取值。

表 5-2 火灾增长系数

火灾类别	典型的可燃材料	火灾增长系数/(kW/s^2)
慢速火	硬木家具	0.00278
中速火	棉质、聚酯垫子	0.011
快速火	装满的邮件袋、木质货架托盘、泡沫塑料	0.044
超快速火	池火、快速燃烧的装饰家具、轻质窗帘	0.178

各类场所的火灾热释放速率按式（5-7）计算且不应小于表 5-3 中给定的数值。设置自动喷水灭火系统（简称喷淋）的场所，其室内净高大于 8m 时，应按无喷淋场所对待。表 5-3 中的数值是参照了国外的有关实验数据，规定的建筑场所火灾热释放速率的确定方法和常用数据。当房间设有有效的自动喷水灭火系统时，火灾时该系统自动启动，会限制火灾的热释放速率。根据现行的《自动喷水灭火系统设计规范》（GB 50084），一般情况下，民用建筑和厂房采用湿式系统的净空高度是 8m，因此当室内净高大于 8m 时，应按无喷淋场所考虑。如果房间按照高大空间场所设计的湿式灭火系统，加大了喷水强度，调整了喷头间距要求，其允许最大净空高度可以加大到 12～18m；因此当室内净空高度大于 8m，且采用了符合现行的《自动喷水灭火系统设计规范》的有效喷淋灭火措施时，该火灾热释放速率也可以按有喷淋的场所取值。

表 5-3 火灾达到稳态时的热释放速率

建筑类别	喷淋设置情况	热释放速率 Q/MW
办公室、教室、客房、走道	无喷淋	6.0
	有喷淋	1.5
商店、展览厅	无喷淋	10.0
	有喷淋	3.0
其他公共场所	无喷淋	8.0
	有喷淋	2.5
汽车库	无喷淋	3.0
	有喷淋	1.5
厂房	无喷淋	8.0
	有喷淋	2.5
仓库	无喷淋	20.0
	有喷淋	4.0

采用式（5-7）计算建筑火灾充分发展阶段的最大热释放速率存在一定的难度，因为火

源的热释放速率与火灾增长时间的平方值成正比关系，而火灾增长时间为多长（即火灾何时进入充分发展阶段达到稳定状态）并没有确切的计算方法。在火灾风险评估中，一般认为当自动灭火系统开始灭火后能够将火灾控制在当前规模，可以将自动灭火系统动作时间作为火灾增长时间代入式（5-7）计算得到火灾热释放速率。因此，在进行建筑排烟系统设计时，对场所的火灾荷载进行细致调查，查阅相关资料获得火灾时可能的最大热释放速率，与表 5-3 中值进行比较，如果大于表中数据再采用计算的方法。

烟气羽流的质量流量确定后，还需将其换算成体积流量，才能作为排烟系统的计算风量。因为排烟系统特别是机械排烟系统主要依靠排烟风机将烟气抽出，这些风机的工作参数是以体积流量为单位的，一般是 m^3/h。而烟气温度一般高于正常环境温度，所以只有知道了烟气的温度才能进行相应的换算。烟气平均温度与环境温度的差 ΔT(K) 用式（5-8）确定：

$$\Delta T=\frac{KQ_c}{M_p c_p} \tag{5-8}$$

式中 K——烟气中对流热量因子，当采用机械排烟时，取 $K=1.0$；当采用自然排烟时，取 $K=0.5$；

c_p——空气的比定压热容，一般取 1.01[kJ/(kg·K)]。

计算得到烟气与环境的温差后，每个防烟分区排烟量按式（5-9）和式（5-10）进行计算并查表 5-1 进行比较选取计算风量：

$$V=M_p T/\rho_0 T_0 \tag{5-9}$$

$$T=T_0+\Delta T \tag{5-10}$$

式中 V——排烟量（m^3/s）；

ρ_0——环境温度下的气体密度（kg/m^3），通常 $T_0=293.15K$，$\rho_0=1.2kg/m^3$；

T_0——环境的温度（K）；

T——烟气层的平均温度（K）。

【例 5-1】 某仓库内采用木质货架托盘储存塑料物品，长、宽、高分别为 30m、20m、15m，为 3 层共享空间。建筑靠墙侧设有 3 层房间，每层层高为 5m，设置喷淋系统，排烟口设于空间顶部（最近的边离墙大于 0.5m），如图 5-19 所示。中间位置物品起火，火源燃料面距地面高度 1m，起火后 180s 喷淋系统动作，可将火势控制住。环境温度为 20℃，空气密度为 $1.2kg/m^3$。试计算该仓库的排烟系统的设计风量。

解：（1）火灾热释放速率计算。

该仓库内采用木质货架托盘储存塑料物品，发生的火灾为快速火，查表 5-2 和式（5-6）得火灾稳定阶段最大热释放速率为：

$$Q=\alpha t^2=(0.044\times180^2)\text{kW}=3960\text{kW}=3.96\text{MW}$$

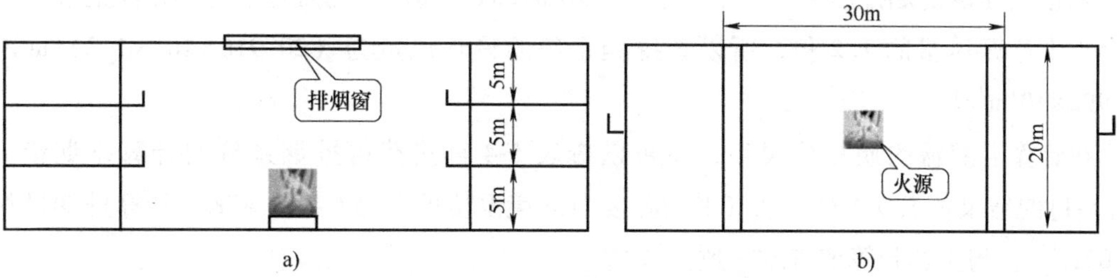

图 5-19 仓库尺寸与火源位置示意图

a) 剖面示意图 b) 平面示意图

计算得到的热释放速率 3.96MW 小于表 5-3 中有喷淋情况下仓库热释放速率数据 4MW，因此选取表中数据 4MW 作为排烟系统设计的火灾热释放速率。

(2) 羽流质量流量计算。

仓库中间位置物品起火，烟气羽流为轴对称型烟羽流。采用式 (5-1) ~式 (5-4) 进行计算。

热释放速率中对流部分：

$$Q_c = 0.7Q = (0.7\times4000)\,\mathrm{kW} = 2800\mathrm{kW}$$

火焰极限高度：

$$Z_l = 0.166Q_c^{2/5} = (0.166\times2800^{2/5})\,\mathrm{m} = 3.97\mathrm{m}$$

最小清晰高度：

$$H_q = 1.6+0.1H' = (1.6+0.1\times5)\,\mathrm{m} = 2.1\mathrm{m}$$

燃料面到烟气层底部的高度：

$$Z = 5\times2-1+H_q = (9+2.1)\,\mathrm{m} = 11.1\mathrm{m}$$

因为 $Z>Z_l$，则烟羽流质量流量用式 (5-2) 计算：

$$M_p = 0.071Q_c^{1/3}Z^{5/3}+0.0018Q_c = (0.071\times2800^{1/3}\times11.1+0.0018\times2800)\,\mathrm{kg/s} = 60.31\mathrm{kg/s}$$

(3) 设计风量计算。

烟气平均温度与环境温度的差：

$$\Delta T = KQ_c/M_p c_p = \frac{2800}{60.31\times1.01}\mathrm{K} = 45.97\mathrm{K}$$

烟气层平均温度：

$$T = T_0+\Delta T = (273.15+20+45.97)\,\mathrm{K} = 339.12\mathrm{K}$$

排烟量（烟羽流体积流量）：

$$V = \frac{M_p T}{\rho_0 T_0} = \frac{60.31\times339.12}{1.2\times293.15}\mathrm{m^3/s} = 58.1\mathrm{m^3/s} = 209160\mathrm{m^3/h}$$

计算得到排烟量 $20.916\times10^4\mathrm{m^3/h}$ 大于表 5-1 中有喷淋情况下净高大于 9.0m 仓库的计算排烟量 $14.2\times10^4\mathrm{m^3/h}$，因此，选取计算法得到的排烟量 $20.916\times10^4\mathrm{m^3/h}$ 作为排烟系统设计的计算风量。

依据《建筑防烟排烟系统技术标准》（GB 51251—2017）的规定，排烟系统的设计风量不应小于计算风量的 1.2 倍，所以该排烟系统的设计风量为（$20.916\times10^4\times1.2$）$m^3/h$ = $25.992\times10^4 m^3/h$。

在计算出羽流的质量流量后，还可以查表 5-4 直接获得排烟系统的计算排烟量。以【例 5-1】的结果查表 5-4 可得烟气平均温度与环境温度的差 ΔT 约为 47K，计算排烟量约为 $58.02m^3/s$，与上述计算值基本一致。

表 5-4　不同火灾规模下的机械排烟量

Q=1MW			Q=1.5MW			Q=2.5MW		
M_ρ/(kg/s)	ΔT/K	V/(m^3/s)	M_ρ/(kg/s)	ΔT/K	V/(m^3/s)	M_ρ/(kg/s)	ΔT/K	V/(m^3/s)
4	175	5.32	4	263	6.32	6	292	9.98
6	117	6.98	6	175	7.99	10	175	13.31
8	88	8.66	10	105	11.32	15	117	17.49
10	70	10.31	15	70	15.48	20	88	21.68
12	58	11.96	20	53	19.68	25	70	25.80
15	47	14.51	25	42	24.53	30	58	29.94
20	35	18.64	30	35	27.96	35	50	34.16
25	28	22.80	35	30	32.16	40	44	38.32
30	23	26.90	40	26	36.28	50	35	46.60
35	20	31.15	50	21	44.65	60	29	54.96
40	18	35.32	60	18	53.10	75	23	67.43
50	14	43.60	75	14	65.48	100	18	88.50
60	12	52.00	100	10.5	86.00	120	15	105.10
Q=3MW			Q=4MW			Q=5MW		
M_ρ/(kg/s)	ΔT/K	V/(m^3/s)	M_ρ/(kg/s)	ΔT/K	V/(m^3/s)	M_ρ/(kg/s)	ΔT/K	V/(m^3/s)
8	263	12.64	8	350	14.64	9	525	21.50
10	210	14.30	10	280	16.30	12	417	24.00
15	140	18.45	15	187	20.48	15	333	26.00
20	105	22.64	20	140	24.64	18	278	29.00
25	84	26.80	25	112	28.8	24	208	34.00
30	70	30.96	30	93	32.94	30	167	39.00
35	60	35.14	35	80	37.14	36	139	43.00
40	53	39.32	40	70	41.28	50	100	55.00
50	42	49.05	50	56	49.65	65	77	67.00
60	35	55.92	60	47	58.02	80	63	79.00
75	28	68.48	75	37	70.35	95	53	91.50
100	21	89.30	100	28	91.30	110	45	103.50
120	18	106.20	120	23	107.88	130	38	120.00
140	15	122.60	140	20	124.60	150	33	136.00

（续）

Q=6MW			Q=8MW			Q=20MW		
$M_\rho/(\text{kg/s})$	$\Delta T/\text{K}$	$V/(\text{m}^3/\text{s})$	$M_\rho/(\text{kg/s})$	$\Delta T/\text{K}$	$V/(\text{m}^3/\text{s})$	$M_\rho/(\text{kg/s})$	$\Delta T/\text{K}$	$V/(\text{m}^3/\text{s})$
10	420	20.28	15	373	28.41	20	700	56.48
15	280	24.45	20	280	32.59	30	467	64.85
20	210	28.62	25	224	36.76	40	350	73.15
25	168	32.18	30	187	40.96	50	280	81.48
30	140	38.96	35	160	45.09	60	233	89.76
35	120	41.13	40	140	49.26	75	187	102.40
40	105	45.28	50	112	57.79	100	140	123.20
50	84	53.60	60	93	65.87	120	117	139.90
60	70	61.92	75	74	78.28	140	100	156.50
75	56	74.48	100	56	90.73	—	—	—
100	42	98.10	120	46	115.70	—	—	—
120	35	111.80	140	40	132.60	—	—	—
140	30	126.70	—	—	—	—	—	—

【例 5-2】 某一带有阳台的两层公共建筑。室内设有喷淋装置，每层层高 8m，阳台开口 $w=3\text{m}$，燃料面距地面 1m，至阳台下缘 $H_1=7\text{m}$，从开口至阳台边沿的距离 $b=2\text{m}$。火灾热释放速率取 $Q=2.5\text{MW}$，排烟口设于侧墙并且其最近的边距离吊顶小于 0.5m，计算排烟口处的羽流质量流量。

解： 烟气羽流的扩散宽度：$W=w+b=(3+2)\text{m}=5\text{m}$

从阳台下缘至烟气层底部的最小清晰高度：

$$H_q=1.6+0.1H'=(1.6+0.1\times8)\text{m}=2.4\text{m}$$

为了保证人员疏散安全，阳台下缘至烟气层底部的高度至少取最小清晰高度，即：

$$Z_b=H_q=2.4\text{m}$$

烟气羽流质量流量：

$$\begin{aligned}M_p&=0.36(QW^2)^{1/3}\times(Z_b+0.25H_l)\\&=0.36\times(2500\times5^2)^{1/3}\times(2.4+0.25\times7)\text{kg/s}=59.29\text{kg/s}\end{aligned}$$

3. 中庭排烟量计算

中庭是建筑物内的特殊部位，它将建筑上下贯通，火灾时极易形成烟囱效应，成为烟气流动的重要通道。中庭的烟气积聚主要来自两个方面：①中庭周围场所产生的烟气羽流向中庭蔓延；②中庭内自身火灾形成的烟气羽流上升蔓延。因此，中庭的排烟量应该满足排出这两种来源的烟气的需要。中庭排烟量的设计计算应符合下列规定：

1）中庭周围场所设有排烟系统时，中庭采用机械排烟系统的，中庭排烟量应按周围场所防烟分区中最大排烟量的2倍数值计算，且不应小于107000m^3/h；中庭采用自然排烟系统时，应按上述排烟量和自然排烟窗（口）的风速不大于0.5m/s计算有效开窗面积。

当公共建筑中庭周围场所设有机械排烟，考虑周围场所的机械排烟存在机械或电气故障等失效的可能，烟气将会大量涌入中庭。因此，大多数情况下可等效视为阳台溢出型烟羽流，也有一些场所视为窗口型烟羽流，根据英国规范的简便计算公式，其数值可为按轴对称烟羽流计算所得的周围场所排烟量的2倍，因此对此种状况的中庭规定其排烟量按周围场所中最大排烟量的2倍数值计算。

对于中庭内自身火灾形成的烟气羽流，中庭应设置排烟设施且不应布置可燃物，这样中庭着火的可能性应该很小。但考虑到我国国情，目前在中庭内违规搭建展台、布设桌椅等现象仍较为普遍，为了确保中庭内自身发生火灾时产生的烟气仍能被及时排出，排烟系统设计仍按无喷淋情况将中庭自身火灾的热释放速率设为4MW，清晰高度定为6m，根据计算得到生成的烟气量为107000m^3/h，所以在中庭设置机械排烟系统时，其排烟量不应小于107000m^3/h。若采用自然排烟系统，则需要至少25m^2的有效开窗面积，同时排烟窗（口）的风速是按不大于0.5m/s取值的，注意与表5-1中数据的区别。

2）当中庭周围场所不需设置排烟系统，仅在回廊设置排烟系统时，回廊的排烟量不应小于按常规场所一个防烟分区排烟量的设计值，中庭的排烟量不应小于40000m^3/h；中庭采用自然排烟系统时，应按上述排烟量和自然排烟窗（口）的风速不大于0.4m/s计算有效开窗面积。

当公共建筑中庭周围仅需在回廊设置排烟的，由于周边场所面积较小，产生的烟量也有限，所需的排烟量较小，一般不超过13000m^3/h，即使蔓延到中庭也小于中庭自身火灾时的烟气量；当公共建筑中庭周围场所均设置自然排烟时，可开启窗的排烟较为简便，基本可以保证正常的排烟需求，中庭排烟系统只需考虑中庭自身火灾的排烟量。因此针对这两种状况，中庭排烟量应根据工程条件和使用需要对应表5-3热释放速率取值计算确定。

5.3.2 排烟系统的排烟量计算

实际工程中一个排烟系统大多负担多个防烟分区的排烟，此时排烟系统的排烟量需要按照下面的规定进行计算：

1）当系统负担具有相同净高场所时，对于建筑空间净高大于6m的场所，应按排烟量最大的一个防烟分区的排烟量计算；对于建筑空间净高为6m及以下的场所，应按同一防火分区中任意两个相邻防烟分区的排烟量之和的最大值计算。

2）当系统负担具有不同净高场所时，应采用上述方法对系统中每个场所所需的排烟量进行计算，并取其中的最大值作为系统排烟量。

【例 5-3】　如图 5-20 所示，某建筑共 4 层，每层建筑面积为 $2000m^2$，均设有自动喷水灭火系统。一层空间净高为 7m，包含展览和办公场所，二层空间净高为 6m，三层和四层空间净高均为 5m。假设一层的储烟仓厚度及燃料面距地面高度均为 1m。环境温度为 20℃，空气密度为 $1.2kg/m^3$。计算该排烟系统的设计风量。

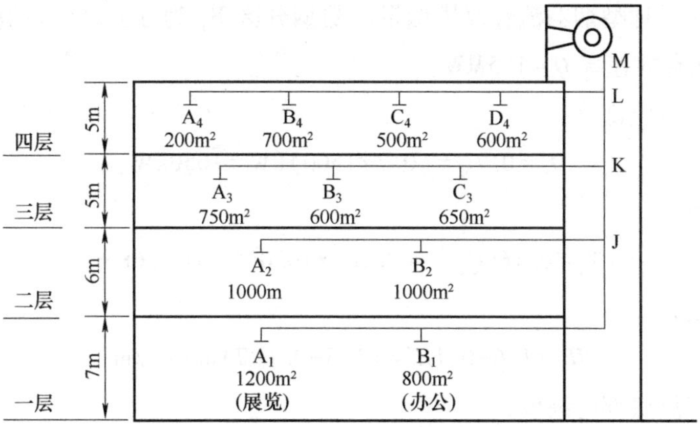

图 5-20　负担多个防烟分区的排烟系统示意图

解：(1) 管段 A_1—B_1，担负防烟分区 A_1，因为层高 7m 超过 6m，所以按照表 5-3 热释放速率取值，采用轴对称型烟羽流计算排烟量。防烟分区 A_1 为展览厅，设有自动喷水灭火系统，查表 5-3 取热释放速率 $Q=3MW$。

热释放速率中对流部分：

$$Q_c=0.7Q=(0.7\times3000)kW=2100kW$$

火焰极限高度：

$$Z_l=0.166Q_c^{2/5}=(0.166\times2100^{2/5})m=3.54m$$

最小清晰高度：

$$H_q=1.6+0.1H'=(1.6+0.1\times7)m=2.3m$$

燃料面到烟气层底部的高度：

$$Z=H_q=2.3m$$

因为 $Z\leqslant Z_l$，则烟羽流质量流量：

$$M_p=0.032Q_c^{3/5}Z=(0.032\times2100^{3/5}\times2.3)kg/s=7.25kg/s$$

烟气平均温度与环境温度的差：

$$\Delta T=\frac{KQ_c}{M_pc_p}=\frac{2100}{7.25\times1.01}K=286.79K$$

烟气平均温度：

$$T=T_0+\Delta T=(273.15+20+286.79)K=579.94K$$

排烟量（烟羽流体积流量）：

$$V(\mathrm{A}_1)=\frac{M_{\mathrm{p}}T}{\rho_0 T_0}=\frac{7.25\times579.94}{1.2\times293.15}\mathrm{m^3/s}=11.95\mathrm{m^3/s}=43020\mathrm{m^3/h}$$

$V(\mathrm{A}_1)$ 的计算排烟量小于表 5-1 中空间净高 7m 有喷淋的展览厅排烟量 91000$\mathrm{m^3/h}$，所以管段 A_1—B_1 担负防烟分区 A_1 的计算风量为 91000$\mathrm{m^3/h}$。

(2) 管段 B_1—J，担负防烟分区 A_1、B_1，因为层高 7m 超过 6m，所以按照表 5-3 热释放速率取值，采用轴对称型烟羽流计算排烟量。防烟分区 B_1 为办公区，设有自动喷水灭火系统，查表 5-3 取热释放速率 $Q=1.5\mathrm{MW}$。

热释放速率中对流部分：

$$Q_{\mathrm{c}}=0.7Q=(0.7\times1500)\mathrm{kW}=1050\mathrm{kW}$$

火焰极限高度：

$$Z_l=0.166Q_{\mathrm{c}}^{2/5}=(0.166\times1050^{2/5})\mathrm{m}=2.68\mathrm{m}$$

最小清晰高度：

$$H_{\mathrm{q}}=1.6+0.1H'=(1.6+0.1\times7)\mathrm{m}=2.3\mathrm{m}$$

燃料面到烟气层底部的高度：

$$Z=H_{\mathrm{q}}=2.3\mathrm{m}$$

因为 $Z\leqslant Z_l$，则烟羽流质量流量：

$$M_{\mathrm{p}}=0.032Q_{\mathrm{c}}^{3/5}Z=(0.032\times1050^{3/5}\times2.3)\mathrm{kg/s}=4.78\mathrm{kg/s}$$

烟气平均温度与环境温度的差：

$$\Delta T=KQ_{\mathrm{c}}/M_{\mathrm{p}}c_{\mathrm{p}}=[1050/(4.78\times1.01)]\mathrm{K}=217.49\mathrm{K}$$

烟气温度：

$$T=T_0+\Delta T=(273.15+20+217.49)\mathrm{K}=510.64\mathrm{K}$$

排烟量（烟羽流体积流量）：

$$V(\mathrm{B}_1)=M_{\mathrm{p}}T/\rho_0T_0=\frac{4.78\times510.64}{1.2\times293.15}\mathrm{m^3/s}=6.94\mathrm{m^3/s}=24984\mathrm{m^3/h}$$

$V(\mathrm{B}_1)$ 的计算排烟量小于表 5-1 中空间净高 7m 有喷淋的办公室排烟量 63000$\mathrm{m^3/h}$，也小于 $V(\mathrm{A}_1)$ 的设计风量，所以管段 B_1—J 担负防烟分区 A_1、B_1 的计算风量取一层最大防烟分区排烟量，即 91000$\mathrm{m^3/h}$。

(3) 管段 A_2—B_2，担负防烟分区 A_2，因为层高 6m，计算排烟量为：

$$V(\mathrm{A}_2)=S(\mathrm{A}_2)\times60=(1000\times60)\mathrm{m^3/h}=60000\mathrm{m^3/h}$$

$V(\mathrm{A}_2)$ 的计算排烟量大于 15000$\mathrm{m^3/h}$，所以管段 A_2—B_2 担负防烟分区 A_2 的计算风量为 60000$\mathrm{m^3/h}$。

(4) 管段 B_2—J，担负防烟分区 A_2、B_2，因为层高 6m，计算排烟量为：

$$V(\mathrm{B}_2)=S(\mathrm{B}_2)\times60=(1000\times60)\mathrm{m^3/h}=60000\mathrm{m^3/h}$$

$V(\mathrm{B}_2)$ 的计算排烟量大于 15000$\mathrm{m^3/h}$，所以防烟分区 B_2 的计算风量为 60000$\mathrm{m^3/h}$。

管段 B_2—J 担负防烟分区 A_2、B_2，计算风量取同一防火分区中任意相邻防烟分区的排烟量之和的最大值，即：

$$V(A_2+B_2)=V(A_2)+V(B_2)=(6000+6000)\,m^3/h=120000m^3/h$$

（5）管段 J—K 担负防烟分区 A_1、B_1、A_2、B_2，计算风量取一层、二层中最大排烟量，确定为 $120000m^3/h$。

（6）管段 A_3—B_3，担负防烟分区 A_3，因为层高 5m，计算排烟量为：

$$V(A_3)=S(A_3)\times 60=(750\times 60)\,m^3/h=45000m^3/h$$

$V(A_3)$ 的计算排烟量大于 $15000m^3/h$，所以管段 A_3—B_3 担负防烟分区 A_3 的计算风量为 $45000m^3/h$。

（7）管段 B_3—C_3，担负防烟分区 A_3、B_3，因为层高 5m，计算排烟量为：

$$V(B_3)=S(B_3)\times 60=(600\times 60)\,m^3/h=36000m^3/h$$

$V(B_3)$ 的计算排烟量大于 $15000m^3/h$，所以防烟分区 B_3 的计算风量确定为 $36000m^3/h$。相邻防烟分区 A_3、B_3 排烟量之和为：

$$V(A_3+B_3)=V(A_3)+V(B_3)=81000m^3/h$$

（8）管段 C_3—K，担负防烟分区 A_3、B_3、C_3，因为层高 5m，计算排烟量为：

$$V(C_3)=S(C_3)\times 60=(650\times 60)\,m^3/h=39000m^3/h$$

$V(C_3)$ 的计算排烟量大于 $15000m^3/h$，所以防烟分区 C_3 的计算风量为 $60000m^3/h$。相邻防烟分区 B_3、C_3 排烟量之和：

$$V(B_3+C_3)=V(B_3)+V(C_3)=(39000+36000)\,m^3/h=75000m^3/h$$

因为 $V(A_3+B_3)>V(B_3+C_3)$，所以管段 C_3—K 担负防烟分区 A_3、B_3、C_3 的计算风量取三层同一防火分区中任意相邻防烟分区的排烟量之和的最大值 $81000m^3/h$。

（9）管段 K—L 担负防烟分区 A_1、B_1、A_2、B_2、A_3、B_3、C_3，计算风量取一层、二层、三层中最大排烟量，即 $120000m^3/h$。

（10）管段 A_4—B_4，担负防烟分区 A_4，因为层高 5m，计算排烟量为：

$$V(A_4)=S(A_4)\times 60=(200\times 60)\,m^3/h=12000m^3/h$$

$V(A_3)$ 的计算排烟量小于 $15000m^3/h$，所以管段 A_4—B_4 担负防烟分区 A_4 的计算风量为 $15000m^3/h$。

（11）管段 B_4—C_4，担负防烟分区 A_4、B_4，因为层高 5m，计算排烟量为：

$$V(B_4)=S(B_4)\times 60=(700\times 60)\,m^3/h=42000m^3/h$$

$V(B_4)$ 的计算排烟量大于 $15000m^3/h$，所以防烟分区 B_4 的计算风量为 $42000m^3/h$。相邻防烟分区 A_4、B_4 排烟量之和：

$$V(A_4+B_4)=V(A_4)+V(B_4)=57000m^3/h$$

（12）管段 C_4—D_4，担负防烟分区 A_4、B_4、C_4，因为层高 5m，计算排烟量为：

$$V(C_4)=S(C_4)\times 60=(500\times 60)m^3/h=30000m^3/h$$

$V(C_4)$ 的计算排烟量大于 $15000m^3/h$，所以防烟分区 C_3 的计算风量为 $30000m^3/h$。相邻防烟分区 B_4、C_4 排烟量之和：

$$V(B_4+C_4)=V(B_4)+V(C_4)=(42000+30000)m^3/h=72000m^3/h$$

（13）管段 D_4—L，担负防烟分区 A_4、B_4、C_4、D_4，因为层高 5m，计算排烟量为：

$$V(D_4)=S(D_4)\times 60=(600\times 60)m^3/h=36000m^3/h$$

$V(D_4)$ 的计算排烟量大于 $15000m^3/h$，所以防烟分区 D_4 的计算风量为 $36000m^3/h$。相邻防烟分区 C_4、D_4 排烟量之和：

$$V(C_4+D_4)=V(C_4)+V(D_4)=(30000+33000)m^3/h=66000m^3/h$$

因为 $V(B_4+C_4)>V(C_4+D_4)>V(A_4+B_4)$，所以管段 D_4—L 担负防烟分区 A_4、B_4、C_4、D_4 的计算风量取四层同一防火分区中任意相邻防烟分区的排烟量之和的最大值，即 $72000m^3/h$。

（14）管段 L—M 担负防烟分区 A_1、B_1、A_2、B_2、A_3、B_3、C_3、A_4、B_4、C_4、D_4 的计算风量取一层、二层、三层、四层中最大排烟量，为 $120000m^3/h$。

根据《建筑防烟排烟系统技术标准》（GB 51251—2017）中规定：排烟系统的设计风量不应小于该系统计算风量的 1.2 倍。因此，该排烟系统设计风量为 $120000m^3/h\times 1.2=144000m^3/h$。

所有计算结果见表 5-5。

表 5-5　多个防烟分区的排烟风管风量计算结果

管段间	担负防烟区	通过风量 $V/(m^3/h)$ 及防烟分区面积 S/m^2
A_1—B_1	A_1	$V(A_1)$ 计算值 = 43020<91000，所以取值 91000
B_1—J	A_1，B_1	$V(B_1)$ 计算值 = 24984<43020<91000，所以取值 91000（一层最大）
A_2—B_3	A_2	$V(A_2)=S(A_2)\times 60=60000$
B_2—J	A_2，B_2	$V(A_2+B_2)=S(A_2+B_2)\times 60=120000$（二层最大）
J—K	A_1，B_1，A_2，B_2	120000（一、二层最大）
A_3—B_3	A_3	$V(A_3)=S(A_3)\times 60=45000$
B_3—C_3	A_3，B_3	$V(A_3+B_3)=S(A_3+B_3)\times 60=81000$
C_3—K	A_3，B_3，C_3	$V(A_3+B_3)>V(B_3+C_3)$，所以取值 81000（三层最大）
K—L	A_1，B_1，A_2，B_2，A_3，B_3，C_3	120000（一～三层最大）
A_4—B_4	A_4	$V(A_4)=S(A_4)\times 60=12000<15000$，所以取值 15000
B_4—C_4	A_4，B_4	$V(A_4+B_4)=15000+S(B_4)\times 60=57000$
C_4—D_4	A_4，B_4，C_4	$V(B_4+C_4)=S(B_4+C_4)\times 60=72000>Q(A_4+B_4)$，所以取值 72000
D_4—L	A_4，B_4，C_4，D_4	$V(B_4+C_4)>Q(C_4+D_4)>Q(A_4+B_4)$，所以取值 72000（四层最大）
L—M	全部	120000（一～四层最大）

5.3.3　排烟口计算

机械排烟系统和自然排烟系统中排烟口计算的内容有所不同。机械排烟系统需要计算每个防烟区中排烟口的数量及其面积，而自然排烟系统主要根据建筑面积比例或排烟口最大风速计算每个防烟区中排烟窗（口）的有效面积。

1. 机械排烟口计算

对于机械排烟系统，每个防烟分区中排烟口的数量取决于两个因素：①排烟口的平面布置要求；②每个排烟口能够负担的排烟量。排烟口的平面布置要求见 5.4.3 节的相关内容，而每个排烟口能够负担的排烟量则需要经过计算确定。为了防止烟气层吸穿而降低实际排烟量，单个排烟口的最大排烟量计算如下：

$$V_{max}=4.16\gamma d_b^{5/2}\left(\frac{T-T_0}{T_0}\right)^{1/2} \tag{5-11}$$

式中　V_{max}——排烟口最大允许排烟量（m^3/s）；

γ——与排烟口位置相关的系数，当吸入口位于顶部时，若风口中心点到最近墙体的距离≥2 倍的排烟口当量直径时，γ 取 1.0；若风口中心点到最近墙体的距离<2 倍的排烟口当量直径时，γ 取 0.5；当吸入口位于墙体上时，γ 取 0.5；

d_b——为排烟系统吸入口最低点之下烟气层的厚度（m）；

T——烟气层的平均温度（K）；

T_0——环境的温度（K）。

排烟口的位置系数 γ 及排烟系统吸入口最低点之下烟气层的厚度 d_b 可参考图 5-21 进行取值，注意当侧排烟时，厚度 d_b 从排烟系统吸入口中心位置处开始计算。在多楼层组成的高大空间内，侧排烟时，d_b 为清晰高度至排烟口中心位置的距离；顶排烟时，d_b 为清晰高度至排烟口的距离。

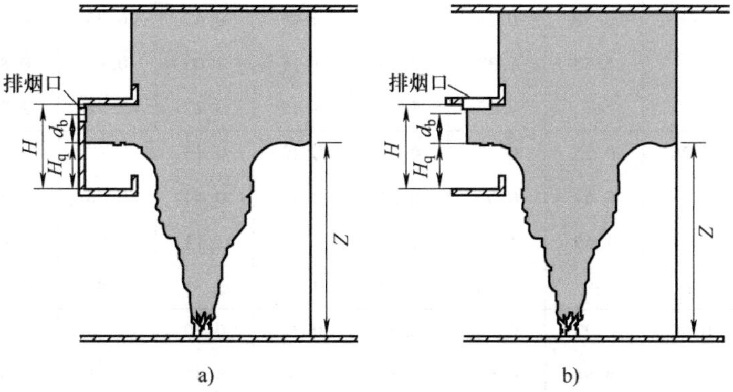

图 5-21　排烟口设置位置参考图

a）多楼层组成的高大空间侧排烟　b）多楼层组成的高大空间顶排烟

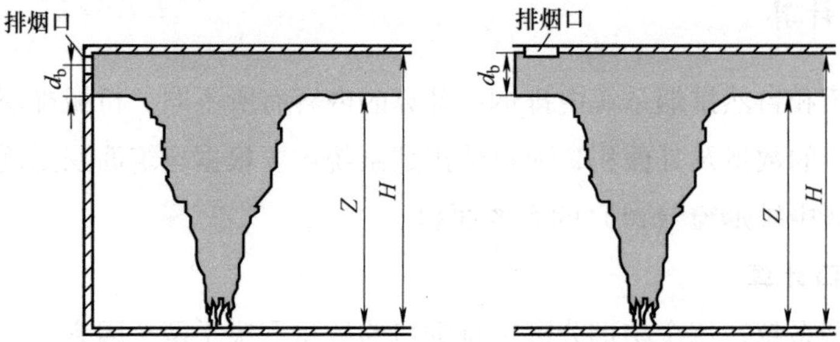

c)　　　d)

图 5-21　排烟口设置位置参考图（续）

c）单楼层空间侧排烟　d）单楼层空间顶排烟

宽和高分别为 a、b 的矩形排烟口的当量直径计算如下：

$$D=\frac{4ab}{2(a+b)}=\frac{2ab}{a+b} \tag{5-12}$$

式（5-12）的计算方法由英国的 Spratt 和 Heselden 于 1974 年研究得出，但这种方法不适用于长宽比大于 10 的长缝型排烟口。为简化计算工作，表 5-6 给出了排烟口最大允许排烟量的数据，在设计时可根据条件直接查得。

表 5-6　排烟口最大允许排烟量　　（单位：$\times10^4 m^3/h$）

热释速率/MW	烟层厚度/m	房间净高/m									
		2.5	3	3.5	4	4.5	5	6	7	8	9
1.5	0.5	0.24	0.22	0.20	0.18	0.17	0.15	—	—	—	—
	0.7	—	0.53	0.48	0.43	0.40	0.36	0.31	0.28	—	—
	1.0	—	1.38	1.24	1.12	1.02	0.93	0.80	0.70	1.63	0.56
	1.5	—	—	3.81	3.41	3.07	2.80	2.37	2.06	1.82	1.53
2.5	0.5	0.27	0.24	0.22	0.20	0.19	0.17	—	—	—	—
	0.7	—	0.59	0.53	0.49	0.45	0.42	0.35	0.32	—	—
	1.0	—	1.53	1.37	1.25	1.15	1.06	0.92	0.81	0.73	0.66
	1.5	—	—	4.22	3.78	3.45	3.17	2.72	2.38	2.11	1.91
3	0.5	0.28	0.25	0.23	0.21	0.20	0.18	—	—	—	—
	0.7	—	0.61	0.55	0.51	0.47	0.44	0.38	0.34	—	—
	1.0	—	1.59	1.42	1.30	1.20	1.11	0.97	0.85	0.77	0.70
	1.5	—	—	4.38	3.92	3.58	3.31	2.85	2.50	2.23	2.01
4	0.5	0.30	0.27	0.24	0.23	0.21	0.20	—	—	—	—
	0.7	—	0.64	0.58	0.54	0.50	0.47	0.41	0.37	—	—
	1.0	—	1.68	1.51	1.37	1.27	1.18	1.04	0.92	0.83	0.16
	1.5	—	—	4.64	4.15	3.79	3.51	3.05	2.69	2.41	2.18

（续）

热释速率/MW	烟层厚度/m	房间净高/m									
		2.5	3	3.5	4	4.5	5	6	7	8	9
6	0.5	0.32	0.29	0.26	0.24	0.23	0.22	—	—	—	—
	0.7	—	0.70	0.63	0.58	0.54	0.51	0.45	0.41	—	—
	1.0	—	1.83	1.63	1.49	1.38	1.29	1.14	1.03	0.93	0.85
	1.5	—	—	5.03	4.50	4.11	3.80	3.35	2.98	2.69	2.44
8	0.5	0.34	0.31	0.28	0.25	0.21	0.23	—	—	—	—
	0.7	—	0.74	0.67	0.52	0.58	0.5	0.48	0.4	—	—
	1.0	—	1.93	1.73	1.58	1.46	1.37	1.22	1.10	1.00	0.92
	1.5	—	—	5.33	4.77	4.35	4.03	3.55	3.19	2.89	2.64
10	0.5	0.36	0.32	0.29	0.27	0.25	0.24	—	—	—	—
	0.7	—	0.77	0.70	0.65	0.60	0.57	0.51	0.46	—	—
	1.0	—	2.02	1. B1	1.65	1.53	1.43	1.28	1.16	1.06	0.97
	1.5	—	—	5.57	4.98	0.55	0.21	3.71	3.35	3.05	2.79
20	0.5	0.41	0.37	0.34	0.31	0.29	0.27	—	—	—	—
	0.7	—	0.89	0.81	0.74	0.59	0.55	0.59	0.54	—	—
	1.0	—	2.32	2.08	1.90	1.76	1.64	1.47	1.34	1.24	1.15
	1.5	—	—	6.40	5.72	5.23	4.84	4.27	3.86	3.55	3.30

需要指出，防止烟气层吸穿从而保证排烟效率的最简单方法就是设置多个排烟口，使每个排烟口排烟量低于最大排烟量。实际布置多个排烟口时，还要保证这些排烟口之间有足够大的间距，否则它们与一个排烟口具有同样的效果也会导致烟气层吸穿。排烟口之间的最小间距按下式计算：

$$S_{min}=0.9V_0^{0.5} \tag{5-13}$$

式中 S_{min}——排烟口之间的最小间距（m）；

V_0——一个排烟口的排烟量（m^3/s）。

综上，机械排烟口的设计流程如下：首先计算每个排烟口的最大排烟量，然后根据防烟分区排烟量除以该值得到所需排烟口的数量，再根据排烟口的平面布置要求判断是否需要补充更多的排烟口。而机械排烟口的面积可根据该排烟口的设计排烟量除以排烟风速得到，一般情况下排烟风速不超过 10m/s。当然在实际设计时，还应考虑排烟口布置尽量均匀、是否被障碍物阻挡等细节问题。

2. 自然排烟窗（口）计算

自然排烟系统是利用火灾热烟气的浮力作为排烟动力，其排烟口的排放率在很大程度上取决于烟气的厚度和温度。自然排烟窗（口）截面面积 A_v（m^2）可按下式计算：

$$A_vC_v=\frac{M_P}{\rho_0}\left[\frac{T^2+(A_vC_v/A_0C_0)^2TT_0}{2gd_b\Delta TT_0}\right]^{1/2} \tag{5-14}$$

式中 A_0——所有进气口总面积（m^2）；

C_v——自然排烟窗（口）流量系数（通常选定在0.5~0.7）；

C_0——进气口流量系数（通常约为0.6）；

g——重力加速度，$9.8m/s^2$。

由于式（5-14）存在多个未知量，所以 A_vC_v 在计算时应采用试算法。以【例5-1】为场景，现采用自然排烟系统进行设计，计算自然排烟窗（口）面积，已知环境温度20℃，空气密度为$1.2kg/m^3$。

【例5-1】中已经得到烟气羽流质量流量 M_p 为60.31kg/s，故烟气平均温度与环境温度的差：

$$\Delta T=\frac{KQ_c}{M_pc_p}=\frac{0.5\times2800}{60.31\times1.01}K=23K$$

烟气层平均温度：

$$T=T_0+\Delta T=(273.15+20+23)K=316.15K$$

最小清晰高度：

$$H_q=1.6+0.1H'=(1.6+0.1\times5)m=2.1m$$

排烟系统吸入口最低点之下烟气层厚度：

$$d_b=5-H_q=(5-2.1)m=2.9m$$

C_v 取0.6，g 取$9.8m/s^2$，设定 $A_vC_v/A_0C_0=1$，则：

$$A_vC_v=\frac{M_P}{\rho_0}\left[\frac{T^2+(A_vC_v/A_0C_0)^2TT_0}{2gd_b\Delta TT_0}\right]^{1/2}m^2=35.6m^2$$

计算得到 A_v 约为$59.4m^2$，实际上设计排烟量应该不小于计算风量的1.2倍，因此设计排烟窗（口）的面积应不小于$71.3m^2$。在此之后，按照自然排烟窗（口）布置的要求，并结合建筑外墙和顶部条件对自然排烟窗（口）进行布置，根据选用窗口的开启方式计算相应的有效排烟面积，使总自然排烟窗（口）的有效面积不低于$71.3m^2$。需要注意式（5-14）未考虑外界风对排烟口排烟能力的影响，另外，设计时还应考虑建筑所有进气总面积能否满足自然排烟时的补风需要。

5.4 排烟系统设计要求

5.4.1 自然排烟系统设计要求

自然排烟系统的主要方式就是在建筑内布设自然排烟窗（口），设置时主要考虑的是这些排烟窗（口）的位置、数量和有效排烟面积等。一个优良的自然排烟系统要有足够大的有效烟气流通面积，能充分利用建筑的储烟空间，有效借助烟气的热浮力和建筑物内的热压作用，布设的自然排烟窗（口）要有利于空气对流并尽量避免外界风的影响。

1. 自然排烟窗（口）有效排烟面积

自然排烟窗（口）的排烟能力取决于其有效排烟面积的大小，自然排烟窗（口）的有效排烟面积按照 5.3.3 节介绍的相关内容进行计算。但并不是开窗（口）面积就是排烟的有效面积，在许多情况下，排烟窗（口）的有效排烟面积小于其实际开口面积。自然排烟窗的有效排烟面积与其开启形式和在储烟仓的相对位置有关。可开启外窗的形式有侧开窗和顶开窗，侧开窗有上悬窗、中悬窗、下悬窗、平开窗和侧拉窗等，与自然通风系统中可开启外窗的形式一致。不同开启形式下窗扇对烟气流动的影响不同，因此其有效排烟面积也不同；而排烟窗（口）是否都位于储烟仓内，也直接影响其有效排烟面积，不在储烟仓内的这部分面积不能计入有效排烟面积之内。

当悬窗的开启角度大于 70°时，可认为已经基本开直，有效排烟面积可认为与窗面积相等；当开窗角小于或等于 70°时，有效排烟面积应按窗最大开启时的水平投影面积计算(图 5-22)：

$$F_p = F_c \sin\alpha \tag{5-15}$$

式中 F_p——有效排烟面积（m^2）；

F_c——窗的面积（m^2）；

α——窗的开启角度。

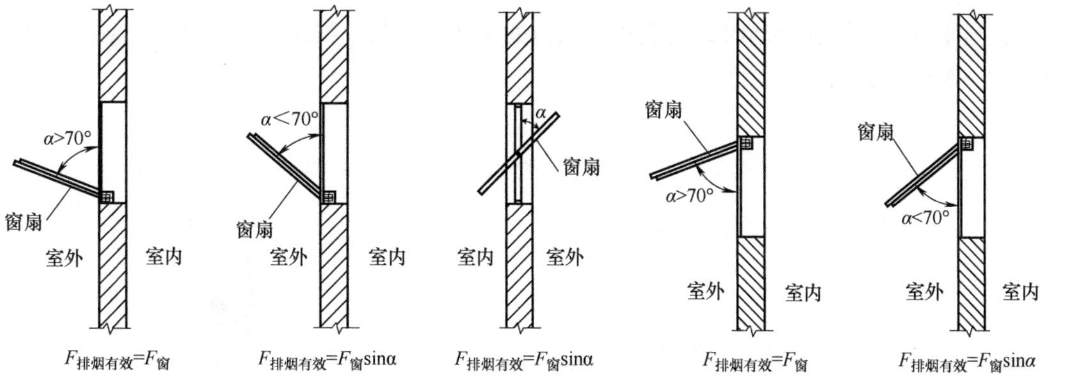

图 5-22 悬窗有效排烟面积计算图

当平开窗的开启角度大于 70°时，其有效排烟面积应按窗的面积计算；当开窗角小于或等于 70°时，其面积应按窗最大开启时的竖向投影面积计算，如图 5-23 所示。

当采用推拉窗时，其面积应按开启的最大窗口面积计算。

当采用百叶窗时，其面积应按窗的有效开口面积计算。百叶窗的有效面积为窗的净面积乘以遮挡系数，根据工程实际经验，当采用防雨百叶时系数取为 0.6，当采用一般百叶时系数取为 0.8。

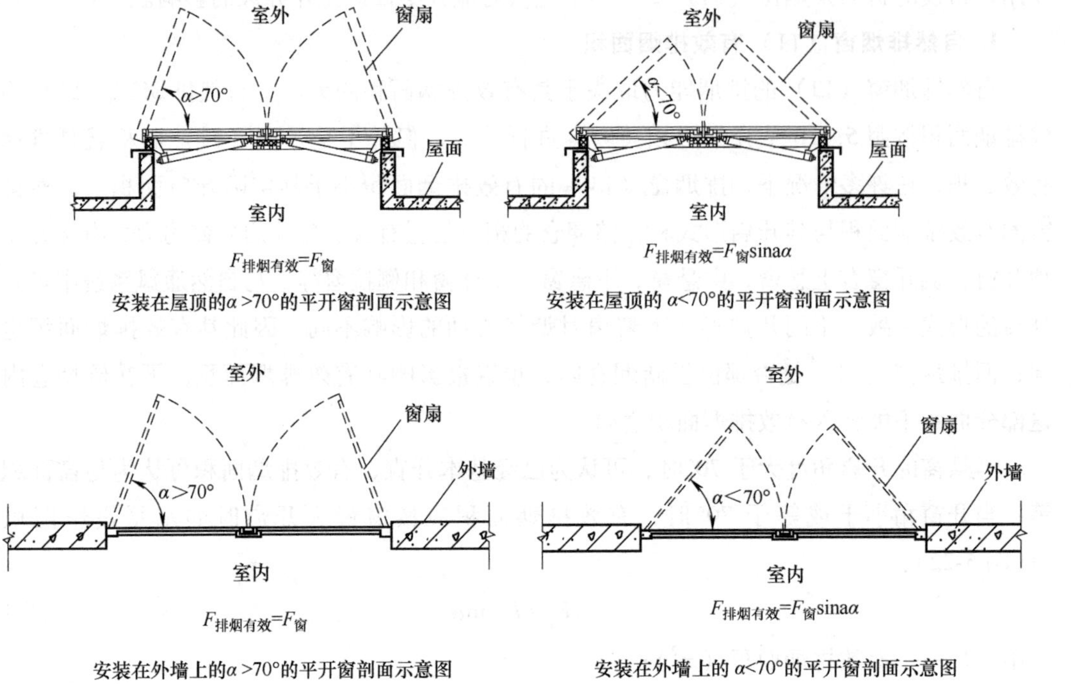

图 5-23 平开窗有效排烟面积计算图

当平推窗设置在顶部时，其面积可按窗的 1/2 周长与平推距离乘积计算，且不应大于窗面积；当平推窗设置在外墙时，其面积可按窗的 1/4 周长与平推距离乘积计算，且不应大于窗面积，如图 5-24 所示。

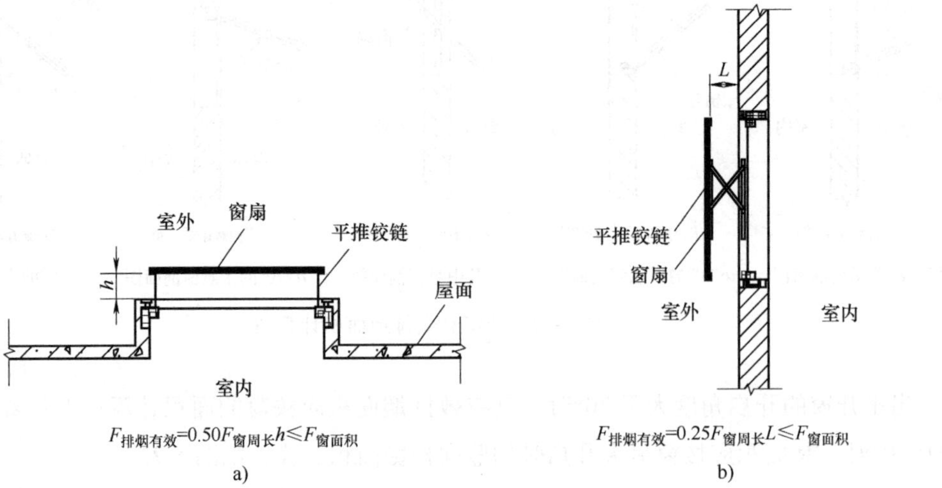

图 5-24 平推窗有效排烟面积计算图

a）顶部的平推窗 b）外墙上的平推窗

丙类厂房、仓库、工业建筑和钢结构的屋顶承重的建筑，其火灾荷载较大，火灾规模发展迅速，只有迅速、大量排烟排热，才能更好地保护结构不坍塌，同时为消防救援提供更有利的环境。因此，除洁净厂房外，设置自然排烟系统的任一层建筑面积大于 $2500m^2$ 的制鞋、制衣、玩具、塑料、木器的加工和储存等丙类工业建筑，除自然排烟系统所需排烟窗（口）外，还适宜在屋面上增设可熔性采光带（窗），如图 5-25 所示。可熔性采光带一般由 FRP 采光板制成，在 120～150℃能自行熔化且不产生熔滴，设置在建筑空间上部，用于排出火场中的烟和热。另外，可熔性采光带（窗）在规定的外力（57～$60kJ/m^2$）作用下可以砸碎，有助于消防人员进行应急处置。

图 5-25 设置在厂房屋面的可熔性采光带

由于采光带（窗）只有在火灾烟气达到一定温度时才会熔化而具备排烟效果，其发挥排烟效能时的火灾规模较大，因此所需要的排烟排热面积有时比一般的自然排烟所需的面积还要大，如图 5-26 所示，设置时其面积应符合下列规定：①未设置自动喷水灭火系统的，或采用钢结构屋顶，或采用预应力钢筋混凝土屋面板的建筑，不应小于楼地面面积的 10%；②其他建筑不应小于楼地面面积的 5%。

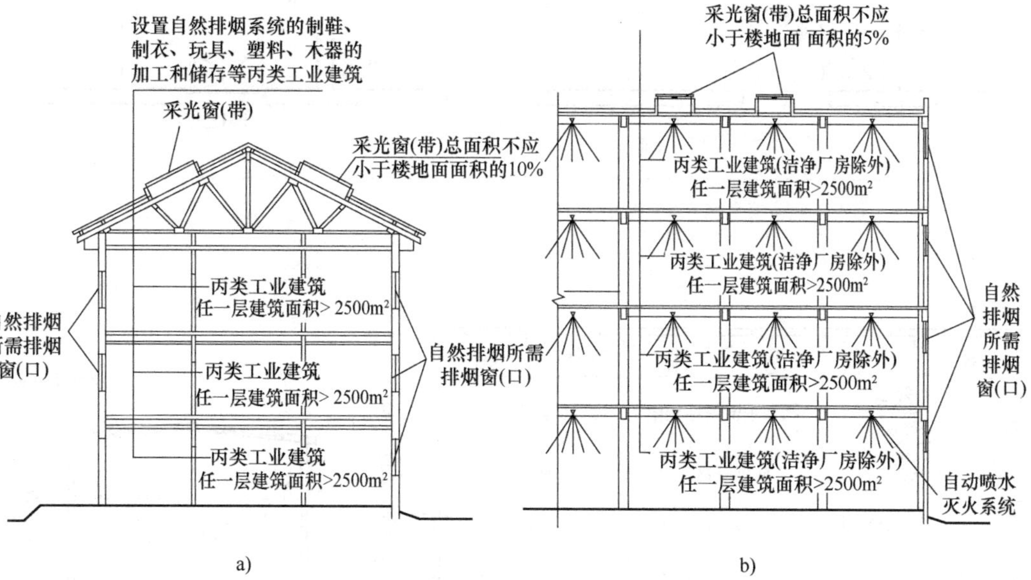

图 5-26 丙类工业建筑设置采光带（窗）示意图

a）未设置自动喷水灭火系统，或采用钢结构屋顶，或采用预应力钢筋混凝土屋面板的建筑

b）设置自动喷水灭火系统，或采用现浇钢筋混凝土屋面板的建筑

厂房内如果未设置自动喷水灭火系统，火灾得不到控制，其热释放速率比设置了自动喷水灭火系统的要大，而钢结构屋顶或预应力钢筋混凝土屋面板的耐火性能相对现浇钢筋混凝

土屋面板要差，因此，火灾时为了更快速地将高温烟气和热量排出，所需的采光带（窗）的面积就需要加大。

需要注意的是，采光带（窗）的有效面积应按其实际面积计算，在设计时，这些采光带（窗）不能作为火灾初期保证人员安全疏散的排烟窗，也就是说不能计入自然排烟系统所需的排烟窗（口）面积中。

2. 自然排烟窗（口）位置

防烟分区内任一点与最近的自然排烟窗（口）之间的水平距离不应大于 30m。当工业建筑采用自然排烟方式时，其水平距离还应不大于建筑内空间净高的 2.8 倍；当公共建筑空间净高大于或等于 6m，且具有自然对流条件时，其水平距离应不大于 37.5m，如图 5-27 所

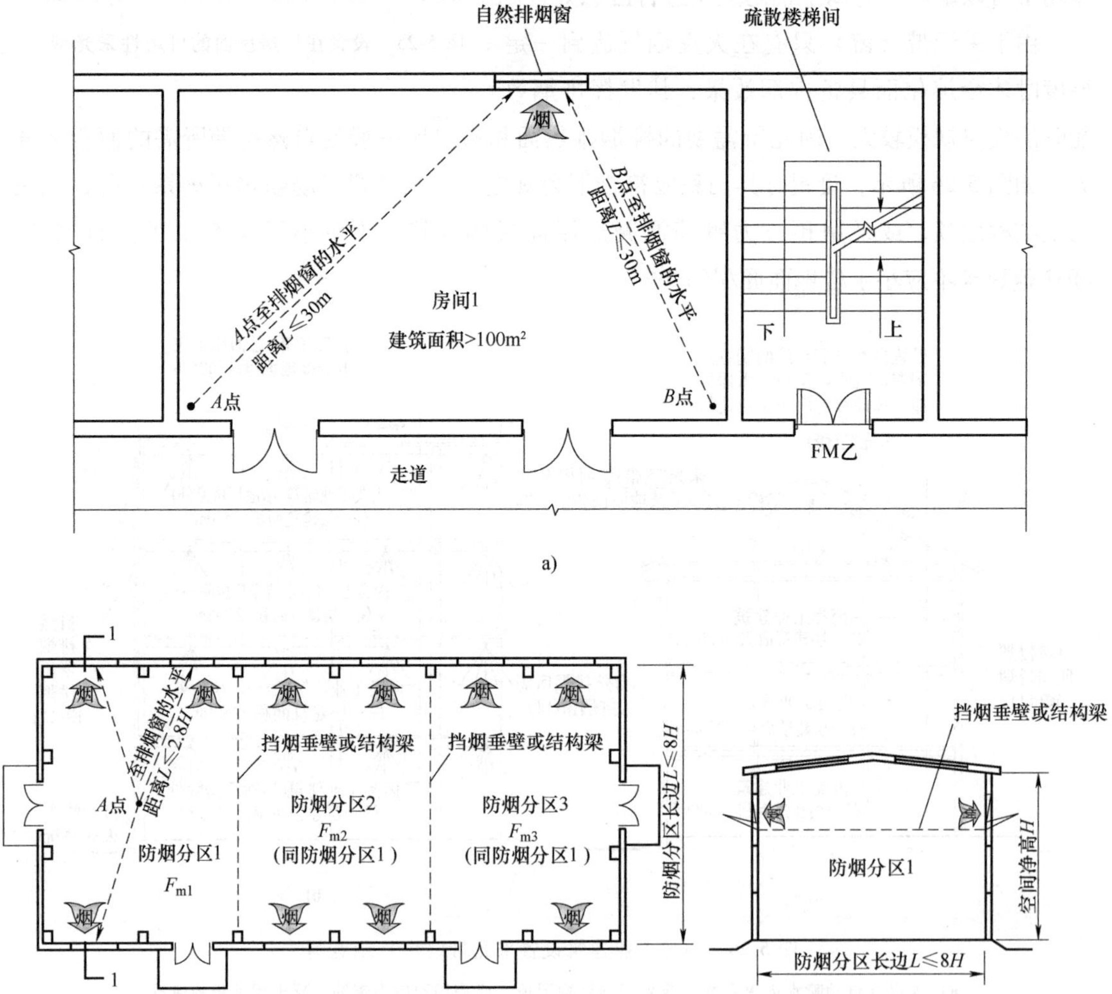

图 5-27　防烟分区内任一点与最近的自然排烟窗（口）之间的水平距离示意图

a）建筑室内（防烟分区）　b）工业建筑

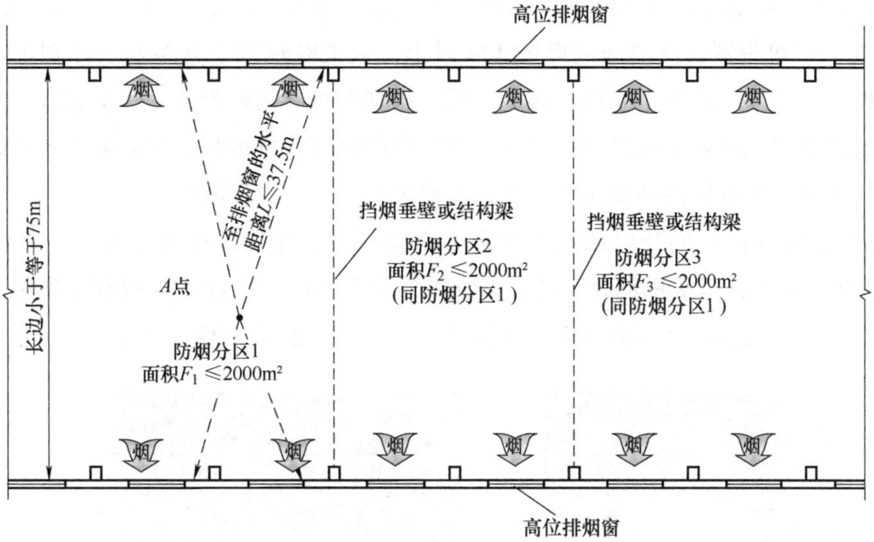

图 5-27 防烟分区内任一点与最近的自然排烟窗（口）之间的水平距离示意图（续）

c）净高≥6m 的公共建筑，且具有自然对流条件

示。排烟口的布置对烟气流动的控制至关重要。烟气的温度往往高于环境温度，因此在浮力作用下，烟气更容易向上流动，而在水平方向上则缺少类似的持续驱动力，烟气流动速度较慢，且随着流程的加大，温度降低后会发生沉降。根据这些烟气流动特点可知，排烟口距离如果过远，烟气不容易被及时排出，将严重影响人员安全疏散，因此，排烟口、排烟窗与最远排烟点的水平距离需要限定。对于层高较高且具有对流条件的场所，由于其有较大的储烟空间和较好的流动条件，可以给予适当放宽。

图 5-27a 中房间 1 的面积大于 $100m^3$，根据公共建筑内建筑面积大于 $100m^3$，且经常有人停留的地上房间应设置排烟设施，因此在该房间布置了自然排烟窗，与该窗距离最远的 *A*、*B* 两点水平距离不应大于 30m。

自然排烟窗（口）应设置在排烟区域的顶部或外墙，如图 5-28 所示，并应符合下列规定：

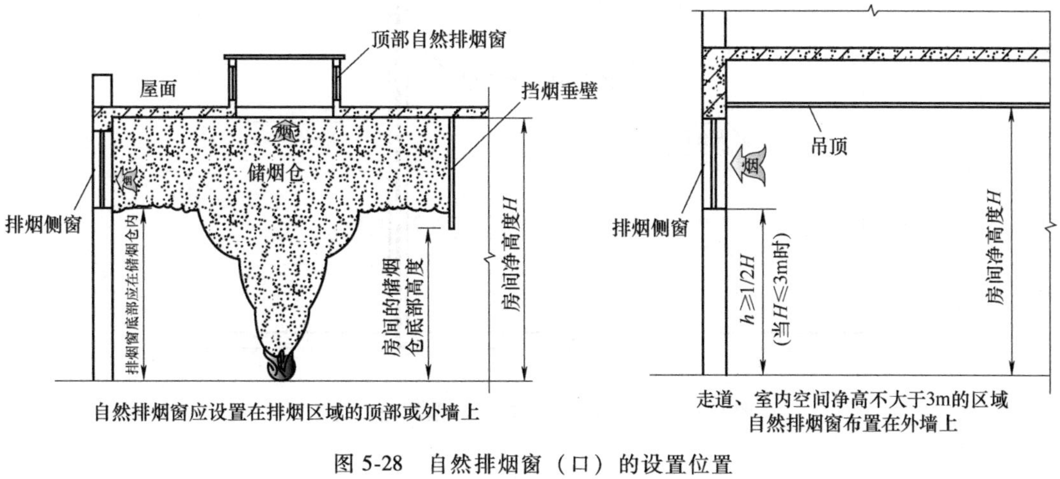

图 5-28 自然排烟窗（口）的设置位置

1）当设置在外墙上时，应在储烟仓以内，但走道、室内空间净高不大于 3m 的区域的自然排烟窗（口）可设置在室内净高度的 1/2 以上。火灾时烟气上升至建筑物顶部，并积聚在挡烟垂壁、梁等形成的储烟仓内，因此，用于排烟的可开启外窗或百叶窗必须开在排烟区域的顶部或外墙的储烟仓的高度内。对于层高较低的区域，排烟窗全部要求安装在储烟仓内会有困难，允许安装在室内净高 1/2 以上，以保证有一定的清晰高度。

2）自然排烟窗（口）的开启形式应有利于火灾烟气的排出。前文给出了自然排烟窗（口）常见的开启形式，但从排烟效果看，设置在外墙上的单开式自动排烟窗宜采用下悬外开式，设置在屋面上的自动排烟窗宜采用对开式或百叶式，如图 5-29 所示。

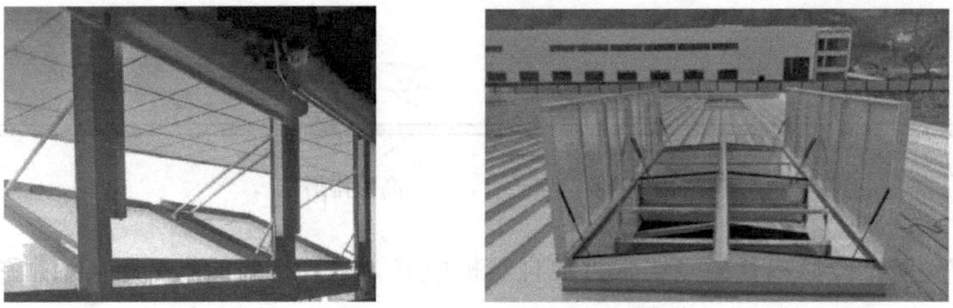

a) b)

图 5-29 宜采用的自动排烟窗

a）外墙下悬单开式自动排烟窗 b）屋面对开式自动排烟窗

3）当房间面积不大于 200m^2 时，自然排烟窗（口）的开启方向可不限。

4）自然排烟窗（口）分散均匀布置，且每组的长度不宜大于 3.0m，这是出于对排烟效果的考虑，因此要求均匀地布置顶窗、侧窗和开口，如图 5-30 所示。

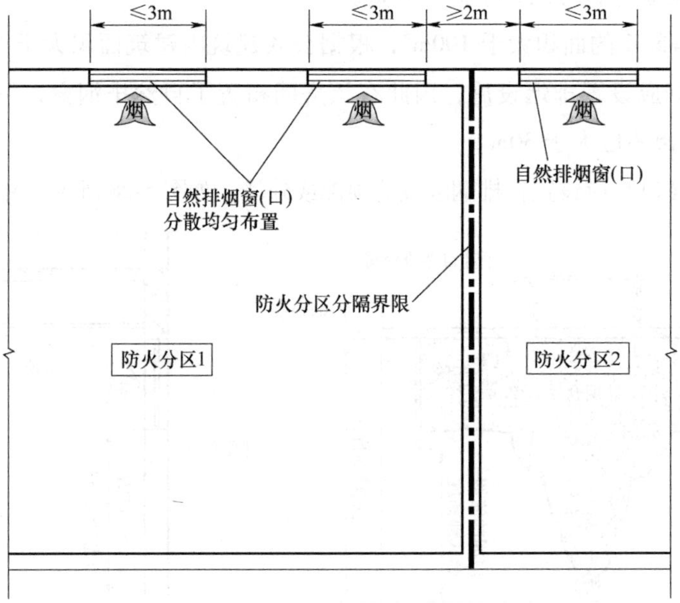

图 5-30 自然排烟窗（口）分散均匀布置图

5）设置在防火墙两侧的自然排烟窗（口）之间最近边缘的水平距离不应小于 2.0m。

此外，为了防止火势从防火墙的内转角或防火墙两侧的门窗洞口蔓延，门、窗之间应保持一定的距离，两个相邻的自然排烟窗（口）之间需要保持 4m 以上的距离，如图 5-31 所示。

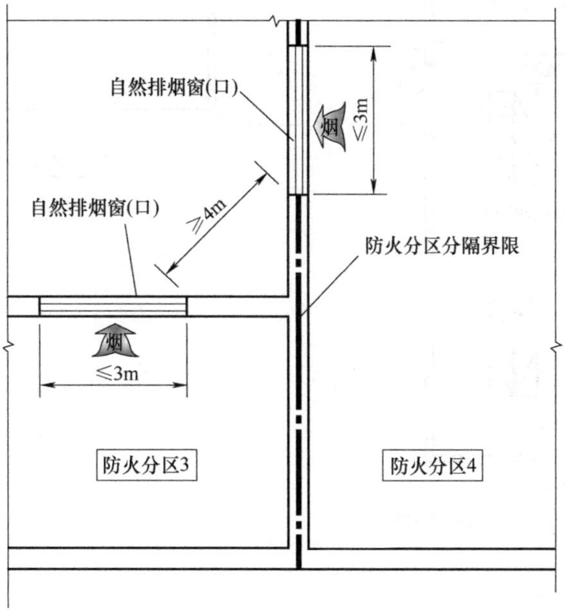

图 5-31　设置在防火墙两侧的自然排烟窗（口）示意图

工业建筑采用的排烟方式较为简便，排烟窗（口）更需要均匀布置：①当设置在外墙时，自然排烟窗（口）应尽量在建筑的两侧长边的高位对称布置，形成对流，窗的开启方向应顺烟气流动方向；②当设置在屋顶时，自然排烟窗（口）应在屋面均匀设置且宜采用自动控制方式开启；当屋面斜度小于或等于 12°时，每 200m^2 的建筑面积应设置相应的自然排烟窗（口）；当屋面斜度大于 12°时，每 400m^2 的建筑面积应设置相应的自然排烟窗（口），如图 5-32 所示。需注意的是，厂房、仓库采用顶部设置可开启外窗的排烟方式的，如果火灾时靠人员手动开启不太现实，为便于火灾时能按时开启排烟窗，优先推荐采用自动排烟窗；厂房、仓库采用自然排烟方式时，其可开启外窗的排烟面积应符合 5.3 节介绍的相关规定；自动排烟窗的开启方式应有防冻措施，以防止在严寒季节火灾时打不开排烟窗。

3. 自然排烟窗（口）开启方式

自然排烟窗（口）有多种打开方式，如图 5-33 所示。需要强调的是，只有由火灾自动报警系统联动开启和现场温控释放的排烟窗（口）属于自动排烟窗（口），其他均为手动开启的排烟窗（口），而不论它是否采用电动装置开启。

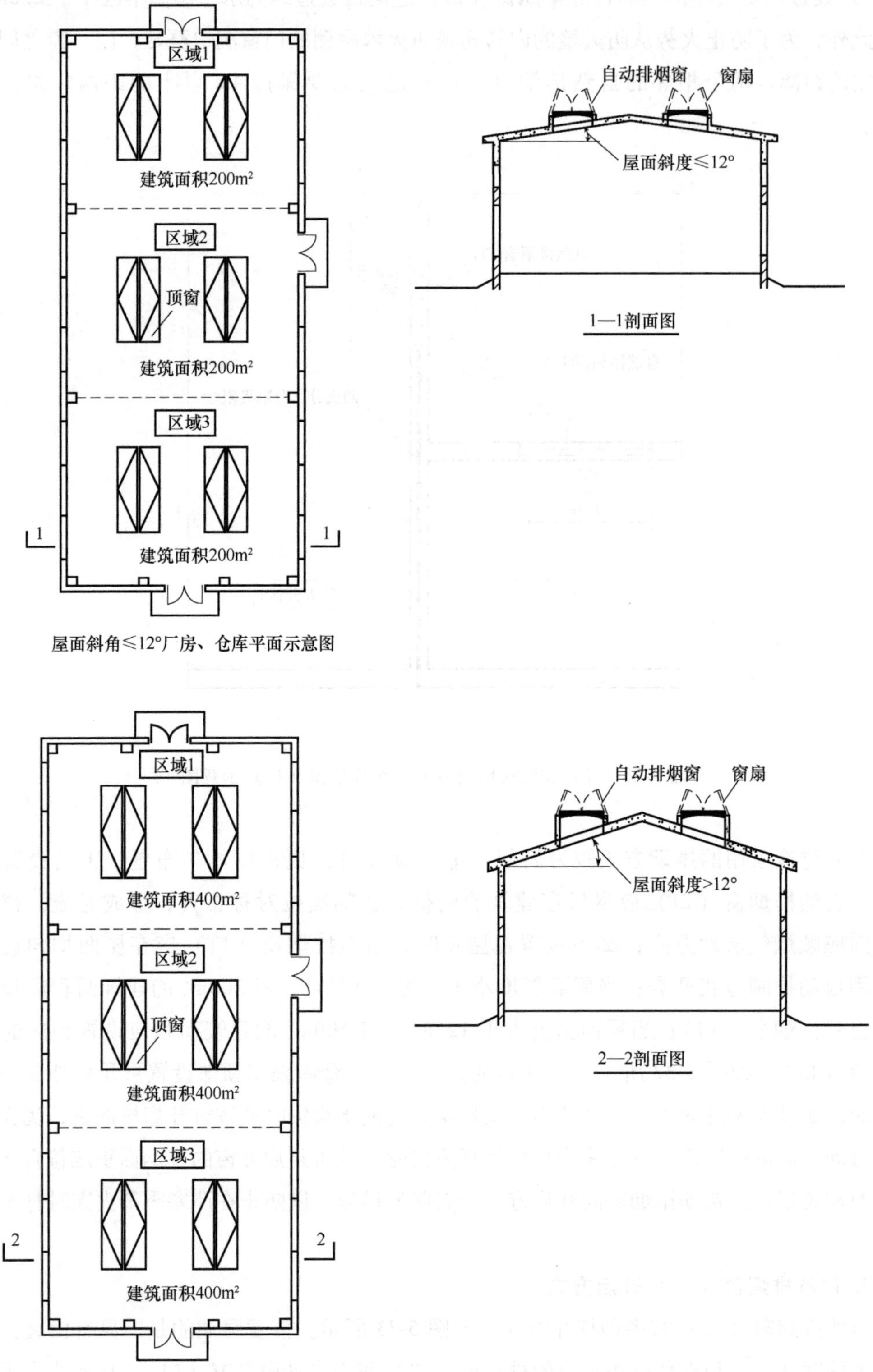

图 5-32　屋面有斜度时的自然排烟窗（口）布置示意图

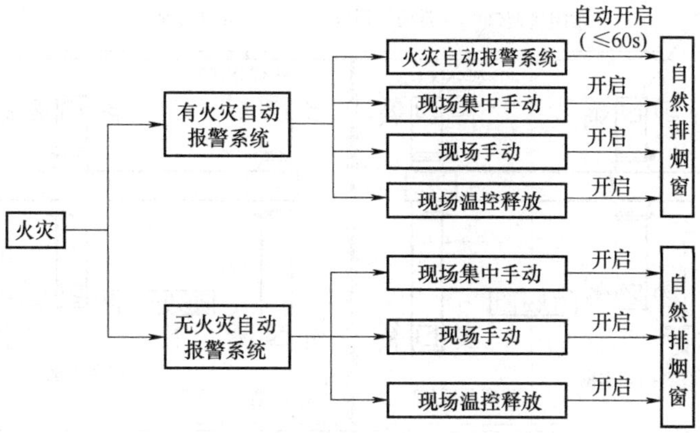

图 5-33 自然排烟窗（口）的打开方式

为了确保火灾时，即使在断电、联动和自动功能失效的状态仍然能够通过手动装置可靠开启排烟窗以保证排烟效果，自然排烟窗（口）应设置手动开启装置，手动开启一般是通过操作机械装置实现排烟窗的开启。为便于人员操作和保护装置，设置在高位不便于直接开启的自然排烟窗（口），应设置距地面高度 1.3～1.5m 的手动开启装置。净空高度大于 9m 的中庭、建筑面积 $2000m^2$ 的营业厅、展览厅、多功能厅等场所，还应设置集中手动开启装置和自动开启设施。当手动开启装置集中设置于一处确实困难时，可分区、分组集中设置，但应确保任意一防烟分区内所有自然排烟窗均能统一集中开启，且应设置在人员疏散口附近。

总之，自然排烟系统的设计核心就是构建良好的烟气流动通路，让烟气在浮力、热压和自然对流的作用下顺利排出建筑物，保障人员安全疏散。

5.4.2 机械排烟系统设计要求

建筑设计机械排烟系统需要因地制宜、灵活布置，既要满足规范标准的各项要求，也要考虑建设成本、施工难易程度和维护保养的简便性。

1. 机械排烟系统布置方案及规定

机械排烟系统一般可分为水平布置和竖向布置两种，有时也可以是这两种的结合，在布置系统时需要注意下面两点：

1）当建筑的机械排烟系统沿水平方向布置时，应按不同防火分区独立设置。单层面积比较大的建筑，需要布置多个排烟口才能满足要求，这些排烟口由排烟管道连接起来，客观上形成了水平方向布置的机械排烟系统。机械排烟系统水平布置按每个防火分区设置独立的系统，包括风机、风口、风管都要独立设置，是为了防止火灾在不同防火分区蔓延，且有利于不同防火分区烟气的排出，如图 5-34 所示。图 5-34 中每个风机都有独立机房，而实际建筑中也可以在风机房内同时布置多台排烟风机。另外，从烟气流动的特点来讲，布置系统时应该尽量减少水平管道的长度，以减小管路系统的流动阻力。

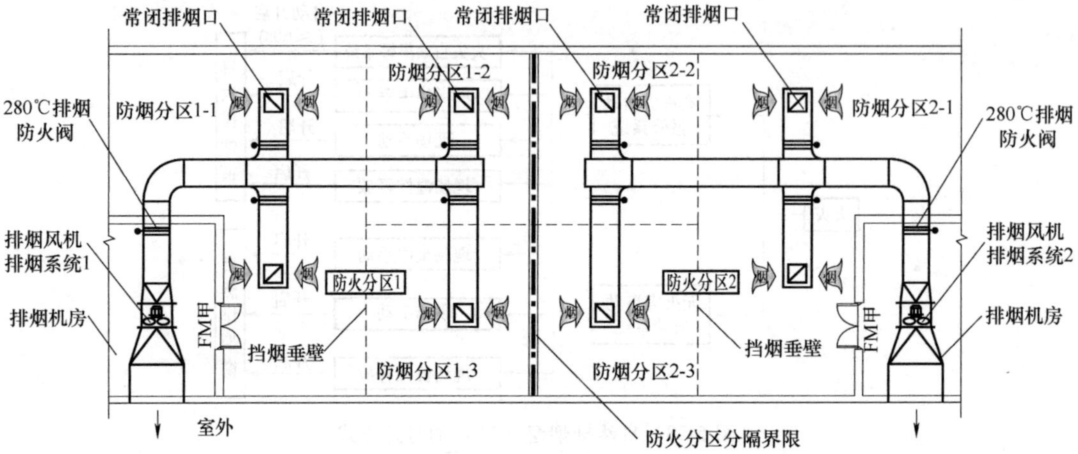

图 5-34 机械排烟系统沿水平方向按防火分区设置

2）建筑高度大于 50m 的公共建筑和工业建筑、建筑高度大于 100m 的住宅建筑，其机械排烟系统应竖向分段独立设置，且公共建筑和工业建筑中每段的系统服务高度应小于或等于 50m，住宅建筑中每段的系统服务高度应小于或等于 100m。建筑高度超过 100m 的建筑是重要的建筑，一旦系统出现故障，容易造成大面积失控，对建筑整体安全构成威胁。为了提高系统的可靠性并及时排出烟气，就需要防止排烟系统的功能因担负楼层数太多或竖向高度过高而失效，在竖向分段时，可以根据建筑竖向的功能布局进行，最好结合设备层来进行科学的布置，如图 5-35 所示。

图 5-35 所示的建筑设置了两套机械排烟系统，下方的机械排烟系统负责建筑下部楼层的排烟，风机房建在中间的设备层，上方的机械排烟系统负责建筑上部楼层的排烟，风机房建在屋顶。在实际工程中，这种竖向布置的排烟系统经常用于走廊排烟，因为走廊部分的面积不大，一台风机就可以负担多个楼层走廊的排烟需要，如果按楼层分别设置独立的机械排烟系统也会造成建筑平面布置的困难和资源的浪费。

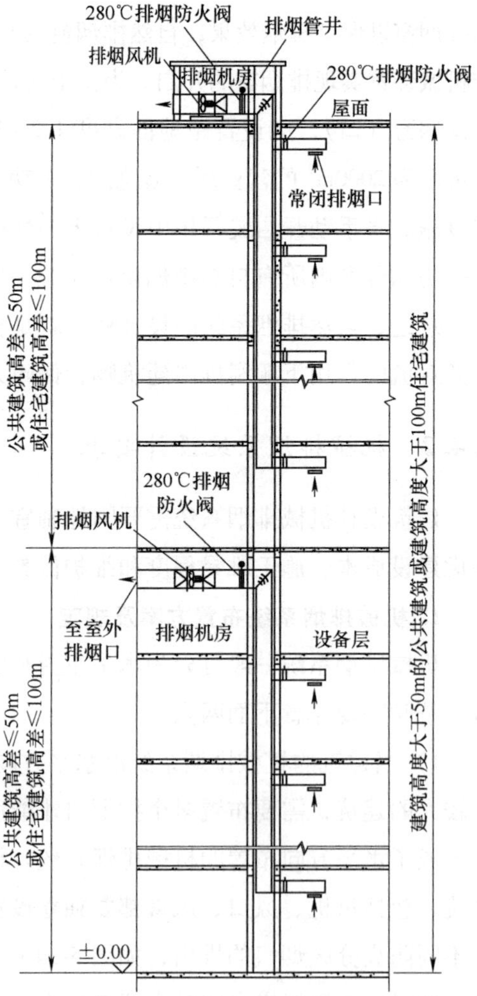

图 5-35 竖向分段设置的机械排烟系统

在建筑中，除了排烟系统外，还有日常使用的通风、空气调节系统，这些系统也有各自的管道系统，那么这些通风、空气调节系统能否与排烟系统合用？排烟系统与通风、空气调节系统应分开设置；当确有困难时可以合用，但应符合排烟系统的要求，且当排烟口打开时，每个排烟合用系统的管道上需联动关闭的通风和空气调节系统的控制阀门不应超过 10 个。兼做排烟的通风或空气调节系统，其性能应满足机械排烟系统的要求。通风、空气调节系统的风口一般都是常开风口，为了确保排烟量，当按防烟分区进行排烟时，只有着火处防烟分区的排烟口开启才能排烟，其他都要关闭，这就要求通风、空气调节系统每个风口上都要安装自动控制阀才能满足排烟要求。另外，通风、空气调节系统与消防排烟系统合用，系统的漏风量大，风阀的控制复杂，因此排烟系统与通风、空气调节系统宜分开设置。当排烟系统与通风、空气调节系统合用同一系统时，在控制方面应采取必要的措施，避免系统的误动作。系统中的设备包括风口、阀门、风道、风机都应符合防火要求，风管的保温材料需要采用不燃材料，防火阀要改用排烟防火阀，如图 5-36 所示。

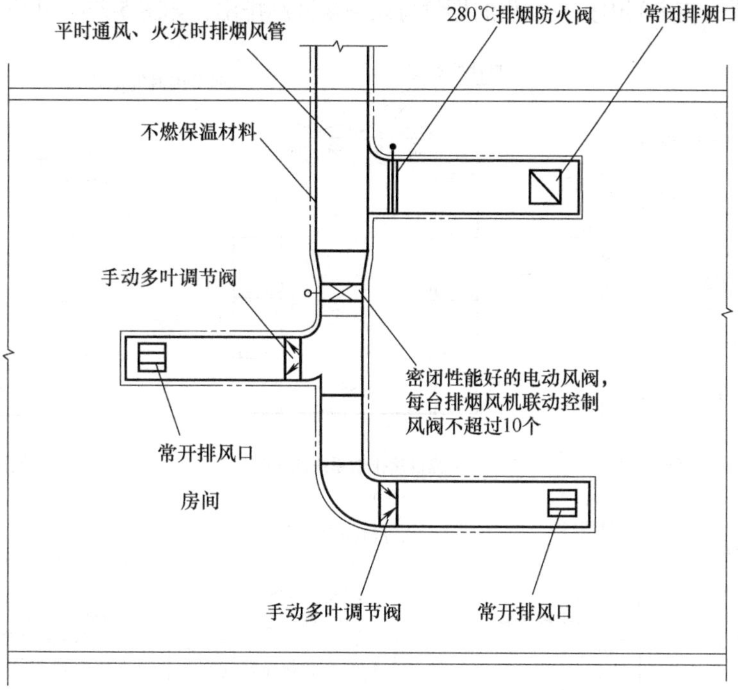

图 5-36 排烟系统与通风、空气调节系统合用时的要求

现代大型公共建筑物内往往布置有中庭，有关中庭、与中庭相连通的回廊及周围场所的排烟系统的设计应符合下列规定：

1）中庭应设置排烟设施。

2）周围场所应按 5.1 节介绍的相关内容设置排烟设施。

3）回廊排烟设施的设置应符合下列规定：①当周围场所各房间均设置排烟设施时，回廊可不设，但商店建筑的回廊应设置排烟设施；②当周围场所任一房间未设置排烟设施时，回廊应设置排烟设施。

4）当中庭与周围场所未采用防火隔墙、防火玻璃隔墙、防火卷帘时，中庭与周围场所之间应设置挡烟垂壁。

5）中庭及其周围场所和回廊的排烟设计计算按5.3节介绍的相关内容进行设计。

6）中庭及其周围场所和回廊应根据建筑构造及相关规范标准，选择设置自然排烟系统或机械排烟系统。

周围场所是指与中庭相连的每层使用房间，如果有回廊，则是指与回廊相连的各使用房间。对于无回廊的中庭，与中庭相连的使用房间空间不需要设置排烟系统时，中庭需设自然排烟系统或机械排烟系统，如图5-37a所示；但是，一般与中庭相连的使用房间空间应优先采用机械排烟方式，强化排烟设施，如图5-37b所示。对于有回廊的中庭，中庭与回廊及各使用房间应作为不同防烟分区处理，回廊与中庭之间应设置挡烟垂壁或卷帘。火灾时首先应将着火点所在的防烟分区内的烟气排出，当使用房间面积较小，房间内没有排烟装置时，其回廊必须设置机械排烟装置，使房间内火灾产生的烟气可以溢至回廊排出，如图5-37c、d所示。

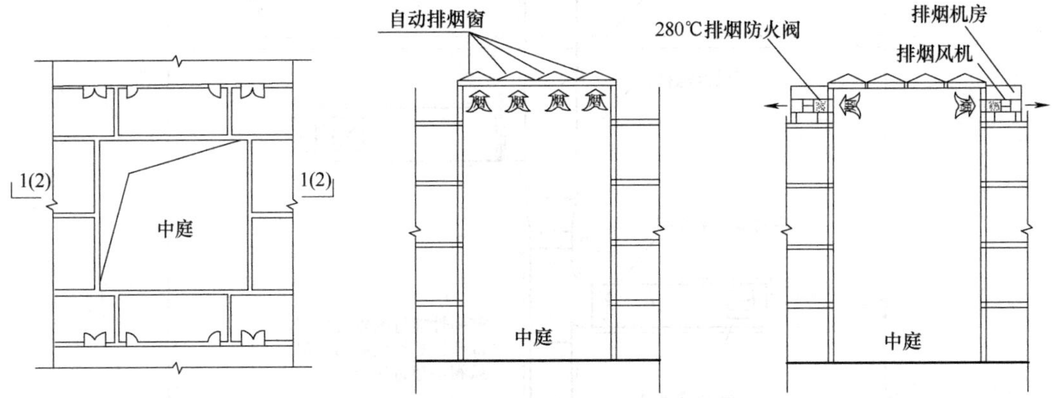

无回廊的中庭平面示意图　　中庭自然排烟系统剖面图　　中庭机械排烟系统剖面图

a)

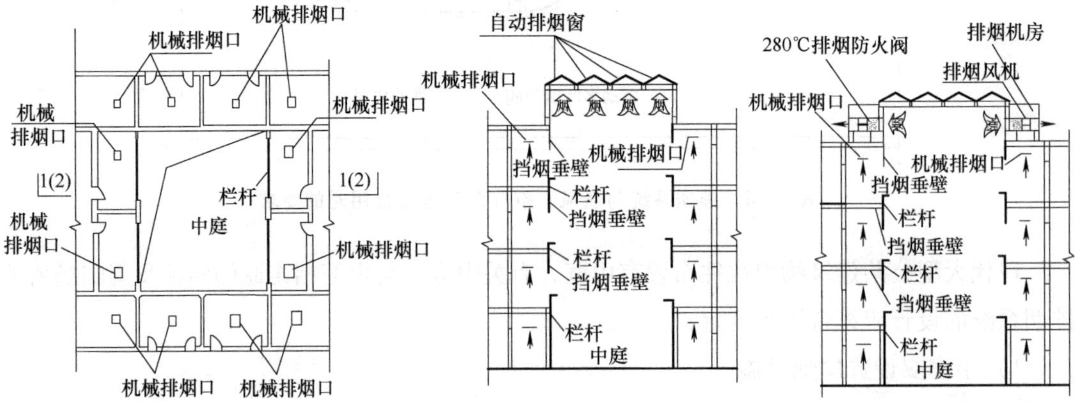

无回廊的中庭平面示意图　　中庭自然排烟方式剖面图　　中庭机械排烟方式剖面图

b)

图5-37　中庭及其周围场所排烟系统布置方案

a）无回廊中庭、周围场所不需要设置排烟系统　b）无回廊中庭、周围场所设置排烟系统

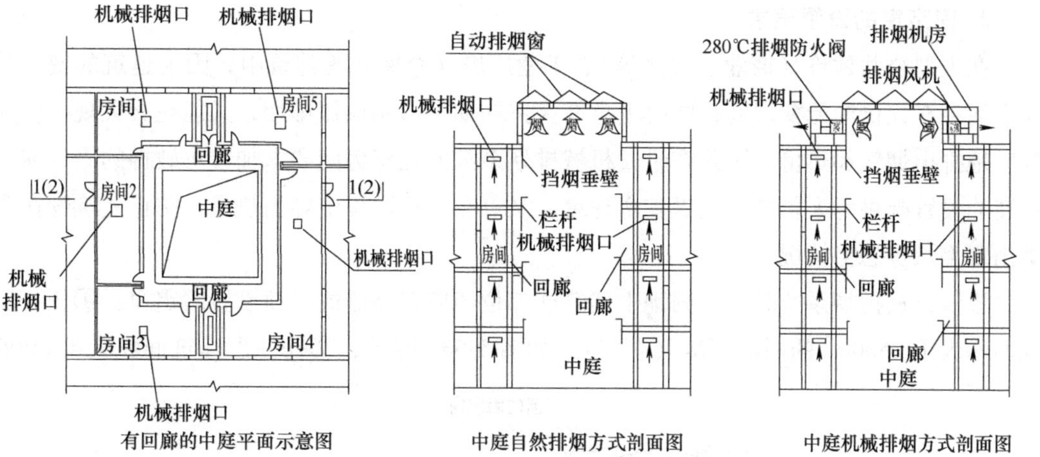

c)

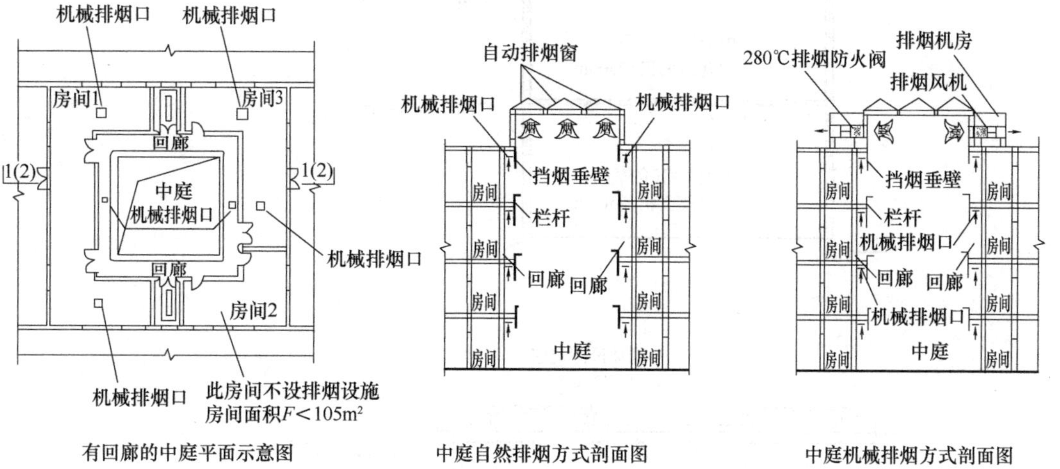

d)

图 5-37　中庭及其周围场所排烟系统布置方案（续）

c）有回廊中庭、周围场所各房间均设置排烟设施时　d）有回廊中庭、周围场所任一房间未设置排烟设施时

什么时候设置自然或者机械排烟，需要根据建筑结构和产生的烟的质量来综合考虑的。当产生的烟气在中庭中可能出现“层化”现象时（烟气层与周围空气温差小于 15℃时），就应采用机械排烟并合理设置排烟口；当烟气不会出现“层化”现象时，就可采用自然排烟。合理设置排烟口是指应该将排烟口布置在烟气层中，这样才能有效地排出烟气，因此排烟口的高度需要进行估算。

上述有关中庭、与中庭相连通的回廊及周围场所的排烟系统的布置方案可以简单归纳成两点：①中庭部分必须布置排烟系统，至于是采用自然排烟还是机械排烟主要取决于建筑的构造（高度、体量）和设计火灾的大小；②如果中庭周围有回廊的话，回廊是否设置排烟设施取决于和回廊相连的各使用房间的排烟系统的设置情况。由于回廊本身与中庭是直接相通的（未用卷帘彻底分隔），所以一般来讲，回廊应该采用机械排烟设施。

2. 固定窗的设置要求

在大型公共建筑（商业、展览等）、工业厂房（仓库）等建筑中，因为建筑的使用功能需求而存在大量的无窗房间；同时考虑在火灾初期不影响机械排烟，又能在火灾规模较大后及时地排出烟气和热量，因此在设置机械排烟系统的无窗房间要求加设可破拆的固定窗。固定窗的设置既可为人员疏散提供安全环境，又可在排烟过程中导出热量，防止建筑物在高温下出现倒塌等恶劣情况。

设置机械排烟系统时，下列地上建筑或部位还应在外墙或屋顶设置固定窗：①任一层建筑面积大于 $2500m^2$ 的丙类厂房（仓库），如图 5-38a 所示；②任一层建筑面积大于 $3000m^2$

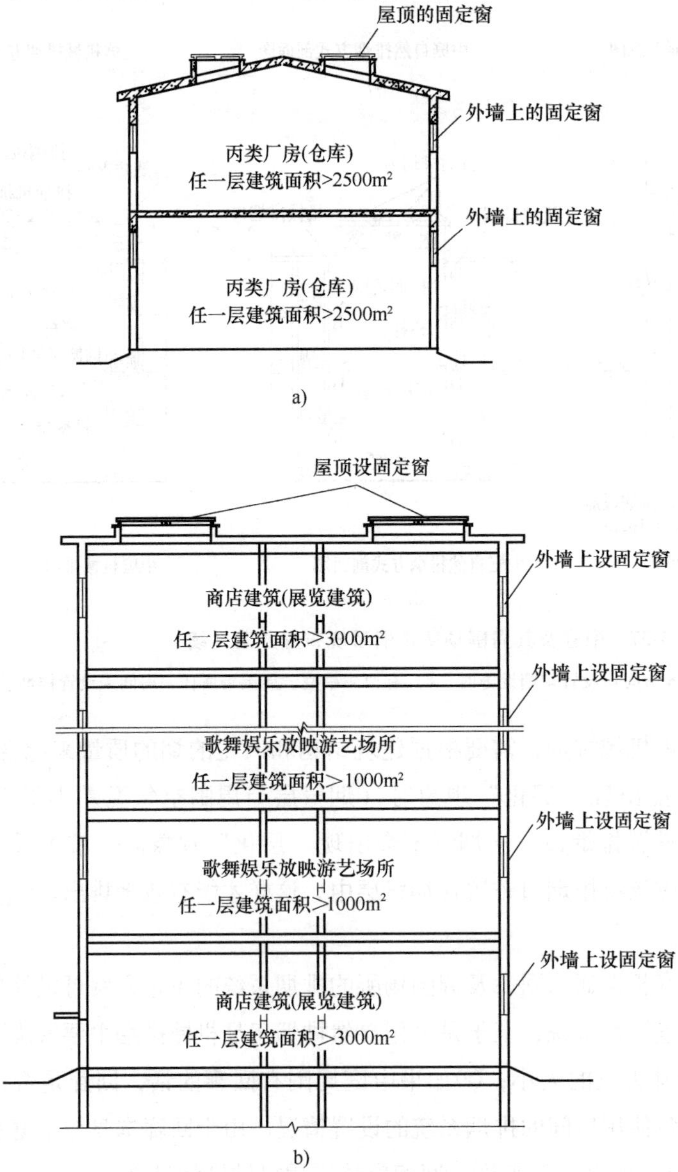

图 5-38 固定窗的设置场所及要求

a）厂房仓库 b）商店建筑、展览建筑及类似功能的公共建筑（任一层建筑面积>$3000m^2$）

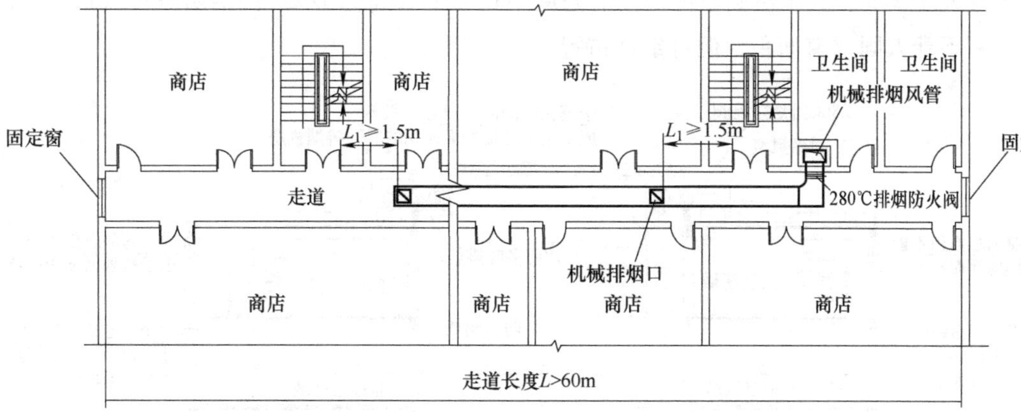

c)

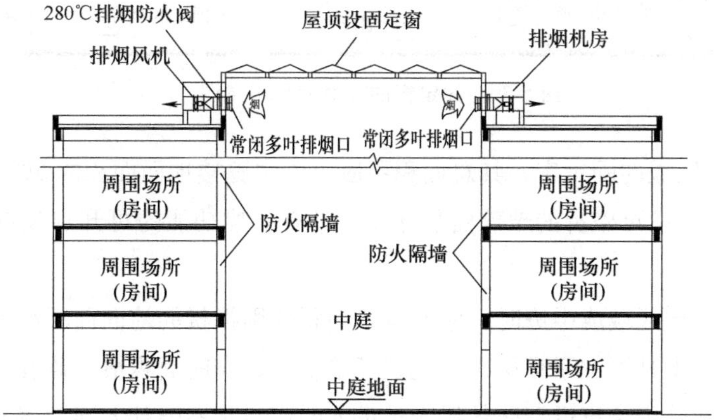

d)

图 5-38 固定窗的设置场所及要求（续）

c）公共建筑中长度大于 60m 的走道 d）贯通至建筑屋顶的中庭

的商店建筑、展览建筑及类似功能的公共建筑，如图 5-38b 所示；③总建筑面积大于 $1000m^2$ 的歌舞、娱乐、放映、游艺场所，如图 5-38b 所示；④商店建筑、展览建筑及类似功能的公共建筑中长度大于 60m 的走道，如图 5-38c 所示；⑤靠外墙或贯通至建筑屋顶的中庭，如图 5-38d 所示。

在布置固定窗时主要考虑是否有利于火场热和烟的迅速排出，因此对其位置和面积都有一定的要求。固定窗的布置位置应符合下列规定：①非顶层区域的固定窗应布置在每层的外墙上；②顶层区域的固定窗应布置在屋顶或顶层的外墙上，但未设置自动喷水灭火系统的以及采用钢结构屋顶或预应力钢筋混凝土屋面板的建筑应布置在屋顶。

固定窗的有效面积的要求比较复杂，考虑了固定窗设置的位置、建筑类型和固定窗的材质及开启方式等因素，在设计计算时要注意区分，如图 5-39 所示。具体规定如下：

1）设置在顶层区域的固定窗，其总面积不应小于楼地面面积的 2%。

2）设置在靠外墙且不位于顶层区域的固定窗，单个固定窗的面积不应小于 $1m^2$ 且水平间距不宜大于 20m，其下沿距室内地面的高度不宜小于层高的 1/2。供消防救援人员进入的窗口面积不计入固定窗面积，但可组合布置。

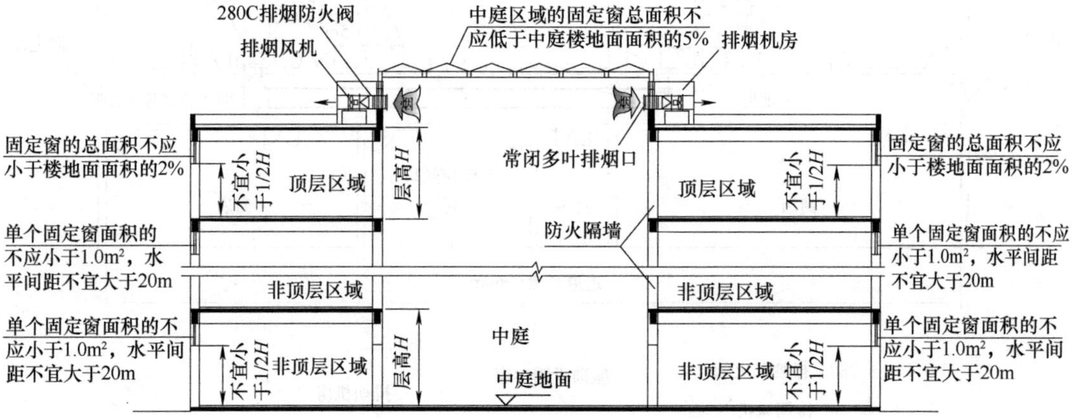

图 5-39　固定窗的有效面积示意图

3）设置在中庭区域的固定窗，其总面积不应小于中庭楼地面面积的 5%。

4）固定玻璃窗应按可破拆的玻璃面积计算，带有温控功能的可开启设施应按开启时的水平投影面积计算。

当固定窗位于顶层区域或中庭时，它的有效面积分别按楼的地面面积和中庭地面的一定比例计算；若在外墙上且不位于顶层，则规定了单个固定窗的面积最小值要求及其水平布置间距和高度，此时要特别注意供消防救援人员进入的窗口是不能计入固定窗面积的，尽管它们可能采用同样的窗户形式，但救援用窗口可以与固定窗组合在一起布置。

固定窗布置需遵循的原则：固定窗宜按每个防烟分区在屋顶或建筑外墙上均匀布置且不应跨越防火分区，如图 5-40 所示。

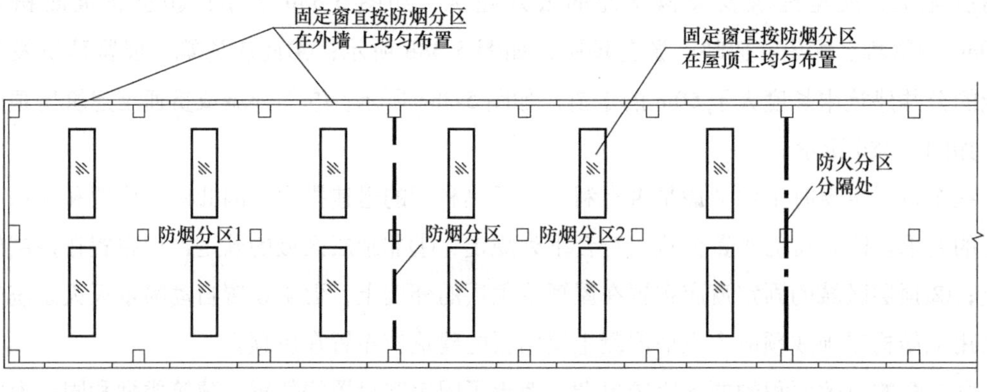

图 5-40　固定窗的设置原则示意图

此外，在一些工业建筑中，人员较少但可燃物多，火灾热释放速率大，综合考虑火灾中的实际情况并经过实际调研后，允许采用可熔材料制作的固定窗进行排烟。

总之，固定窗的设置是为了在可燃物较多、预计火灾功率较大的场所，弥补机械排烟的不足，以保证快速、有效且可持续地排出火场热烟。因此在不影响建筑使用功能的前提下，只要有设置条件的外墙或屋顶都宜均匀布置固定窗。

5.4.3 机械排烟系统设施设计要求

1. 排烟风机

消防排烟风机与正压送风系统中应用的风机在结构、类型上是一致的，可采用离心式或轴流式风机，但消防排烟风机有一个耐高温的要求。排烟风机应满足 280℃ 时连续工作 30min 的要求，排烟风机应与风机入口处的排烟防火阀连锁，当该阀关闭时，排烟风机应能停止运转。目前国内生产的普通中、低压离心风机或排烟专用轴流风机都能满足这个要求，当排烟风道内烟气温度达到 280℃ 时，烟气中可能已经夹带着火焰，此时应停止排烟，否则烟火扩散到其他部位会造成新的危害。因此，排烟风机入口处应设置能自动关闭的排烟防火阀并联锁关闭排烟风机。而仅关闭排烟风机，并不能阻止烟火通过管道蔓延，所以在排烟管道的某些节点还需要加装排烟防火阀。

为了提高火灾时排烟系统的效能，并确保加压送风机和补风机的吸风口不受到烟气的威胁，排烟风机在安装时要注意与机械加压送风系统和补风系统所用风机保持一定的距离，排烟风机宜设置在排烟系统的最高处，烟气出口宜朝上，并应高于加压送风机和补风机的进风口，垂直布置时两者边缘最小垂直距离不应小于 6.0m，水平布置时两者边缘最小水平距离不应小于 20.0m，如图 5-41 所示。

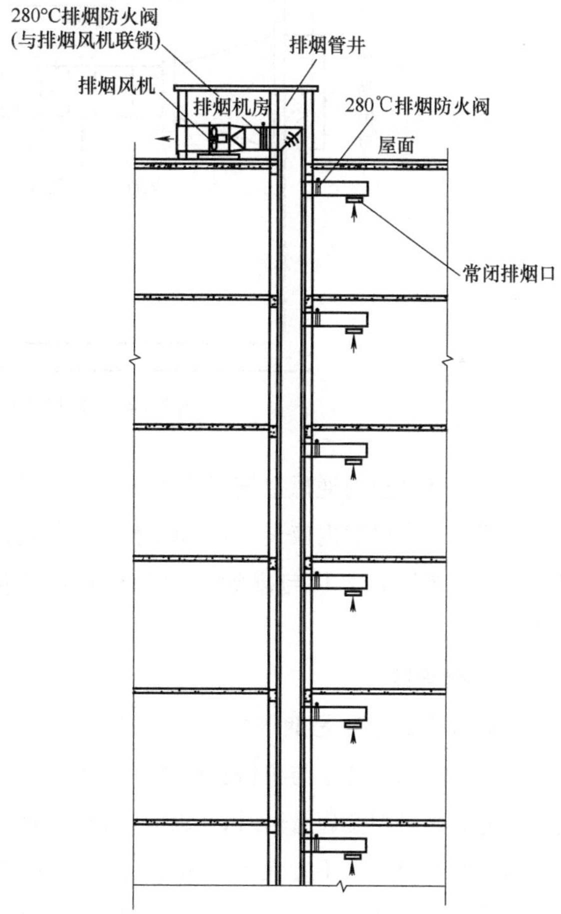

图 5-41 排烟风机宜设置在排烟系统的最高处

为保证排烟风机在排烟工作条件下，能正常连续运行 30min，防止风机直接被火焰威胁，就必须有一个安全的空间放置排烟风机。当条件受到限制时，也应有防火保护；但由于排烟风机的电动机主要是依靠所放置的空间进行散热，因此该空间的体积不能太小，以便于散热和维修。另外，由于排烟风机与排烟管道之间常需要做软连接，软连接处的耐火性能往往较差，为了保证在高温环境下排烟系统的正常运行，特对连接部件提出要求。因此，排烟风机应设置在专用机房内，风机房应采用耐火极限不低于 2.0h 的隔墙和 1.5h 的楼板及甲级防火门与其他部位隔开。当条件受到限制时，可设置在专用空间内，空间四周的围护结构应采用耐火极限不低于 1.0h 的不燃烧体，且围护结构底部应有喷淋保护，风机两侧应有 600mm 以上的空间，如图 5-42 所示。

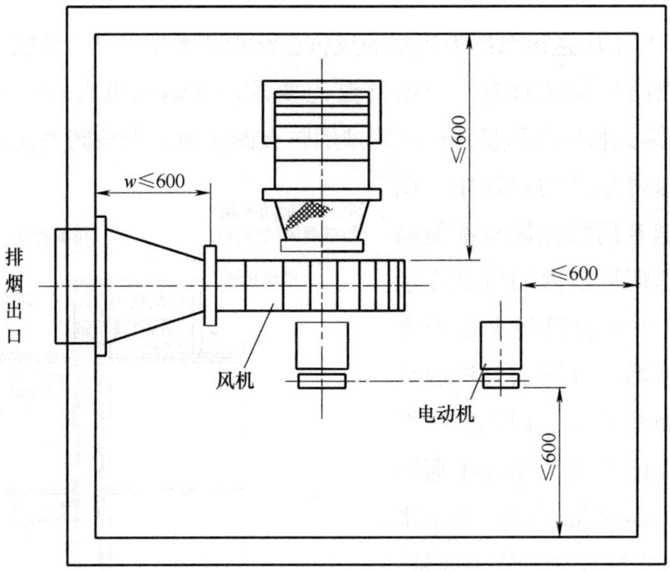

图 5-42　风机房空间示意图

对于排烟系统与通风空气调节系统共用的系统，其排烟风机与排风风机的合用机房应符合下列规定：①机房内应设置自动喷水灭火系统；②机房内不得设置用于机械加压送风的风机与管道；③排烟风机与排烟管道的连接部件应能在 280℃ 时连续 30min 保证其结构完整性。

2. 排烟管道

排烟风管（道）是烟气排出的主要路径，其材料和结构与机械加压送风系统的管道区别不大，它的基本要求与机械加压送风管道的一致。排烟管道必须采用不燃材料制作，且内壁应光滑。当采用金属管道时，管道内风速不宜大于 20m/s；当采用内表面光滑的混凝土等非金属材料管道时，不宜大于 15m/s。排烟管道的厚度应按现行《通风与空调工程施工质量验收规范》（GB 50243—2016）的有关规定执行。排烟管道是高温气流通过的管道，为了防止引发管道的燃烧，必须使用不燃管材。在工程实践中，风道的光滑度对系统的有效性起到了关键作用。因此，在设计时，不同材质的管道在不同风速下的风压等损失不同，为了优化设计系统，选择合适的风机，所以对不同材质管道的风速做出相应规定。但由于排烟风管（道）主要用于输送烟气，温度可能会很高，为避免火灾中火和烟气通过排烟管道蔓延，因此对其耐火极限、设置位置及周边材料的燃烧性能等都有更严格的要求，具体如下：

1）排烟管道及其连接部件应能在 280℃时连续 30min 保证其结构完整性。

2）竖向设置的排烟管道应设置在独立的管道井内，排烟管道的耐火极限不应低于 0.50h。当排烟管道竖向穿越防火分区时，为了防止火焰烧坏排烟风管而蔓延到其他防火分区，竖向排烟管道应设在管井内，如图 5-43a 所示；如果排烟管道未设置在管井内，或未设置排烟防火阀，一旦热烟气烧坏排烟管道，火灾的竖向蔓延非常迅速，而且竖向容易跨越多个防火分区，所造成的危害极大，如图 5-43b 所示。

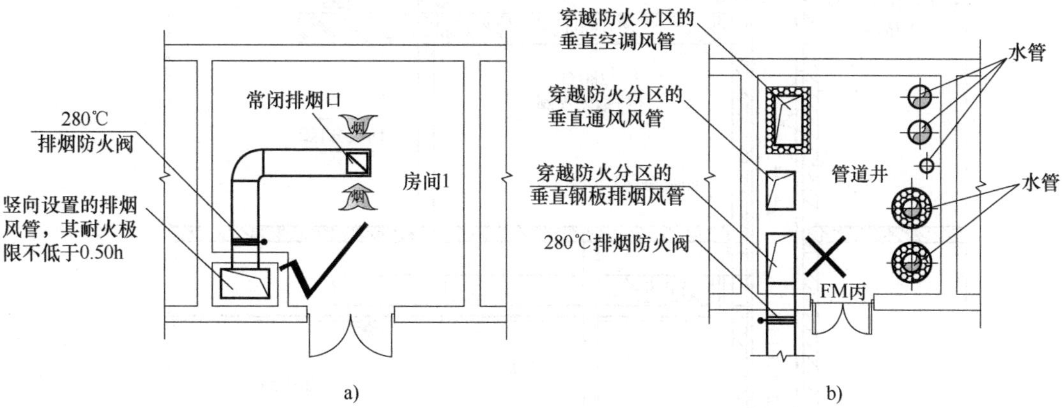

图 5-43 竖向排烟管道设置

a）竖向排烟管道设在管井内 b）排烟管道未设在管井内

同时，与垂直风管连接的水平排烟风管上应设置 280℃排烟防火阀。对于已设置于独立井道内的排烟管道，为了防止其被火焰烧毁而垮塌，从而影响排烟效能，也对其耐火极限进行了要求。

3）水平设置的排烟管道应设置在吊顶内，其耐火极限应不低于 0.50h；当确有困难时，可直接设置在室内，但管道的耐火极限应不低于 1.00h。图 5-44 中，除了图示出有关排烟管道的耐火极限外，还指出无吊顶时，排烟口应设在排烟管道的上部或侧面。这主要是因为排烟口应设置在储烟仓内，当其位于管道的上部或侧面时能够更好地排除储烟仓上部的烟气，也能更快地排烟，而位于管道下部时，需等到烟气层下降到邻近位置才能有效排烟，延误控烟的时间。当然，具体布置在管道的上部还是侧面，需要根据现场的条件来决定。

4）设置在走道部位吊顶内的排烟管道，以及穿越防火分区的排烟管道，其管道的耐火极限不应小于 1.00h，但设备用房和汽车库的排烟管道耐火极限可不低于 0.50h。水平排烟管道穿越防火墙时，应设排烟防火阀；当排烟管道水平穿越两个及两个以上防火分区时，或者布置在走道的吊顶内时，为了防止火焰烧坏排烟风管而蔓延到其他防火分区，排烟管道耐火极限不小于 1.00h，提高排烟的可靠性。排烟管道不应穿越前室或楼梯间，如果确有困难必须穿越时，其耐火极限不应小于 2.00h，且不得影响人员疏散。对于管道的耐火极限的判定必须按照《通风管道耐火试验方法》（GB/T 17428—2009）的测试方法，当耐火完整性和隔热性同时达到时，方能视作符合要求。

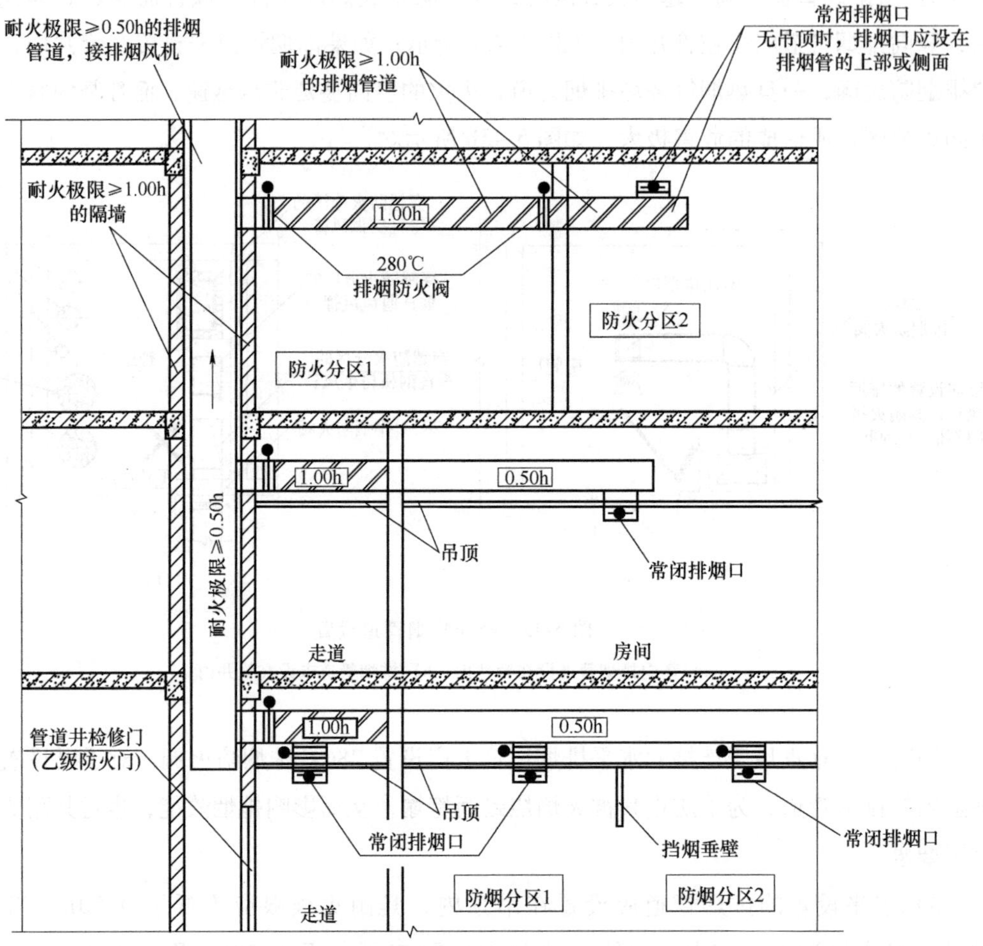

图 5-44　排烟管道的耐火极限要求示意图

当吊顶内有可燃物时，吊顶内的排烟管道应采用不燃材料进行隔热，并应与可燃物保持不小于 150mm 的距离，如图 5-45 所示。为了防止排烟管道本身的高温引燃吊顶中的可燃物，安装在吊顶内的排烟风管应采取隔热措施，如在排烟风管外，包敷具有一定耐火极限的材料，并与可燃物保持不小于 150mm 的距离，以减小传热的影响。如果隔热材料选用玻璃棉，假设环境温度 35℃，管道内烟气温度 280℃，管道的表面放热系数 8.141W/(m^2·K)，则玻璃棉隔热层的厚度与隔热层外表面温度之间的关系见表 5-7。一般来说，将外表面温度降到 100℃以下，引燃建筑中常见可燃物的概率就会很低。

表 5-7　玻璃棉隔热层厚度与外表面温度对应表

隔热层厚度/mm	62.3~65	31.56~35	19.7~20
隔热层外表面温度/℃	60	80	100

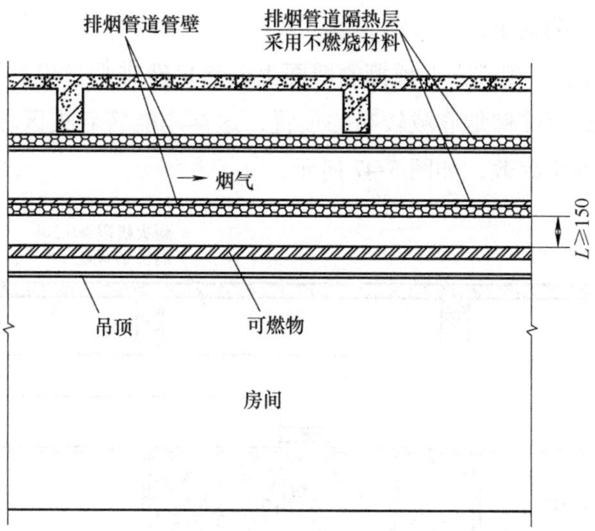

图 5-45　敷设在吊顶中的排烟管道示意图

设置排烟管道的管道井应采用耐火极限不小于 1.00h 的隔墙与相邻区域分隔；当墙上必须设置检修门时，应采用乙级防火门。当排烟管道竖向穿越防火分区时，垂直风管应设在管井内，且排烟井道应有 1.00h 的耐火极限，与对机械加压送风管道的要求一致。

3. 排烟口（阀）

显然，建筑内需要进行排烟的部位都应该布置排烟口，也就是说每个防烟分区都要设置至少一个排烟口，同时还需要满足防烟分区内任一点与最近的排烟口之间的水平距离不应大于 30m，这里的距离指的是烟气流动过程中经过的水平距离，不一定是防烟分区最远点到排烟口的直线距离，如图 5-46 所示。如果一个排烟口不能满足这一要求时，就需要在适当的位置增设排烟口。另外，有时受排烟口最大排烟量的限制，也需要增设排烟口。

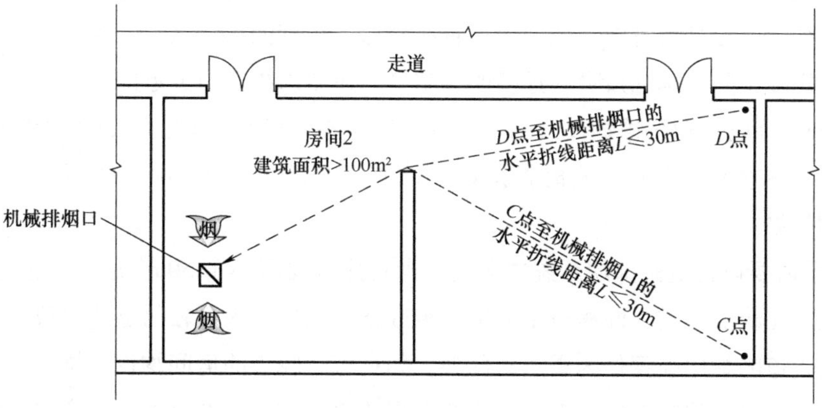

图 5-46　防烟分区内任一点与最近的排烟口的水平距离要求

烟气因受热而膨胀，其密度较小，向上运动并贴附在顶棚上再向水平方向流动。因此排烟口的设置尚应符合下列规定：

1）排烟口宜设置在顶棚或靠近顶棚的墙面上，与自然排烟口设置位置类似，机械排烟系统的排烟口也应该设置在储烟仓或较高的位置，这样才能将着火区域产生的烟气最有效、快速地排出，以利于安全疏散，如图 5-47 所示。

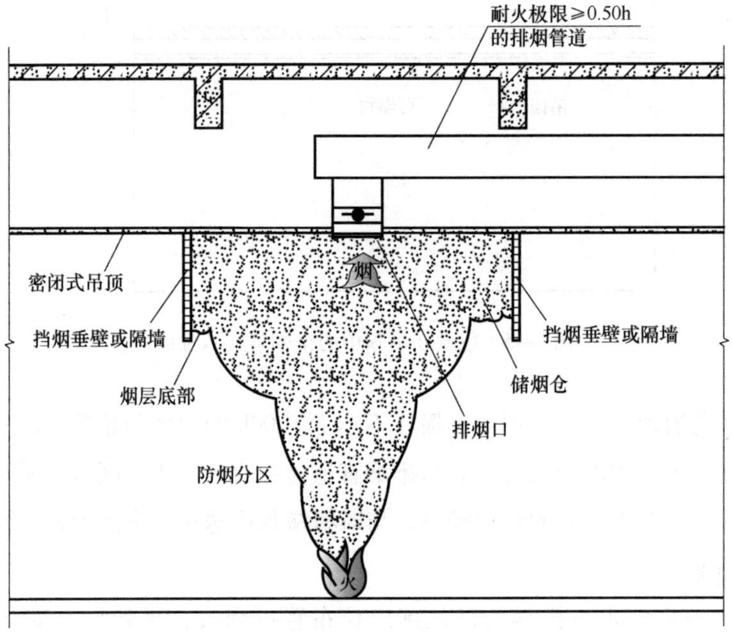

图 5-47　排烟口设置在储烟仓内示意图

2）排烟口应设置在储烟仓内，但走道、室内空间净高不大于 3m 的区域，其排烟口可设置在其净空高度的 1/2 以上，如图 5-48 所示；如果不合理的话，可能严重影响排烟功效，造成烟气组织混乱，故要求排烟口必须设置在储烟仓内。考虑到走道吊顶上方会有大量风道、水管、电缆桥架等的存在，在吊顶上布置排烟口有困难时，可以将排烟口布置在紧贴走道吊顶的侧墙上，但是走道内排烟口应设置在其净空高度的 1/2 以上，为了及时将积聚在吊顶下的烟气排除，防止排烟口吸入过多的冷空气，还要求排烟口最近的边缘与吊顶的距离不应大于 0. 5m。为防止顶部排烟口处的烟气外溢，可在排烟口一侧的上部装设防烟幕墙，如图 5-49 所示。在实际工程中，有时把排烟口设置在排烟管道的顶部或侧面，也能起到相对较好的排烟效果。

3）对于需要设置机械排烟系统的房间，当其建筑面积小于 $50m^2$ 时，可通过走道排烟，排烟口可设置在疏散走道。面积较小的房间疏散路径较短，人员较易迅速逃离着火间，此时可以把控制走道的烟层高度作为重点。此外，如在每个较小的房间均设置排烟，则将有较多排烟管道敷设于狭小的走道空间内，无论在工程造价或施工难度上均不易实现。因而除特殊情况明确要求以外，对于较小房间仅于走道设置排烟也是一种权宜的做法。

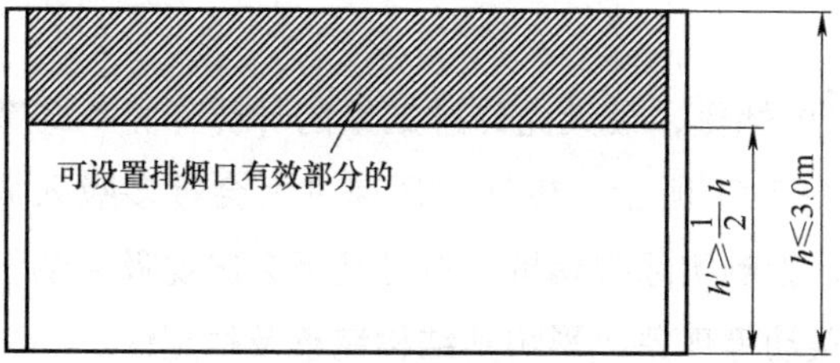

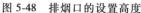

图 5-48 排烟口的设置高度

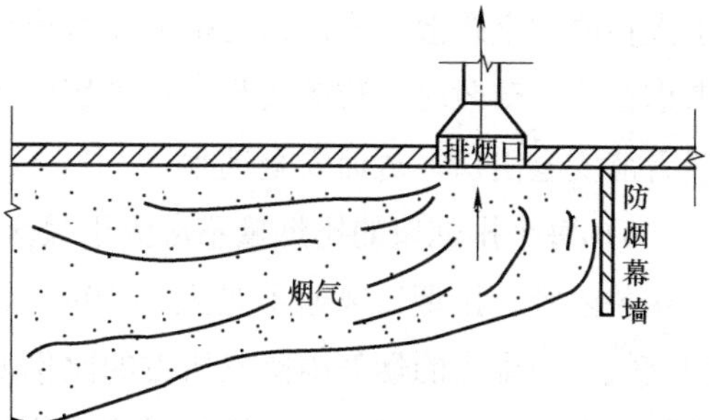

图 5-49 防烟幕墙示意图

4）发生火灾时由火灾自动报警系统联动开启排烟区域的排烟阀或排烟口，应在现场设置手动开启装置。排烟阀（口）要设置与烟感探测器联锁的自动开启装置、由消防控制中心远距离控制的开启装置及现场手动开启装置，除火灾时将其打开外，平时需一直保持锁闭状态。这是因为一般工程一个排烟风机承担多个区域的排烟，为了保证着火区域的排烟对非着火区域形成正压，所以要求只能打开着火区域的排烟口，其他区域的排烟口必须常闭。

5）排烟口的设置宜使烟流方向与人员疏散方向相反，排烟口与附近安全出口相邻边缘之间的水平距离不应小于 1.5m。为了确保人员的安全疏散，所以要求烟流方向与人员疏散方向宜相反布置，如图 5-50 所示。当然，在很多情况下，并不能完全保证烟流方向与人员疏散方向相反，此时可以考虑建筑物内人员分布状态、疏散距离等因素进行优化布置。

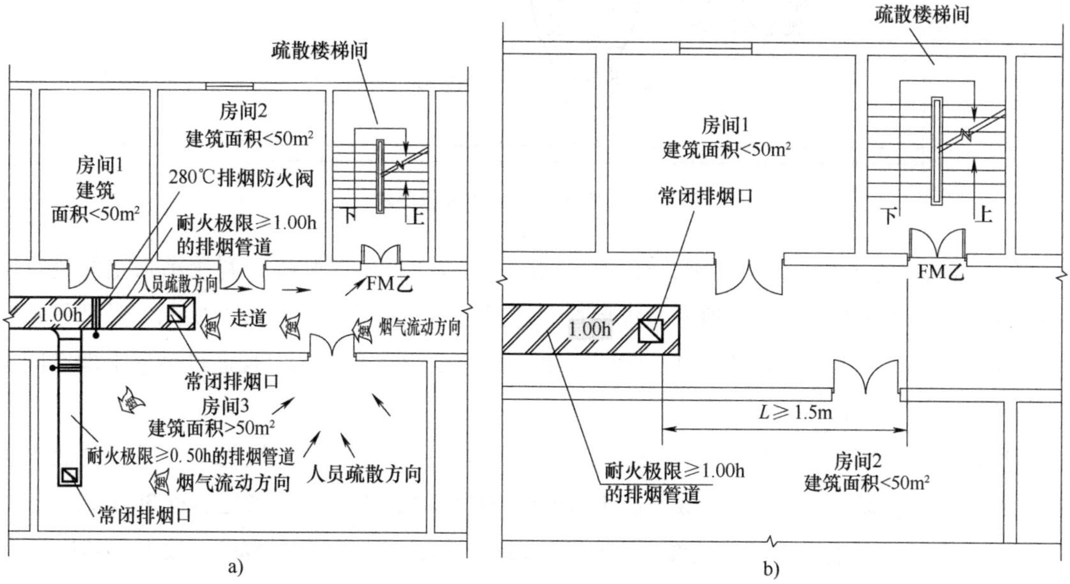

图 5-50 排烟口设置示意图

a）烟流方向与人流疏散方向相反 b）排烟口与安全出口水平距离

由于烟气会不断从着火区涌来，所以在排烟口的周围始终聚集一团浓烟，如果排烟口的位置不避开安全出口，这团浓烟正好堵住安全出口，影响疏散人员识别安全出口位置，不利于人员的安全疏散。排烟口与附近安全出口相邻边缘之间的水平距离不应小于 1.5m，这是考虑在火灾疏散时，疏散人员跨过排烟口下面的烟团，在 1.0m 的极限能见度的条件下，也能看清安全出口，从而安全逃生。

6）每个排烟口的排烟量不应大于最大允许排烟量，最大允许排烟量的计算详见 5.3 节的相关内容；排烟口风速不宜大于 10m/s，如图 5-51 所示。排烟口风速过大会过多吸入周围空气，使排出的烟气中空气所占的比例增大，影响实际排烟量，有时甚至会出现吸穿烟气层的现象，且风速过大，风管容易产生啸叫及振动等现象，影响其结构完整及稳定性。

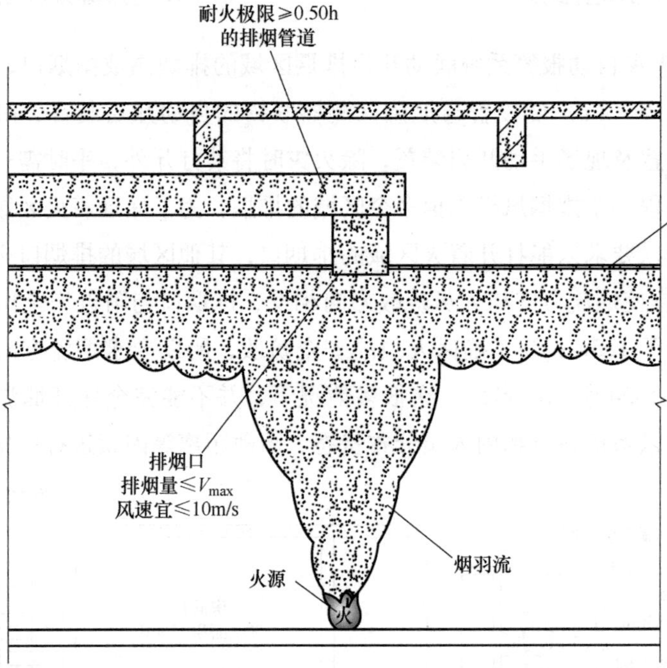

图 5-51　排烟口风量和风速要求

7）建筑物内部有时为了美观，往往会在顶棚下方进行吊顶装饰，利用吊顶空间进行间接排烟时，可以省去设置在吊顶内的排烟管道，提高吊顶高度。这种方法实际上是把吊顶空间作为排烟通道，因此需对吊顶有一定的要求。当排烟口设在吊顶内且通过吊顶上部空间进行排烟时，应符合下列规定：

① 吊顶应采用不燃材料，且吊顶内不应有可燃物；一、二类建筑物中，吊顶的耐火极限都必须满足 0.25h 以上，在排放不高于 280℃的烟气时，完全可以满足运行 30min 以上。

② 封闭式吊顶上设置的烟气流入口的颈部烟气速度不宜大于 1.5m/s，如图 5-52 所示。这是为了防止风速太高、抽吸力太大造成的吊顶内负压太大，把吊顶材料吸走，破坏排烟效果。经调查，常用的吊顶材料单位面积的质量应不低于 4.5kg/m^2，在 1.5m/s 的颈部风速的情况下，能保证这样的吊顶的稳定性。

根据这条要求，在确定了所需的排烟量后，就可以计算出封闭式吊顶上设置的烟气流入口的总面积。严格地讲，这个面积应该是有效流通面积，同时，这些烟气流入口应该根据可能的烟气蔓延情况进行布置。

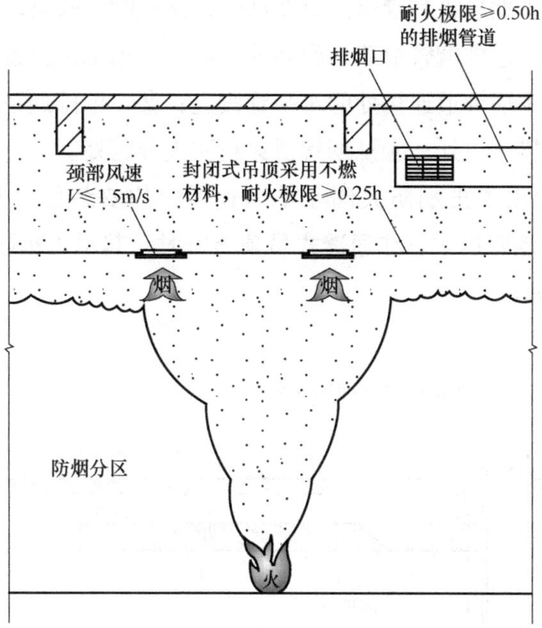

图 5-52 封闭式吊顶上设置的烟气流入口示意图

③ 非封闭式吊顶的开孔率应不小于吊顶净面积的 25%，且孔洞应均匀布置。如果开孔率不足，且分布不均，将严重影响烟气流入储烟仓，使排烟口的功效降低，如图 5-53 所示。

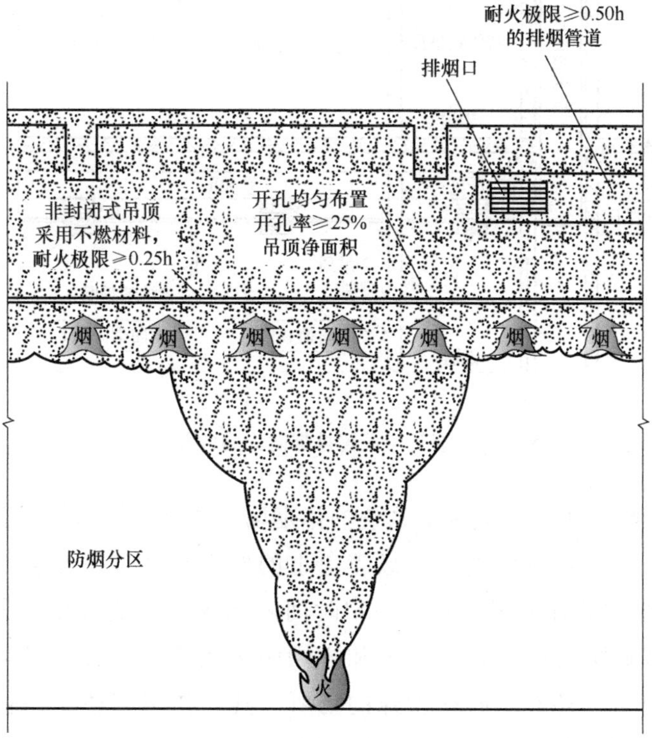

图 5-53 非封闭式吊顶上的开孔率要求示意图

4. 排烟防火阀

排烟防火阀是保护排烟风机和管道的重要部件，高温时能够自动关闭以切断烟气和火焰在管道内的传播，避免通过排烟管道蔓延到其他区域。下列部位应设置排烟防火阀：①垂直主排烟管道与每层水平排烟管道连接处的水平管段上；②一个排烟系统负担多个防烟分区的排烟支管上；③排烟风机入口处；④排烟管道穿越防火分区处。

图 5-54、图 5-55 给出了排烟防火阀在排烟管道中的安装位置及相关要求。注意，在图 5-54 中还给出了当排烟管道布置在通透式吊顶上方时，其耐火极限设置成 1.00h，高于标准要求的应不低于 0.50h。

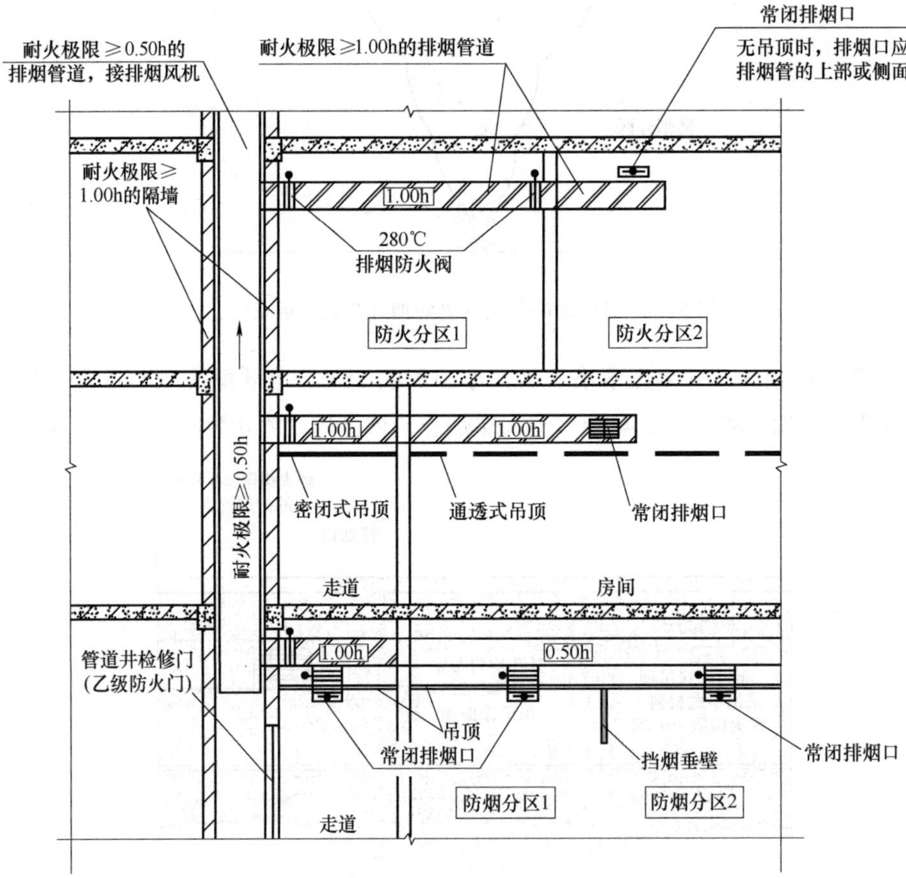

图 5-54　排烟管道设置排烟防火阀的要求示意图

管道工程中，除了用于机械排烟系统的排烟防火阀外，还有一种常见防火阀，它是安装在通风、空气调节系统的送、回风管道上的阀门，平时呈开启状态，火灾时当管道内烟气温度达到 70℃时关闭，并在一定时间内能满足漏烟量和耐火完整性要求，起隔烟阻火作用。普通防火阀结构与功能和排烟防火阀基本一样，只是动作温度一般被设定成 70℃，而不是 280℃。而在特殊的场所，其动作温度还可进行调整，如厨房的排油烟管道，当设置防火阀时，动作温度设置为 150℃。在机械加压送风系统中，也需要安装 70℃ 的防火阀，设置位置一般在风机的出口处和在穿越加压送风机房的房间隔墙或楼板处（外墙除外）。

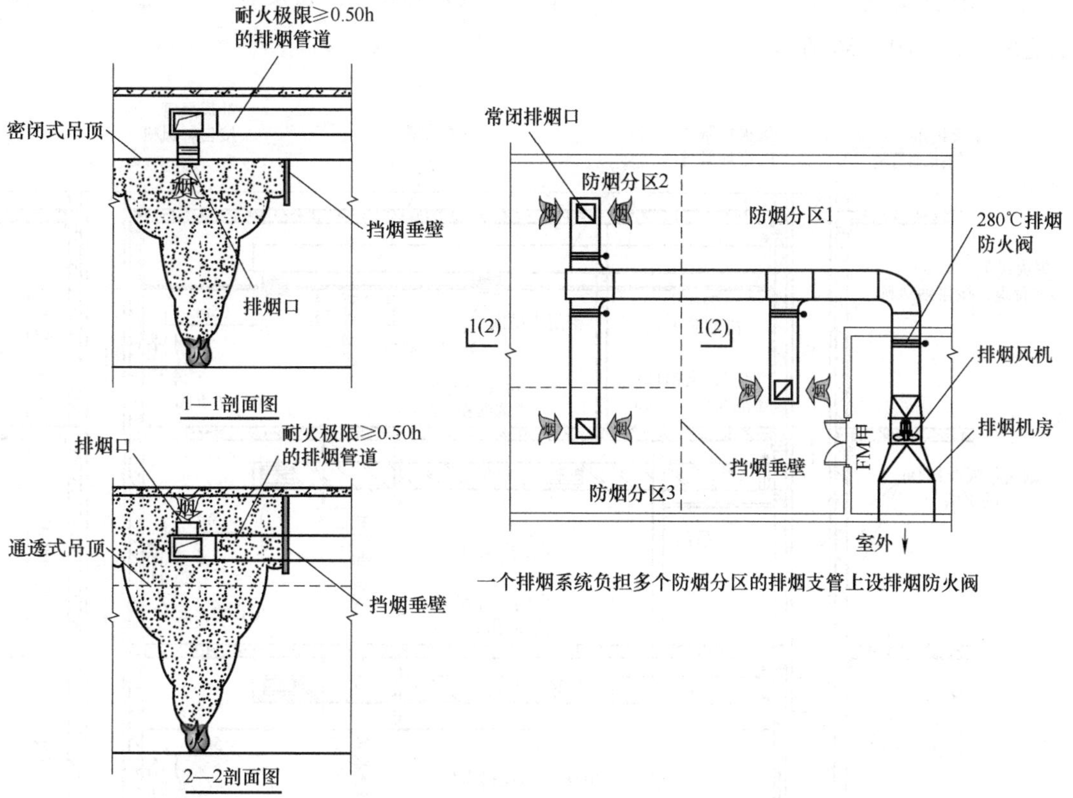

图 5-55 一个排烟系统负担多个防烟分区的排烟支管上设排烟防火阀

实际应用中，根据功能需要，还要设置一些特殊的防火阀，如防烟防火阀和防火调节阀等。防烟防火阀在防火阀的基础上增加了电动或电磁关闭机构，可以接收火灾报警联动信号关闭；防火调节阀可以调节阀门的开度以改变支管风阻，对管道风量进行调节，其他功能和防火阀相同。

5.5 补风系统设计

5.5.1 补风系统设置

建筑火灾是受限空间中的燃烧，产生的烟气通过自然排烟或机械排烟的方式排出建筑，如果没有空气及时补充，则排烟区域的气压将越来越低，最终会导致烟气排出困难或无法排出，因此根据空气流动的原理，必须要有补风才能有效地排出烟气，这是排烟系统也需要设置补风系统的根本原因，特别是在排烟区域外的空气无法及时补充进来的情况下。另外，通过合理设置补风系统，可以形成理想的气体流场，迅速排除烟气，有利于人员的安全疏散和消防人员的进入。因此，除地上建筑的走道或地上建筑面积小于 $500m^2$ 的房间外，设置排烟系统的场所应能直接从室外引入空气补风，且补风量和补风口的风速应满足排烟系统有效排烟的要求，如图 5-56 所示。

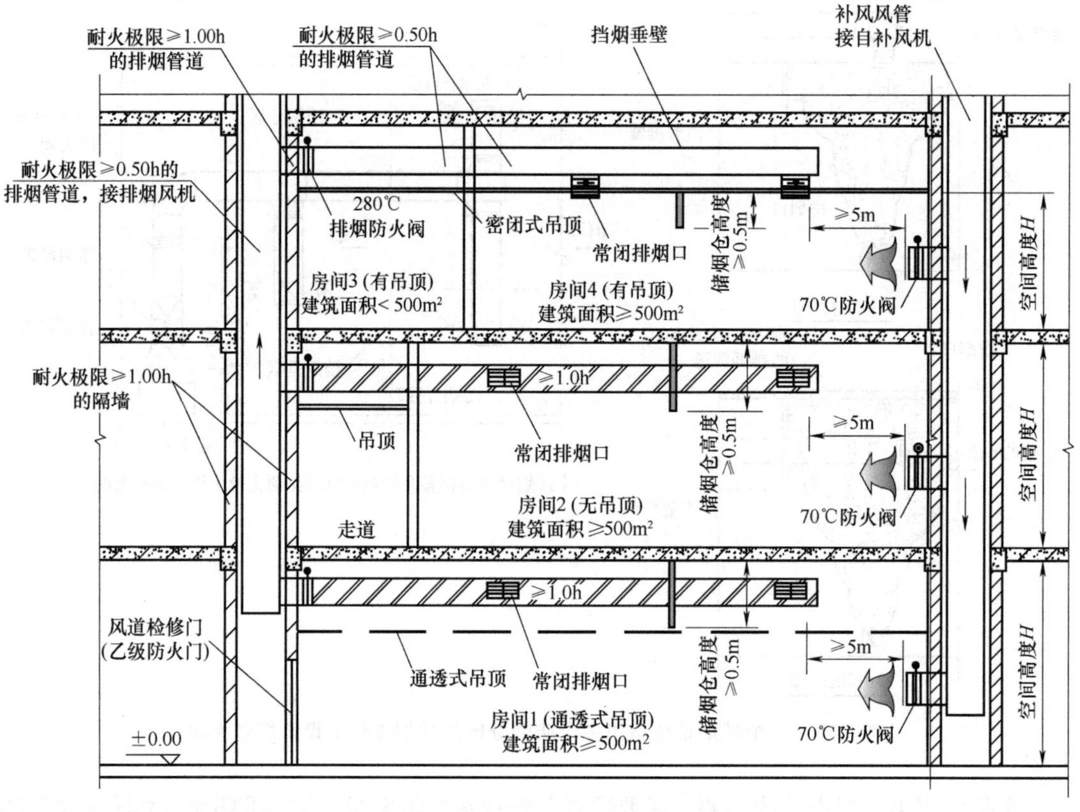

图 5-56 地上建筑设置补风系统的示意图

对于建筑地上部分采用机械排烟的走道、小于 $500m^2$ 的房间，由于这些场所的面积较小，排烟量也较小，可以利用建筑的各种门、窗和缝隙进行补风，这些补风通路一般能够满足排烟系统所需的补风量，因此，为了简便系统管理和减少工程投入，可以不用专门为这些场所设置补风系统。

补风系统可采用疏散外门、手动或自动可开启外窗等自然进风方式以及机械送风方式。防火门、窗不得用作补风设施。风机应设置在专用机房内。

在图 5-56 中的补风系统就采用了机械送风方式，即通过送风机、管井和补风口（阀）将室外新鲜空气吹送入需补风的部位。机械补风系统与前文所介绍的机械加压送风系统在系统组成上非常相似，但功能和设置要求不同。图 5-56 明确图示了只有建筑面积大于 $500m^2$ 的场所才设置补风口，同时还绘出了设置机械补风系统的位置要求。

5.5.2 补风系统设计要求

1. 补风量

补风系统应直接从室外引入空气，补风量应不小于排烟量的 50%，如图 5-57 所示。为

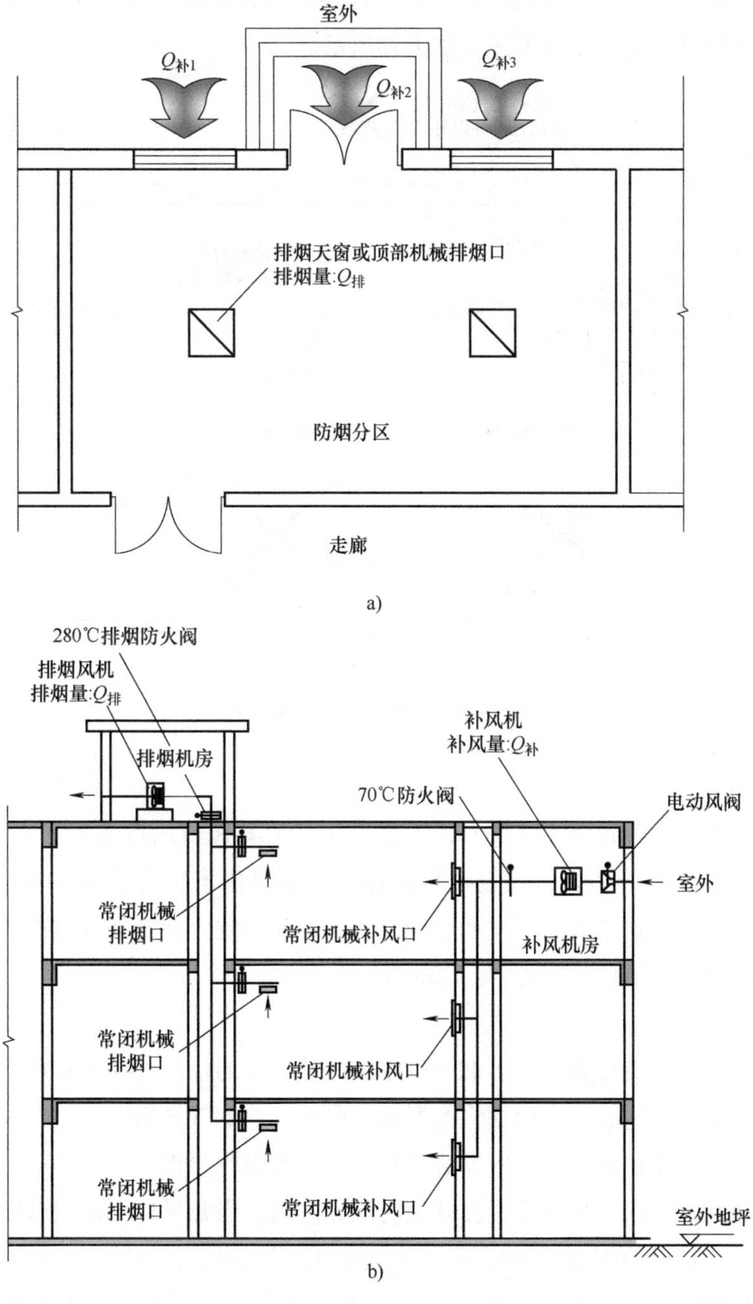

a)

b)

图 5-57 补风量示意图

a) 自然补风（$\sum Q_{补} \geqslant 50\% Q_{排}$） b) 机械补风（$Q_{补} \geqslant 50\% Q_{排}$）

了保证疏散的安全，补充进来的风应该是新鲜的空气，同时，为了保证烟气顺畅地排出，需要补充足够的风量。因此，补风系统不应该像图 5-58 通过内走廊的门、窗将建筑内部空气导入排烟区域，也不能用补风机抽取室内空气再送入排烟区域。补风量的数据是根据实际工程和实验得出的，之所以在一般情况下不需要补充与排烟量相同的风量，主要是考虑由于外界风和火场的热压作用，可以通过建筑其他的对外开口或缝隙自然补充一部分风量，但是，如果排烟区域密闭性很好，则需要适当加大补风量。

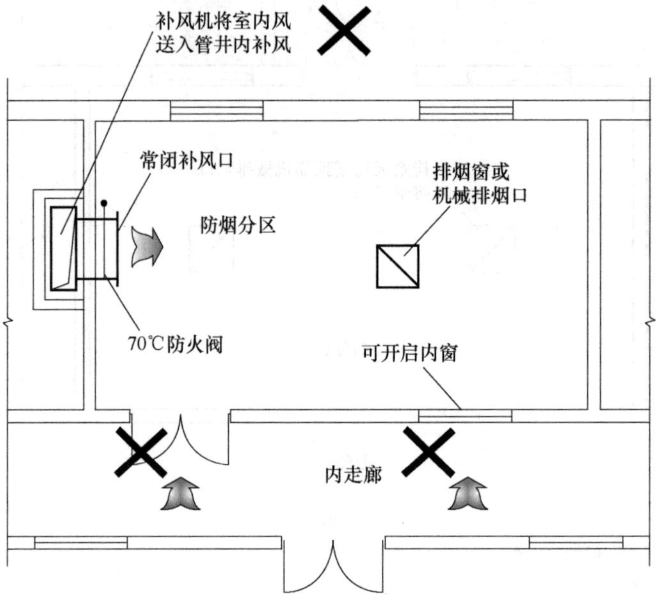

图 5-58　错误的间接补风方式

2. 补风风速

机械补风口的风速不宜大于 10m/s，人员密集场所补风口的风速不宜大于 5m/s；自然补风口的风速不宜大于 3m/s。一般场所机械送风口的风速不宜大于 10m/s。公共聚集场所为了减少送风系统对人员疏散的干扰和心理恐惧的不利影响，规定其机械送风口的风速不宜大于 5m/s，自然补风口的风速不宜大于 3m/s。

3. 补风口

为了形成良好的气流形式以利于烟气的排出，补风口的位置选择非常重要。补风口如果设置位置不当的话，会造成对流动烟气的搅动，严重影响烟气导出的有效组织，或由于补风受阻，使排烟气流无法稳定导出，所以必须对补风口的设置严格要求。在同一空间中，补风口可设置在本防烟分区内，也可设置在其他防烟分区内。当补风口与排烟口设置在同一防烟分区时，补风口应设在储烟仓下沿以下，且补风口应与储烟仓、排烟口保持尽可能大的间距，补风口与排烟口水平距离不应少于 5m，这样才不会扰动烟气，也不会使冷热气流相互对撞，造成烟气的混流；当补风口与排烟口设置在同一空间内相邻的防烟分区时，由于挡烟垂壁的作用，冷热气流已经隔开，故补风口位置不限，如图 5-59 所示。从气流组织和疏散安全的角度考虑，一般来说，将补风口均设置在储烟仓以下是更好的选择。图 5-59 还给出了机械补风系统采用常闭补风口和 70℃防火阀等信息。

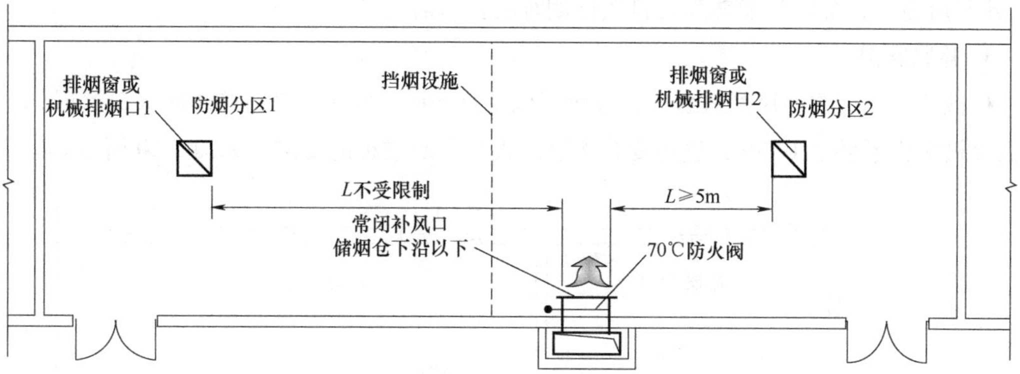

a)

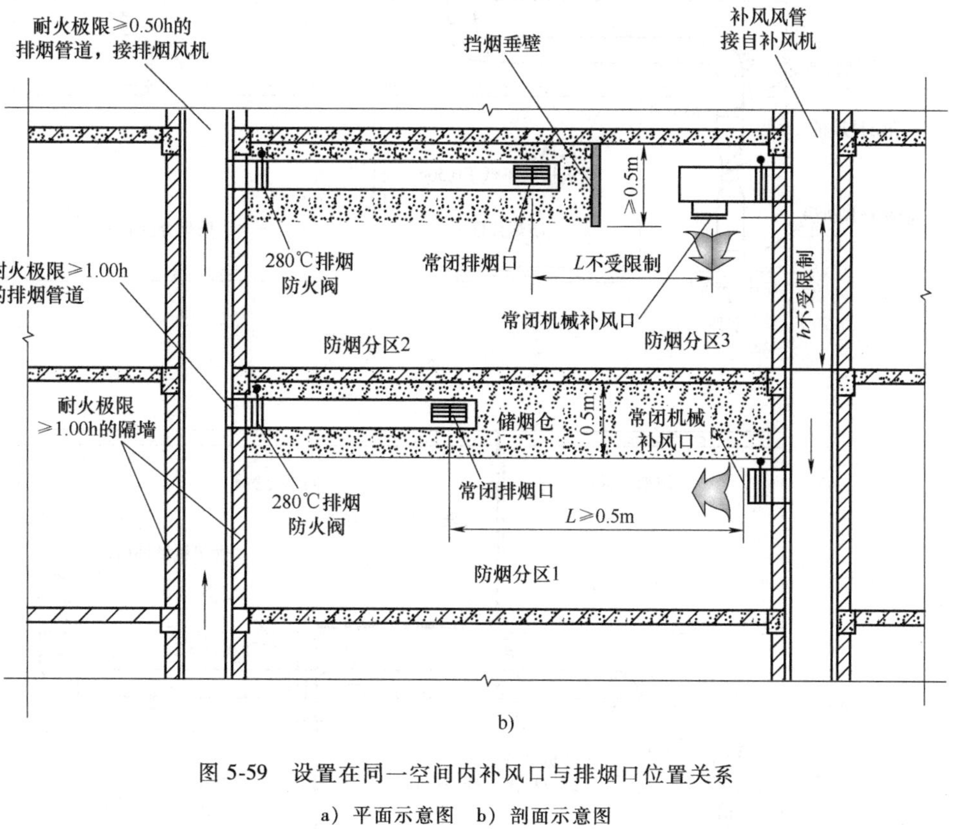

b)

图 5-59　设置在同一空间内补风口与排烟口位置关系

a）平面示意图　b）剖面示意图

补风口的面积大小和数量需要结合补风风速来确定。根据补风风量很容易就可以计算出所需补风口的面积，比如，30000m^3/h 风量的机械系统需要配备至少 15000m^3/h 的补风系统，则机械补风系统的补风口面积至少需要 0.42m^2 或 0.84m^2（人员密集场所）；如果采用自然补风，则补风口的面积至少需要 1.39m^2。但实际上，自然补风口的面积不能简单地采用风量除以风速得到，特别是在自然排烟条件下，因为此时从补风口进来的风速主要取决于火场条件，不一定能达到设计值。严格讲，应该按照火灾规模等参数进行计算。在采用自然排烟的场所，空气流动性一般都比较好，所以尽量在排烟区域的下部留有足够大的补风通路（向外开启的门、窗）就能够满足自然排烟时的补风需要。

4. 补风管道

机械补风系统的补风管道耐火极限应不低于 0. 50h，当补风管道跨越防火分区时，管道的耐火极限应不低于 1. 50h，这主要是参照防火分区对楼板的要求，如图 5-60 所示。

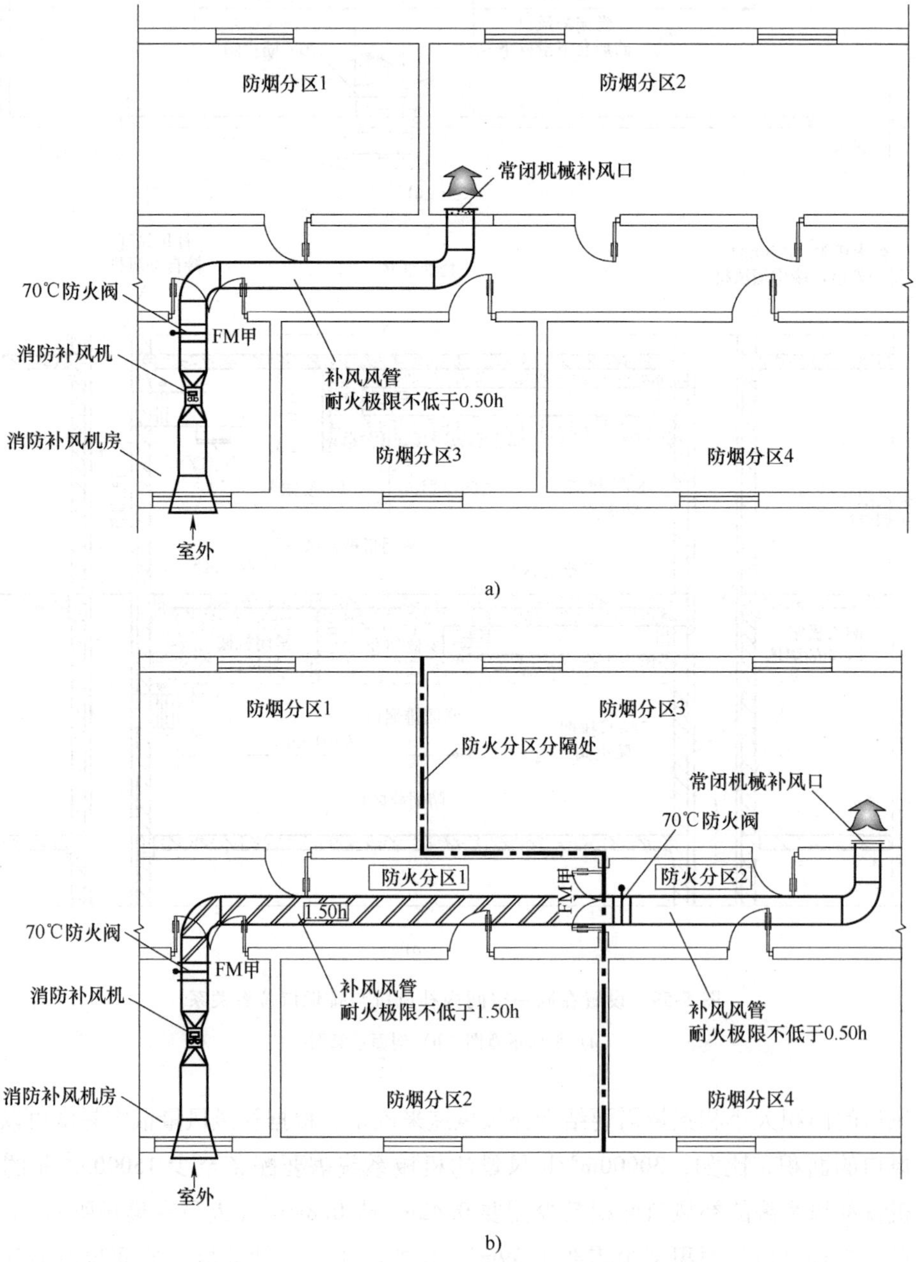

图 5-60　机械补风系统的补风管道耐火极限要求

a）同一防火分区　b）跨越防火分区

在图 5-60b 中，当管道穿越防火分区的分隔处时，按规定还需要设置 70℃ 防火阀，以保证管道系统的安全。

5.6 排烟系统运行与控制

5.6.1 排烟系统设备的组成与联动方式

排烟系统主要由排烟风机、排烟管道、排烟防火阀、排烟口及控制系统组成。当建筑物内发生火灾时，由火场人员手动控制或由感烟探测器将火灾信号传递给防排烟控制器，开启活动的挡烟垂壁将烟气控制在发生火灾的防烟分区内，并打开排烟口以及和排烟口联动的排烟防火阀，同时关闭空调系统和送风道内的防火阀，防止烟气从空调、通风系统蔓延到其他非着火房间，最后由设置在屋顶的排烟风机将烟气通过排烟管道排至室外。

排烟系统设备的联动方式有多种，采取何种方式，主要是由其控制设施来决定的。

（1） 直接联动控制

当某建筑不设消防控制室时，其排烟系统的运行控制主要是把火灾报警信号连到排烟风机控制柜，由控制柜直接启动排烟风机。

（2） 消防控制中心联动控制

当某建筑设有消防控制室时，火灾报警信号通过总线连到消防控制室，由消防控制中心的主机发出相应的指令程序，通过控制模块启动排烟口、排烟风机。

5.6.2 排烟系统的控制程序

建筑火灾发生时，机械排烟系统的快速启动运行，对于人员的疏散起着至关重要的作用，机械排烟系统可以手动启动、火灾探测器联动控制、消防控制室远程控制。火灾发生时，各种消防设施是否联动、联动方式的不同，以及是有人发现火灾还是由火灾监控设施探测到火灾，这些设置的不同，排烟系统的运行方式也就不同。

（1） 不设消防控制室

1） 当火灾现场有人发现火灾发生，可手动开启常闭排烟口，排烟口打开，排烟口与活动挡烟垂壁、排烟风机、空调机等联动，活动挡烟垂壁下降，形成防烟分区，同时空调系统停止运行，排烟风机开启，即可对房间、走廊、中庭等部位进行排烟；此时也可在控制柜上直接开启排烟口和排烟风机使其运行。如果排烟口常开，排烟口与排烟风机无法实现联动运行，只能由感烟探测器直接开启排烟风机，同时启动活动挡烟垂壁，排烟风机联动控制空调系统，使其停止运行，其控制程序如图 5-61 所示。

2） 如果火灾由感烟探测器发现，感烟探测器启动常闭排烟口，排烟口打开，排烟口与活动挡烟垂壁、排烟风机、空调机联动，活动挡烟垂壁下降，形成防烟分区，同时空调系统停止运行，排烟风机开启，即可对排烟部位进行排烟；此时也可在控制柜上直接开启排烟口和排烟风机使其运行，关闭空调系统，其控制程序如图 5-61 所示。

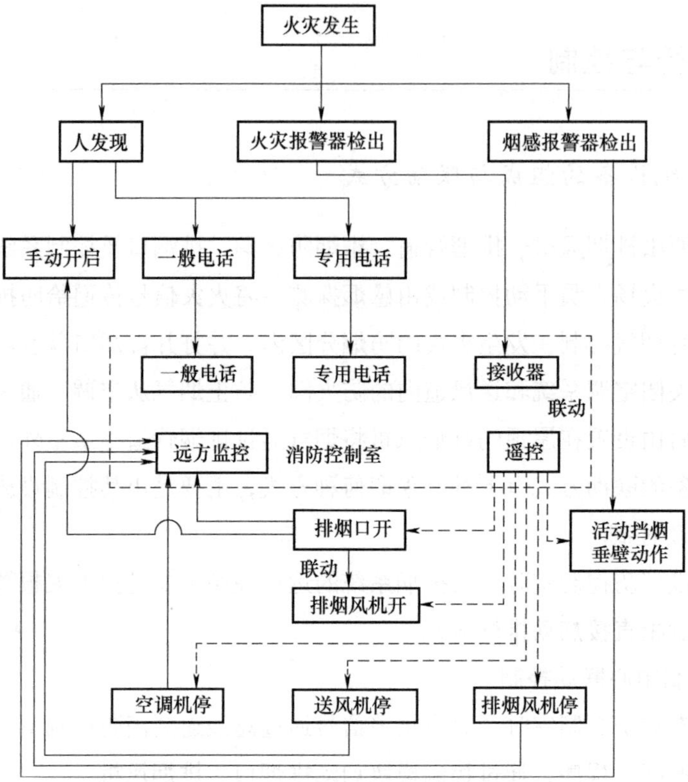

图 5-61　不设消防控制室的机械排烟系统控制程序

如果排烟口常开，排烟口与排烟风机无法实现联动运行，只能由感烟探测器直接开启排烟风机，同时启动活动挡烟垂壁动作，排烟风机联动控制空调系统，使其停止运行。

（2）设消防控制室

1）当有人发现火灾发生，可手动开启排烟口，排烟口打开，其开启信号反馈到消防控制室，消防控制室发出指令程序，关闭空调系统，开启排烟风机，该过程称为排烟口联动控制排烟风机，其控制程序如图 5-62a 所示。当消防控制室接到电话报警或通过监控系统发现火情，可在消防控制室直接开启排烟风机，或开启排烟口，联动控制排烟风机运行，其控制程序也如图 5-62a 所示。

2）如果火灾由火灾探测器发现，火灾探测器将信号反馈到消防控制室，由消防控制室通过联动控制程序开启常闭排烟口、排烟风机，对排烟部位进行排烟，同时关闭空调系统，其控制程序如图 5-62b 所示。

排烟系统运行与控制需注意以下事项：

1）排烟系统应采用消防电源，而且应采用双回路供电，以保证其在火灾紧急情况下正常运行。

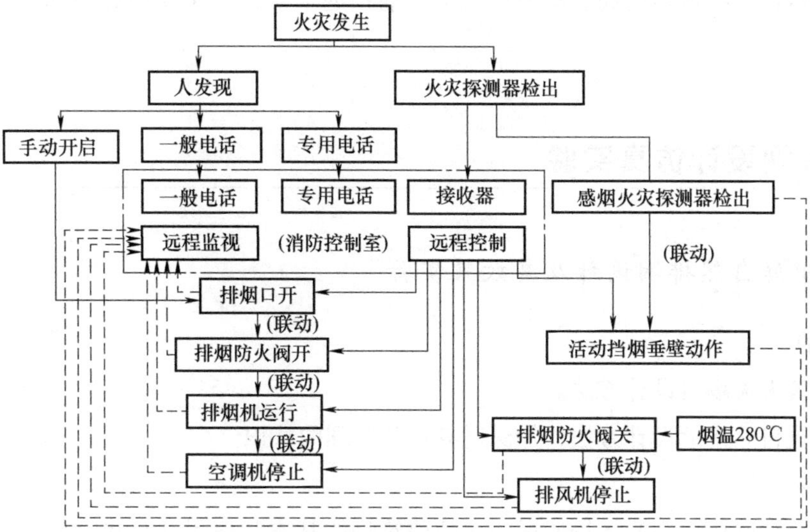

a)

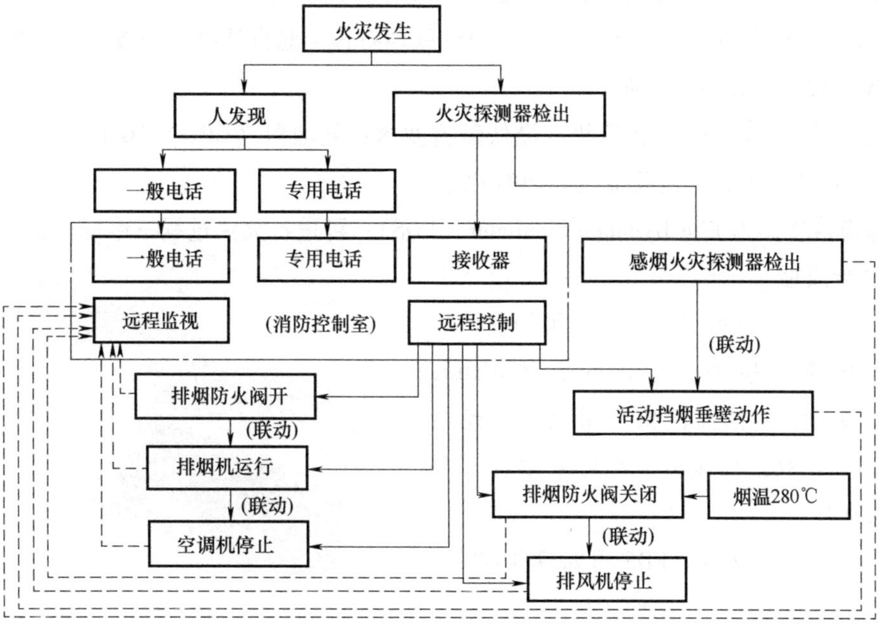

b)

图 5-62　设消防控制室的机械排烟系统控制程序

a）排烟口常闭　b）排烟口常开

2）排烟口要尽量远离机械防烟系统的进风口。

3）排烟口、排烟管道要与可燃物保持一定的距离，以防造成火势蔓延扩大。

4）要根据相关规范的要求，对排烟系统的各零部件及控制设施定期进行检查、维护、更新。

5）保证控制设施处于自动控制状态，特别是与火灾探测器的联动控制。

6）保证排烟口、排烟防火阀、排烟风机与活动挡烟垂壁、防火卷帘等挡烟设施之间动作的协调配合。

5.7 建筑中庭排烟设计仿真实验

5.7.1 建筑中庭自然排烟设计及其效果实验

1. 实验目的

1）掌握建筑火灾场景设计方法。

2）掌握建筑自然排烟设计方法，加深对其设计原理的认识。

2. 实验内容

1）调查某一中庭建筑物的场景情况，包括建筑物的基本几何尺寸和建筑材料，通风口情况，建筑物内可燃物的分布、种类及数量，设计火灾场景。

2）设计该中庭自然排烟系统，利用 FDS 软件对该中庭自然排烟的效果进行分析。

3. 实验仪器、设备及材料

本实验所需设备为 PC 计算机，最低配置要求：处理器（CPU）1GHz Pentium III 及以上，内存 512M 以上，可用硬盘空间 20G 以上。

所需模拟软件为 Fire Dynamic Simulator（FDS）：可进行火灾过程三维场模拟。

4. 实验原理

FDS 是一个可进行火灾过程三维场模拟的软件。它的燃烧模型为混合分数（Mixture Fraction）模型；对湍流模拟可采用大涡模拟（LES）或 k-ε 双方程模型，也可采用直接数值模拟（DNS）。

通过编辑输入文件，FDS 可对建筑结构、火灾荷载分布、建筑开口条件、通风条件等进行任意设置，运行 FDS，最终可获得关于火灾场景的三维仿真结果，如图 5-63 所示。

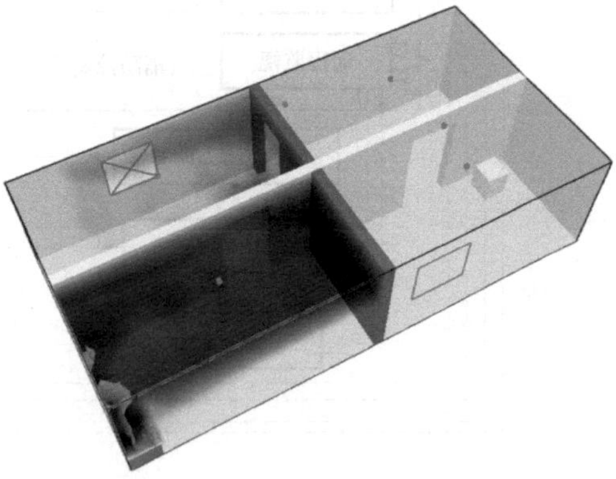

图 5-63　应用 FDS 建立的火灾场景示例

5. 实验步骤

（1）编辑模拟对象中庭

1）创建模拟对象中庭的几何结构。建立网格：单击“Meshes”，建 28m（长）×24m（宽）×9m（高）网格区域，cell 取为 0.3m，如图 5-64 所示。

2）建立展览厅中庭结构。点选 2D View 模式，单击“draw a wall obstruction”，如图 5-65 所示，画出中庭结构。中庭尺寸为 28m（长）×24m（宽）×9m（高）。

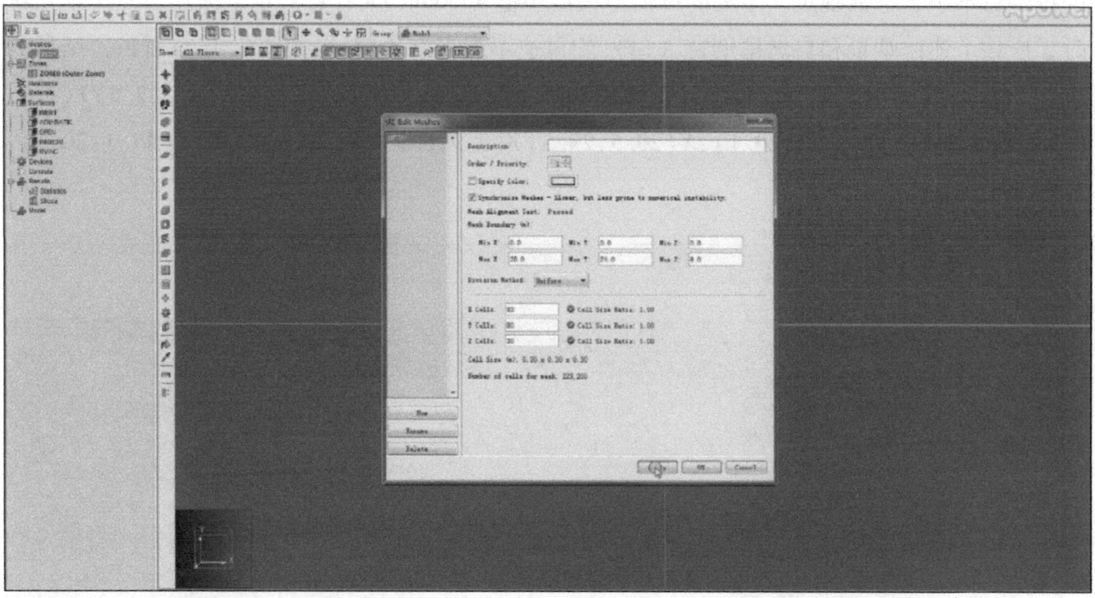

图 5-64 中庭结构网格建立步骤

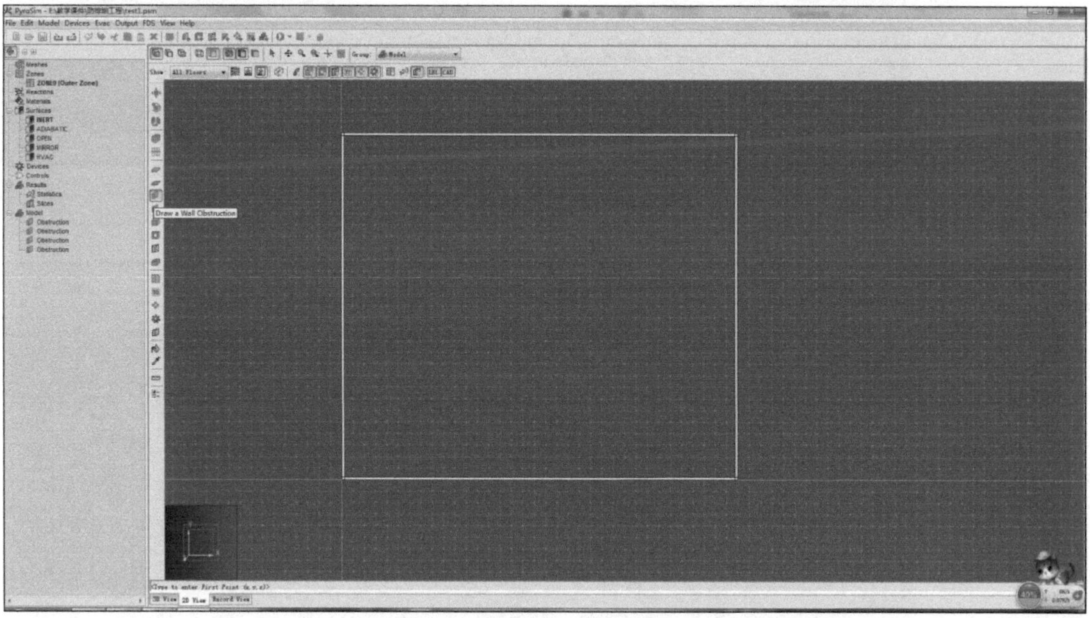

图 5-65 中庭结构墙体建立步骤

3）设置火源。双击 Surfaces，设置 burner，热释放速率（无喷淋的中庭）为 4.0MW，火源面积为 $9m^2$，计算得到单位面积热释放速率为 $444.44kW/m^2$。在 reaction 中选择火源燃料 heptane，如图 5-66 所示。勾选预测 CO 浓度。选择 vent，属性为 fire，位置放在中庭中心。Vent 坐标为 $X(12.6,15.6)Y(10.5,13.5)$。

4）设置自然排烟口。假设中庭周围场所不需设置排烟系统，回廊设置排烟系统，回廊的排烟量不小于标准规定，中庭的排烟量按最小值40000m^3/h计算。中庭采用自然排烟系统时，应按上述排烟量和自然排烟窗（口）的风速不大于0.4m/s计算有效开窗面积，结果为至少28m^2。在该中庭模型中设置4个面积9m^{2}的排烟口，位置分别为：$X(4.5,7.5)Y(3.9,6.9)$、$X(4.5,7.5)Y(17.1,20.1)$、$X(20.5,23.5)Y(3.9,6.9)$、$X(20.5,23.5)Y(17.1,20.1)$，如图5-67所示。

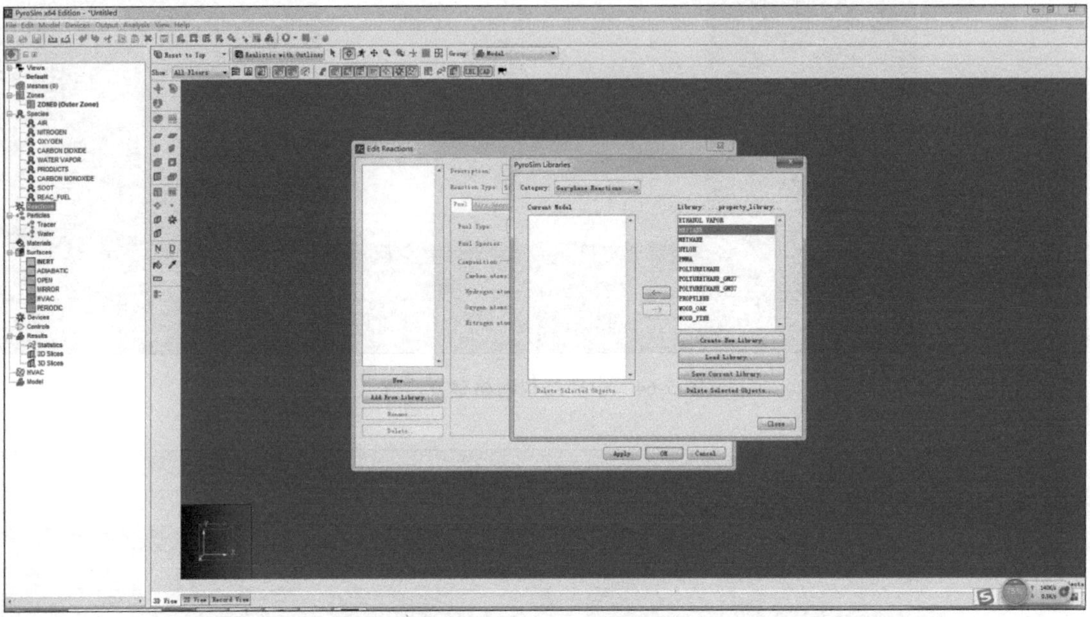

图 5-66　火源燃料选择步骤

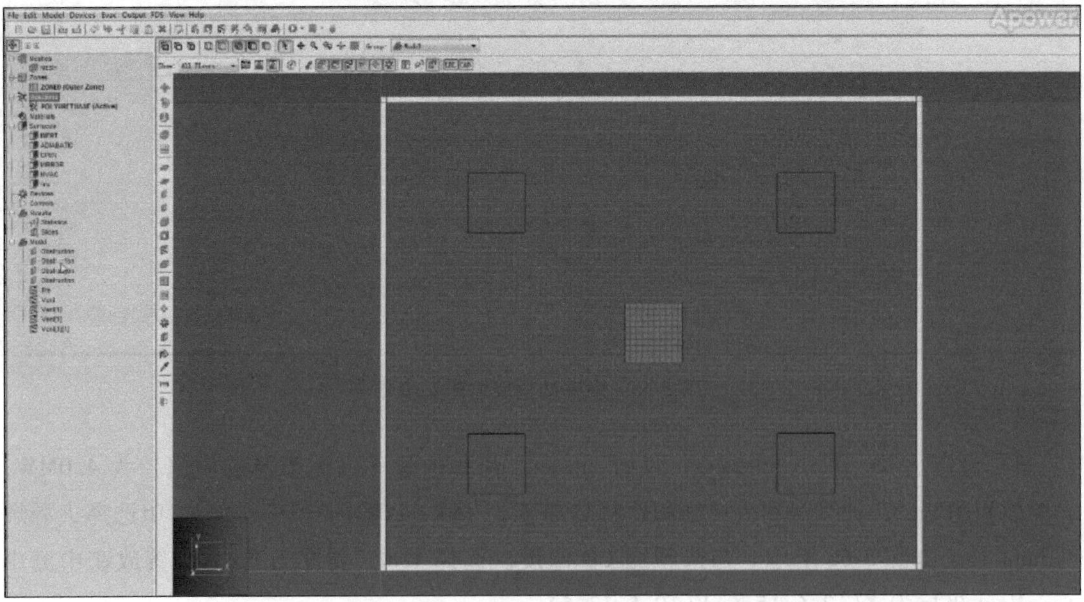

图 5-67　排烟口设置示意图

（2）编辑测量点和运行过程控制参数

设置测量参数。在人员运动安全高度（距离地面 2m）处，设置温度、CO 浓度和能见度的 Slices，如图 5-68 所示。在 X9.0m Y8.0m 处设置 Devices 中 New layer zoning device，测量烟气层高度，如图 5-69 所示。

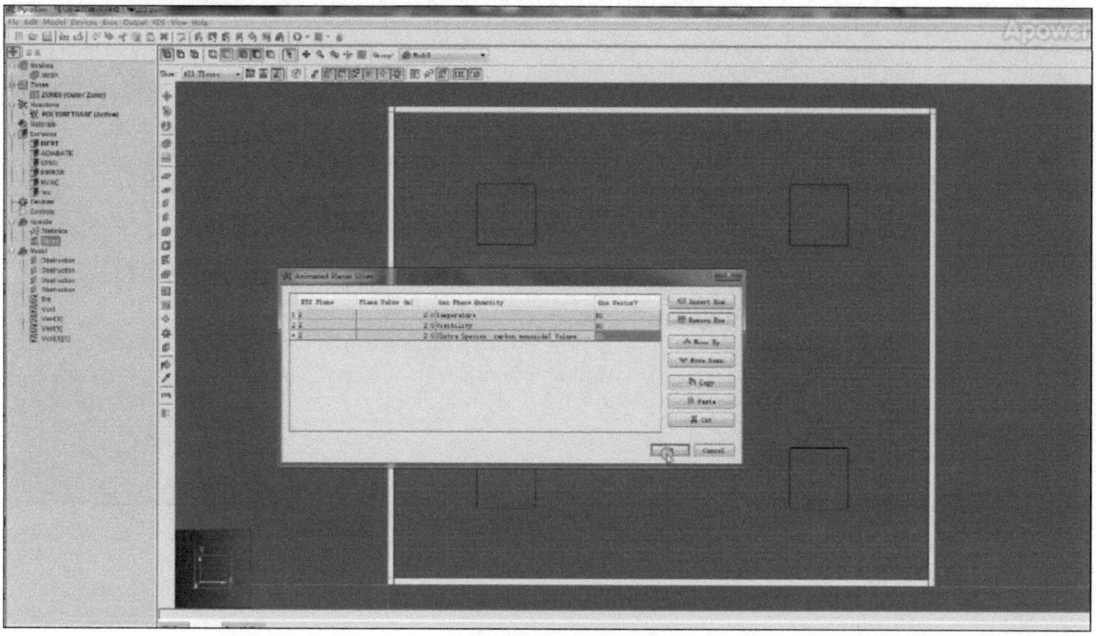

图 5-68 切片设置步骤

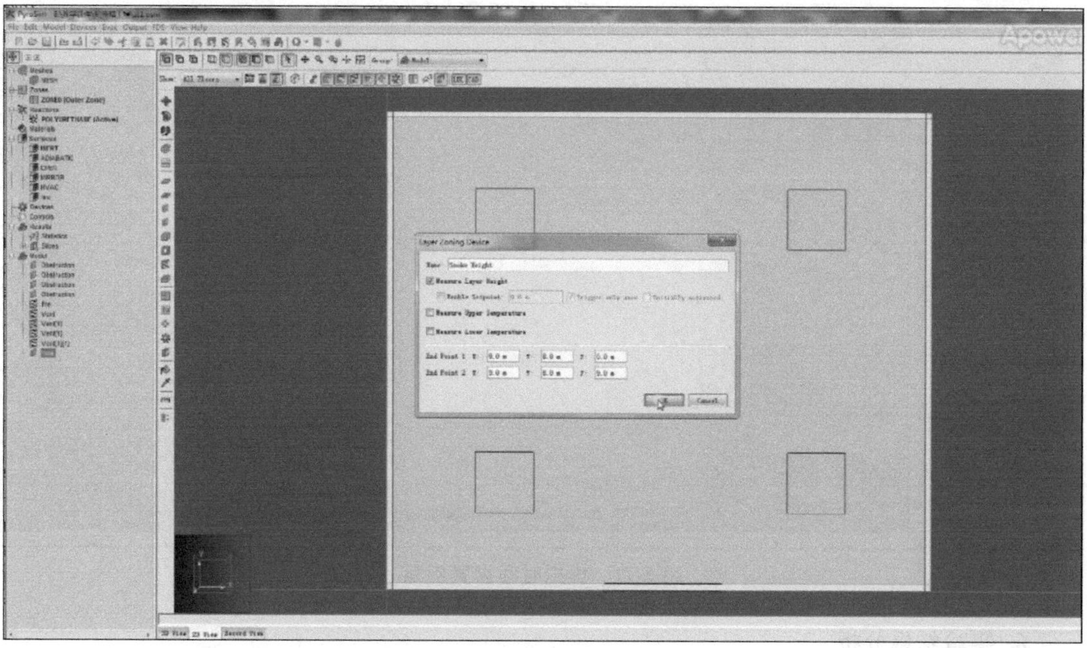

图 5-69 烟气测量装置设置步骤

设置门洞、外界边界为“Open”。在外边墙上开设6m长、高2.4m、宽0.3m的门洞。Hole位置坐标为$X(11,17)$、$Y(0,0.3)$、$Z(0,2.4)$，如图5-70所示。

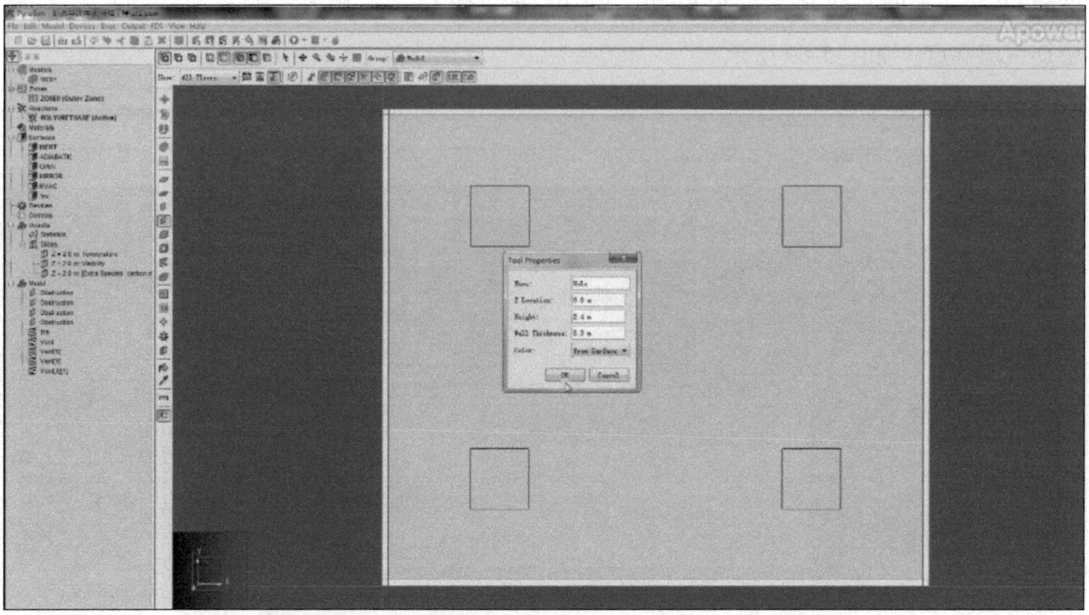

图5-70　门洞设置步骤

设置模拟时间360s，如图5-71所示。

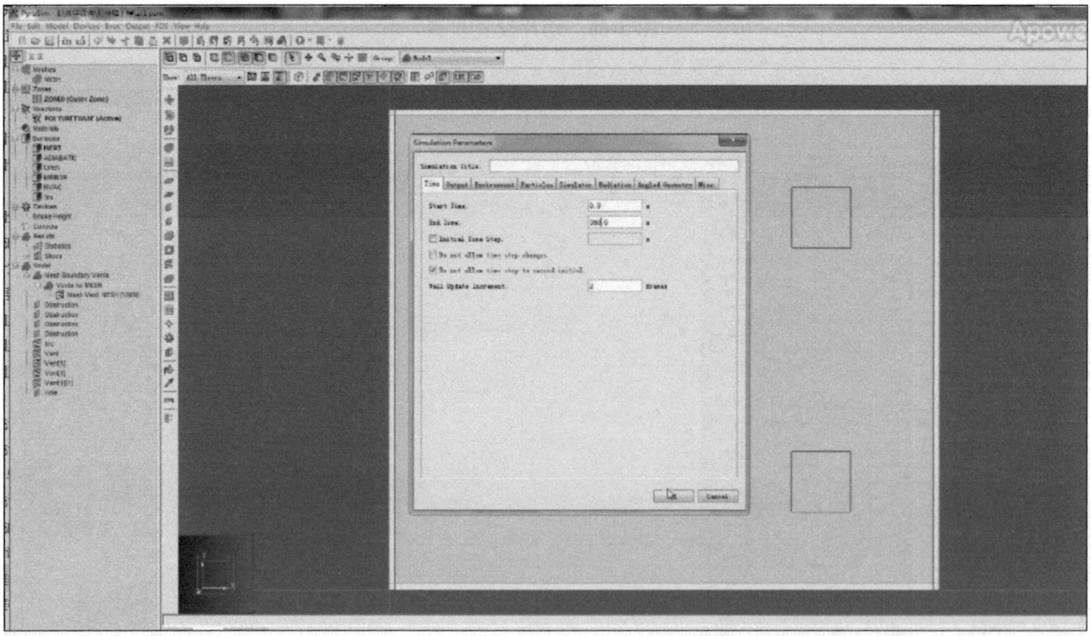

图5-71　模拟时间设置步骤

6. 实验结果分析

利用SmokeView查看模拟结果，观察烟气流动情况，绘制火羽流及烟气的三维图像；观察温度、CO 浓度、能见度的变化情况，绘制二维切片图；观察烟气层厚度变化情况，绘制烟气层-时间曲线图。

图 5-72 为自然排烟 300s 时烟气温度分布云图，由此图可知靠近火源处温度最高，可达到 90℃；门洞处室外空气稀释烟气使其他地方温度降低，最低温度接近室温 20℃。

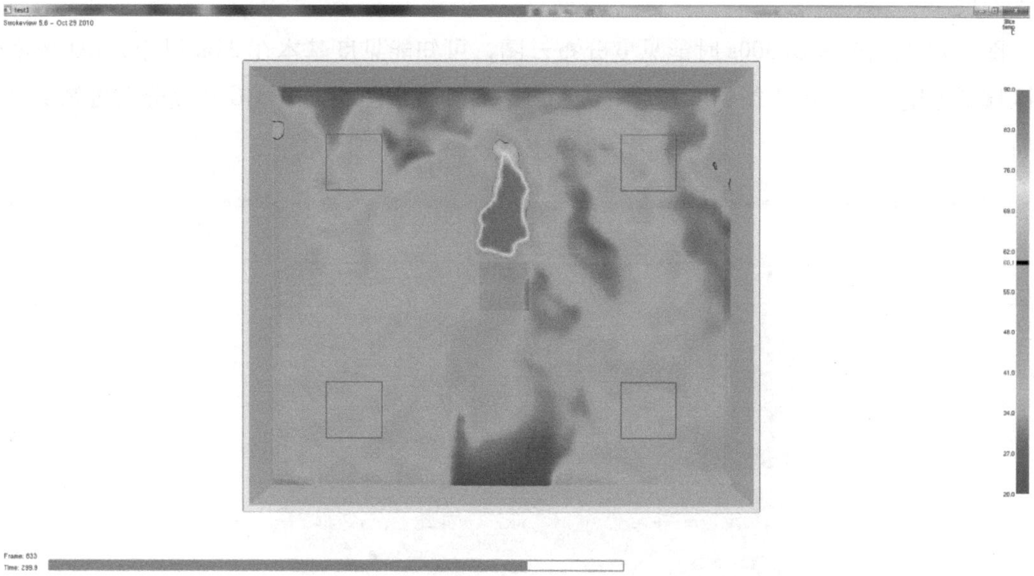

图 5-72 自然排烟 300s 时烟气温度分布云图

由图 5-73 可知，中庭整体小于 4.5×10^{-6}mol/mol 且分布较为均匀，小部分区域 CO 较为

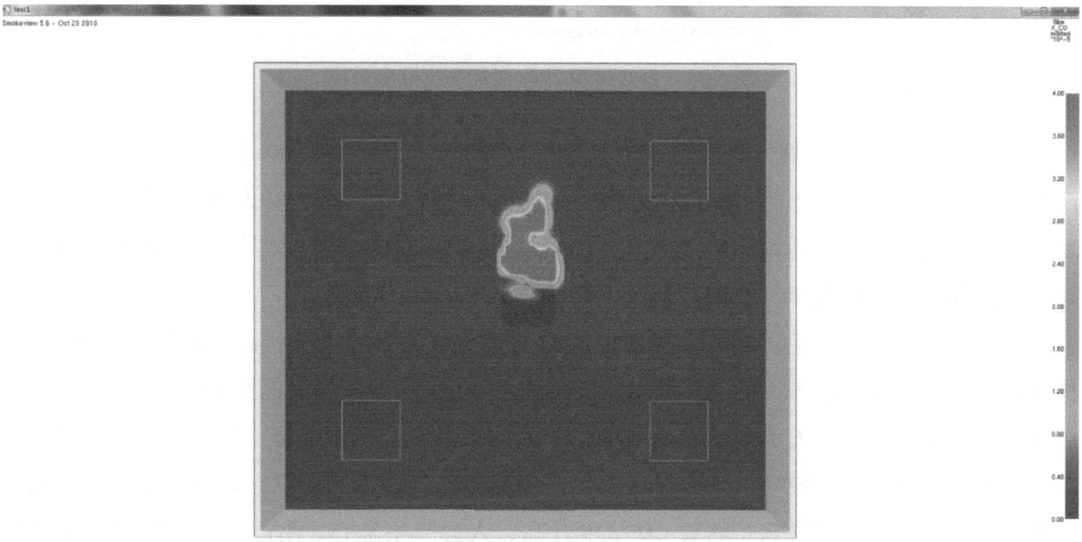

图 5-73 自然排烟 300s 时 CO 浓度分布云图

集中。由于门洞的通风作用，着火中庭与室外形成热压差，中庭内的烟气与室外空气相互流动，空气从门的中性面以下进入，靠近门洞范围的 CO 浓度最低，云图呈现蓝色，空气流动将火源产生的火焰及烟气吹向下风向，所以偏离火源中心的 Y_{max} 方向 CO 浓度最高，可达到 1.5×10^{-5}mol/mol，云图呈现红色。烟气在水平方向向两侧流动，靠近墙体两侧的 CO 浓度呈中等浓度。

图 5-74 为自然排烟 300s 时能见度分布云图，可知能见度基本在 24m 以上，CO 浓度较高区域能见度较低。因为能见度与烟气流动方向有关，由图 5-73 中 CO 浓度分布可知烟气流动特性。

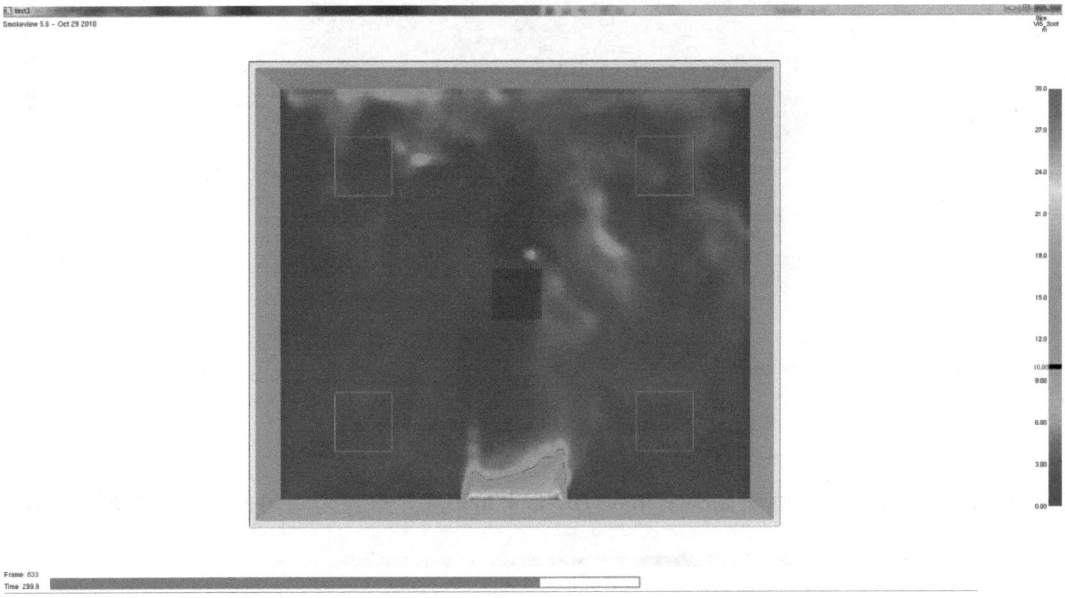

图 5-74　自然排烟 300s 时能见度分布云图

观察图 5-75 可知：烟气首先迅速上升到中庭顶部 9m 处，0～100s 区域下降较快，而后缓慢下降，最后维持在 1.7～2m 高度范围浮动。300s 前出现一次波峰为 3m。说明火灾发生后，产生的热烟气向上运动，直至建筑的上部，随着时间的增加，烟气逐渐增多，慢慢积累，导致烟气层逐渐加厚。后期，烟气下降维持至 1～2m 的高度。

综上，中庭火灾发生后烟气主要由中间向两侧流动，蔓延十分迅速。300s 内 CO 浓度、温度都会达到较高的水平，能见度也会相应降低。虽有自然排烟窗的作用，但 110s 后烟气层界面高度就会下降到人员运动安全高度，对人的生命安全产生威胁。从烟气波动特性可看出，自然排烟的速度比较慢，受到风压、热压等自然条件因素的影响，对于火灾通风不利且对人员安全疏散有一定影响。随着 CO 浓度升高，人会产生恶心、呕吐等不良反应甚至窒息死亡，出现不良反应后人不能及时逃离，热烟气也会灼伤人的呼吸道，且高温会使人脱水。因此火灾发生时一定要充分利用有限的安全疏散时间。

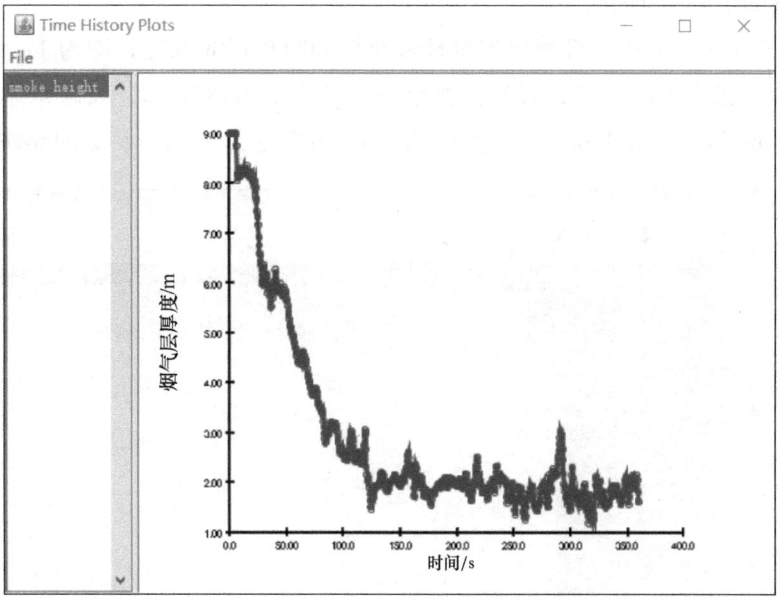

图 5-75 自然排烟烟气层-时间曲线图

5.7.2 建筑中庭机械排烟设计及其效果实验

1. 实验目的

1）掌握建筑中庭机械排烟设计方法，加深对其设计原理的认识。

2）认识机械排烟与自然排烟中烟气流动异同点。

2. 实验内容

1）调查某一中庭建筑物的场景情况，包括建筑物的基本几何尺寸和建筑材料，通风口情况，建筑物内可燃物的分布、种类及数量，设计火灾场景。

2）设计该中庭机械排烟，利用 FDS 软件对该中庭机械排烟效果进行分析。

3. 实验仪器、设备及材料

本实验所需设备与建筑中庭自然排烟设计及其效果实验一致。

4. 实验原理

机械排烟是利用电能产生的机械动力迫使室内的烟气和热量及时排出室外的一种方式。该方法的优点是排烟效果稳定，受外界环境影响较小，能有效地保证疏散通道的安全，使烟气不向其他区域扩散。

5. 实验步骤

（1）编辑机械排烟建筑中庭

与建筑中庭自然排烟设计及其效果实验中创建模拟对象中庭的几何结构步骤一致，建 28m（长）×24m（宽）×9m（高）的中庭，其中，cell 取为 0.3m。同样，设置火源热释放速率为无喷淋的中庭 4.0MW。

1）设置机械排烟风速。机械排烟量按最小值 40000m^3/h 取定，即为 11.11m^3/s；每个排风口的速度不超过 7m/s。所以设置的排烟口尺寸为 1.5m×1.2m，风速为［10.08/(1.5×1.2)］m/s=5.6m/s。双击 Surfaces，设置 exhaust，速度设为 5.6m/s，如图 5-76 所示。

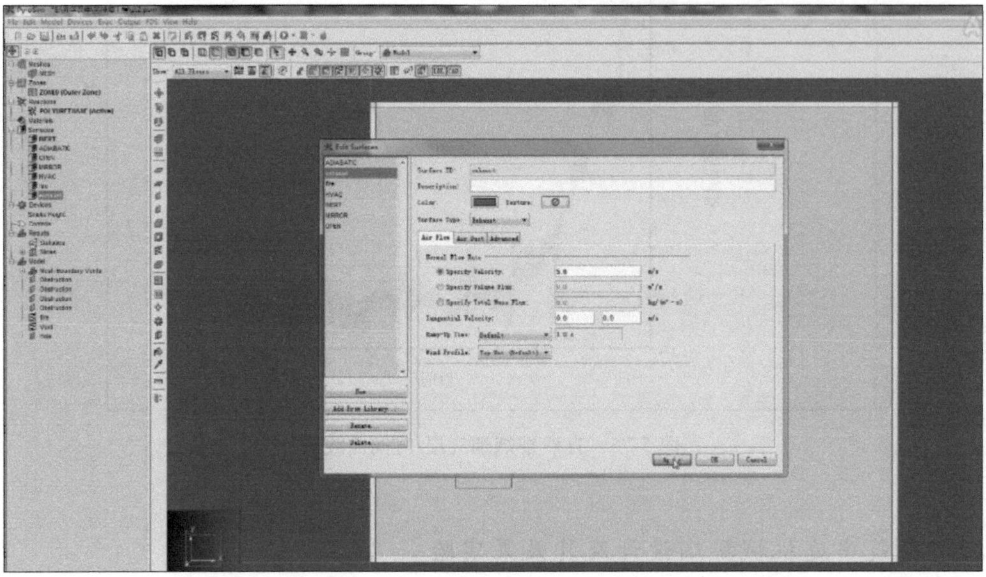

图 5-76　机械排烟风速设置步骤

2）设置机械排烟口。在 X(13.2,14.7) Y(18.0,19.2) 处设置 vent，属性为 exhaust，如图 5-77 所示。

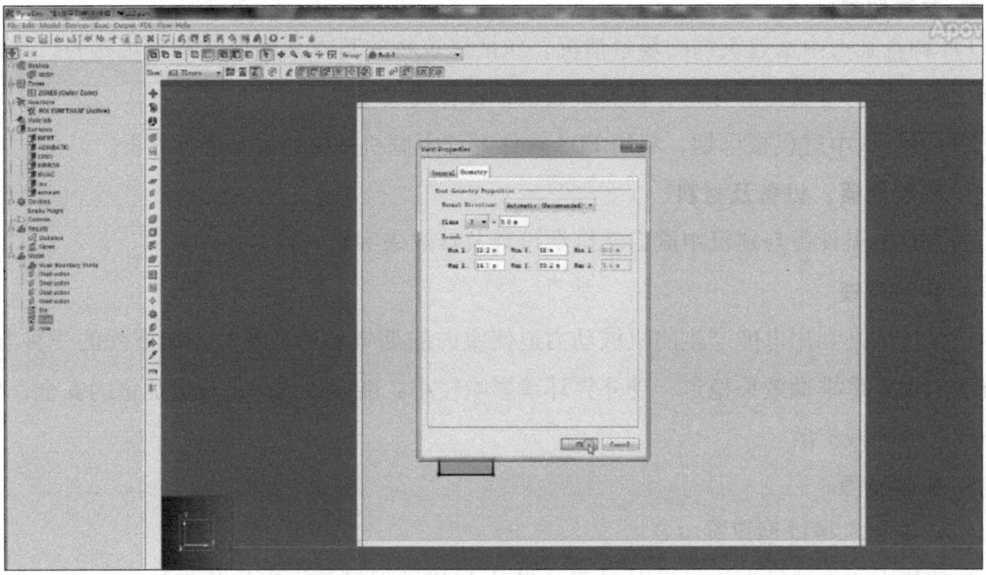

图 5-77　机械排烟口设置步骤

（2）编辑测量点和运行过程控制参数

与建筑中庭自然排烟设计及其效果实验步骤一致，在人员运动安全高度（距离地面2m）处，设置温度、CO 浓度和能见度二维切片，设置烟气层厚度测量点。设置运行时间为360s，外面环境参数选择默认值。

6. 实验结果分析

利用 SmokeView 查看模拟结果，观察烟气流动情况，绘制火羽流及烟气的三维图像；观察温度、CO 浓度、能见度变化情况，绘制二维切片图；观察烟气层厚度变化情况，绘制烟气层-时间曲线图。

观察烟气温度分布图 5-78 可知，300s 时整个中庭的烟气温度基本高于 80℃，火源处温度高达 95℃以上。

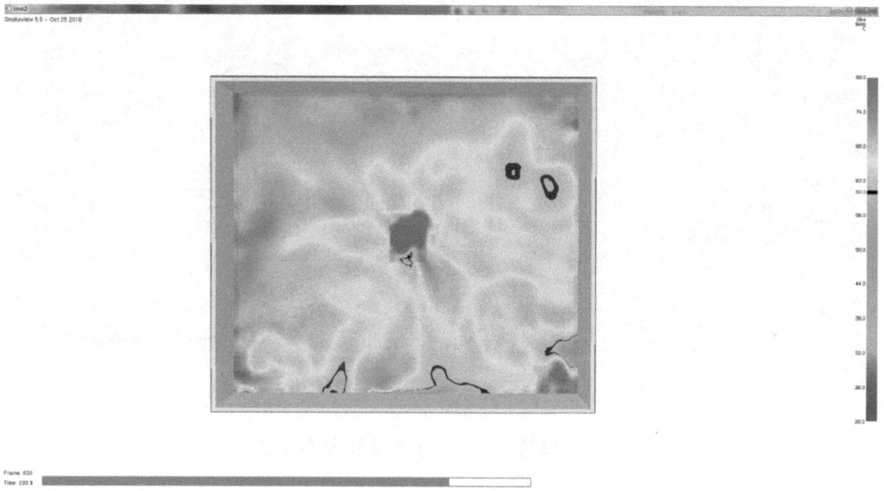

图 5-78　机械排烟 300s 时烟气温度分布云图

图 5-79 为机械排烟 300s 时 CO 浓度分布云图，由图可知：CO 浓度在火源及四周墙壁附

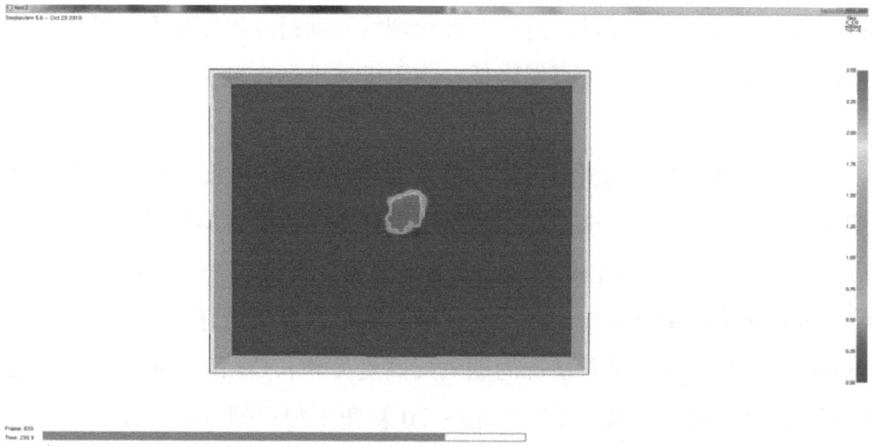

图 5-79　机械排烟 300s 时 CO 浓度分布云图

近较高。这是因为 CO 由可燃物不完全燃烧产生，采用机械排烟时室内处于负压状态，燃烧进行到 300s 时氧气比较缺乏，烟气向排烟口汇聚。因此，机械排烟情况下的中庭中的 CO 浓度普遍比自然排烟情况下的 CO 浓度高。

由图 5-80 可知，火源与墙壁处能见度最低，排烟口周围的能见度最高，大部分区域能见度为 6~9m。火源处产生大量烟气，一部分沿顶棚扩散至中庭四周的墙壁，导致能见度较低，且可发现低于自然排烟的情况。

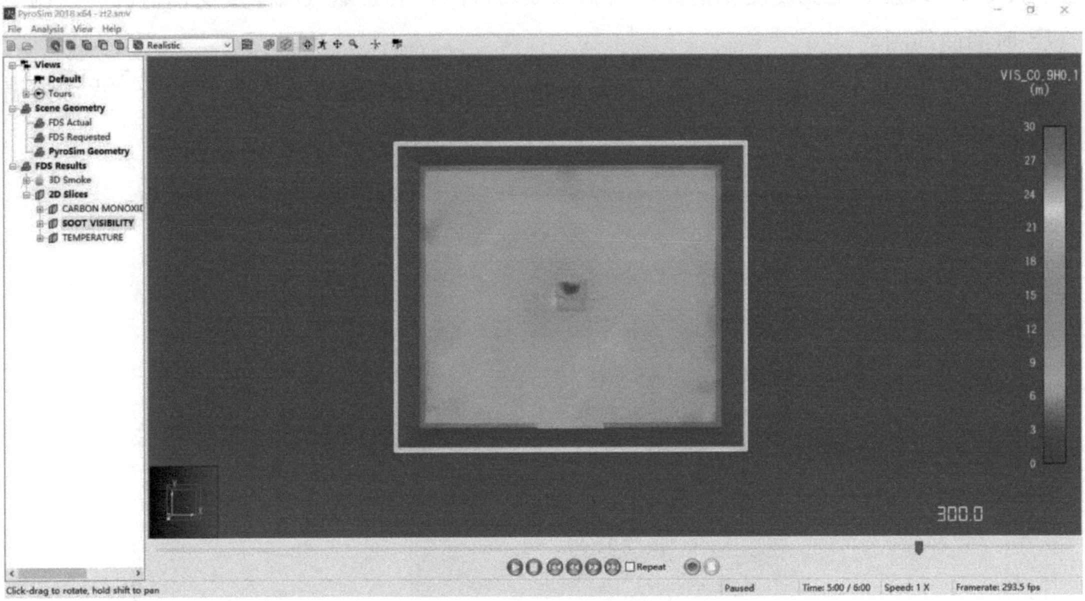

图 5-80　机械排烟 300s 时能见度分布云图

图 5-81 为机械排烟烟气层-时间曲线变化图，由图可知，起火后烟气立即上升到中庭顶部 9m 处。因为刚着火时空气与高温烟气混合密度减小，受到浮升力作用向上流动到达顶棚并开始累积，随后在 0~50s 内下降较快，表示烟气层厚度增加；后面下降速率有所减慢，最后维持在 1~2m 高度小范围浮动，这时一部分烟气流动通过机械排烟口排向室外，另一部分烟气继续累积，烟气层界面高度慢慢降低，由于机械排烟口风速稳定不变，所以烟气层下降较为均匀。

综上，机械排烟烟气主要向机械排烟口汇集，300s 时 CO 浓度、能见度和温度云图不同于自然排烟情况火源和排烟口围绕中心呈环状层层分布，机械排烟烟气蔓延速度快且分布范围广，CO 浓度、温度更高，能见度却较低，那是因为只设置了一个机械排烟口。但是机械排烟的烟气层界面下降速率却较慢，表明火灾时机械排风效果更好。

对比自然排烟和机械排烟两种情况的烟气层高度发现：CO 浓度分布、烟气温度、烟气层厚度随时间下移情况基本一致；不同的是在 3D 视角下观看烟气发展过程，对比发现同样发展到第 300s 时，机械排烟的 CO 浓度、能见度、烟气浓度都高于自然排烟，说明机械排烟效果更好。机械排烟的烟气的发展速度高于自然排烟是因为自然排烟是利用现成的窗子自然往外散烟，这容易受到建筑周围环境条件（室内外的热压、风压及风速、风向位置等）的限制，而机械排烟在顶棚设置排烟口，靠机械动力将烟气排出，稳定可靠、速率较高，在发生火灾时风机启动从排烟口抽烟，同时在着火区形成负压，防止烟气向其他区域蔓延，排烟效果更好。

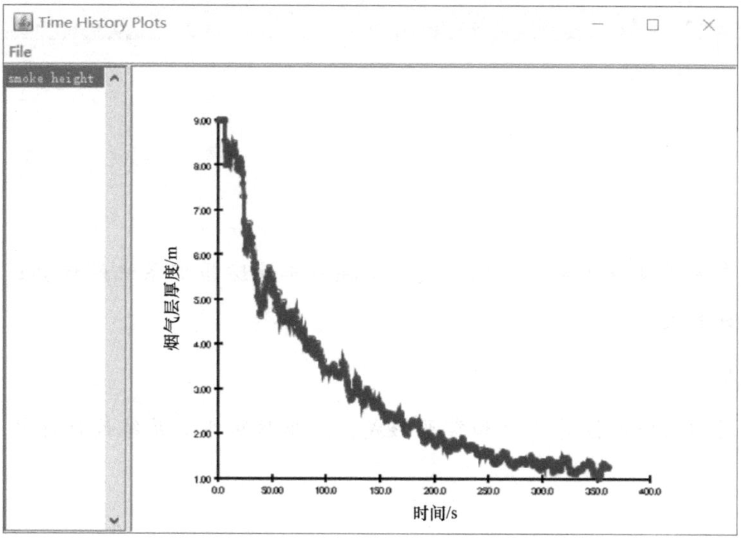

图 5-81　机械排烟烟气层-时间曲线图

复　习　题

1. 简述国内外建筑的排烟方式。
2. 自然排烟量如何确定?
3. 机械排烟量如何计算?
4. 简述机械排烟系统的设计要求。

第 5 章练习题

扫码进入小程序，完成答题即可获取答案

第6章 汽车库防排烟系统设计

教学要求

熟悉汽车库通风排烟系统常见形式；掌握汽车库防排烟系统的计算；掌握汽车库防排烟的设计要求

重点与难点

汽车库排烟系统的设计要求和常见形式，汽车库防排烟系统设计计算

汽车库是指停放由内燃机驱动且无轨道的客车、货车、工程车等汽车的建筑物。汽车库中流动或停放的车辆排放尾气中，带有铅、CO、氮氧化合物等成分，不仅影响车库中的空气质量，而且会危害人体健康，因此必须有日常通风换气。汽车库发生火灾时会产生大量浓烟及有毒气体，这些物质如果不迅速排出极易造成人员伤亡，因此，设置排烟系统也很重要。随着新能源汽车产业的发展，新建汽车库需配置10%~20%的新能源充电车位。目前电动汽车主要使用锂离子电池，而锂离子电池在使用中容易产生过充、短路、热冲击、穿刺等现象，导致发生火灾、其火灾危险性比燃油车更高，且火灾灭火时间较长。因此对于承接了新能源汽车的汽车库，有必要进行消防改造升级，进行防排烟设计。

6.1 汽车库防排烟设置方式

6.1.1 汽车库防排烟设计原则

汽车库分类通常有以下五种：

1）按照停车（车位）数量和总建筑面积将汽车库分为Ⅰ、Ⅱ、Ⅲ、Ⅳ四类，见表6-1。

2）按照高度划分为地下汽车库、半地下汽车库、单层汽车库、多层汽车库和高层汽车库。

3）按照提车方式的机械化程度划分为机械式立体汽车库、复式汽车库、普通车道式汽车库。

4）按照汽车坡道形式划分为楼层式汽车库、斜楼板式汽车库（即汽车坡道与停车区同在一个斜面）、错层式汽车库（即汽车坡道只跨越半层车库）、交错式汽车库（即汽车坡道跨越两层车库）、采用垂直升降机作为汽车疏散的汽车库。

5）按照围封形式划分为敞开式汽车库、封闭式汽车库。

表 6-1 汽车库分类

汽车库类别		Ⅰ	Ⅱ	Ⅲ	Ⅳ
分类标准	停车数量/辆	>300	151～300	51～150	≤50
	总建筑面积 S/m^2	$S>10000$	$5000<S\leqslant10000$	$2000<S\leqslant5000$	$S\leqslant2000$

注：1. 当屋面露天停车场与下部汽车库共用汽车坡道时，停车数量应计算在汽车库的车辆总数内。
2. 室外坡道、屋面露天停车场的建筑面积可不计入汽车库的建筑面积之内。
3. 公交汽车库的建筑面积可按本表的规定值增加 2.0 倍。

除敞开式汽车库、建筑面积小于 $1000m^2$ 的地下一层汽车库外，汽车库应设置排烟系统，并应划分防烟分区。防烟分区的建筑面积不宜大于 $2000m^2$。与普通建筑防烟分区划分方法类似，汽车库的防烟分区可采用挡烟垂壁、隔墙或从顶棚下凸出不小于 0.5m 的梁划分，也不能跨越防火分区。汽车库防火分区的最大允许建筑面积符合表 6-2 的规定。其中，敞开式、错层式、斜楼板式汽车库的上下连通层面积应叠加计算，每个防火分区的最大允许建筑面积应不大于表 6-2 规定的 2.0 倍；室内有车道且有人员停留的机械式汽车库，其防火分区最大允许建筑面积应按表 6-2 的规定减少 35%。设置自动灭火系统的汽车库，其每个防火分区的最大允许建筑面积应不大于表 6-2 规定的 2.0 倍。甲、乙类物品运输车的汽车库的每个防火分区最大允许建筑面积不应大于 $500m^2$。

表 6-2 汽车库防火分区的最大允许建筑面积（单位：m^2）

耐火等级	单层汽车库	多层汽车库、半地下汽车库	地下汽车库、高层汽车库
一、二级	300	2500	2000
三级	1000	不允许	不允许

建筑面积小于 $1000m^2$ 的地下一层和地上单层汽车库，其汽车坡道可直接排烟，且不大于一个防烟分区，故可不设排烟系统。但汽车库内最远点至汽车坡道口不应大于 30m，否则自然排烟效果不好。对于敞开式汽车库四周外墙敞开面积达到一定比例，本身就可以满足自然排烟效果。但是，对于面积比较大的敞开式汽车库，应该整个汽车库都满足自然排烟条件，否则应该考虑排烟系统。

汽车库排烟系统依然可采用自然排烟方式或机械排烟方式，特殊之处在于机械排烟系统可与人防、卫生等的排气、通风系统合用。目前，一些建筑，特别是住宅小区地下汽车库的设计，从节能、环保等方面考虑，以半地下汽车库（一般汽车库顶板高出室外场地标高 1.5m）的形式营造自然通风、采光的良好停车环境，通过侧窗及大量顶板开洞方式，达到建筑与自然景观的充分融合。在这种情况下，若依然采用机械排烟方式，不仅造成浪费，火灾时顶板洞口边的所有风管的排烟效果都会大打折扣，而通过大量的顶板洞口进行自然排烟，不仅安全可靠而且也符合“有条件时应尽可能优先采用自然排烟方式进行烟控设计”的原则。因此，面积大于1000m^{2}的地下汽车库排烟系统方式不限，在自然排烟口面积、位置等满足要求下也可采用自然排烟方式。除设置在地下一层的汽车库的汽车坡道可以作为自然排烟口外，地下其他各层的汽车坡道不能作为自然排烟口。

电动汽车的广泛使用给汽车库防排烟设计提出了新的要求。根据《电动汽车分散充电设施工程技术标准》（GB/T 51313—2018）和某些地方标准，如《电动汽车充电基础设施建设技术规程》（DBJ/T 15—150—2018），同时结合项目实际情况，无论是新建充电汽车库还是在已建汽车库中增设充电桩的汽车库都应设置排烟系统。新建汽车库内配建的分散充电设施在同一防火分区内应集中布置，并应符合下列规定：

1）布置在一、二级耐火等级的汽车库的首层、二层或三层。当设置在地下或半地下时，宜布置在地下车库的首层，不应布置在地下建筑四层及以下。

2）设置独立的防火单元，每个防火单元的最大允许建筑面积应符合表6-3的规定。

3）每个防火单元应采用耐火极限不小于2.0h的防火隔墙或防火卷帘、防火分隔水幕等与其他防火单元和汽车库其他部位分隔。当采用防火分隔水幕时，应符合现行国家标准《自动喷水灭火系统设计规范》（GB 50084—2017）的有关规定。

4）当防火隔墙上需开设相互连通的门时，应采用耐火等级不低于乙级的防火门。

5）当地下、半地下和高层汽车库内配建分散充电设施时，应设置火灾自动报警系统、排烟设施、自动喷水灭火系统、消防应急照明和疏散指示标志。

表6-3 集中布置的充电设施区防火单元最大允许建筑面积 （单位：m^2）

耐火等级	单层汽车库	多层汽车库	地下汽车库或高层汽车库
一、二级	1500	1250	1000

地方标准考虑了电动汽车充电过程的火灾风险高于内燃机汽车停放过程的火灾风险，规定了防火单元最大建筑面积，该面积为内燃机汽车防火分区面积的50%。部分地方标准规定了防火单元中设置充电基础设施的停车位数量，如广东省标准《电动汽车充电基础设施建设技术规程》（DBJ/T 15—150—2018）要求：地下、高层汽车库的每个防火单元内停车数量应≤20辆，半地下、单层、多层汽车库的每个防火单元内停车数量应≤50辆。

电动汽车充电过程中发生火灾，将会产生大量可燃、有毒烟气，消防救援十分困难，因此要求分散充电设施在同一防火分区内集中布置，并同时要求应布置在一、二级耐火等级的汽车库的首层、二层或三层；设置在地下或半地下时，宜布置在地下车库的首层，不应布置在地下建筑四层及以下。为及时发现灾情，提供救援和疏散保障，因此要求地下、半地下和高层汽车库内配建分散充电设施时，应设置火灾自动报警系统、排烟设施、自动喷水灭火系统、消防应急照明和疏散指示标志。

显然，对于地下汽车库最大防火分区（面积 4000m^2），可划分 4 个防火单元，每个防火单元视为独立的防烟分区，即 4 个防烟分区，而对于划分防火单元的区域的通风及排烟系统如何设计，规范并未明确给出做法。由于其未明确设置充电设施区域的地下汽车库的有关做法，各地陆续出台了相应的地方标准。各地对于集中布置的充电设施区的通风及排烟系统的具体设计要求不尽相同，具体见表 6-4。

表 6-4　国家标准及不同地方标准对设置充电设施的地下汽车库的防排烟要求的对比

规范名称	防烟分区面积/m^2	排风量/(m^3/h)	排烟量/(m^3/h)	备注
电车库国家标准	未规定	未规定	未规定	
广东地方标准	≤2000	1.2A	1.2B	深圳市防火单元面积 1000m^2
南宁地方标准	≤2000	A	1.2B	
川渝地方标准	≤2000	A	B	防烟分区长边≤60m
海南地方标准	≤2000	A	1.2B	
浙江地方标准	≤2000	未规定	1.2B	防烟分区长边≤75m
福建地方标准	≤2000	未规定	B	

注：1. 防火分区面积均考虑了设置自动灭火系统；A 为依据现行的《汽车库、修车库、停车场设计防火规范》（GB 50067）表 7.3.4-11 或表 7.3.4-2 的规定得到的通风量，B 为依据车库净高查现行的《汽车库、修车库、停车场设计防火规范》（GB 50067）表 8.2.5 所得到排烟量。

2. 当没有地方相关规定时，集中设置充电设施区域的汽车库排烟系统设计与普通汽车库一致。

6.1.2　汽车库通风与排烟系统形式

汽车库通风和排烟系统常用以下五种处理方式：

1. 排风系统和排烟系统各自独立设置

排风系统和排烟系统分别按各自要求的系统参数设置成两个完全独立的系统，每个系统配备有各自独立的风机、管道和风口，如图 6-1 和图 6-2 所示。

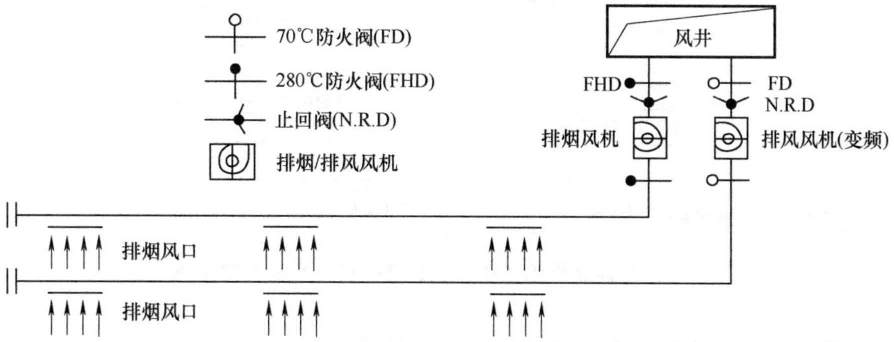

图 6-1　排风和排烟系统独立设置原理图

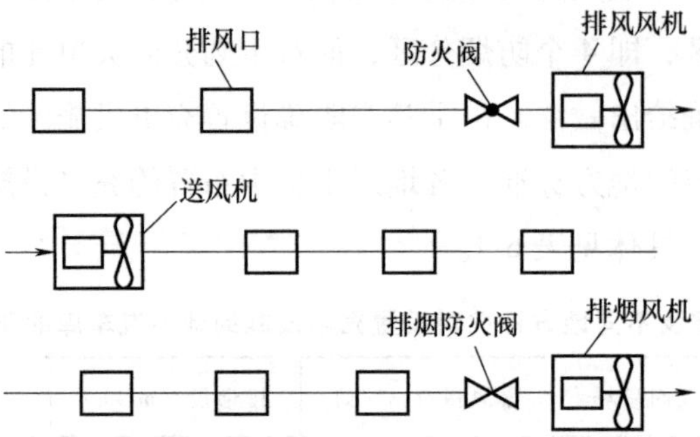

图 6-2　排风和排烟系统独立设置示意图

排风风机入口和排风管上设常开型排烟防火阀（电信号关闭，70℃关闭），排烟风机入口和排烟管上设常闭型排烟防火阀（电信号开启，280℃关闭）。平时根据车库内汽车尾气的浓度控制排风机变频运行，对车库进行通风换气，排烟风机关闭；火灾时通过联动控制关闭排风系统，联动开启排烟防火阀和排烟风机，当烟气温度达到 280℃时排烟阀熔断，联锁关闭排烟风机。

这种形式由于排风和排烟系统各自独立，控制简单易行，效果也好，但风管耗量大，投资也大，有时风管难以布置，因此这种方式适用于层高比较大的车库。

2. 排风系统和排烟系统合用风管，风机分别设置

排风风机和排烟风机按各自系统要分别计算风量、选择风机，如图 6-3 和图 6-4 所示。排风风机入口设常开的 70℃防火阀，排烟风机入口设常闭的 280℃排烟防火阀。平时根据车库内汽车尾气的浓度控制排风机变频运行，排烟风机关闭。火灾时，联动开启排烟防火阀和排烟风机，关闭排风风机。当烟气温度达 280℃时排烟防火阀熔断，联锁关闭排烟机。烟气从排气/排烟风口进入共用的管道。这种方式的优点在于系统独立性强，控制简单，运行管理方便，系统运行经济合理，排烟和排风互不影响，风管占用空间少，布置较容易。缺点是设备投资高，设备机房面积大。

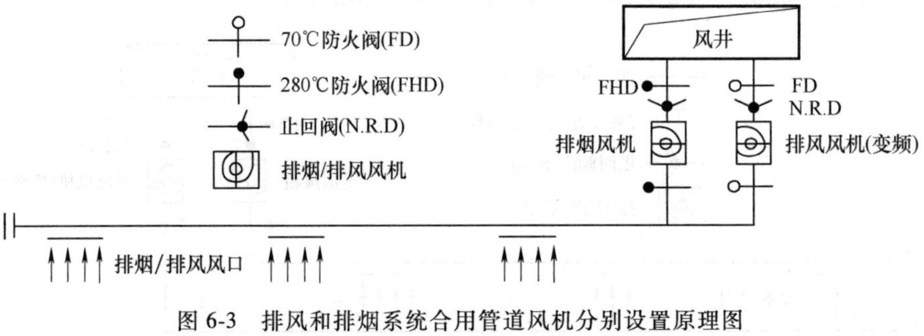

图 6-3　排风和排烟系统合用管道风机分别设置原理图

3. 排风系统和排烟系统合用风机（双速）和风管

这种形式下，一般按规范要求计算出汽车进出车库高峰时段和平时的排风量，另计算出

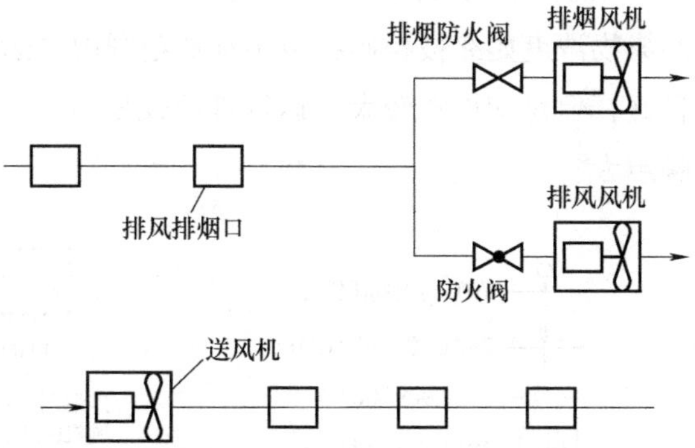

图 6-4　排风和排烟系统合用管道风机分别设置示意图

排烟的风量，根据计算结果选用一台双速风机。如图 6-5 和图 6-6 所示，火灾排烟时风机高速运行，平时汽车进出车库高峰时段风机高速运行，其余时间排风风机自动切换到低速运行。风机前设置常开的 280℃ 排烟防火阀，烟气温度达 280℃ 时排烟防火阀熔断，联锁关闭排烟机。这种方式的设计系统简单，初投资少，风机常年运行，有利于保持良好的运行状态。风机宜优先选用离心式风机，若采用轴流风机，应选用专用的高温消防排烟风机。

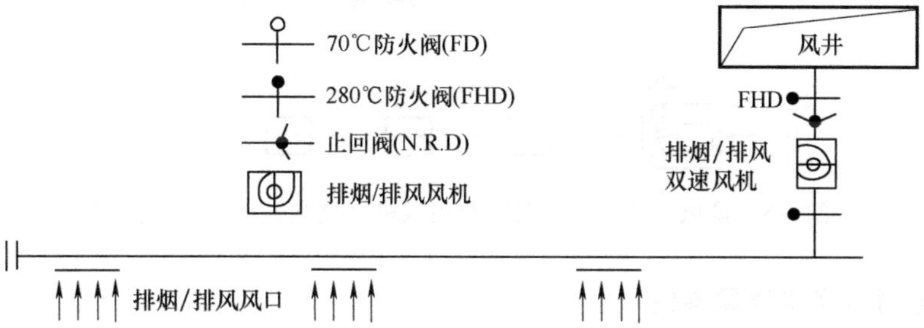

图 6-5　排风系统和排烟系统合用风机（双速）和风管原理图

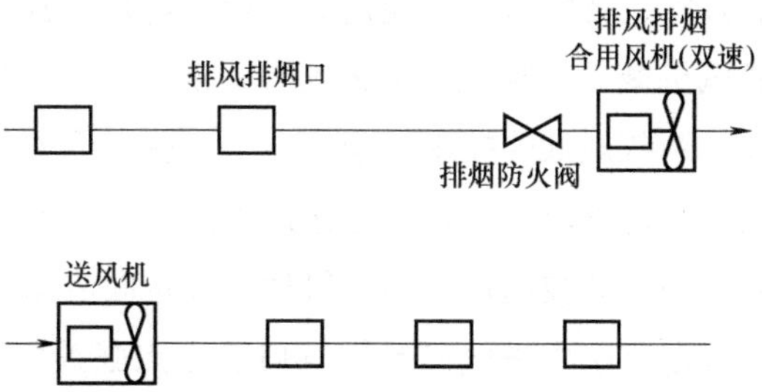

图 6-6　排风系统和排烟系统合用风机（双速）和风管示意图

4. 排风系统和排烟系统合用风机（变频）和风管

这种形式下，一般分别按规范要求计算出排风和排烟系统的风量，选用一台变频风机。如图 6-7 和图 6-8 所示，平时根据车库内 CO 的浓度变频控制风机运行，火灾排烟时全速运行。风机前设置常开的 280℃ 的排烟防火阀。风机的选用满足火灾时高温排烟的要求。这种方式的设计系统简单，污染物浓度始终被控制在卫生标准范围内，运行最经济，节能效果最好，风机常年运行状态良好；但是初投资较大，运行管理较复杂，对电气控制要求高，而且高温风机动力性能差，噪声大。

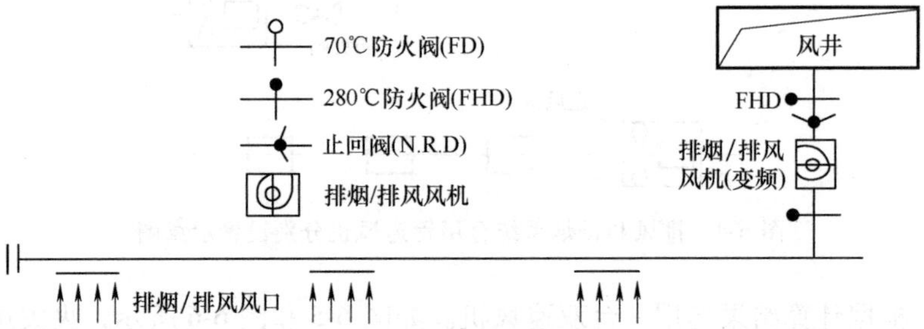

图 6-7　排风系统和排烟系统合用风机（变频）和风管原理图

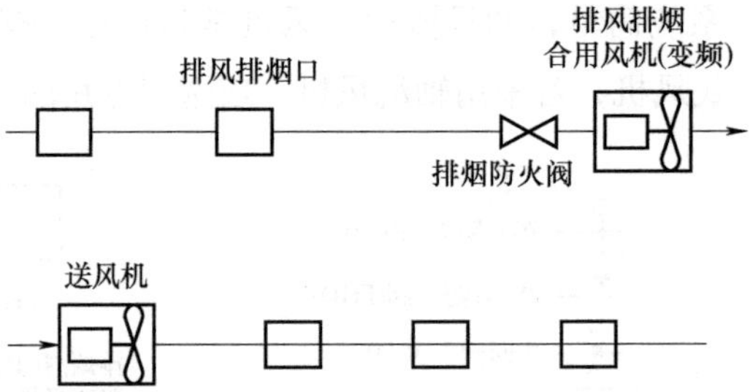

图 6-8　排风系统和排烟系统合用风机（变频）和风管示意图

5. 无风道诱导风机通风系统

无风道诱导风机通风系统是瑞典 ABB 公司在 1974 年发明的一项专利。其原理是：采用小直径高速风管，通过安装在风管上的特别设计的喷嘴，以高速喷射出来的空气，诱导周围大量的空气，并按指定的方向，将空气送到规定的区域。这是一种全新的通风结构，是由送排风机、一些喷流诱导通风机械、控制系统所构成的。该系统不安装平常通风风管结构，而由部分喷流诱导机械取代。系统规划的技术原理是，把一些喷流诱导机械根据相关排列规律布置于被通风空间中，依靠一些喷流诱导机械的送风射流过程，实现室内气体流动的接力传输与卷吸诱导附近空气的作用，让被通风空间的气体出现定向流动，把进风口设备的送风量均匀分散在房间的每个角落，产生由进气口至排气口的定点强迫气流，实现通风排污目标。而且，在地下车库通风选择喷流导引结构时，也要安装排烟系统，通常该系统要独立安装。当要促进排风排烟共用风机时，要在排风机吸进口上设置一个三通，三通一侧直接设置排风口，抽吸车库中的气体，另一侧和排烟风道连接；两边都安装消防信号管理启闭的电动开关，平时一个电动开关开启通过排风口排风，出现火灾时，另一个电动开关开启，排烟口开启，排出烟气（图 6-9）。

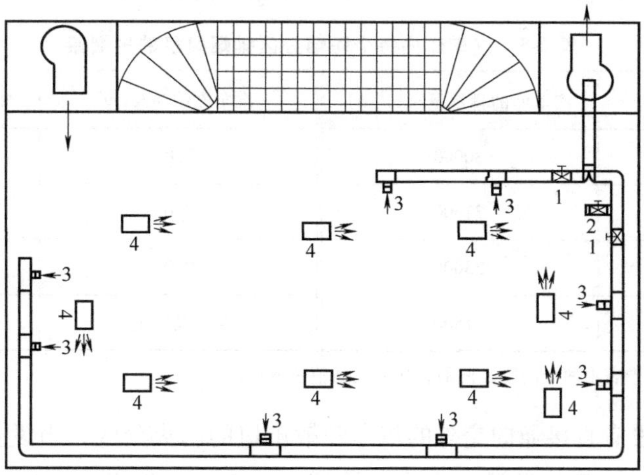

图 6-9　无风道诱导风机通风系统工作原理图

1—安装在排烟管道上的电动阀，平时关闭，火灾时打开　2—排烟口控制阀，平时开启，火灾时关闭

3—排烟口　4—诱导风机

考虑到经济性和车库实际情况，目前国内汽车库排烟系统与排风系统兼用，这样做不但可以节约空间、节省建设费用，而且可以使风机等设备保持良好的状态，提高排烟系统运行的可靠性。汽车库中平时的送风系统和火灾时的补风系统合用。合用原则为：排烟风机与排风风机合用，排烟主风管与排风主风管合用，排烟支风管和排风支风管分开设置。

实践也表明无风道诱导风机通风系统适用于地下车库，其优点是：可减少风道占据车库的空间，易与其他专业的管道和桥架配合，施工简单，无须风量平衡，系统美观大方。气流组织好，喷嘴可以灵活布置和调整，增加了室内的空气扰动。由于高速带入的新鲜空气，并充分与室内空气混合，废气难以停滞，更有利于消除室内污染。实测表明，采用这种通风系统的地下车库，有害气体的浓度远低于允许设计值；可有效降低建筑层高，节省土建成本；有资料显示，采用这种系统可降低一次性投资 5%～15%，可降低运行费用 20%～40%。

6.2　汽车库防排烟系统设计要求

6.2.1　汽车库排烟量的确定

1. 汽车库排烟量

汽车库设置排烟系统的目的一方面是保障人员安全疏散，另一方面是方便扑救火灾。鉴于汽车库的特点，经专家们研讨，参照国家消防技术标准中对排烟量的计算方法，得出汽车库每个防烟分区排烟风机的排烟量不应小于表 6-5 给出的数值。

表 6-5 汽车库内每个防烟分区排烟风机的排烟量

汽车库的净高/m	汽车库的排烟量/(m^3/h)	汽车库的净高/m	汽车库的排烟量/(m^3/h)
3.0 及以下	30000	7.0	36000
4.0	31500	8.0	37500
5.0	33000	9.0	39000
6.0	31500	9.0 及以上	40500

注：建筑空间净高位于表中两个高度之间的，按线性插值法取值。

汽车库内如果没有直接通向室外的汽车疏散出口的防火分区，当设置机械排烟系统时，应同时设置补风系统，且补风量不宜小于排烟量的 50%。地下汽车库内设置防火单元时，某个防火单元发生火灾时，防火卷帘会对其进行封闭，无法跨越防烟分区补风，导致烟气无法排出，故考虑补风系统分别补风至每个防烟分区。

根据空气流动的原理，需要排出某一区域的空气时，同时也需要有另一部分的空气补充。地下汽车库由于防火分区的防火墙分隔和楼层的楼板分隔，致使有的防火分区内没有直接通向室外的汽车疏散出口，也就是无自然进风条件，对这些区域，因周边处于封闭的环境，如排烟时没有同时进行补风，烟气无法排出。因此，这些区域内的防烟分区增设补风系统，应尽量做到送风口在下、排烟口在上，这样能使火灾发生时产生的浓烟和热气顺利排出。

2. 电动汽车库排烟量

当代建筑汽车库多为地下汽车库或高层汽车库，其中的电动汽车防火单元允许建筑面积为 1000m^2，每个防火单元独立设置相应的排烟兼排风系统，利用侧墙防火百叶风口负压补风，防火百叶风口高度位于储烟仓以下。

通过实验研究表明，电动汽车的锂离子电池峰值热释放速率 Q_{PHRR}（kW）与其电池容量 E_B（W·h）的 0.6 次方呈线形关系：

$$Q_{PHRR}=2E_B^{0.6} \tag{6-1}$$

电动汽车发生火灾时，除了动力电池的热释放速率，还应包括其他可燃物热释放速率，两者综合得到电动汽车火灾热释放速率：

$$Q_{PHRR}=\frac{2E_B^{0.6}}{1000}+\eta A_f q'' \tag{6-2}$$

式中 η——燃烧效率，取值为 1；

A_f——燃烧面积（m^2）；

q''——电动汽车其他可燃物单位面积的峰值燃烧速率（MW/m^2），取值为 0.5。

结合实验结果可知，电动汽车的热释放速率高于内燃机汽车，因此，汽车库内设有充电设施区域的排烟量和补风量应增大至表 6-5 所列数据的 1.2 倍。

综上所述，设有充电设施区域的汽车库排烟系统可参考如下两种方案执行：一是具体项目有明确规定的，可按当地的具体做法执行；二是各地未规定具体做法或特殊做法未规定的，均可借鉴和参考国家标准和各地方标准，按 1 个防火单元（≤1000m²）作为 1 个防烟分区，且防烟分区总面积不应大于 2000m² 设计。当且仅当单个防火单元采用单独一套排烟系统时，可依据车库净高查表 6-5 得到排烟量；而通常 1 个排烟系统需负担多个防火单元，有 2 个及 2 个以上的防烟分区，此时排烟系统风量按不小于单个防烟分区排烟量的 1.2 倍计算（可无需 2 个防烟分区风量叠加计算），并按规定采取可靠的消防联动措施。同时，要求每个防火单元均设有补风系统，如图 6-10 所示，补风量不小于排烟量的 50%，补风口的风速按不大于 3m/s 计算。

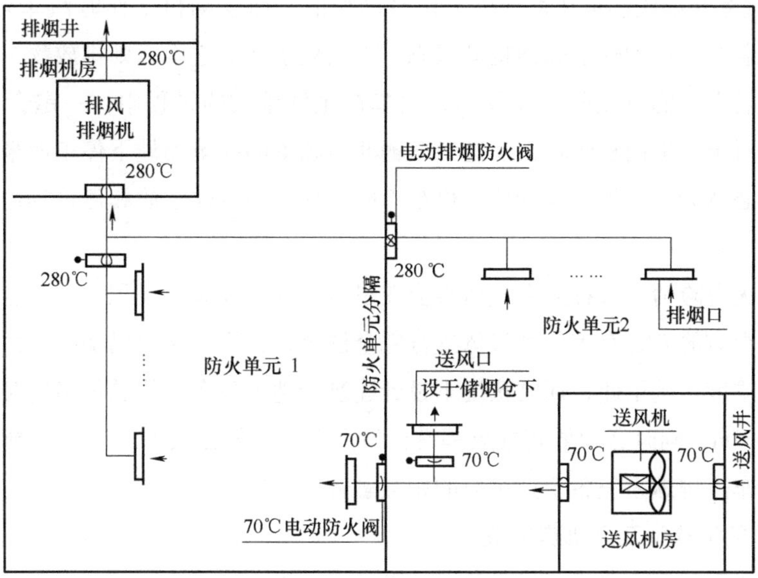

图 6-10 排烟、补风系统示意图

注：本图摘自《南宁市民用建筑电动汽车分散充电设施建设技术导则》（地方标准）。

6.2.2 燃油汽车库防排烟系统设计要求

1. 排烟口、排烟窗

每个防烟分区应设置排烟口，排烟口宜设在顶棚或靠近顶棚的墙面上。排烟口距该防烟分区内最远点的水平距离应不大于 30m。地下汽车库发生火灾时所产生的烟气，开始时绝大部分积聚在汽车库的上部，将排烟口设在汽车库的顶棚上或靠近顶棚的墙面上排烟效果更好；排烟口与防烟分区最远地点的距离是关系到排烟效果好坏的重要问题，这个距离太远就会直接影响排烟速度，太近就要多设置排烟管道，不经济。

设置在建筑物的外墙、顶部能有效排除烟气的可开启外窗或百叶窗，可分为自动排烟窗和手动排烟窗。自动排烟窗是指与火灾自动报警系统联动或可远距离控制的排烟窗；手动排烟窗是指人员可以就地方便开启的排烟窗。当汽车库采用自然排烟方式时，可采用手动排烟窗、自动排烟窗、孔洞等作为自然排烟口，并应符合下列规定：①自然排烟口的总面积不应小于室内地面面积的2%；②自然排烟口应设置在外墙上方或屋顶上，并应设置方便开启的装置；③房间外墙上的排烟口（窗）宜沿外墙周长方向均匀分布，排烟口（窗）的下沿不应低于室内净高的1/2，并应沿气流方向开启。

为了更加迅速高效地排除车库内的废气和烟气，应该分析地下车库的气流组织。

1）汽车尾气中排放出大量的一氧化碳、碳氢化合物和氮氧化物、碳烟等有害气体。而尾气的排放温度可高达500℃，这样高温会使排放气流产生很大的浮力，使有害气体很难滞留在车库底部。

2）有害气体的排放都是在发动机工作时产生的，而发动机工作时汽车处于行驶状态，车库的气流随着车子运动处于强烈扰动状态，尾气处于涡流之中，则排放物一般不会沉积于车库底部。随着汽车的持续驶入及驶出，汽车在尾气排放的过程中，一定会存在一定的高温，这种情况对于占地面积比较大及进出车辆非常频繁的建筑物地下停车库来讲，汽车所排放的气体杂质必然会存在于建筑物地下停车库的下部，该气体杂质和建筑物地下停车库内部的空气混合在一起。

假如发生火灾险情，各种混合气体将会在建筑物地下停车库聚积，并且与建筑物地下车库内部空气中含有的有毒有害化学气体进行完全混合，在无形之中增加了被困人员撤离疏散及消防救援的难度。基于此，通常状况下设计建筑物地下停车库的总体高度时，必须将其控制在2.85~3.35m，同时必须要将排风都设计为由上部释放出去的，唯有这样才更加有益于建筑物地下停车库排烟系统各个排风口的相互融合。

2. 排烟排风机选型及风机房布置

排烟风机可采用离心风机或排烟轴流风机，并应保证280℃时能连续工作30min。排风风机、排烟风机通常选用一套消防高温排烟双速风机。平时排风根据地下车库车辆的多少，由值班人员控制风机低速或高速运行，进行通风换气；发生火灾时，手动开启或由火灾探测器报警，经消防控制中心确认后排烟，排烟风机高速运行，经过消防联动的送风风机立即通过送风管上的送风口进行不低于50%排烟量的补风。在排风、排烟系统合用风管入机房前设置280℃防火阀。在各自防烟分区的主风管引出设置280℃防火阀的排烟口防火阀的排烟口。

据测试，一般可燃物发生燃烧时火场中心温度高达800~1000℃。火灾现场的烟气温度也是很高的，特别是地下汽车库散发条件较差，火灾时的温度比地上建筑要高，排烟风机能否在较高气温下正常工作，是直接关系到火场排烟的很重要的技术问题。排烟风机一般设在屋顶上或机房内，与排烟地点有相当一段距离，烟气经过一段时间方能扩散到风机，因而温度要比火场中心温度低很多。当排烟管管内温度超过280℃时，排烟防火阀和排烟风机联锁关闭；当送风管管内温度达到 70℃时，防火阀关闭且联动送风风机停止工作。

3. 排烟防火阀

汽车库中要求在穿过不同防烟分区的排烟支管上应设置烟气温度大于 280℃时能自动关闭的排烟防火阀，防火阀的动作温度宜为 70℃。排烟防火阀应联锁关闭相应的排烟风机。因为排烟风机、排烟防火阀、排烟管道、排烟口是一个排烟系统的主要组成部分，它们缺一不可，排烟防火阀关闭后，如果仅是排烟风机起动也不能排烟，并可能造成设备损坏。所以，要保证排烟系统正常运行，它们之间一定要做到相互联锁，而且都能实现自动和手动两用。

4. 排烟管道

机械排烟管道内风速，采用金属管道时应不大于 20m/s；采用内表面光滑的非金属材料风道时，应不大于 15m/s；排烟口的风速不宜大于 10m/s。金属管道内壁比较光滑，风速允许大一些；非金属管道风速要求要小一些。内壁光滑、风速阻力要小；内壁粗糙，风速阻力要大一些。在风机、排烟口等条件相同的情况下，阻力越大，排烟效果越差；阻力越小，排烟效果越好。

6.2.3 电动汽车库防排烟系统设计要求

在现有技术条件下，配建充电基础设施的汽车库火灾危险性较普通汽车库高，因此其排烟量和补风量均应提高至原来的 1.2 倍，而防排烟系统其他要求均应不低于现行的内燃机汽车库防排烟系统要求。

当一个排烟系统负担多个防火单元时，每个防火单元应设置独立的排烟干管及排烟口，并应在排烟干管穿越防火单元分隔墙处设置电动排烟防火阀。排烟时，仅开启着火处的防火单元排烟防火阀进行排烟。排烟系统主干管和穿越防火单元的风管，其耐火极限不应小于 2.00h。排烟风机、补风机应设置在专用机房内。排烟口应设在储烟仓内，补风口应设在储烟仓下沿以下。

6.3 汽车库防排烟系统设计案例

1. 建筑物概况

该工程是某高层建筑地下车库通风的设计，该地下车库层高 3m，车库所用面积为 $3250m^2$，如图 6-11 所示。前文已知规定地下车库防火分区最大建筑面积不应超过 $2000m^2$。本工程不设自动喷水灭火系统，因此该地下车库分为两个防火分区，防火分区 1 的建筑面积为 $1619m^2$，防火分区 2 的建筑面积为 $1631m^2$，见表 6-6。根据相关规定该工程设有机械排烟地下车库，防烟分区的建筑面积不超过 $2000m^2$，因此地下车库分 2 个防烟分区，每个防烟分区的建筑面积均不超过 $2000m^2$。

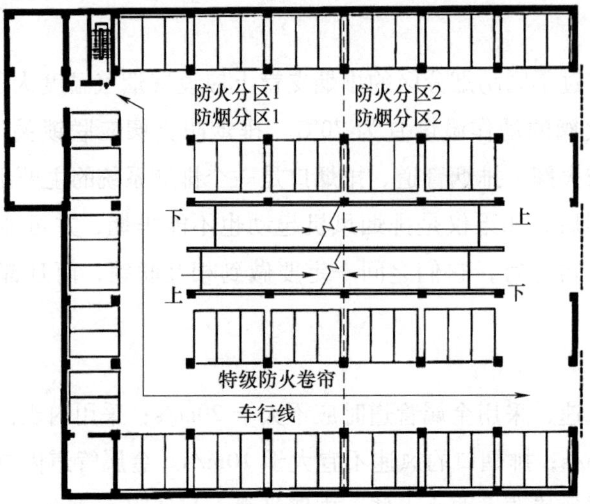

图 6-11 某高层建筑地下车库平面图

表 6-6 各分区面积、体积

防火分区	防烟分区	面积/m^2	层高 h/m	体积/m^3
防火分区 1	防烟分区 1	1619	3	4857
防火分区 2	防烟分区 2	1631	3	4893

2. 送排风与排烟计算

(1) 排风量的计算

在实际计算时，散发的有害物数量不能确定时，全面通风量可按换气次数确定，计算公式如下：

$$q_v = nV_f \tag{6-3}$$

式中 q_v——全面通风量（m^3/h）；

n——换气次数（1/h），本设计地下停车库排气换气次数取 6；

V_f——通风房间体积（m^3），层高超过 3m 按 3m 算，见表 6-6。

根据式（6-3）计算每个防烟分区的全面通风量汇总于表 6-7。

表 6-7 各防烟分区通风量

防烟分区	1	2	总计
通风量 q_v/(m^3/h)	29142	29358	58500

(2) 送风量的确定

为保证地下车库内保持微负压，一般机械送风量按机械排风量的 85%～95%计算，本设计取 90%计算。另外的 15%～5%补风量由车道等处渗入补充。

由表 6-7 可知，该地下室通风量为 $q_v=58500\text{m}^3/\text{h}$，防火分区 1 的通风量 $q_v^1=29142\text{m}^3/\text{h}$，防火分区 2 的通风量 $q_v^2=29358\text{m}^3/\text{h}$，根据送风量为通风量的 90%计算：

地下车库所需送风量：$q_s=58500\times90\%\text{m}^3=52650\text{m}^3/\text{h}$

防火分区 1 送风量：$q_s^1=29142\times90\%\text{m}^3=26227.8\text{m}^3/\text{h}$

防火分区 2 送风量：$q_s^2=29358\times90\%\text{m}^3=26422.2\text{m}^3/\text{h}$

（3）排烟量的计算

本地下车库排风系统和排烟系统共用，即防火分区 1 用 1 套通风排烟系统，防火分区 2 用 1 套通风排烟系统，因此该地下车库共有 2 套通风排烟系统。

该地下车库设置了两个防火分区，每个防火分区有 1 个防烟分区。

因为该地下车库层高 3m，查表 6-5 可得防火分区 1 中防烟分区 1 和防火分区 2 中防烟分区 2 的排烟量 V 均为 $30000\text{m}^3/\text{h}$。

（4）机械排烟系统的补风量的计算

汽车库内无直接通向室外的汽车疏散出口的防火分区，当设置机械排烟系统时，应同时设置进风系统，且送风量不宜小于排烟量的 50%。本设计中的 2 个防火分区均有直接通向室外的疏散出口，但由于纵深太大，因此设置了机械补风系统，补风量 $V_补$ 均为 $(30000\times50\%)\text{m}^3/\text{h}=15000\text{m}^3/\text{h}$。

（5）气流组织的分布

送风口集中布置在上部，排风排烟也集中在上部。

3. 风管与风口的选择

（1）风管材料的选择

镀锌钢板具有一定的耐蚀性，因此本设计风管材料采用镀锌钢板，采用矩形断面尺寸。

（2）风口尺寸及数量的计算

本设计采用镀锌钢板，排烟干管的风速不大于 10m/s，风口有效断面的速度不大于 10m/s。排风干管风速不大于 7m/s，风口风速不大于 7m/s。

1）防烟分区 1 和防烟分区 2 的风口布置计算。

取干管速度 v 为 10m/s，风口速度 v_0 为 6m/s。采用多叶防火排烟风口，尺寸为 500mm×500mm，面积 $S=(0.5\times0.5)\ \text{m}^2=0.25\text{m}^2$，防烟分区 1 和防烟分区 2 均设置风口的数量 n 为：

$$n=\frac{V}{v_0S}=\frac{30000}{3600\times(6\times0.25)}=5.56$$

故 n 取 6，即防烟分区 1 和防烟分区 2 均设有 6 个排烟风口。

2）防火分区 1 和防火分区 2 机械补风量计算。

对于该地下车库机械补风系统，取干管速度 v' 为 6m/s，送风口速度 v_0' 为 4m/s。送风口选双层百叶风口，尺寸为 600mm×600mm，面积为 $S_补=(0.6\times0.6)\ \text{m}^2=0.36\text{m}^2$，防火分区 1

和防火分区 2 均设置补风口的数量 n' 为：

$$n'=\frac{V_{补}}{v_0'S_{补}}=\frac{15000}{3600\times(4\times0.36)}=2.89$$

故 n' 取 3，即防火分区 1 和防火分区 2 均设有 3 个补风口。

4. 排烟水力计算

机械排烟与排风量不同，系统设计两台风机并联，平时轮流开动一台机械排风，火灾时根据烟感报警通过消防控制中心联锁起动另一台，两台风机一起排烟。故排烟系统与排风系统可以共用，管径取两者中较大的。

(1) 排烟排风管道的计算依据

排烟排风的管道设计主要依据管路总阻力计算，详见第 8 章介绍。该高层建筑地下车库系统管路布置如图 6-12 所示。

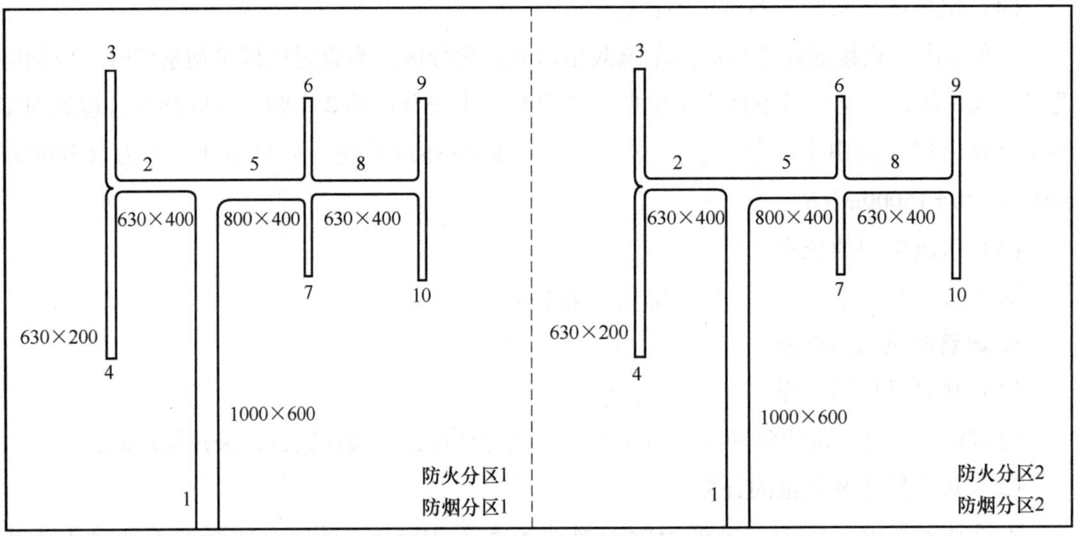

图 6-12　某高层建筑地下车库系统管路布置图

(2) 防火分区 1 和防火分区 2 的排烟、排风系统的水力计算

防火分区 1、2 的水力计算见表 6-8。

表 6-8　防火分区 1、2 的水力计算表

编号	风量/(m^3/h)	风速/(m/s)	宽/直径/mm	高/mm	长/m	比摩阻/(Pa/m)	沿程阻力/Pa	局部阻力/Pa	总阻力/Pa
管段 1	30000	13.89	1000	600	17.4	2.4	41.7	198.4	240.1
管段 2	10000	11.02	630	400	7	2.45	17.1	78.7	95.8
管段 3	5000	11.02	630	200	7.8	4.19	32.6	0	32.6
管段 4	5000	11.02	630	200	10.4	4.19	43.5	0	43.5

（续）

编号	风量/(m^3/h)	风速/(m/s)	宽/直径/mm	高/mm	长/m	比摩阻/(Pa/m)	沿程阻力/Pa	局部阻力/Pa	总阻力/Pa
管段 5	20000	17.36	800	400	6.1	5.26	32	116.6	148.6
管段 6	5000	11.02	630	200	7.8	4.19	32.6	0	32.6
管段 7	5000	11.02	630	200	10.4	4.19	43.5	0	43
管段 8	10000	11.02	630	400	7.25	2.45	17.7	78.7	96.4
管段 9	5000	11.02	630	200	7.8	4.19	32.6	0	32.6
管段 10	5000	11.02	630	200	10.4	4.19	43.5	0	43.5

从表 6-8 数据可知，该系统的最不利环路是 1—5—8—10 的环路，最不利阻力为(240.1+148.6+96.4+43.5) Pa=528.6Pa。根据以上水力计算结果管道规格如下：1000mm×600mm；800mm×400mm；630mm×400mm；630mm×200mm。

5. 风机设备选择

风机的选择要考虑到风管、设备的漏风及阻力计算的误差，应对风量和风压进行修正后选择风机。

经过计算，该排烟系统计算排烟量为 30000m^3/h，依据规范，设计排烟量不得小于计算排烟量的 1.2 倍，因此该排烟风机风量确定如下：

$$Q_f = 1.2V = (1.2\times30000)\,m^3/h = 36000m^3/h$$

考虑到漏风等因素，风机风压可设计为最不利管路阻力损失的 1.15 倍，则该排烟风机风压确定如下：

$$p_f = 1.15\Delta h = (1.15\times528.6)\,Pa = 607.89Pa$$

根据风机风压 607.89Pa 及风机风量 36000m^3/h，选择消防高温排烟轴流风机 1 台，参数见表 6-9。

表 6-9 风机参数

风量/(m^3/h)	风压/Pa	转数/(r/min)	功率/kW	电动机	
				型号	功率/kW
40000	690	1450	11	No. 10	10.5

6.4 深井式汽车库防排烟系统设计探讨

6.4.1 深井式汽车库概述

深井式汽车库是利用城市边角地建造的新型立体停车库，车库将汽车分层停到地下几十米深处，最大限度地提高土地使用面积，为城市“停车难”提供了一种全新的技术解决方案，如图 6-13 所示。相比于其他类型停车库，深井式立体停车库降低了停车开发成本，减少了对绿地的损坏，减少了对人类生存环境的破坏。有停车密度高、性价比高、有效利用城市边角地及地下深层空间、集约用地、节约用地等特点。

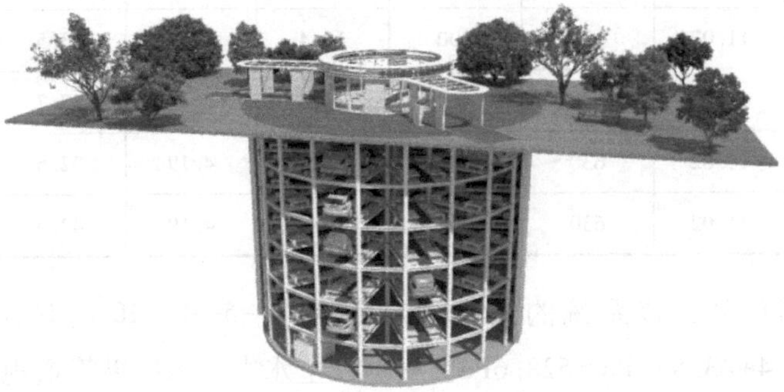

图 6-13　深井式汽车库示意图

1. 结构组成

深井式立体车库主要由机械动力系统、控制系统、土建系统三大部分组成，其结构组成如图 6-14 所示，其中机械动力系统由升降动力系统、举升横移系、对重系统、存车装置、梁上钢丝绳轮装置、钢丝绳端接装置组成。

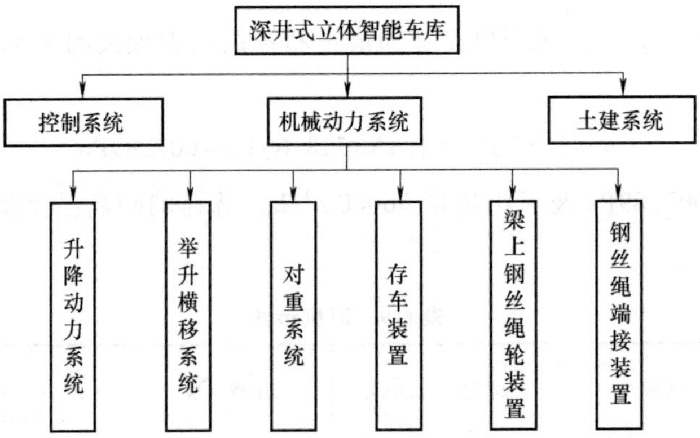

图 6-14　深井式立体车库结构组成

（1）机械动力系统

如图 6-15 所示，车库机械部分由以下六个部分构成：①升降动力系统，主要在运行过程中将汽车提升和下降到指定位置，方式为在井道内垂直起降；②举升横移系统，该系统通过横移→举升→横移动作完成小汽车在横移平台与存车架之间的交换过程；③对重系统，在运行过程中起着平衡平台自重和抵消部分额定载荷的作用，由钢丝绳经导向轮与升降平台相连接；④存车装置，由半悬挑存车架梳叉与梳状横移平台错位配合完成车辆的存取，车库提供停车位的场所；⑤梁上钢丝绳轮装置，钢丝绳轮装置通过牵引钢丝绳与对重装置相连，承受对重装置载荷；⑥钢丝绳端接装置，钢丝绳绕过安装升降横移系统和对重装置上的钢丝绳轮，两端分别固定在钢丝绳端接装置上，曳引绳端接装置有均衡、调节、连接的作用。

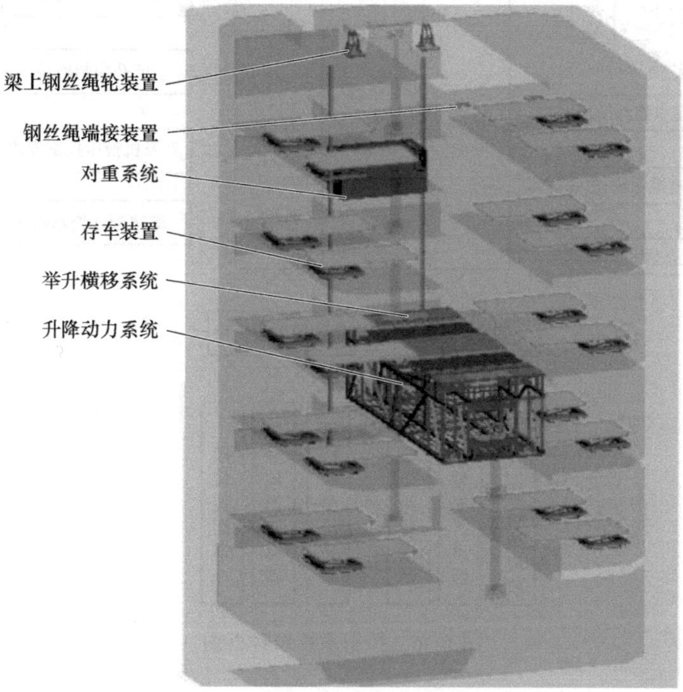

图 6-15 深井式立体车库三维结构图

（2）土建部分

深井式汽车库是完全基于地下的一种立体车库，其基础部分采用钢筋混凝土构建而成，针对不同地形、地域、地质采用不同的施工方式，以确保可行性。车库的结构不但要求稳固，而且要求具有很好的防水性能，符合国家建筑工程施工质量验收统一标准。由于基础部分完全深入地下，因此在土建部分要对以下两个问题严格把关：土建结构承受载荷设计；因地下水、滞留水渗入车库内部和钢筋混凝土结构而需采取的防水保护措施。

（3）控制系统

车库控制系统在运行时的主要工作包括存车、取车、通风、排水、报警等。系统采用主、从站和监控站的控制组合，主站、从站控制系统都以 PLC 为控制核心，如图 6-16 所示。监控站可采用 PC 或触摸屏，图 6-17 为 PSC8CK—4ZT 深井式立体车库监控站触摸屏的实拍图。

2. 功能原理

深井式立体停车库的存车过程主要包括下列五个步骤：

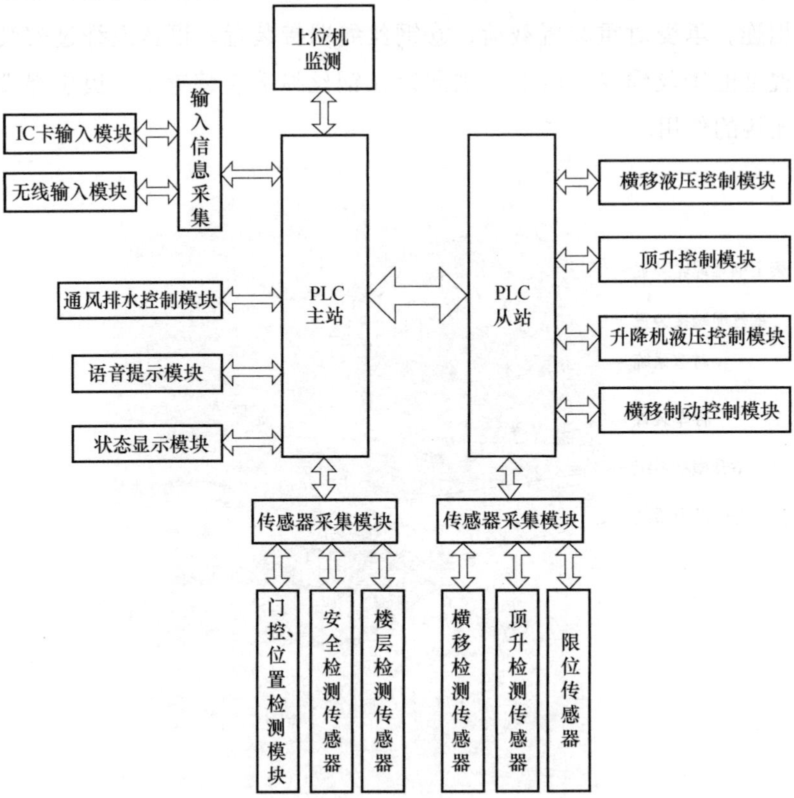

图 6-16　控制系统结构框图

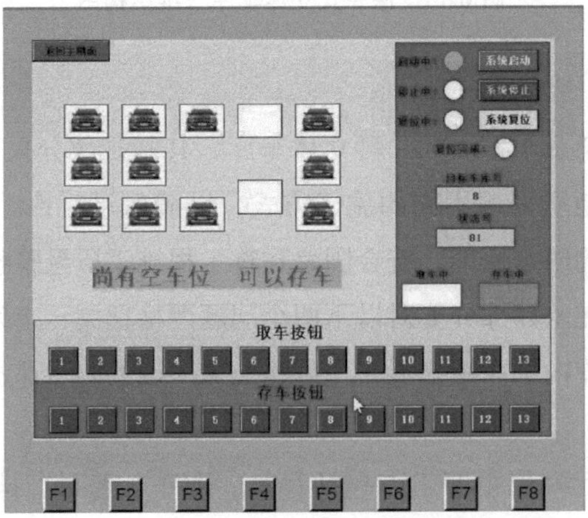

图 6-17　监控站触摸屏的实拍图

（1）进车检测

车主使用液晶控制面板或无限遥控的栅栏门，当汽车驶入平台指定区域时，安全检测装置启动，确认各项目安全后，等待用户确定存车，如图 6-18 所示。

图 6-18　进车检测过程

（2）存车升降

初始时，升降横移系统平台与地面齐平，升降横移系统载着汽车向下运行，到达用户购买或系统优选的存车位后，升降系统停止运行，如图 6-19 所示。

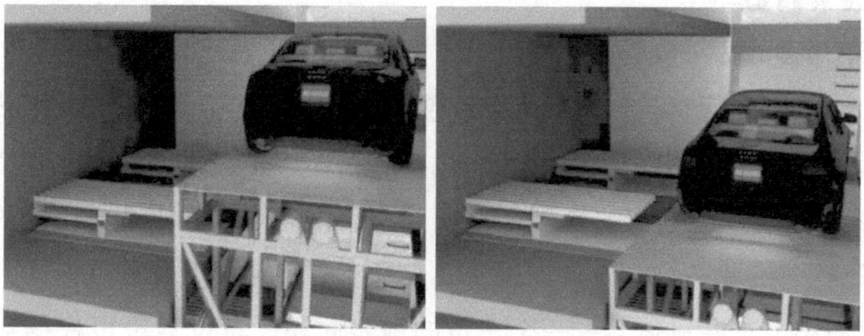

图 6-19　升降横移系统下降过程

（3）顶升横移

接着置于横移系统内的顶升机构运动，将梳状横移平台连同汽车一起顶升至一定高度；接下来横移系统运行，将汽车送入存车位，如图 6-20 所示。

图 6-20　举升横移系统顶升横移过程

（4）回程横移

举升机构回位，汽车与梳状横移平台下行过程中，汽车被滞留在存车位的梳状存车架上，横移平台返回升降系统，如图 6-21 所示。

图 6-21 举升横移系统回程横移过程

（5）平台复位

升降横移平台重新回到原始位置，平台平面与地面齐平，即完成一次存车过程。

取车是存车的逆过程。

3. 优势与发展趋势

（1）单个深井式立体车库

机械式立体停车库根据其工作原理及存取方式，一般可分为以下八种形式：垂直升降式、升降横移式、汽车升降机、多简易升降式、层循环式、水平循环式、巷道堆垛式、垂直循环式。一般根据所需泊位数量、可利用空间大小、市区规划要求选择不同的结构形式。相比市场上的其他类型机械式停车设备，深井式立体车库优势主要体现在以下几个方面：

1）占地面积小。车库总体只占一个车位的地表面积，车位数量可根据实际需求进行调整，平均单个泊位占地面积约为 $0.3m^2$，为普通机械式停车设备的 1/30~1/3。

2）环境融入性好。车库主体结构完全基于地下，其他设备基本安装于升降平台内部及井道，地面仅留安全设施及雨篷等，外部造型简洁美观，易与城市规划和周围环境和谐相融。

3）存取车时间短。本例所介绍的深井式汽车库采用新型专利技术双向存取车系统，运用梳叉式横移平台取代载车板，缩短了载车板旋转及归位动作时间。

4）运行效能高，噪声低。车库利用对重装置平衡升降横移系统总重量及负载量，减小运行过程的驱动负载，降低能耗。根据系统工程方法，对传动件进行设计改进及优化，采取了降噪措施。

5）人机交互性好，车辆存取智能化。车库拥有 IC 卡、无线遥控及语音导向功能，操作方便简单。

6）新能源汽车充电装置。安装充电座的电动新能源汽车可在井下停车平台上自动充电。

7）故障自诊系统。配备远程控制进行实时监测，提升车库的故障预防水平及维护检修响应速度。

8）综合效益好。占地面积小，解决停车难问题；与城市规划协调，营造了一个和谐的停车环境；车位平均成本较低，经济效益好。

（2）深井式立体车库群

车库外形为单元矩形形式，依据用户需求及地域特点，不仅可建成普通的单井式独立车库，也可建成单排型、阶梯型、双排型、多排型等多种组合方式，如图 6-22～图 6-25 所示。

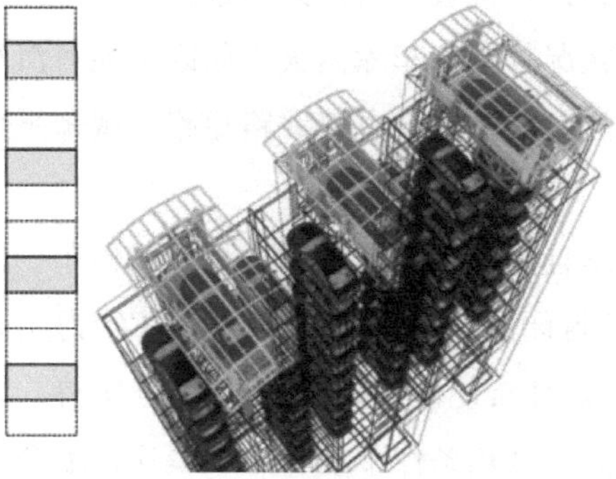

图 6-22 单排型车库群

图 6-23 阶梯型车库群

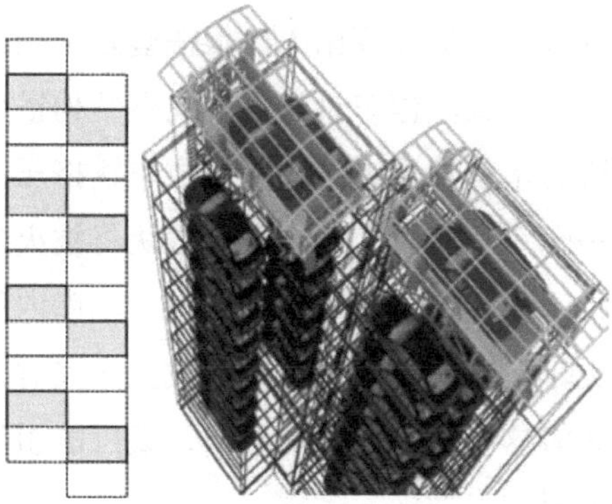

图 6-24 双排型车库群

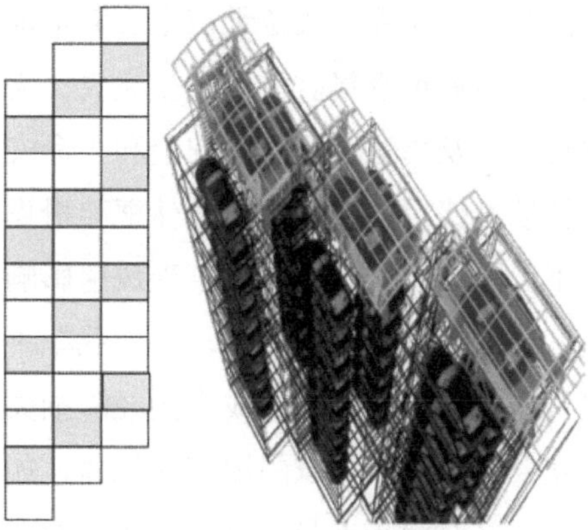

图 6-25 多排型车库群

单井车库可利用自动化及信息技术把多个车库进行集中管理，形成统一的立体车库群，如图 6-26 所示。车库每辆车进出互不干扰，土地与空间彼此利用，不仅降低了建筑成本，也节约了大量土地及空间。车库选址位置十分灵活，特别适合车位紧张、建筑用地稀缺的商业区、办公区、社区，也是体育场、公园、剧院、广场等大型设施等市政活动场所设施配套的最佳选择。

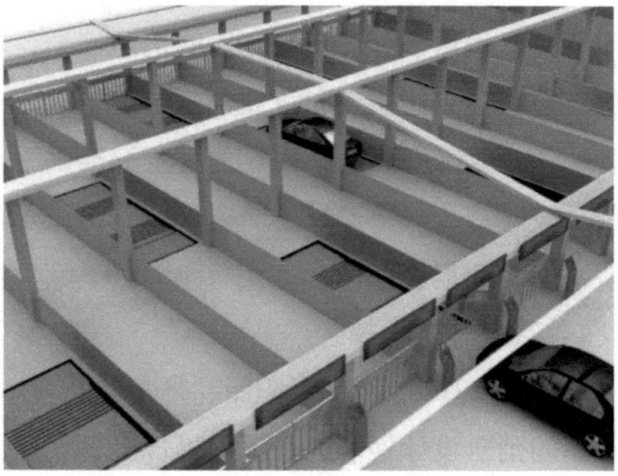

图 6-26 多排型车库群组合效果图

6.4.2 深井式汽车库火灾风险

1. 起火原因分析

深井式地下立体智能停车库采用无人值守智能化控制与运营模式，停、取车辆均通过地上1层车厅内载车平台上、下机械运动将车辆运送到指定位置，人员无须进入地下车库，整个过程在车辆熄火状态下完成。根据工程实际工作状况，引起车库内火灾原因可能有汽车漏油、汽车内部未熄灭的烟头复燃等；新能源汽车电池自燃车库内电气线路短路、载车平台上下运动摩擦引起火花。

目前，大部分汽车以汽油为燃料，汽油易燃易爆且闪电低，在行驶过程中或停车一段时间后时常发生漏油现象，且深井式汽车库一般是半封闭状态，汽车废气（以CO为主要成分）不易排出，遇明火存在燃烧爆炸风险。随着国家对新能源汽车行业的重点扶持，新能源汽车日益成为众多购车者首选。但新能源汽车电池在过热条件下易自燃、爆炸，配套的充电桩产业技术发展也不够完善，时常因充电桩内部线路故障引发火灾造成重大经济损失。

2. 火灾危险分析

深井式汽车库一般位于市中心繁华地区，周边有医院、办公楼等高层公共建筑，建筑密度大、人员停留密集。一旦发生火灾，火焰可能通过车库一层井筒出入口很快蔓延至周围毗邻建筑，危及周边市民财产安全和生命安全。同时，深井式汽停车设施大多以钢结构搭建为主，持续燃烧可能造成内部立体框架坍塌，停放的所有车辆将受钢结构和上层车辆挤压淹埋于地下。因车库纵向深度大，受风速影响大，只要一辆汽车着火，整个车库很快将被火焰吞噬，后果不堪设想。火灾时，车库载车平台停止运行，车辆无法从车库内取出，车库内所有车辆可能受火灾影响，造成重大经济损失。虽然此类车库平时无人停留，但发生火灾时，车库内就会产生很多有害的浓烟和气体，如果不能快速将这些废气和浓烟排出，就可能引发连锁反应，并对消防人员的灭火救援工作造成极大的阻碍。

6.4.3 深井式汽车库防排烟系统设计

要更好地保证深井式汽车库的消防安全，防排烟系统的设计是至关重要的。车库通风的目的就是将汽车的尾气和汽油蒸气从地下车库中排出，并且需要向车库导入新鲜的空气，把有害物的含量降低到国家规定的卫生标准以下。建立车库防排烟系统的目的就是在发生火灾时能够及时启动，快速排出滞留烟气，防止烟气扩散，保证人员和车辆安全撤出火灾现场，减少不必要的损失和伤亡。

《建筑设计防火规范》（2018版）（GB50016—2014）、《建筑防烟排烟系统技术标准》（GB51251—2017）和《汽车库、修车库、停车场设计防火规范》（GB50067—2014）对地下停车库的消防设计标准进行了明确规定，其中尤其强调了对于密封性较强的深井式汽车库的通风、排烟设计。

1. 通风设计

设置通风系统的深井汽车库，其通风系统宜独立设置，且必须采取机械通风方式。汽车库内良好的通风，是预防火灾发生的一个重要条件。从调查了解到的汽车库现状来看，绝大多数是利用自然通风，这对节约能源和投资都是有利的。但深井式地下汽车库位于地下，受自然通风条件的限制，而必须采取机械通风方式。根据卫生部门要求，汽车库每小时换气次数为 6~10 次。

通风风管应采用不燃烧材料制作，不应穿过防火墙、防火隔墙。通风管道是火灾蔓延的重要途径，国内外都有这方面的严重教训。如某手表厂、某饭店等单位，都有因风道为可燃烧材料致使火灾蔓延扩大的教训。因此，为切断火灾蔓延途径，规定风管应采用不燃材料制作。

2. 排烟设计

深井式汽车库要求设置机械排烟系统，防烟分区的设计应满足不得跨越防火分区，且每个防烟分区的建筑面积不大于 $2000m^2$。由于防烟分区和防火分区的规范要求，在实际的消防设计中，往往选择将两者结合考虑进行设计，即通风系统和排烟系统互为作用，形成相互统一的整体，因此，日常使用时，可以将通风排烟系统和建筑防烟分区兼顾考虑，这种设计原则具有两个明显优势：一方面利于通风系统和排烟系统的并用，避免了设计和施工中的资源浪费；另一方面保证通风和排烟风管按防护单元设置成独立系统，不会出现通风和排烟风管跨越防护单元现象。

每个防烟分区应设置排烟口，排烟口宜设在顶棚或靠近顶棚的墙面上，如图 6-27 所示；排烟口距该防烟分区内最远点的水平距离不应大于 30m。深井式汽车库发生火灾时所产生的烟气，开始时绝大部分积聚在汽车库的上部，将排烟口设在汽车库的顶棚上或靠近顶棚的墙面上排烟效果更好；排烟口与防烟分区最远地点的距离是关系到排烟效果好坏的重要问题，这个距离太远就会直接影响排烟速度，太近就要多设置排烟管道，不经济。

排烟风机可采用离心风机或排烟轴流风机，并应保证 280℃时能连续工作 30min；且应设置在穿过不同防烟分区的排烟支管上设置烟气温度大于 280℃时能自动关闭的排烟防火阀，排烟防火阀应联锁关闭相应的排烟风机。深井式汽车库火灾时产生的高温散发条件较差，温度比地上建筑要高，排烟风机能否在较高气温下正常工作，是直接关系到火场排烟的重要技术问题。排烟风机一般设在屋顶上或机房内，与排烟地点有相当一段距离，烟气经过一段时间方能扩散到风机，温度要比火场中心温度低很多。据国外有关资料介绍，排烟风机能在 280℃时连续工作 30min 就能满足要求。

机械排烟管道内风速，采用金属材料时应不大于 20m/s；采用内表面光滑的非金属材料时，应不大于 15m/s；排烟口的风速不宜超过 10m/s。金属排烟管道内壁比较光滑，风速允许大一些；非金属管道风速要求要小一些。内壁光滑，风速阻力要小；内壁粗糙，风速阻力要大一些。在风机、排烟口等条件相同的情况下，阻力越大，排烟效果越差；阻力越小，排烟效果越好。

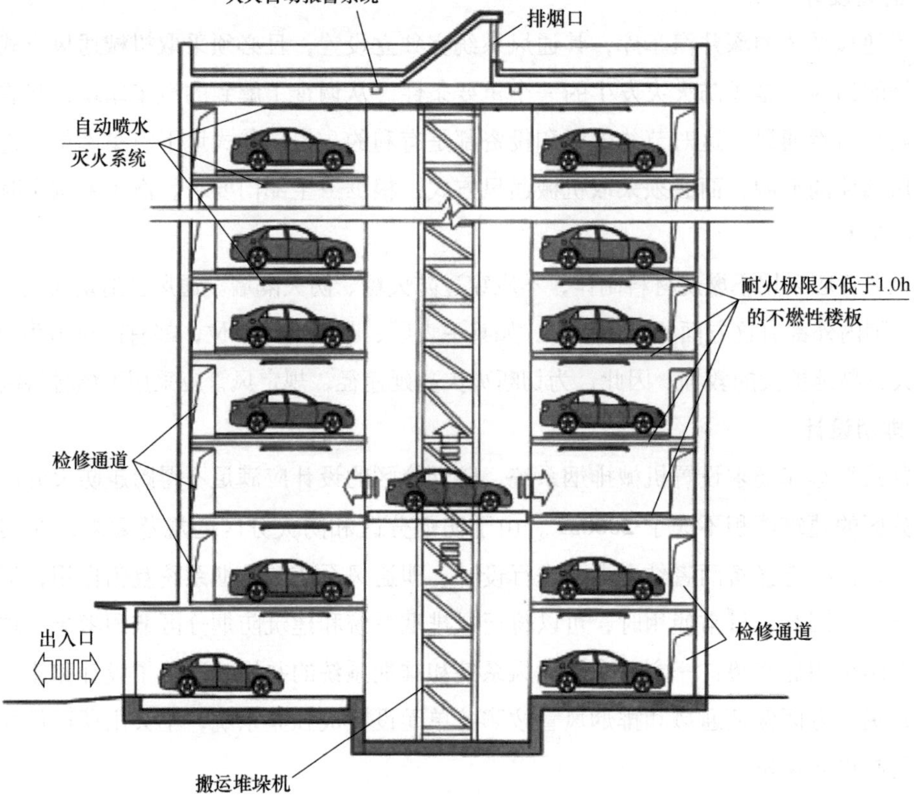

图 6-27　深井式停车库排烟口

深井汽车库内设置机械排烟系统时，应同时设置补风系统，且补风量不宜小于排烟量的50%。根据空气流动的原理，需要排出某一区域的空气时，同时需要有另一部分空气补充进来。深井式汽车库由于防火分区的防火墙分隔和楼层的楼板分隔，致使有的防火分区内没有直接通向室外的汽车疏散出口，也就是无自然进风条件，对这些区域，因周边处于封闭的环境，如排烟时没有同时进行补风，烟气无法排出。因此，应在这些区域内的防烟分区增设补风系统，且应尽量做到送风口在下、排烟口在上，这样能使火灾发生时产生的浓烟和热气顺利排出。

复 习 题

1. 简述地下车库常用的通风与防排烟系统方式。
2. 地下车库排烟量如何计算？
3. 简述地下车库防排烟系统设计要求。
4. 简述电动汽车库特殊设计要求。

第 6 章练习题

扫码进入小程序，完成答题即可获取答案

7

第7章 超高层建筑防排烟系统设计

教学要求

熟悉超高层建筑防排烟常见形式；掌握超高层建筑正压风道均匀送风设计；掌握超高层建筑防排烟设计要求

重点与难点

超高层建筑正压风道均匀送风设计，超高层建筑防排烟系统设计要求

随着我国现代城市化进程的加快和城市建设的蓬勃发展，超高层建筑正在不断涌现，特别是在大型城市，很多超高层建筑已经成为城市现代化程度的重要标志之一。据不完全统计，全国现有高层建筑46660多栋，百米以上的超高层建筑850多栋。超高层建筑由于其体型巨大、功能复杂、人员物资相对集中，稍有不慎即可酿成火灾，造成严重的人员伤亡和经济损失。而超高层建筑火灾中的烟气更是危害人员生命的重要因素。因此，研究超高层建筑火灾烟气流动规律及相应的防排烟措施，是高层建筑消防安全系统中十分重要的问题。

7.1 超高层建筑防排烟设置方式

7.1.1 超高层建筑防排烟设计原则

超高层建筑是40层以上、高度100m以上的建筑物。建筑高度增加使热压造成的烟囱作用增大，如图7-1所示。目前大部分超高层建筑外围结构为密闭型，部分建筑玻璃幕墙有1%的开启率。冷空气就会从低层部分的门和窗渗入而从高层部分的楼梯间井道渗出。当室外风速加大时，在超高层建筑周围会形成一个涡流，对防排烟系统产生不可忽略的影响：①能够使超高层建筑的火灾迅速蔓延；②因为超高层建筑体量巨大，建筑物内火灾隐患较多；③超高层建筑内人员较多，火灾疏散困难；④超高层建筑火灾时扑救工作难度系数大；⑤超高层建筑大空间、中庭排烟问题需要重视。

超高层建筑按照现行的《建筑设计防火规范》GB 50016要求一般均设置火灾自动报警系统和自动灭火系统，其防火分区最大允许建筑面积不应大于3000m²；防烟分区不能跨越防火分区，最大允许面积及其长边最大允许长度与空间净高相关，具体见表3-2。

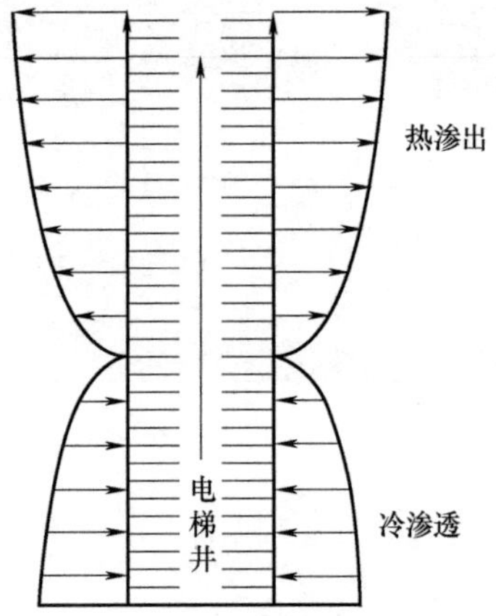

图7-1　超高层建筑烟囱效应示意图

超高层建筑防火设计有特殊要求：①民用建筑楼板的耐火极限不应低于2.00h；②与相邻建筑的防火间距，当符合允许减小的条件时，仍不应减小；③公共建筑应设置避难层（间）；④住宅建筑保温材料的燃烧性能应为A级；⑤标准层建筑面积大于2000m²的公共建筑，宜在屋顶设置直升机停机坪或供直升机救助的设施；⑥商业服务网点内应设置消防软管卷盘或轻便消防水龙，住宅建筑户内宜配置轻便消防水龙；⑦建筑内消防应急照明和灯光疏散指示标志的备用电源的连续供电时间不应小于1.5h。

超高层公共建筑避难层（间）应符合：

1）第一个避难层（间）的楼地面至灭火救援场地地面的高度不应大于50m，两个避难层（间）之间的高度不宜大于50m。

2）通向避难层（间）的疏散楼梯应在避难层分隔、同层错位或上下层断开。

3）避难层（间）的净面积应能满足设计避难人数避难的要求，并宜按5.0人/m²计算。

4）避难层可兼作设备层，设备管道宜集中布置，其中的易燃、可燃液体或气体管道应集中布置，设备管道区应采用耐火极限不低于3.00h的防火隔墙与避难区分隔。管道井和设备间应采用耐火极限不低于2.00h的防火隔墙与避难区分隔，管道井和设备间的门不应直接开向避难区；确需直接开向避难区时，与避难层区出入口的距离不应小于5m，且应采用甲级防火门。避难间内不应设置易燃、可燃液体或气体管道，不应开设除外窗、疏散门之外的其他开口。

5）避难层应设置消防电梯出口。

6）应设置消火栓和消防软管卷盘。

7）应设置消防专线电话和应急广播。

8）在避难层（间）进入楼梯间的入口处和疏散楼梯通向避难层（间）的出口处，应设置明显的指示标志。

9）应设置直接对外的可开启窗口或独立的机械防烟设施，外窗应采用乙级防火窗。

建筑高度大于250m的建筑，除应符合《建筑设计防火规范》的要求外，还应结合实际情况采取更加严格的防火措施，这类建筑的防火设计应提交国家消防主管部门组织专题研究、论证。建筑高度大于 250m 的民用建筑高层主体部分（包括主体投影范围内的地下室）的防火设计仍需遵循《建筑高度大于 250m 民用建筑防火设计加强性技术要求（试行）》（公消〔2018〕57 号），如提高了若干建筑构件的耐火极限、防火分隔、安全疏散设施、避难层、消防救援、灭火系统、防排烟系统、火灾自动报警系统等方面的要求。

建筑高度大于 250m 的民用建筑高层主体部分的建筑构件耐火极限还应符合下列规定：①承重柱（包括斜撑）、转换梁、结构加强层桁架的耐火极限不应低于 4.00h；②梁以及与梁结构功能类似构件的耐火极限不应低于 3.00h；③楼板和屋顶承重构件的耐火极限应不低于 2.50h；④核心筒外围墙体的耐火极限不应低于 3.00h；⑤电缆井、管道井等竖井井壁的耐火极限应不低于 2.00h；⑥房间隔墙的耐火极限不应低于 1.50h、疏散走道两侧隔墙的耐火极限应不低于 2.00h；⑦建筑中的承重钢结构，当采用防火涂料保护时，应采用厚涂型钢结构防火涂料。

建筑高度大于 250m 的民用建筑的防火分隔应符合下列规定：①建筑的核心筒周围应设置环形疏散走道，隔墙上的门窗应采用乙级防火门窗；②建筑内的电梯应设置候梯厅；③用于扩大前室的门厅（公共大堂），应采用耐火极限不低于 3.00h 的防火隔墙与周围连通空间分隔，与该门厅（公共大堂）相连通的门窗应采用甲级防火门窗；④厨房应采用耐火极限不低于 3.00h 的防火隔墙和甲级防火门与相邻区域分隔；⑤防烟楼梯间前室及楼梯间的门应采用甲级防火门，酒店客房的门应采用乙级防火门，电缆井和管道井等竖井井壁上的检查门应采用甲级防火门；⑥防火墙、防火隔墙不得采用防火玻璃墙、防火卷帘替代。

除广播电视发射塔建筑外，建筑高层主体内的安全疏散设施应符合下列规定：①疏散楼梯不应采用剪刀楼梯；②疏散楼梯的设置应保证其中任一部疏散楼梯不能使用时，其他疏散楼梯的总净宽度仍能满足各楼层全部人员安全疏散的需要；③同一楼层中建筑面积大于 2000m^2 防火分区的疏散楼梯不应少于 3 部，且每个防火分区应至少有 1 部独立的疏散楼梯；④疏散楼梯间在首层应设置直通室外的出口。当确需利用首层门厅（公共大堂）作为扩大前室通向室外时，疏散距离不应大于 30m。

除消防电梯外，建筑高层主体的每个防火分区应至少设置一部可用于火灾时人员疏散的辅助疏散电梯，该电梯应符合下列规定：

1）火灾时，应仅停靠特定楼层和首层；电梯附近应设置明显的标识和操作说明。

2）载质量应不小于 1300kg，速度应不小于 5m/s。

3）轿厢内应设置消防专用电话分机。

4）电梯的控制与配电设备及其电线电缆应采取防水保护措施。当采用外壳防护时，外壳防护等级应不低于现行《外壳防护等级（IP 代码）》（GB 4208—2008）中关于 IPX6MS 的要求。

5）其他要求应符合现行《建筑设计防火规范》（GB 50016—2014）中有关消防电梯及其设置的要求。

6）符合上述要求的客梯或货梯可兼作辅助疏散电梯。

建筑高度大于250m的民用建筑的避难层应符合下列规定：①避难区的净面积应能满足设计避难人数的要求，并应按不小于0.25m^2/人计算；②设计避难人数应按该避难层与上一避难层之间所有楼层的全部使用人数计算；③在避难区对应位置的外墙处不应设置幕墙。

在建筑外墙上、下层开口之间应设置高度不小于1.5m的不燃性实体墙，且在楼板上的高度不应小于0.6m；当采用防火挑檐替代时，防火挑檐的出挑宽度应不小于1.0m、长度应不小于开口的宽度两侧各延长0.5m。

建筑周围消防车道的净宽度和净空高度均不应小于4.5m。消防车道的路面、救援操作场地，消防车道和救援操作场地下面的结构、管道和暗沟等，应能承受不小于70t的重型消防车驻停和支腿工作时的压力。严寒地区，应在消防车道附近适当位置增设消防水鹤。在建筑的屋顶应设置直升机停机坪或供直升机救助的设施。

建筑高层主体消防车登高操作场地应符合下列规定：①场地的长度不应小于建筑周长的1/3且不应小于一个长边的长度，并应至少布置在两个方向上，每个方向上均应连续布置；②在建筑的第一个和第二个避难层的避难区外墙一侧应对应设置消防车登高操作场地；③消防车登高操作场地的长度和宽度分别不应小于25m和15m。

建筑高度大于250m的民用建筑室内消防给水系统应采用高位消防水池和地面（地下）消防水池供水。高位消防水池、地面（地下）消防水池的有效容积应分别满足火灾延续时间内的全部消防用水量。高位消防水池与减压水箱之间及减压水箱之间的高差不应大于200m。电梯机房、电缆竖井内应设置自动灭火设施。厨房应设置自动灭火装置。在楼梯间前室和设置室内消火栓的消防电梯前室通向走道的墙体下部，应设置消防水带穿越孔。消防水带穿越孔平时应处于封闭状态，并应在前室一侧设置明显标志。

建筑高度大于250m的民用建筑自动喷水灭火系统应符合下列规定：①系统设计参数应按现行《自动喷水灭火系统设计规范》（GB 50084—2017）所规定的中危险级Ⅱ级确定；②洒水喷头应采用快速响应喷头，不应采用隐蔽型喷头；③建筑外墙采用玻璃幕墙时，喷头与玻璃幕墙的水平距离不应大于1m。

建筑高度大于250m的民用建筑火灾自动报警系统应符合下列规定：①系统的消防联动控制总线应采用环形结构；②应接入城市消防远程监控系统；③旅馆客房内设置的火灾探测器应具有声音警报功能；④电梯井的顶部、电缆井应设置感烟火灾探测器；⑤旅馆客房及公共建筑中经常有人停留且建筑面积大于100m^2的房间内应设置消防应急广播扬声器；⑥疏散楼梯间内每层应设置1部消防专用电话分机，每2层应设置1个消防应急广播扬声器；⑦避难层（间）、辅助疏散电梯的轿箱及其停靠层的前室内应设置视频监控系统，视频监控信号应接入消防控制室，视频监控系统的供电回路应符合消防供电的要求；⑧消防控制室应设置在建筑的首层。

建筑高度大于250m的民用建筑消防用电应按一级负荷中特别重要的负荷供电。应急电源应采用柴油发电机组，柴油发电机组的消防供电回路应采用专用线路连接至专用母线段，连续供电时间应不小于 3.0h。非消防用电线电缆的燃烧性能应不低于 B1 级。非消防用电负荷应设置电气火灾监控系统。消防供配电线路应符合下列规定：

1）消防电梯和辅助疏散电梯的供电电线电缆应采用燃烧性能为 A 级、耐火时间不小于 3.0h 的耐火电线电缆，其他消防供配电电线电缆应采用燃烧性能不低于 B1 级，耐火时间不小于 3.0h 的耐火电线电缆。电线电缆的燃烧性能分级应符合现行《电缆及光缆燃烧性能分级》（GB 31247—2014）的规定。

2）消防用电应采用双路由供电方式，其供配电干线应设置在不同的竖井内。

3）避难层的消防用电应采用专用回路供电，且不应与非避难楼层（区）共用配电干线。

消防水泵房、消防控制室、消防电梯及其前室、辅助疏散电梯及其前室、疏散楼梯间及其前室、避难层（间）的应急照明和灯光疏散指示标志，应采用独立的供配电回路。疏散照明的地面最低水平照度，对于疏散走道应不低于 5.0lx；对于人员密集场所、避难层（间）、楼梯间、前室或合用前室、避难走道应不低于 10.0lx。建筑内不应采用可变换方向的疏散指示标志。

7.1.2　超高层建筑防排烟系统形式

超高层建筑的防烟楼梯间、独立前室、共用前室、合用前室及消防电梯前室应采用机械加压送风系统。这主要是因为当建筑物发生火灾时，疏散楼梯间是建筑物内部人员疏散的通道，同时，前室、合用前室是消防员进行火灾扑救的起始场所。因此火灾时首先要控制烟气进入上述安全区域。对于高度较高的建筑，其自然通风效果受建筑本身的密闭性以及自然环境中风向、风压的影响较大，难以保证防烟效果，所以需要采用机械加压来保证防烟效果。且应设置直接对外的可开启窗口或独立的机械防烟设施，外窗应采用乙级防火窗，以达到更好的防烟效果。

超高层建筑的避难层防烟系统可根据建筑构造、设备布置等因素选择自然通风系统或机械加压送风系统。避难走道应在其前室及避难走道分别设置机械加压送风系统，但当避难走道一端设置安全出口，且总长度小于 30m，或避难走道两端设置安全出口，且总长度小于 60m，这两种情况可仅在前室设置机械加压送风系统。

超高层建筑应设置排烟系统，可根据《建筑防烟排烟系统技术标准》（GB 51251—2017）来确定设置排烟系统的具体部位，以及选用自然排烟系统还是机械排烟系统。

建筑高度大于 250m 民用建筑防排烟系统设置要求更严格：防烟楼梯间及其前室应分别设置独立的机械加压送风系统；避难层的机械加压送风系统应独立设置，机械加压送风系统的室外进风口应至少在两个方向上设置。火灾时，防烟楼梯间和前室以及前室和走道之间必须形成一定的压力梯度，才能有效阻止烟气侵入，防烟楼梯间和前室所要维持的正压值不同，两者的机械加压送风系统如果合设在一个管道甚至一个系统，对两个空间正压值的形成有不利的影响，所以要求在楼梯间、前室分别设置独立的加压送风系统。同样，避难层在两个方向设置室外进风口主要是为降低火灾烟气对加压送风系统的影响，避免进风口吸入烟气。

7.2 超高层建筑防排烟系统设计要求

7.2.1 超高层建筑防烟系统设计要求

1. 自然通风系统

自然通风系统主要用于超高层建筑中避难层（间）。当采用自然通风方式时，避难层（间）应设有不同朝向的可开启外窗，其有效面积不应小于该避难层（间）地面面积的2%，且每个朝向的面积不应小于2.0m^2。建筑高度大于250m民用建筑要求，自然通风口的有效开口面积不应小于该场所地面面积的5%；采用外窗自然通风防烟的避难区，外窗应至少在两个朝向设置，总有效开口面积不应小于避难区地面面积的5%与避难区外墙面积的25%中的较大值。一般情况下，一个场所的自然通风口净面积越大，则自然通风防烟效率越高，考虑到超高层建筑自然通风易受室外风的影响，对自然通风口的净面积要求应有所提高。

2. 机械加压送风系统

超高层建筑的机械加压送风系统应竖向分段独立设置，且每段高度不应超过100m，以避免局部压力过高，给人员疏散造成障碍，或局部压力过低，不能起到防烟作用。超高层建筑避难层（间）设置机械加压送风系统后，还应在外墙设置可开启外窗，其有效面积不应小于该避难层（间）地面面积的1%。超高层建筑的机械加压送风系统中送风量、送风机、送风管道、送风口和余压控制的设计依然采用第4章相关内容。

7.2.2 超高层建筑排烟系统设计要求

1. 自然排烟系统

超高层建筑自然排烟系统中排烟口面积、位置及开启方式依然采用第5章相关内容。建筑高度大于250m民用建筑要求，自然排烟口的有效开口面积不应小于该场所地面面积的5%。一般情况下，一个场所的自然排烟口净面积越大，则自然排烟效率越高，考虑到超高层建筑自然排烟易受室外风的影响，对自然排烟口的净面积要求应有所提高。

2. 机械排烟系统

超高层建筑机械排烟系统一旦出现故障，容易造成大面积的失控，对建筑整体安全构成威胁，因此其机械排烟系统应竖向分段独立设置，且公共建筑每段高度不应超过50m，住宅建筑每段高度不应超过100m。超高层建筑机械排烟系统风量、排烟风机、排烟管道、排烟口、排烟防火阀等设计要求详见第 5 章相关内容。

建筑高度大于 250m 民用建筑机械排烟系统竖向应按避难层分段设计，沿水平方向布置的机械排烟系统，应按每个防火分区独立设置。这主要是为了提高系统的可靠性和排烟效率，一个排烟系统承担的防烟分区越多，管道布置就越复杂，阻力损失就越大，同时对系统的控制要求也越高，排烟系统可靠性也越差。机械排烟系统不应与通风、空气调节系统合用。

建筑高度大于 250m 民用建筑核心筒周围的环形疏散走道应设置独立的防烟分区；在排烟管道穿越环形疏散走道分隔墙体的部位，应设置 280℃时能自动关闭的排烟防火阀，主要是防止其他区域的火灾通过排烟管道蔓延至环形疏散走道。对于环形疏散走道排烟系统所提要求主要是为人员疏散安全提供更为可靠的保障。因超高层建筑的疏散楼梯、电梯等多布置在核心筒内，周围的环形疏散走道是人员疏散必经之路，因此要求其排烟系统要独立设置。

水平穿越防火分区或避难区的防烟或排烟管道、未设置在管井内的加压送风管道或排烟管道、与排烟管道布置在同一管井内的加压送风管道或补风管道，其耐火极限不应低于 1.50h。排烟管道严禁穿越或设置在疏散楼梯间及其前室、消防电梯前室或合用前室内。这主要是为了防止防烟和排烟管道在火灾时受到高温破坏，同时保证加压送风系统和排烟系统能够正常发挥作用，超高层建筑人员疏散时间较长，因此保证防排烟系统的连续有效性至关重要。

7.3 超高层建筑防排烟系统设计案例

1. 建筑物概况

广州某超高层综合办公楼项目，总建筑面积 305000m²，由 1 栋 58 层办公塔楼、1 栋 38 层办公塔楼、8 栋独栋多层商业建筑及 5 层地下室构成。其中，塔楼 A 为高度大于 250m 的超高层建筑，共 58 层，建筑高度 270.6m，女儿墙高度为 284m，全部为办公用房，避难层位于十、二十、三十、三十八、四十八层。

2. 防烟系统

防烟楼梯间及其前室分段设置独立的机械加压送风系统，分别为一~十层、十一~二十层、二十一~三十层、三十一~三十八层、三十九~四十八层、四十九~屋面层，加压风机设置于避难层风机房或屋面层风机房；封闭避难间设置独立的机械加压系统，避难层的进风口与出风口应分开布置且加压风机设置于本层风机房内。

防烟楼梯间、前室、合用前室加压送风口的设置：防烟楼梯间每隔 2 层设一个自垂式百叶送风口前室；合用前室每层设一个常闭式送风口（电控）；风口安装高度应保证风口底边距离楼层标高完成面 300mm；首层大堂（扩大前室）为安全区域不设加压系统，在与大堂相连接的自动扶梯在地下室设置防火墙，并在其前室设置机械加压系统，如图 7-2 所示。

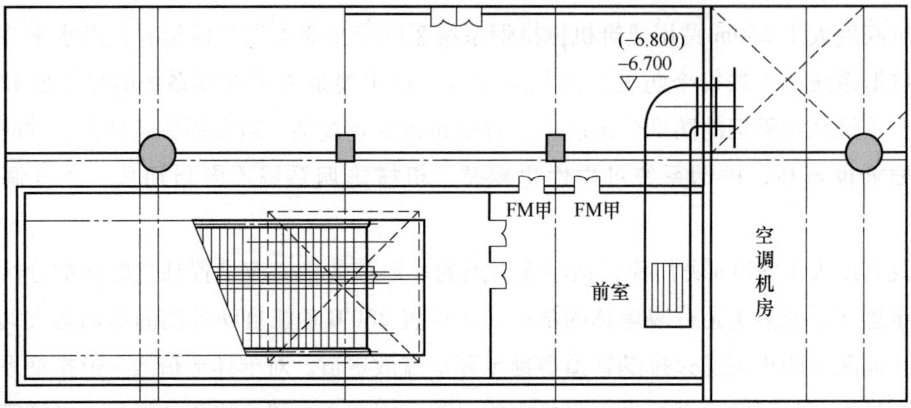

图 7-2 地下一层自动扶梯前室加压平面图

十～十五层、二十一～二十九层、三十九～四十七层、四十八～五十七层的办公房间及三十一层大堂面积均超过了 500m²，根据规范要求需要设置补风系统。补风系统直接从室外引入空气，且补风量不小于排烟量的 50%。补风机放置于避难层风机房内。

依据规范，机械加压系送风系统的设计风量不小于计算风量的 1.2 倍，计算过程详见第 4 章相关介绍。

3. 排烟系统

塔楼 A 一～五十八层设竖向的内走道及房间的机械排烟系统，共设置 3 套竖向机械排烟系统。三十一～三十八层由于建筑空间净高大于 6m，排烟风机的排烟量按防烟量最大的一个防烟分区计算，其他层的排烟风机按照同一防火分区中任意两个相邻防烟分区的排烟量之和的最大值计算，塔楼 A 的排烟风机设于十、二十、三十、三十八、四十八层避难层的风机房或屋面层风机房。

塔楼 A 三十一层大堂设置机械排烟系统，排烟系统按中庭排烟要求设计，中庭排烟量按周围场所防烟分区中最大排烟量的 2 倍数值计算，且不小于 107000m³/h。

依据规范，排烟系统的设计风量不小于计算风量的 1.2 倍，计算过程详见第 5 章相关介绍。

4. 气体灭火后的排风系统

塔楼 A 的三十、三十八层的低压配电房及变压器房，以及塔楼 A 核心筒内的强弱电间等均设置气体灭火后的排风系统，排风量按照不小于 5 次/h 换气次数设计。

5. 事故排风系统

三十八层制冷机房设置为平时排风兼作事故通风系统，事故通风排风量按不小于 12 次/h 换气次数设计，事故排风支管设置常闭电动阀，采用下排风口。

6. 消防加强技术措施

1）机械排烟系统竖向按避难层分段设计，沿水平方向布置的机械排烟系统，按每个防火分区独立设置，机械排烟系统不应与通风空气调节系统合用。

2）核心筒周围的环形疏散走道设置独立的防烟分区，在排烟管道穿越环形疏散走道分隔墙体的部位，设置 280 ℃时能自动关闭的排烟防火阀。

3）水平穿越防火分区或避难区的防烟或排烟管道、未设置在管井内的加压送风管道或排烟管道、与排烟管道布置在同一管井内的加压送风管道或补风管道，其耐火极限不应低于 1.50h。

4）排烟管道严禁穿越或设置在疏散楼梯间及其前室、消防电梯前室或合用前室内。

复　习　题

1. 超高层建筑防排烟设计难点有哪些？
2. 简述超高层建筑主要的防排烟方式。
3. 简述建筑高度大于 250m 的建筑防排烟系统的加强技术要求。

第 7 章练习题

扫码进入小程序，完成答题即可获取答案

第 8 章 防排烟系统管路设计

教学要求

掌握管道内流体阻力的计算方法；掌握使用最不利管路计算防排烟系统管路总阻力；掌握降低管道阻力的措施

重点与难点

管道阻力计算方法；管网总阻力计算方法

在防排烟系统中，空气、烟气的流动都属于管路流动问题，系统管路流动的阻力计算对系统设计非常重要。管路系统的具体布置、管道截面大小、送风机或排风机的风压参数都需要通过阻力计算才能最终确定。本章将讨论管道阻力的计算方法和降低阻力的措施。

8.1 管道内气体流动的流态和阻力

8.1.1 流体流动的两种流态

1883 年英国物理学家雷诺（O. Reynolds）通过实验发现，同一流体在同一管道中流动时，不同的流速会形成不同的流动状态。当流速较低时，流体质点互不混杂，沿着与管轴平行的方向做层状运动，称为层流（或滞流）。当流速较大时，流体质点的运动速度在大小和方向上都随时发生变化，成为互相混杂的紊乱流动，称为紊流（或湍流）。

雷诺曾用各种流体在不同直径的管路中进行了大量实验，发现流体的流动状态与平均流速 u、管道直径 d 和流体的运动黏性系数 ν 有关。可用一个无因次准数来判别流体的流动状态，这个无因次准数称为雷诺数，用 Re 表示：

$$\mathrm{Re}=\frac{ud}{\nu} \tag{8-1}$$

式中　u——管道内流体的平均流速（m/s）；

d——管道半径（m）；

ν——流体的运动黏性系数（m^2/s）。

实验表明：流体在圆管内流动，当 Re≤2300（下临界雷诺数）时，流动状态为层流；当 Re≥4000（上临界雷诺数）时，流体流动状态为紊流。在 Re=2300~4000 的区域内，流动状态不是固定的，由管壁的粗糙程度、流体进入管道的情况等外部条件而定，只要稍有干扰，流态就会发生变化，因此称为不稳定的过渡区。在实际工程计算中，为简便起见，通常用 Re=2300 来判断管路流体的流态，即：Re≤2300 为层流；Re>2300 为紊流。

对于非圆形断面的烟道，Re 数中的管道直径 d 应以烟道的当量直径 d_e 来表示：

$$d_e = 4\frac{S}{U} \tag{8-2}$$

式中 S——烟道断面（m^2）；

U——烟道断面周长（m）。

烟气在管道内的流动，雷诺数一般都大于 4000，因此烟道内的风流均应呈紊流状态。

8.1.2 流体流动的阻力

当流体在通风管道内流动时，必然要损失一定的能量来克服风管中的各种阻力。如烟气在风管内之所以产生阻力是因为烟气是具有黏性的实际流体，在运动过程中要克服内部相对运动出现的摩擦阻力及风管材料内表面的粗糙程度对气体的阻滞作用和扰动作用。风管内流体流动的阻力有两种，一种是由于流体本身的黏性及其与管壁间的摩擦而引起的沿程能量损失，称为摩擦阻力或沿程阻力；另外一种是流体在流经各种管件或设备时，由于速度大小或方向的变化及由此产生的涡流所造成的比较集中的能量损失，称为局部阻力。在实际管路中，局部阻力的形式很多，归纳起来，主要包括四种形式：变截面局部阻力、变方向局部阻力、变流股局部阻力和障碍物局部阻力。流体流动的总阻力为摩擦阻力和局部阻力之和。

8.2 沿程阻力计算

8.2.1 沿程阻力

流体本身的黏性及其与管壁间的摩擦是产生摩擦阻力的原因。流体在任意横断面形状不变的管道中流动时，根据流体力学原理，其摩擦阻力 h_f（Pa）可按下式计算：

$$h_f = \lambda \frac{L}{d}\rho \frac{u^2}{2} \tag{8-3}$$

式中 λ——摩擦阻力系数，其值通过试验求得；

L——管道的长度（m）；

d——圆形管道直径（m），或非圆形管道的当量直径；

ρ——流体的密度（kg/m^3）；

u——管道内流体的平均流速（m/s）。

单位长度的摩擦阻力也称比摩阻 R_m：

$$R_m = \lambda \frac{1}{d}\rho \frac{u^2}{2}(\text{Pa/m}) \tag{8-4}$$

由式（8-3）可知，当管路中流动工况、流体参数和管道的结构特性确定时，式中 L、d、ρ、u 都被确定了，这样就剩下 λ 值未确定。所以，摩擦阻力计算的关键在于确定管路的摩擦阻力系数 λ。

摩擦阻力与流体流动状态关系密切，在层流流动状态下，摩擦阻力是由于黏性流体在流动过程中与管道壁面之间的摩擦力及流体层向的内摩擦力而形成的切应力的作用所引起的。在紊流流动状态下，由于流体之间横向脉动速度的存在，流体间将因掺混而产生附加切应力作用。也就是说，紊流流动比层流流动更加复杂。所以，层流和紊流状态下的摩擦阻力系数是不同的。

8.2.2 层流摩擦阻力系数

当流体在圆形管道中做层流流动时，从理论上可以导出摩擦阻力 h_f（Pa）计算式：

$$h_f = \frac{32\rho\nu L}{d^2}u \tag{8-5}$$

因 $\text{Re} = \frac{ud}{\nu}$，由式（8-5）得：$h_f = \frac{64}{\text{Re}}\frac{L}{d}\rho\frac{u^2}{2}$。与式（8-3）比较，可得圆管层流的沿程阻力系数：

$$\lambda = \frac{64}{\text{Re}} \tag{8-6}$$

上式表明，层流流动状态下的摩擦阻力系数 λ 仅和雷诺数 Re 有关，且成反比。因为流动由层流转化为紊流的下界雷诺数 Re 为 2300，故层流状态下的最小摩擦阻力系数计算如下：

$$\lambda_{min} = \frac{64}{\text{Re}} = \frac{64}{2300} = 0.028$$

8.2.3 湍流摩擦阻力系数

湍流流动是指总的流动处于湍流状态，但紧靠管道壁面的一薄层流体仍处于层流状态，称为层流底层。层流底层的厚度 δ 虽然很薄，通常仅几分之一毫米，但对流动阻力有重要的影响。

任何壁面表面总是凹凸不平的，凸起的峰顶和下凹的谷底的高差称为壁面绝对粗糙度，记为Δ，绝对粗糙度Δ与管道半径d的比值Δ/d称为相对粗糙度。在湍流状态下，当层流底层的厚度δ大于壁面的绝对粗糙度Δ，即$\delta>\Delta$时，层流底层掩盖了壁面粗糙度对流体流动的影响，流体犹如在光滑的壁面上流动一样，摩擦阻力系数λ与壁面绝对粗糙度Δ无关，这种流道为水力光滑管，如图 8-1a 所示。相反，当层流底层的厚度$\delta<\Delta$时，壁面上凸起的峰顶将凸出在层流底层以外的紊流区域中，引起旋涡，增大能量损失，摩擦阻力增大，这说明摩擦阻力系数λ与壁面绝对粗糙度Δ有关，这种流道为水力粗糙管，如图 8-1b 所示。

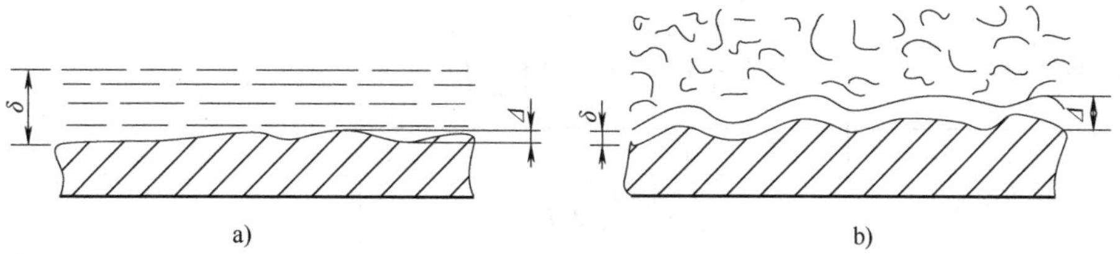

图 8-1　水力光滑管和粗糙管

a）水力光滑管　b）水力粗糙管

应当指明，水力光滑或水力粗糙的概念不完全取决于壁面的绝对粗糙度Δ，而且还与流动状况有关。同一流动通道，其壁面绝对粗糙度是一定的，当流体的流速较低时，层流底层的厚度δ较大，且$\delta>\Delta$为水力光滑管；而当流速较高时，δ减薄，可能出现$\delta<\Delta$的情况，这时水力光滑管就转变成水力粗糙管了。工程上，各种材料构成的流道的壁面的绝对粗糙度Δ值见表 8-1。

表 8-1　各种壁面的绝对粗糙度 Δ 值

壁面材质名称	绝对粗糙度 Δ/mm
铜、铝制管道	0.0015~0.01
镀锌钢板制烟风道	0.15~0.18
普通钢板制烟风道	0.33~0.4
塑料板壁面或管道	0.01~0.05
铸铁板壁面	0.8
混凝土壁面	1~3
砖砌体壁面	3~6

由于湍流流动的复杂性，加上各种壁面的粗糙度各不相同，所以湍流状态的摩擦阻力系数λ很难像层流状态那样可用理论分析来求解，而往往是通过实验数据整理得到。在这方面，前人做了大量的实验研究工作，积累了丰富的资料，最有代表性的是尼古拉兹实验。实

验发现在流动的不同区域内，摩擦阻力系数是不同的，所以人们把这些区域称为阻力区域。不同阻力区域的判据及其相应的摩擦阻力系数计算式见表 8-2。

表 8-2　不同阻力区域的判据及相应的摩擦阻力系数计算式

阻力区域名称	判据	摩擦阻力系数计算式
层流区	$Re<2000$	$64/Re$
光滑管区	$2000<Re<10^5$	$0.3164/Re^{0.25}$
	$10^5<Re<316\left(\dfrac{0.5}{\overline{\Delta}}\right)^{0.85}$	$\dfrac{1}{\sqrt{\lambda}}=-2\lg\left(\dfrac{2.51}{Re\sqrt{\lambda}}+\dfrac{\Delta}{3.7d}\right)$
粗糙管区	$316\left(\dfrac{0.5}{\overline{\Delta}}\right)^{0.85}<Re<4160\left(\dfrac{0.5}{\overline{\Delta}}\right)^{0.85}$	
阻力平方区	$Re>4160\left(\dfrac{0.5}{\overline{\Delta}}\right)^{0.85}$	

实际工程中有些情况下，只需对管路流动的摩擦阻力进行近似计算，且希望得到的数值偏于安全可靠，则可直接按表 8-3 选定不同流道的摩擦阻力系数近似值进行计算。

表 8-3　摩擦阻力系数近似值

管道类型	金属风道	金属烟道	混凝土或砖砌烟风道
摩擦阻力系数 λ	0.02	0.03	0.04

8.3 局部阻力计算

由于产生局部阻力的原因很复杂，而且流体在局部阻力件处的流动状态过于复杂，所以，大多数情况下，局部阻力只能通过实验来确定。实际工程中，对局部阻力的计算一般采用经验公式。

和摩擦阻力类似，局部阻力 h_i（Pa）一般也用动压的倍数来表示：

$$h_i=\xi\frac{\rho}{2}u^2 \tag{8-7}$$

式中　ξ——局部阻力系数。

一般来说，局部阻力系数 ξ 值取决于局部阻力件处管道的几何形状和流动的雷诺数。由于产生局部阻力处的流动往往受到强烈的扰动，处于湍流状态，因而，局部阻力系数 ξ 往往与雷诺数无关，而只取决于局部阻力件处管道的几何形状。正是这个特点，因而局部阻力系数 ξ 比较容易通过实验确定。

前人通过大量的实验已经确定了各种形式局部阻力件的局部阻力系数。有关管路中的各种局部阻力系数可从专门的通风设计手册中查到，防排烟工程作为火灾条件下的通风工程，完全可以借用一般通风工程中有关局部阻力系数的计算式或图表。

8.3.1　变截面处的局部阻力

1. 截面突变时的局部阻力系数

截面突变是指沿流道截面发生突然扩大或收缩，在变截面处的流道具有尖锐边缘的情况，如图 8-2 所示。

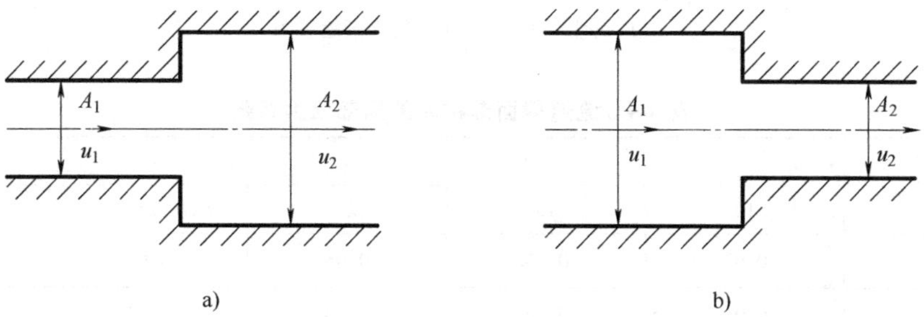

图 8-2　突然扩大和突然缩小

a）突然扩大　b）突然缩小

截面突然扩大时的局部阻力系数可按下式计算：

$$\xi=(1-A_1/A_2)^2 \tag{8-8}$$

式中　A_1——流道截面扩大前的流通面积（m^2）；

A_2——流道截面扩大后的流通面积（m^2）。

当流体从某流道流入大容积的空间时，可视为截面突扩的特殊情况，这时 $A_1/A_2\approx0$，那么局部阻力系数 $\xi=1.1$。这种形式的局部阻力系数通常称为出口阻力系数。

截面突然缩小时的局部阻力系数可按下式计算：

$$\xi=0.5\times(1-A_2/A_1)^2 \tag{8-9}$$

式中　A_1——流道截面缩小前的流通面积（m^2）；

A_2——流道截面缩小后的流通面积（m^2）。

当流体从大容积的空间流入某流道时，可视为截面突缩的特殊情况，这时 $A_2/A_1\approx0$，那么局部阻力系数 $\xi=0.5$。

2. 截面渐变时的局部阻力系数

截面渐变是指沿流道的截面逐渐扩大或收缩，工程上常见的截面渐变有圆锥形、扁平形、棱锥形、圆形、方圆锥形。它们的局部阻力系数往往主要取决于渐变前后的截面比和扩展角，一般来说，截面比 $n=A_2/A_1$ 和扩展角 θ 越小，局部阻力系数越小。反之，局部阻力系数越大，如图 8-3 所示。流道截面渐扩时的局部阻力系数见表 8-4。

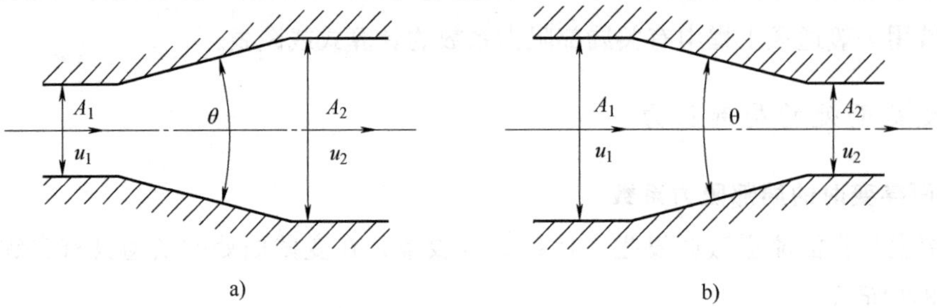

图 8-3　逐渐扩大和逐渐缩小

a）线性渐扩管图　b）线性渐缩管图

表 8-4　流道截面渐扩时的局部阻力系数

n	θ				
	10	15	20	25	30
1.25	0.02	0.03	0.05	0.06	0.07
1.50	0.03	0.06	0.10	0.12	0.13
1.75	0.05	0.09	0.14	0.17	0.19
2.00	0.06	0.13	0.20	0.23	0.26
2.25	0.08	0.16	0.26	0.30	0.33
3.50	0.09	0.19	0.30	0.36	0.39

8.3.2　变方向处的局部阻力

流道变方向即通常所说的转弯，主要有直角转弯和折角转弯两种，如图 8-4 所示。在直角弯管和折角弯管中，由于管径不变，所以流速大小不变。但由于流动方向的变化而造成能量损失。

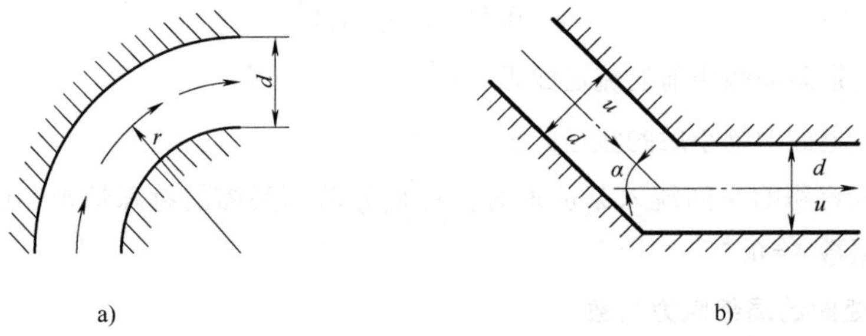

图 8-4　弯管

a）直角弯管　b）折角弯管

直角弯管的局部损失 h_ξ 确定如下：

$$h_{\xi}=\xi\frac{u^2}{2g}=k\frac{\theta}{90}\frac{u^2}{2g}=\left[1.31+0.159\left(\frac{d}{r}\right)^{3.5}\right]\frac{\theta}{90}\frac{u^2}{2g} \tag{8-10}$$

$$k=\xi=1.31+1.57\left(\frac{d}{r}\right)^{3.5}$$

式中　θ——弯管过渡角（°），直角弯管时，$\theta=90°$；

k——弯管局部损失系数；

d——弯管直径（mm）；

r——弯管中线曲率半径（mm）。

折角弯管局部损失 h_{ξ} 确定如下：

$$h_{\xi}=\xi\frac{u^2}{2g}=\left[0.946\sin^2\left(\frac{\alpha}{2}\right)+2.047\sin^4\left(\frac{\alpha}{2}\right)\right]\frac{u^2}{2g} \tag{8-11}$$

其他类型的局部损失（阻力系数）可查阅有关手册。

8.3.3 变流股处的局部阻力

变流股的流道在工程上也是常见的。根据需要，常常把一股流体分流为两股或多股流体，或者把两股或多股流体汇集成一股流体。那么，在各股流体的交汇处由于涡流、碰撞、改变方向和速度等产生局部阻力。习惯上把几股流体交汇称为几通，最常见的是三通。分流三通是一股流体分流成两股，而汇流三通是两股流体汇合成一股。三通的局部阻力系数主要可通过查表 8-5 得到。

表 8-5　三通的局部阻力系数

90°三通	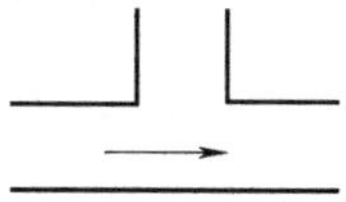	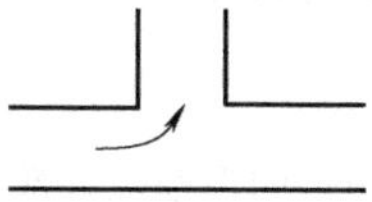	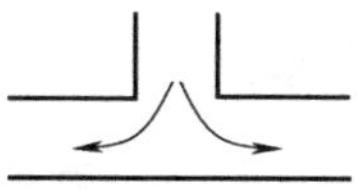	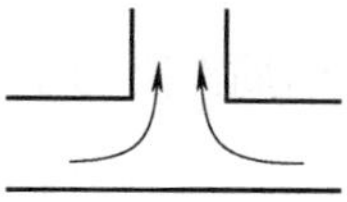
ξ	0.1	1.3	1.3	3
45°三通	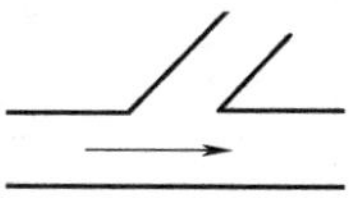	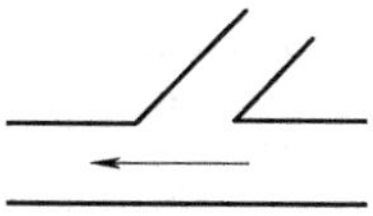		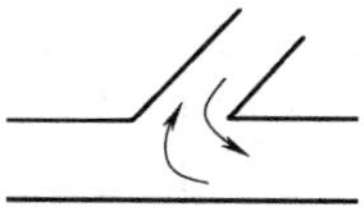
ξ	0.15	0.05	0.5	3

8.3.4 阻碍物的局部阻力

阻碍物的局部阻力主要是指流道中的各种阀门的影响，其局部阻力系数不仅与流道内的压力差有关，而且还与阀门的结构、材质、加工精度、口径、阀门开度等相关。防排烟工程常用阀门有防火阀和排烟防火阀，形式有闸板门和旋板门两种，如图 8-5 所示。一般来说，闸板门全开时，其局部阻力系数很小；随着开度增大，局部阻力系数也增大。在不同开度下闸板门的局部阻力系数见表 8-6。

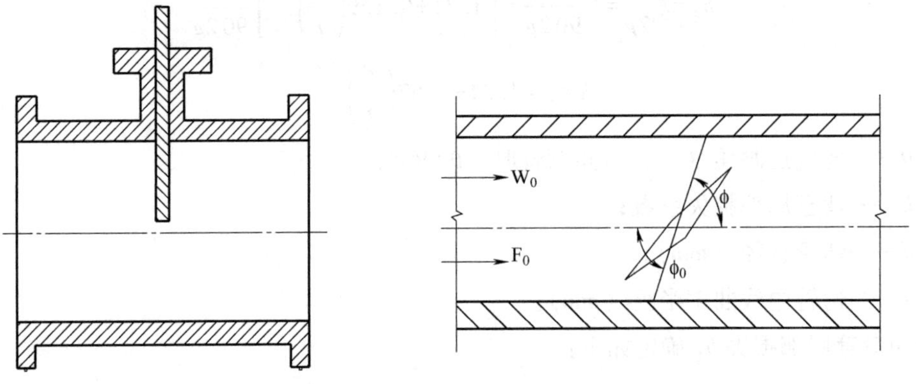

a)　　b)

图 8-5　防排烟工程阀门形式示意图

a）闸板门　b）旋板门

表 8-6　闸板门的局部阻力系数

开度（%）	10	20	30	40	50	60	70	80	90	100
圆形	97.8	35	10	4.6	2.06	0.98	0.44	0.17	0.06	0
矩形	193	44.5	17.8	8.12	4.0	2.1	0.95	0.39	0.09	0

防排烟工程所用的旋板门，其门板数（有的称为叶片数）可多可少，多的可达十几片。旋板面与管道轴向的交角为 φ。当 $\varphi=0$ 时，即旋板门全开的情况下，其局部阻力系数几乎为 0。随着交角角度的增大，局部阻力系数大大增加。叶片数为 1~5 的旋板门在不同交角 φ 下的局部阻力系数见表 8-7。

表 8-7　旋板门的局部阻力系数

叶片数	φ								
	10°	20°	30°	40°	50°	60°	70°	80°	90°
1	0.3	1.0	2.5	7	20	60	100	1500	8000
2	0.4	1.0	2.5	4	8	30	50	350	6000
3	0.2	0.7	2.0	5	10	20	40	160	6000
4	0.25	0.8	2.0	4	8	15	30	100	6000
5	0.2	0.6	1.8	3.5	7	13	28	80	4000

8.4 管路计算基础

沿程阻力和局部阻力的计算最终是为了进行管路计算。管路计算的任务在于确定通过管路的流体流量及其参数、管路的结构特性和流动阻力三者之间的关系。在工程实际中，根据原始数据即已知条件的不同，管路计算通常可以分为以下三种：

1）已知管路中的流体流量及其参数和管路的结构特性，确定管路的压力降。这类设计的实质就是计算管路各处的沿程阻力和局部阻力。

2）已知管路的结构特性和允许的压力降，确定通过管路的流体流量及其参数。这类设计是通过确定管路各处的沿程阻力和局部阻力，计算管路中的流速，然后确定管路中流体的流量及其参数。

3）已知管路中的流体流量及参数和允许的压力降，确定管路的结构特性。这类设计是确定管路各处的沿程阻力和局部阻力，然后确定其结构特性。

管路计算是一个很复杂的问题：一方面是因为各种阻力形式很多，影响的因素也复杂；另一方面，管路本身的连接方式不同，计算方法也有所不同。通常将管路计算分为简单管路、串联管路、并联管路和复杂管路四种类型。

8.4.1 简单管路的计算

所谓简单管路计算是指流道流通截面面积不变，流体流量恒定的管路。流体在简单管路中的压力降等于流动的总阻力，为沿程阻力和局部阻力之和：

$$\Delta p=\Delta h=\Delta h_{f}+\Delta h_{\xi} \tag{8-12}$$

因沿程阻力和局部阻力都对应于管路内的压力差，则：

$$\Delta p=\Delta h=\left(\lambda\,\frac{L}{d}+\sum\xi_{i}\right)\frac{\rho}{2}u^{2}=\frac{\left(\lambda\,\dfrac{L}{d}+\sum\xi_{i}\right)}{2\rho S^{2}}Q^{2} \tag{8-13}$$

式中 S——管路流通截面面积（m^2）；

Q——流体体积流量（m^3/s）。

令 $R=\left(\lambda\,\dfrac{L}{d}+\sum\xi_{i}\right)/(2\rho S^{2})$，称 R（$kg\cdot m$）$^{-1}$为管路的总水力特性，其主要取决于管路的结构特性和流体的物性参数，则：

$$\Delta p=RQ^{2} \tag{8-14}$$

根据式（8-13）就可以对上述三种管路设计情况分别进行计算了。值得注意的是，由于沿程阻力系数 λ 的计算式在不同的阻力区域是不同的，所以在计算时首先必须确定流动所处的阻力区域。这一点在第一类管路计算中是很方便的，因为根据已知的流体流量参数和管路的结构特性可求出流动的雷诺数 Re 值，从而判别流动所处的阻力区域。在第二、三类管路计算中，则必须预先假定一阻力区域，待确定管路的结构特性或管路中流体的流量及参数后校核是否处于该阻力区域，如校核结果与假定不符，应重新假定再行计算，直到相符为止。

简单管路在工程实际中是存在的。从流道截面面积不变的角度来看，任何复杂的管路中的某一直管段都属于这种情况，所以简单管路的计算是复杂管路计算的基础。从流体流量恒定的角度来看，并非所有情况都能满足要求，只有在稳定的流动工况下才能作为简单管路来进行计算。

在等温流动时，管路中流体的参数不变，所以计算比较简单。在非等温流动时，如管道受加热或受冷却的情况下，在流动过程中流体的参数不断变化，则可取计算管段进出口的流体平均温度下的参数来进行计算。

应当指出，水平管路的压力降实际是管路进出口的静压差，所以只有在进出口处流体的静压差不变的情况下，管路的压力降才能等于管路的总阻力，对于简单管路来说，由于管路截面尺寸相同，流体密度在进出口不变或变化不大，流体的速度相同或基本相同，所以，管路进出口的静压差相等或基本上相等，这样，简单管路的压力降就等于其总阻力。

8.4.2 串联管路的计算

串联管路是由若干个简单管路相互串联连接而成的，各个简单管路中流体流量分别表示如下：

$$\left.\begin{aligned} Q_1 &= u_1 S_1 \\ Q_2 &= u_2 S_2 \\ &\vdots \\ Q_n &= u_n S_n \end{aligned}\right\} \tag{8-15}$$

根据流量连续原理，流体温度不变时，相互串联的各简单管路中的流体流量是不变的：

$$Q_1 = Q_2 = \cdots = Q_n = Q \tag{8-16}$$

各简单管路的阻力损失分别为：

$$\left.\begin{aligned} \Delta p_1 &= \Delta h_1 = R_1 Q_1^2 \\ \Delta p_2 &= \Delta h_2 = R_2 Q_2^2 \\ &\vdots \\ \Delta p_n &= \Delta h_n = R_n Q_n^2 \end{aligned}\right\} \tag{8-17}$$

根据阻力叠加原则，串联管路的总阻力等于各简单管路的阻力损失之和，即：

$$\Delta h = \Delta h_1 + \Delta h_2 + \cdots + \Delta h_n = \sum \Delta h_i \tag{8-18}$$

把式（8-15）、式（8-17）代入式（8-18），整理得：

$$\Delta h = (R_1 + R_2 + \cdots + R_n) Q^2 = Q^2 \sum_{i=1}^{n} R_i \tag{8-19}$$

式中　R_1、R_2、⋯、R_n——各简单管路的水力特性 $(\text{kg} \cdot \text{m})^{-1}$。

由式（8-19）可见串联管路变成为一个简单的管路了。所以，串联管路的计算方法与简单管路相同，只不过计算过程较为复杂而已。对于第一类管路计算，只要分别求出各简单管路的压力损失，就可按式（8-18）确定整个管路的总压力损失。对于第二、三类管路计算，计算过程就要复杂得多，由于摩擦阻力系数与阻力区域有关，所以要分别假定各段简单管路所处的阻力区域，然后进行计算和校核，只要其中任意一个阻力区域校核结果与假定不符，则总的计算结果无效，应重新假设，重新计算。

8.4.3 并联管路的计算

若干个简单管路或串联管路的进出口端分别连接在一起就构成了并联管路。流体力学中的并联管路与电工学中的并联电路具有类似的性质，并联管路两端的压力降相等，即各管路中流体的流动压力损失相等，可表示如下：

$$\Delta p_1 = \Delta p_2 = \cdots = \Delta p_n = \Delta p \tag{8-20}$$

$$\left.\begin{aligned} \Delta p_1 &= \Delta h_1 = R_1 Q_1^2 \\ \Delta p_2 &= \Delta h_2 = R_2 Q_2^2 \\ &\vdots \\ \Delta p_n &= \Delta h_n = R_n Q_n^2 \end{aligned}\right\} \tag{8-21}$$

对于温度不变的流体，并联管路流体的总流量等于各支管路中流体流量之和：

$$Q_1 = Q_2 = \cdots = Q_n = \sum_{i=1}^{n} Q_i \tag{8-22}$$

由式（8-21）得：

$$\left.\begin{aligned} Q_1 &= \frac{1}{\sqrt{R_1}}\sqrt{\Delta p_1} \\ Q_2 &= \frac{1}{\sqrt{R_2}}\sqrt{\Delta p_2} \\ &\vdots \\ Q_n &= \frac{1}{\sqrt{R_n}}\sqrt{\Delta p_n} \end{aligned}\right\} \tag{8-23}$$

把式（8-23）、式（8-20）代入式（8-22），整理得：

$$Q = \left(\frac{1}{\sqrt{R_1}} + \frac{1}{\sqrt{R_2}} + \cdots + \frac{1}{\sqrt{R_n}}\right)\sqrt{\Delta p} \tag{8-24}$$

因 $Q = \frac{1}{\sqrt{R}}\sqrt{\Delta p}$，所以有：

$$\frac{1}{\sqrt{R}} = \frac{1}{\sqrt{R_1}} + \frac{1}{\sqrt{R_2}} + \cdots + \frac{1}{\sqrt{R_n}} \tag{8-25}$$

式（8-25）表明，并联管路的总水力特性值的平方根的倒数是各并联支管路的水力特性值的平方根的倒数之和。

由式（8-25）还可以导出：

$$Q_1 : Q_2 : \cdots : Q_n = \frac{1}{\sqrt{R_1}} : \frac{1}{\sqrt{R_2}} : \cdots : \frac{1}{\sqrt{R_n}} \tag{8-26}$$

由上式可以看到，当各支管路的水力特性值相等时，各支管路中流体流量相等；而当各支管路的水力特性值不同时，各支管路中流体流量也就不同。水力特性值越大的支管路，其流量越小；反之，水力特性值越小的支管路，其流量就越大。

如前所述，决定管路水力特性值 R 的因素是管路的结构特性和流体的参数。在实际管路中，各并联支管路水力特性值相等的情况是难以实现的，因为结构特性名义上相同而实际的差异是客观存在的，由此引起的各支管路水力特性值的差异从而造成各支管路中流体流量的不同称为水力偏差。在非等温流动情况下，当各支管路的吸热量或放热量不同时将引起流体参数的不同，由此引起的各支管路水力特性值的差异从而造成各支管路中流体质量流量的不同称为热力偏差，吸热量多或放热量少的支管，管内流体温度较高，密度较小，管内流体的质量流量较少。

实际上，并联管路两端的压力差往往是不相等的，这也会造成各支管路中流体流量不等，这仍属于水力偏差问题。

8.4.4 复杂管路的计算

工程上的许多管路系统，如加压送风系统和机械排烟系统，是比较复杂的管路系统，既不是单一的并联管路，也不是单一的串联管路，更不是单一的简单管路，而是由许多个简单管路、串联管路及并联管路混合串联和并联而成的，故称为复杂管路。在复杂管路中，串联和并联是相互交叉的，串中有并，并中有串。

尽管复杂管路的组成十分复杂，但其计算可分解为单一的串联管路、并联管路甚至简单管路分别进行。当然，其计算过程是非常烦琐的。各管路的计算数据相互牵连，互相制约，其中的变化会影响全局。这种牵制的关系服从两条基本法则，即：

1）并联管路的阻力相等，流体的质量流量叠加。

2）串联管路中流体的质量流量相等，阻力叠加。

复杂管路的具体计算应根据实际的管路系统加以分解，然后按照上述两条法则列出阻力和流量方程式，并联立求解。

8.5 防排烟系统管路总阻力计算

8.5.1 管路总阻力计算流程

防排烟系统管路计算属于8.4节介绍的第一类管路计算，计算得到的系统总阻力是防排烟系统设计的关键参数之一。要计算系统的总阻力，根据沿程阻力和局部阻力的计算公式可知，需要知道系统管道内的截面尺寸、流速、摩擦阻力系数和局部阻力系数。

管道内流体流速按照防排烟系统中管道、送风口、排烟口和补风口风速要求选择合适的值。管道的截面尺寸则根据各个管段风量除以选定的风速值来确定。风管断面形状有圆形和矩形两种。圆形断面的风管强度大、阻力小、消耗材料少，但加工工艺比较复杂，占用空间多，布置时难以与建筑、结构配合，常用于高速送风的系统。矩形断面的风管易加工、好布置，能充分利用建筑空间，弯头、三通等部件的尺寸较圆形风管的部件小。为了节省建筑空间，布置美观，建筑防排烟系统管道的断面一般设计为矩形。常用矩形风管规格见表 8-8。为了减少系统阻力，进行风道设计时，矩形风管的高宽比宜小于 6，最大不应超过 10。

表 8-8　常用矩形风管规格

外边长×外边宽/mm				
120×120	320×200	500×400	800×630	1250×630
160×120	320×250	500×500	800×800	1250×800
160×120	320×320	630×250	1000×320	1250×1000
200×160	400×200	630×320	1000×400	1600×500
200×200	400×250	630×400	1000×500	1600×630
250×120	400×320	630×500	1000×630	1600×800
250×160	400×400	630×630	1000×800	1600×1000
250×200	500×200	800×320	1000×1000	1600×1250
250×250	500×250	800×400	1250×400	2000×800
320×160	500×320	800×500	1250×500	2000×1000

摩擦阻力系数可通过查表得出，也可以采用比摩阻（单位长度摩擦阻力）法计算；而局部阻力损失则需要将防排烟系统的最不利管路中所有的局部阻力系数求和，再代入公式计算。圆形断面薄钢板风管单位管长沿程阻力损失见本书附录 A，矩形断面薄钢板风管单位管长沿程阻力见本书附录 B，各种管件的局部阻力系数见本书附录 C。无论是沿程阻力还是局部阻力都只有在将管路系统在建筑工程图中布置好以后才能进行计算。

防排烟系统管路总阻力计算可以按照以下的流程进行：

1）绘制通风系统简图，对各管段进行编号，以风量和风速不变的风管为一管段，一般从距风机最远的管段开始由远而近顺序编号。管段长度按两个管件中心线的长度计算，不扣除管件（如弯头、三通）本身的长度。

2）在允许的风速范围内选择合理的气体流速。风速对系统的经济性有较大影响：流速高，风管截面小，材料消耗少，建造费用少，但是系统的沿程阻力会比较大，动力消耗增加；流速低，沿程阻力小，但风管截面大，材料和建筑费用高。因此，设计时应综合考虑。

3）根据各管道的风量和选定的流速确定各管段的截面尺寸，应该选择工程上常用的尺寸，以利于工业化加工制作。若设计截面面积与计算截面面积不同，在后续的阻力计算时应该根据实际风管截面所对应的速度计算。

4）阻力计算应从最不利管路开始，一般是距风机最远的排烟（送风）口处。为保证各支管风量达到设计要求，应对并联管路进行压力平衡分析，一般要求两支管的压力损失差不超过15%。当支管的压力损失差较大时可在压力损失小的支管上加装风量调节阀，或改变支管的截面大小重新计算。

8.5.2 计算管路总阻力实例

【例 8-1】 某建筑空间净高3.5m，用途为小型商店。如图8-6所示，机械排烟系统共负担三个防烟分区，面积分别为400m²、600m² 和900m²，各管段 *AB*、*BC*、*CD*、*DE*、*EF*、*GH*、*HC*、*IJ*、*JE* 的长度分别为14m、9m、20m、5m、15m、20m、6m、18m、6m。安装有自动喷淋系统，管道采用不锈钢材质制成。试设计该机械排烟系统。空气密度取1.29kg/m³。

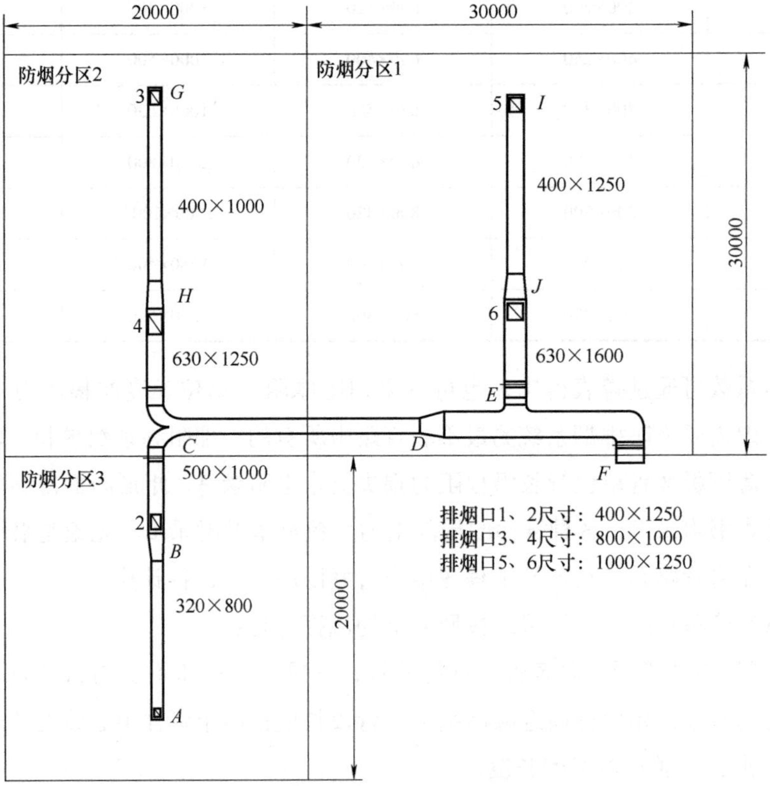

图 8-6 某建筑排烟系统管路布置图

解：（1）首先确定各防烟分区的排烟量，并按排烟口最大排烟量计算各防烟分区所需排烟口数量，以防烟分区3为例，防烟分区3的建筑层高为3.5m，用途是商店，查表5-3得到该区火灾达到稳态时的热释放速率为3MW，烟气层厚度为1.5m。查表5-6得排烟口最大允许排烟量约为43800m³/h，因此防烟分区3需要布置1个排烟口。设计时为了保证较好的排烟效果，每个防烟分区均布置了 2 个排烟口，3 个防烟分区排烟口数量计算结果见表 8-9。

表 8-9 排烟口数量

防烟分区	面积/m^2	计算排烟量/(m^3/h)	排烟口最大排烟量/(m^3/s)	排烟口个数/个
1	900	54000	43800	2
2	600	36000	43800	2
3	400	24000	43800	2

因为该机械排烟系统共负担 3 个防烟分区，且建筑空间净高为 3.5m<6m，所以该系统计算排烟量取相邻防烟分区排烟量之和的最大值，由表 8-9 可知计算排烟量为 90000m^3/h。根据建筑平面图及每个防烟分区设置的排烟口数量进行管道布置，并对关键节点进行编号后可对各个管段的阻力损失进行计算。

（2）各管段阻力计算

1）沿程阻力损失计算。以防烟分区 3 为例，该区面积 400m^2，计算排烟量 24000m^3/h。管道 *AB* 段内风速取为 15m/s，则截面面积为 0.23m^2。参考《通风管道技术规程》（JGJ/T 141—2017），*AB* 段矩形风管尺寸可取为 320mm×800mm，设计截面面积为 0.256m^2，当量直径由式（8-2）计算得 457m，查本书附录 B，该段管道的比摩阻约为 6.0Pa/m。*BC* 段管道内风速取为 15m/s，则截面面积为 0.45m^2，*BC* 段截面尺寸可取为 500mm×1000mm，设计截面面积为 0.5m^2，当量直径为 667mm，该段比摩阻为 4.8Pa/m。

管段 *AB* 沿程阻力损失计算：$\Delta h_{f1}=h_{f1}l_1=(6.0\times14)\text{Pa}=84\text{Pa}$

管段 *BC* 沿程阻力损失计算：$\Delta h_{f2}=h_{f2}l_2=(4.8\times9)\text{Pa}=43.2\text{Pa}$

各管段沿程阻力计算结果见表 8-10。

表 8-10 各管段沿程阻力计算结果

管段编号	风量/(m^3/s)	管长/m	断面尺寸/(mm×mm)	流速/(m/s)	比摩阻/(Pa/m)	沿程阻力/Pa
AB	3.3	14	320×800	13.0	6.0	84.0
BC	6.7	9	500×1000	13.3	4.8	43.2
CD	16.7	20	1000×1250	13.3	2.0	40.0
DE	16.7	5	1000×2000	8.3	0.9	4.5
EF	25.0	15	1000×2000	12.5	2.0	30.0
GH	5.0	20	400×1000	12.5	6.5	130.0
HC	10.0	6	630×1250	12.7	3.6	21.6
IJ	7.5	18	400×1250	15.0	11.0	198.0
JE	15.0	6	630×1600	14.9	5.0	30.0

2）局部阻力损失计算。*AB* 段的局部阻力件有 1 个排烟口，局部阻力系数可按照截面突扩情况计算，保守取为 1.1。*BC* 段的局部阻力件有 1 个渐扩管、1 个排烟口和 1 个排烟防火阀。其中，排烟防火阀的局部阻力系数取为 0.5；当渐扩管的扩展角小于 30°时，查本书附录 C 得其局部阻力系数小于 0.07，可以忽略；在本段管中可以将其计入直管段的沿程阻力中，因此，*BC* 段的局部阻力系数之和为 1.1+0.5=1.6。

管段 *AB* 局部阻力损失计算：

$$\Delta h_{\xi1}=\sum\xi_1\frac{u_1^2}{2}\rho=1.1\times\frac{13^2}{2}\times1.29\text{Pa}=111.8\text{Pa}$$

管段 *BC* 局部阻力损失计算：

$$\Delta h_{\xi2}=\sum\xi_2\frac{u_2^2}{2}\rho=1.6\times\frac{13.3^2}{2}\times1.29\text{Pa}=170.9\text{Pa}$$

按照上述方法，将其他各管段的局部阻力件设计出来，并查得其局部阻力系数。其中，*CD* 段为一个 Y 形对称燕尾合流三通（0.23），*DE* 段为一个渐扩管（局部阻力可以忽略），*EF* 段为 1 个排烟防火阀（0.5）、1 个 T 形合流三通（0.65）、1 个 90°弯头（0.15）和风机入口变径管（可忽略），*GH* 段和 *J* 段都为 1 个排烟口（1.1），*HC* 段和 *JE* 段都为一个排烟防火阀（0.5）和一个排烟口（1.1）。将局部阻力系数填入表 8-11 中，可得到各管段的局部阻力，见表 8-11。

表 8-11　各管段局部阻力计算表

管段编号	风量/(m^3/s)	管长/m	断面尺寸/(mm×mm)	流速/(m/s)	局部阻力系数 $\sum\xi$	局部阻力/Pa
AB	3.3	14	320×800	13.0	1.1	111.8
BC	6.7	9	500×1000	13.3	1.6	170.9
CD	16.7	20	1000×1250	13.3	0.23	24.6
DE	16.7	5	1000×2000	8.3	0.0	0.0
EF	25.0	15	1000×2000	12.5	1.3	121.9
GH	5.0	20	400×1000	12.5	1.1	103.2
HC	10.0	6	630×1250	12.7	1.6	154.9
IJ	7.5	18	400×1250	15.0	1.1	148.5
JE	15.0	6	630×1600	14.9	1.6	212.6

3）排烟口尺寸计算。以防烟分区 3 为例，计算排烟量为 24000m^3/h，设置了 2 个排烟口，每个排烟口排烟量为 12000m^3/h，设计每个排烟口处气体流速为 8m/s 以满足标准要求，则每个排烟口的有效排烟面积为（12000/3600/8）m^2=0.42m^2。根据厂家提供的排烟口规格表（表 8-12），可以选择尺寸为 630mm×1000mm 的排烟口，实际有效排烟面

积为（0.63×1.0×0.8）m^2＝0.504m^2。

其中，0.8 为百叶排烟口有效排烟面积的修正系数。

表 8-12 排烟口规格表 （单位：mm）

B 边	*A* 边												
	300	350	400	480	500	600	630	680	750	800	870	900	1000
300		▲	▲	▲	▲								
350			▲	▲	▲	▲							
400				▲	▲	▲	▲	▲	▲	▲			
480						▲	▲	▲	▲	▲	▲	▲	▲
500						▲	▲	▲	▲	▲	▲	▲	▲
600						▲	▲	▲	▲		▲	▲	▲
630							▲	▲	▲	▲	▲	▲	▲
680								▲		▲	▲	▲	▲
750										▲	▲	▲	▲
800										▲	▲	▲	▲
870													▲
900													▲

（3）计算各管段总阻力，确定整个管路系统中最不利管段的阻力损失，计算结果见表 8-13。

表 8-13 各管段总阻力和不平衡率计算结果

管段编号	局部阻力/Pa	沿程阻力/Pa	总阻力损失/Pa
AB	111.8	84.0	195.8
BC	170.9	43.2	214.1
CD	24.6	40.0	64.6
DE	0.0	4.5	4.5
EF	121.9	30.0	151.9
GH	103.2	130.0	233.2
HC	154.9	21.6	176.5
IJ	148.5	198.0	346.5
JE	212.6	30.0	242.5
最不利管路 *IJEF* 的总阻力/Pa			740.9

（4）计算系统总阻力，系统总阻力为最不利管段 *IJEF* 的阻力损失。

$$\Delta h = \Delta h_{IJEF} = \Delta h_{IJ} + \Delta h_{JE} + \Delta h_{EF} = (346.5+242.5+151.9)\mathrm{Pa} = 740.9\mathrm{Pa}$$

（5）检查并联管路阻力损失的不平衡率

管路 *IJEF* 和管路 *GHCDEF*、管路 *ABCDEF* 为并联管路，计算其不平衡率为：

$$\Delta h_{GHCDEF} = \Delta h_{GH} + \Delta h_{HC} + \Delta h_{CD} + \Delta h_{DE} + \Delta h_{EF} = (233.2+176.5+64.6+4.5+151.9)\mathrm{Pa} = 630.7\mathrm{Pa}$$

$$\Delta h_{ABCDEF} = \Delta h_{AB} + \Delta h_{BC} + \Delta h_{CD} + \Delta h_{DE} + \Delta h_{EF} = (195.8+214.1+64.6+4.5+151.9)\mathrm{Pa} = 630.9\mathrm{Pa}$$

$$\frac{\Delta h_{IJEF} - \Delta h_{GHCDEF}}{\Delta h_{IJEF}} = \frac{740.9-630.7}{740.9} = 14.9\% < 15\%$$，满足要求。

$$\frac{\Delta h_{IJEF} - \Delta h_{ABCDEF}}{\Delta h_{IJEF}} = \frac{740.9-630.9}{740.9} = 14.8\% < 15\%$$，满足要求。

（6）排烟风机参数

经过计算，该排烟系统计算排烟量为 $90000\mathrm{m^3/h}$，设计排烟量不得小于计算排烟量的 1.2 倍，因此该排烟风机风量为：

$$Q_f = 1.2Q = (1.2\times 90000)\mathrm{m^3/h} = 108000\mathrm{m^3/h}$$

考虑到漏风等因素，风机风压可设计为最不利管路阻力损失的 1.15 倍，则该排烟风机风压为：

$$p_f = 1.15\Delta h = (1.15\times 740.9)\mathrm{Pa} = 852\mathrm{Pa}$$

根据这两个参数，通过厂家提供的风机选型表就可以选择到合适的风机。如可选用 HTF—IV 系列消防高温排烟专用轴流风机，排烟风机具体参数见表 8-14。

表 8-14　HTF—IV 系列混流排烟风机性能参数表（部分）

型号	叶轮直径/mm	推荐工况风量/(m³/h)	推荐工况全压/Pa	转速/(r/min)	装机容量/kW	A 声波/dB（A）	质量/kg
No. 15	1500	116520	912	960	45/22	95	970
		105820	1052				
		96448	1168				
		90460	1278				
		82645	1412				
		87390	513	720		86	
		79365	592				
		72336	657				
		67845	719				
		61984	794				

总之，在进行机械排烟系统的管路布置时，一定要精心做好规划，尽量使分支管路阻力损失和负担的风量均衡，以减少后续的计算工作量，并最终保证排烟系统工作时各排烟支管能够分配到合理的风量。

8.6 管路设计中的常见问题及其处理措施

8.6.1 管道设计的基本要求

对于工程上的各种管路系统，无论是供热工程中的供热系统，还是通风工程中的通风系统，正确的管道设计一般应达到如下几个基本要求：

（1）提高经济性

使系统的总阻力尽可能降低，这样可选用压头较低的泵与风机，不但使设备的投资费用低，而且使设备的运行耗电量低，从而达到节约投资、节约能源，提高经济效益的目的。

（2）满足技术性

使系统中各部分的介质流量和参数满足生产工艺、安全技术及生活等各方面的要求，为此，管道上必须设有调节、控制和测量装置。

（3）布置合理性

系统中管道的布置应力求合理，既服从工艺路线和建筑物的总体布置，又便于安装、检修和维护。仪表、阀门要装设在便于操作、观测的位置，以方便运行操作和计量管理。此外，还应尽可能减少占地面积和侵占空间，主要不要影响所通过场所的美观。

（4）保证安全性

为提高系统运行的安全可靠性，增长系统的使用寿命，应根据介质的压力、温度以及腐蚀性、爆炸性等，正确选用管道的材质。同时，还应注意管道通过场所的安全问题，采取一些必要的防火防爆等技术措施。

（5）力求通用性

管道和管件的规格尺寸应力求标准化、通用性。

防排烟系统是在火灾条件下投入运行的系统，从总体上来说，供热、通风系统管路的经济性、技术性、安全性、合理性及通用性等基本要求对防排烟系统都是适用的。但防排烟系统与常年运行的供热、通风的管路系统应有所不同，具有一定的特殊要求。首先，保证系统中的风量、风压达到设计要求是管道设计的首要任务；其次，管道本身的防火安全问题是至关重要的。至于系统运行的耗电量可不必过多考虑，但设备投资、基建投资却要予以重视。

8.6.2 管道设计的主要技术问题及其处理措施

管道设计的主要技术问题是减小管道流动阻力和保证管路流量分配。

1. 减小管道流动阻力

对防排烟工程来说，减小管道流动阻力的目的首先不是为了减少运行电耗量，而是为了减少设备即送风机或排烟机的投资费用，因为管道的流动阻力低，可选用压头较低的风机，因而设备投资较低，但是，管道阻力降低，管道口径较大，这样，管道本身的投资较大。所以，要进行综合比较。

减小管道流动阻力包括沿程阻力和局部阻力两方面，应分别采取不同的措施。

(1) 减小沿程阻力的措施

根据摩擦阻力的计算式式 (8-3)，可以得出减小摩擦阻力的措施为：

1) 减小管道的长度。在进行管道系统的布置时，应力求使管道长度尽可能缩短。对于排烟管道应尽量减少水平排烟管道的长度，这不但是减少管道沿程阻力损失的需要，而且也是减少管道本身投资的需要。

2) 降低摩擦阻力系数。适当减小流道壁面的粗糙度对降低摩擦阻力系数是有益的，如采用钢制管道或表面粗糙度较小的非金属管道。

3) 增大管道的截面面积。一般来说，适当增大管道的截面面积可使沿程阻力损失大大减小。但并不意味着管道截面面积越大越好，因为随着管道截面面积的增大，沿程阻力损失减小了，运行费用降低了，但管道尺寸面积越大，耗用材料增多，管道系统的初投资增加。所以应进行技术经济比较，以确定最佳的管道尺寸，如图 8-7 所示。

(2) 减小局部阻力的措施

管道的局部阻力往往是管道总阻力的主要部分，在工程实际中，这个问题常常不为人们所重视，所以，除了在管道的设计布置上注意之外，还应把好制造安装质量关。减小管道局部阻力主要应从如下几方面着手。

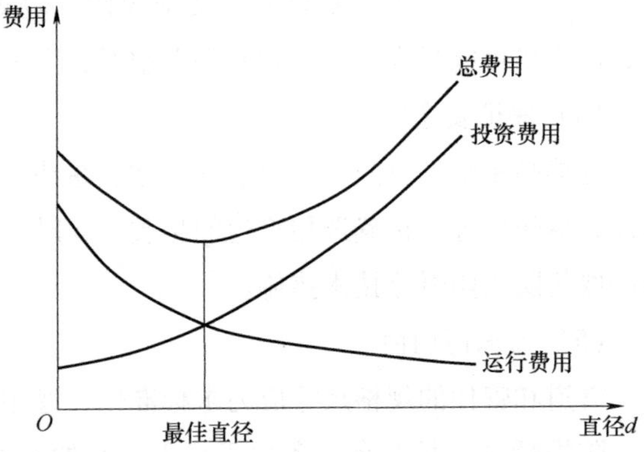

图 8-7 管道直径与投资、运行费用关系

1) 在管道变截面处避免采用突扩突缩结构，而应采用渐扩渐缩的结构。

实验表明，当扩展角 θ 为 8°时，局部阻力系数最小，但在变截面 A_1、A_2 大小既定的情况下，θ 越小，扩展段的长度越长，在结构布置上可能造成不合理，而且给扩展段的制造带来困难。综合起来考虑，一般可取 θ 为 20°左右，不宜再扩大。在管道的进出口处，截面的突变是不可避免的，这时在管端可采用喇叭形或锥形结构，可使局部阻力系数大大减小。

2) 在管道变方向处应避免采用急转弯头，而采用缓转弯头，且选用较大的弯曲半径。

为减少缓转弯头的局部阻力系数，一般要求 $R/d(b) \geqslant 3.5$。对于通风工程和防排烟工程来说，风道和烟道的截面尺寸较大，要做到 $R/d(b) \geqslant 3.5$ 是困难的，在不得已采用小弯曲半径的缓转弯头甚至急转弯头的情况下，在弯头内装设导流板对减小弯头的局部阻力系数是很有成效的。当急转弯头没有装设导流板时，其局部阻力系数可达 1.1 左右（图 8-8）；当装设由薄钢板弯制的导流板时，局部阻力系数减小至约 0.4；当导流板做成流线形时，局部阻力系数仅为 0.25 左右，可见在急转弯头内装设导流板可使其局部阻力系数成倍减小。

3）减小管道变流股处的局部阻力。为了减小防排烟系统中变流股处局部阻力，所采取的主要措施有：①采用圆角边或一定锥度的扩展管段结构；②减小支管与直管的夹角 α，一般取 $\alpha \leqslant 30°$；③以平稳的转弯代替支管；④在总管中根据支管的流量分配装设合流板或分流板。一般希望各支管和总管中的工质流速相等，所以各支管的流通截面面积之和等于总管的流通截面面积。

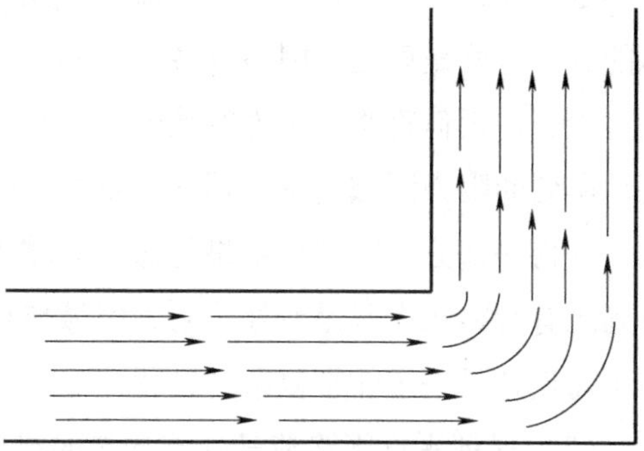

图 8-8　急转弯头内加设导流板

4）限制管道进出口的流速。为了减小管道进出口的局部阻力，除了采用喇叭形或锥形管端外，还应限制管道进出口处管内的流速，对于一般通风系统的进风口和排气口，气流速度为 1.5~3.5m/s，最大不超过 6m/s。对于防排烟工程中的进风口和排烟口，根据事故运行系统高于常年运行系统的原则，送风口的风速不大于 7m/s，排烟口的风速不大于 10m/s。

2. 保证管路流量分配

管路流量分配是指并联回路或平行管路中各部分支管路中介质的流量分配。流量分配是根据生产工艺、生活及安全技术等要求确定的。在一般情况下，并联回路各管路中所要求的流量各不相同，而平行管路各支管路中的流量分配则要求尽可能均匀。

（1）水力平衡的概念

由式（8-14）可知，各回路或支管中介质的质量流量分配是按对应的回路或支管路的水力特性值的平方根成反比例分配的。为此，把为保证各并联回路或平行管路中得到应有的介质流量，在相同的阻力前提下，确定各回路或各支管水力特性值的过程称为水力平衡；即并联回路或平行管路中各部分管路流量、阻力和水力特性值的相互匹配称为水力平衡。水力平衡分为水力平衡设计和水力平衡调节两种。水力平衡设计是指在管路系统设计阶段所进行的水力平衡设计计算，要求使调节装置在较大的开度或全开情况下满足各部分管路流量分配要求。水力平衡调节是指在管路系统正式投入运行之前所进行的水力平衡调整实验，通过调整调节装置的开度，以保证在实际运行中满足各部分管路流量分配要求。为此，管路系统中应装设必要的调节装置，如调节阀门、调节挡板等，以提供调节的可能性。正确的水力平衡设计和必要的水力平衡调节，两者是相辅相成的，缺一不可。没有正确的水力平衡设计为基础，单凭水力平衡调节是不可能达到管路流量分配要求的；而任何正确的水力平衡设计，如果没有必要的水力平衡调节来辅助，同样达不到较为满意的流量分配结果。就总的指导思想而言，应以水力平衡设计为主，以水力平衡调节为辅，所以，在设计中应尽量力求使管路各部分的流量分配满足要求，使调节装置在较大的开启度下工作。

保证管路流量分配的水力平衡设计实质上是并联回路或平行管路的第三类命题的管路计算问题，即在已知管路系统的总流量和允许的压力降的条件下，确定管路各部分的流量。具体的计算过程是确定各回路或各支管的水力特性值及整个管路系统的总水力特性值。前面已经讨论过，任何管路的水力特性值决定于管路本身的结构特性和介质的参数，同时还与管内流动所处的阻力区域有关。所以，必须预先假定所处的阻力区域，然后进行计算并进行校核。任何一部分管路校核结果与假定区域不符时，计算结果无效，应重新假设，重新计算，直到所有管路预先假定所处的阻力区域与校核结果相符时，计算结果才最终有效。这说明水力平衡设计是一个非常复杂的过程。

（2）保证平行管路流量分配均匀的措施

平行管路是并联管路的一种，其特点是各平行管路的长度、形状和直径相同或基本相同，进出口分别连接于同一分流联箱和集流联箱，另外，一般在平行管上无调节装置。保证这类平行管路流量分配均匀的措施有：

1）采用合理的联箱引进引出方式。最好采用多点引进引出的方式，如因条件限制不能采用多点方式，则应采用∏形或 H 形连接方式，应尽量避免采用 Z 形连接方式。

2）限制联箱的轴向速度。降低联箱的轴向速度可减小联箱沿程的摩擦阻力和动压头，以均匀联箱轴向的压力分布，从而改善平行管内流量分配均匀性。但轴向速度越小，联箱的口径越大，可导致造价增加。所以一般联箱内的轴向速度对空气而言，不宜超过 10～15m/s。

3）改进联箱结构。如图 8-9 所示，分流联箱采用渐缩型结构，从左到右随着介质流量减少，联箱的截面面积也相应减小，使轴向速度保持不变。集流联箱则应采用渐扩型结构，从左到右随着介质流量增加，联箱的截面面积也相应增大，从而使轴向速度保持不变。这种渐缩型和渐扩型结构对于通风和防排烟工程中的风箱和烟箱来说是容易做到的。

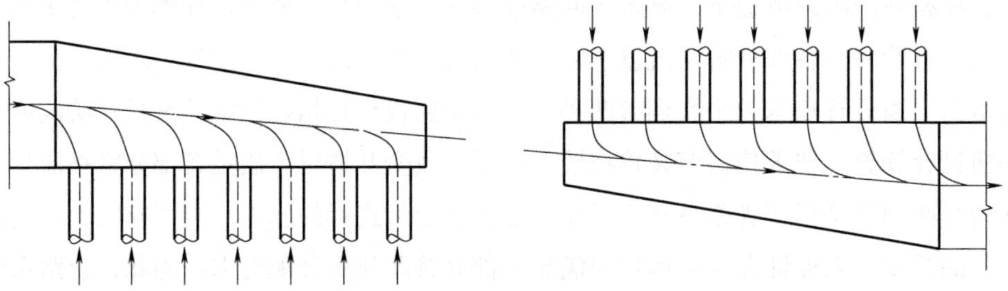

a)　　　　　　　　b)

图 8-9　渐缩型与渐扩型联箱

a）渐缩分流联箱　b）渐扩集流联箱

复 习 题

1. 管路阻力包括哪些？
2. 管路计算原则是什么？
3. 如何利用最不利管路计算防排烟系统管路总阻力？
4. 减小管路局部阻力的措施有哪些？

第 8 章练习题

扫码进入小程序，完成答题即可获取答案

第9章 防排烟系统施工、调试、验收及维护

教学要求

熟悉防排烟系统施工、调试、验收、维护的流程、工艺及要求

重点与难点

防排烟系统施工的工艺及要求

防排烟系统不仅设计应严格依据现行标准规范，而且系统的施工调试、验收、维护也是非常重要的环节，应执行现行的《消防设施通用规范》（GB 55036—2022）、《建筑防烟排烟系统技术标准》（GB 51251—2017）、《通风与空调工程施工规范》（GB 50738—2011）、《通风与空调工程施工质量验收规范》（GB 50243—2016）、《通风管道技术规程》（JGJ/T 141—2017）以及其他相关的现行标准规范。

9.1 防排烟系统的施工

9.1.1 防排烟系统施工的总体要求

1. 防排烟系统的分部、分项工程划分

防排烟系统的分部、分项工程划分可按表9-1执行。

表9-1 防排烟系统的分部、分项工程划分

分部工程	序号	子分部	分项工程
防排烟系统	1	风管（制作）、安装	风管的制作、安装及检测、试验
	2	部件安装	排烟防火阀、送风口、排烟阀或排烟口、挡烟垂壁、排烟窗的安装
	3	风机安装	防排烟及补风风机的安装
	4	系统调试	排烟防火阀、送风口、排烟阀或排烟口、挡烟垂壁、排烟窗、防烟、排烟风机的单项调试及联动调试

2. 对施工单位的要求

1）施工单位必须具有相应的资质等级。

2）施工现场管理应有相应的施工技术标准、工艺规程及实施方案，健全的施工质量管理体系和工程质量检验制度。

3）施工现场质量管理检查记录应由施工单位质量检查员按表 9-2 填写，监理工程师进行检查，并做出检查结论。

表 9-2 防排烟系统施工现场质量管理检查记录表

<table>
<tr><td>工程名称</td><td></td><td>施工许可证</td><td></td></tr>
<tr><td>建设单位</td><td></td><td>项目负责人</td><td></td></tr>
<tr><td>设计单位</td><td></td><td>项目负责人</td><td></td></tr>
<tr><td>监理单位</td><td></td><td>项目负责人</td><td></td></tr>
<tr><td>施工单位</td><td></td><td>项目负责人</td><td></td></tr>
<tr><td>序号</td><td>项目</td><td colspan="2">内容</td></tr>
<tr><td>1</td><td>现场管理制度</td><td colspan="2"></td></tr>
<tr><td>2</td><td>质量责任制</td><td colspan="2"></td></tr>
<tr><td>3</td><td>主要专业工种人员操作上岗证书</td><td colspan="2"></td></tr>
<tr><td>4</td><td>施工图审查情况</td><td colspan="2"></td></tr>
<tr><td>5</td><td>施工组织设计、施工方案及审批</td><td colspan="2"></td></tr>
<tr><td>6</td><td>施工技术标准</td><td colspan="2"></td></tr>
<tr><td>7</td><td>工程质量检验制度</td><td colspan="2"></td></tr>
<tr><td>8</td><td>现场材料、设备管理</td><td colspan="2"></td></tr>
<tr><td>9</td><td>其他</td><td colspan="2"></td></tr>
<tr><td>10</td><td>……</td><td colspan="2"></td></tr>
</table>

施工单位项目负责人： （签章） 年 月 日	监理工程师： （签章） 年 月 日	建设单位项目负责人： （签章） 年 月 日

3. 防排烟系统施工前应具备的条件

1）经批准的施工图、设计说明书等设计文件应齐全。

2）设计单位应向施工、建设、监理单位进行技术交底。

3）系统主要材料、部件、设备的品种、型号规格符合设计要求，并能保证正常施工。

4）施工现场及施工中的给水、供电、供气等条件满足连续施工作业要求。

5）系统所需的预埋件、预留孔洞等施工前期条件符合设计要求

4. 防排烟系统施工过程的质量管理

1）施工前，应对设备、材料及配件进行现场检查，检验合格后经监理工程师签证方可安装使用。

2）施工应按批准的施工图、设计说明书及其设计变更通知单等文件的要求进行。

3）各工序应按施工技术标准进行质量控制，每道工序完成后，应进行检查，检查合格后方可进入下道工序。

4）相关各专业工种之间交接时，应进行检验，并经监理工程师签证后方可进入下道工序。

5）施工过程质量检查内容、数量、方法应符合相关标准的规定。

6）施工过程质量检查应由监理工程师组织施工单位人员完成。

7）系统安装完成后，施工单位应按相关专业调试规定进行调试。

8）系统调试完成后，施工单位应向建设单位提交质量控制资料和各类施工过程质量检查记录，见表 9-3。

表 9-3　防排烟系统分项施工过程质量检查记录表

<table>
<tr><td>工程名称</td><td colspan="4"></td></tr>
<tr><td>施工单位</td><td colspan="2"></td><td>监理单位</td><td></td></tr>
<tr><td colspan="3">施工执行标准名称及编号</td><td colspan="2"></td></tr>
<tr><td colspan="2">项目</td><td>《建筑防烟排烟系统技术标准》章节条款编号</td><td>施工单位检查记录</td><td>监理单位检查记录</td></tr>
<tr><td rowspan="5">风管安装</td><td>金属风管的制作、连接</td><td>6.3.1</td><td></td><td></td></tr>
<tr><td>非金属风管的制作、连接</td><td>6.3.2</td><td></td><td></td></tr>
<tr><td>风管（道）强度、严密性检验</td><td>6.3.3</td><td></td><td></td></tr>
<tr><td>风管（道）的安装</td><td>6.3.4</td><td></td><td></td></tr>
<tr><td>风管（道）安装完毕后的严密性检验</td><td>6.3.5</td><td></td><td></td></tr>
<tr><td rowspan="6">部件安装</td><td>排烟阀安装</td><td>6.4.1</td><td></td><td></td></tr>
<tr><td>送风口安装</td><td>6.4.2</td><td></td><td></td></tr>
<tr><td>排烟阀或排烟口安装</td><td>6.4.2</td><td></td><td></td></tr>
<tr><td>常闭送风口、排烟阀或排烟口手动装置安装</td><td>6.4.3</td><td></td><td></td></tr>
<tr><td>挡烟垂壁安装</td><td>6.4.4</td><td></td><td></td></tr>
<tr><td>排烟窗安装</td><td>6.4.5</td><td></td><td></td></tr>
<tr><td rowspan="5">风机安装</td><td>风机型号、规格</td><td>6.5.1</td><td></td><td></td></tr>
<tr><td>风机外壳间距</td><td>6.5.2</td><td></td><td></td></tr>
<tr><td>风机基础</td><td>6.5.3</td><td></td><td></td></tr>
<tr><td>风机吊装</td><td>6.5.4</td><td></td><td></td></tr>
<tr><td>风机安装安全防护</td><td>6.5.5</td><td></td><td></td></tr>
<tr><td colspan="2">施工单位项目负责人：
（签章）

年　月　日</td><td colspan="3">监理工程师：
（签章）

年　月　日</td></tr>
</table>

注：施工过程若用到其他表格，则应作为附件一并归档。

5. 防排烟系统施工其他要求

1）防排烟系统中的送风口、排风口、排烟防火阀、送风风机、排烟风机、固定窗等应设置明显永久标识。

2）防排烟系统工程质量控制资料应按表 9-4 的要求填写。

表 9-4　防排烟系统工程质量控制资料检查记录表

<table>
<tr><td>工程名称</td><td colspan="2"></td><td>施工单位</td><td colspan="3"></td></tr>
<tr><td>分部工程名称</td><td colspan="2">资料名称</td><td>数量</td><td colspan="2">核查意见</td><td>核查人</td></tr>
<tr><td rowspan="4">防排烟系统</td><td colspan="2">1. 施工图、设计说明、设计变更通知书和设计审核意见书、竣工图</td><td></td><td colspan="2"></td><td></td></tr>
<tr><td colspan="2">2. 施工过程检验、测试记录</td><td></td><td colspan="2"></td><td></td></tr>
<tr><td colspan="2">3. 系统调试记录</td><td></td><td colspan="2"></td><td></td></tr>
<tr><td colspan="2">4. 主要设备、部件的国家质量监督检验测试中心的检测报告和产品出厂合格证及相关资料</td><td></td><td colspan="2"></td><td></td></tr>
<tr><td>结论</td><td>施工单位项目负责人：
（签章）

年　月　日</td><td colspan="3">监理工程师：
（签章）

年　月　日</td><td colspan="2">建设单位项目负责人：
（签章）

年　月　日</td></tr>
</table>

9.1.2　防排烟系统进场检验

防排烟系统施工前，应对设备、材料及配件进行现场检查，检验合格后经监理工程师签证方可安装使用。

1. 风管的进场检验

1）风管的材料品种、规格、厚度等应符合设计要求和现行国家标准的规定。当采用金属风管且设计无要求时，钢板或镀锌钢板的厚度应符合表 9-5 的规定。

表 9-5　钢板风管板材厚度

风管直径 D 或长边尺寸 B/mm	送风系统/mm		排烟系统
	圆形风管	矩形风管	
$D(B)\leqslant 320$	0.50	0.50	0.75
$320<D(B)\leqslant 450$	0.60	0.60	0.75
$450<D(B)\leqslant 630$	0.75	0.75	1.00
$630<D(B)\leqslant 1000$	0.75	0.75	1.00
$1000<D(B)\leqslant 1500$	1.00	1.00	1.20

（续）

风管直径 D 或长边尺寸 B/mm	送风系统/mm		排烟系统
	圆形风管	矩形风管	
$1500<D(B)\leqslant 2000$	1.20	1.20	1.50
$2000<D(B)\leqslant 4000$	按设计要求	1.20	按设计

注：1. 螺旋风管的钢板厚度可适当减小 10%～15%。

2. 不适用于防火隔墙的预埋管。

检查数量：按风管、材料加工批的数量抽查 10%，且不得少于 5 件。

检查方法：尺量检查、直观检查，查验风管、材料质量合格证明文件、性能检验报告。

2）有耐火极限要求的风管的本体、框架与固定材料、密封垫料等必须为不燃材料，材料品种、规格、厚度及耐火极限等应符合设计要求和现行国家标准的规定。

检查数量：按风管、材料加工批的数量抽查 10%，且不应少于 5 件。

检查方法：尺量检查、直观检查与点燃试验，查验材料质量合格证明文件。

2. 防排烟系统中各类阀（口）的进场检验

1）排烟防火阀、送风口、排烟阀或排烟口等必须符合有关消防产品标准的规定，其型号、规格、数量应符合设计要求，手动开启灵活，关闭可靠严密。

检查数量：按种类、批抽查 10%，且不得少于 2 个。

检查方法：测试、直观检查，查验产品的质量合格证明文件、符合国家市场准入要求的文件。

2）防火阀、送风口和排烟阀或排烟口等的驱动装置，动作应可靠，在最大工作压力下工作正常。

检查数量：按批抽查 10%，且不得少于 1 件。

检查方法：测试、直观检查，查验产品的质量合格证明文件、符合国家市场准入要求的文件。

3）防烟、排烟系统柔性短管的制作材料必须为不燃材料。

检查数量：全数检查。

检查方法：直观检查与点燃试验，查验产品的质量合格证明文件、符合国家市场准入要求的文件。

3. 风机的进场检验

风机应符合产品标准和有关消防产品标准的规定，其型号、规格、数量应符合设计要求，出口方向应正确。

检查数量：全数检查。

检查方法：核对、直观检查，查验产品的质量合格证明文件、符合国家市场准入要求的文件。

4. 活动挡烟垂壁及其电动驱动装置和控制装置的进场检验

活动挡烟垂壁及其电动驱动装置和控制装置应符合有关消防产品标准的规定，其型号、规格、数量应符合设计要求，动作可靠。

检查数量：按批抽查 10%，且不得少于 1 件。

检查方法：测试，直观检查，查验产品的质量合格证明文件、符合国家市场准入要求的文件。

5. 自动排烟窗的驱动装置和控制装置的进场检验

自动排烟窗的驱动装置和控制装置应符合设计要求，动作可靠。

检查数量：抽查 10%，且不得少于 1 件。

检查方法：测试，直观检查，查验产品的质量合格证明文件、符合国家市场准入要求的文件。

防排烟系统工程进场检验检查记录应按表 9-6 填写。

表 9-6　防排烟系统工程进场检验检查记录表

工程名称				
施工单位		监理单位		
施工执行标准名称及编号				
项目		《建筑防烟排烟系统技术标准》章节条款编号	施工单位检查记录	监理单位检查记录
进场检验	风管	6.2.1		
	排烟防火阀、送风口、排烟阀或排烟口以及驱动装置	6.2.2		
	风机	6.2.3		
	活动挡烟垂壁及其驱动装置	6.2.4		
	排烟窗驱动装置	6.2.5		
施工单位项目负责人： （签章） 年　月　日		监理工程师： （签章） 年　月　日		

注：施工过程若用到其他表格，则应作为附件一并归档。

9.1.3　防排烟系统安装

防排烟系统安装施工应按批准的施工图、设计说明书及其设计变更通知单等文件的要求进行。

1. 风管的安装

风管、风道是系统的重要组成部分，风管、风道由于结构的原因，少量漏风是正常的，也是不可避免的。但是过量的漏风则会影响整个系统功能的实现，因此提高风管、风道的加工和制作质量是非常重要的。

（1）金属风管的制作和连接

1）风管采用法兰连接时，风管法兰材料规格应按表 9-7 选用，其螺栓孔的间距不得大于 150mm，矩形风管法兰四角处应设有螺孔。

2）板材应采用咬口连接或铆接，除镀锌钢板及含有复合保护层的钢板外，板厚大于 1.5mm 的可采用焊接。

表 9-7　风管法兰及螺栓规格

风管直径 D 或长边尺寸 B/mm	法兰材料规格/mm	螺栓规格
$D(B)\leqslant 630$	25×3	M6
$630<D(B)\leqslant 1500$	30×3	M8
$1500<D(B)\leqslant 2500$	40×4	
$2500<D(B)\leqslant 4000$	50×5	M10

3）风管应以板材连接的密封为主，可辅以密封胶嵌缝或其他方法密封，密封面宜设在风管的正压侧。

4）无法兰连接风管的薄钢板法兰高度及连接应按表 9-7 的规定执行。

5）烟风管的隔热层应采用厚度不小于 40mm 的不燃绝热材料，绝热材料的施工及风管加固、导流片的设置应按现行国家标准《通风与空调工程施工质量验收规范》（GB 50243—2016）的有关规定执行。

检查数量：各系统按不小于 30%检查。

检查方法：尺量检查、直观检查。

（2）非金属风管的制作和连接

1）非金属风管的材料品种、规格、性能与厚度等应符合设计和现行产品国家标准的规定。

2）法兰的规格应符合表 9-8 的规定，其螺栓孔的间距不得大于 120mm；矩形风管法兰的四角处应设有螺孔。

表 9-8　无机玻璃钢风管法兰规格

风管边长 B/mm	材料规格（宽×厚）/mm	连接螺栓
$B\leqslant 400$	30×4	M8
$400<B\leqslant 1000$	40×6	
$1000<B\leqslant 2000$	50×8	M10

3）采用套管连接时，套管厚度不得小于风管板材的厚度。

4）无机玻璃钢风管的玻璃布必须无碱或中碱，层数应符合现行《通风与空调工程施工质量验收规范》（GB 50243—2016）的规定，风管的表面不得出现泛卤及严重泛霜。

检查数量：各系统按不小于 30%检查。

检查方法：尺量检查、直观检查。

（3）风管的强度和严密性试验

风管、风道的强度和严密性能是风管、风道加工和制作质量的重要指标之一，是保证防排烟系统正常运行的基础。强度的检测主要检查耐压能力，以保证系统正常运行的性能。允许漏风量是指在系统工作压力条件下，系统风管的单位表面积在单位时间内允许空气泄漏的最大数量。

风管系统类别分为低压、中压、高压系统，见表 9-9，按其类别进行强度和严密性检验，其强度和严密性应符合设计要求或下列规定：

表 9-9 风管系统类别划分

系统类别	系统工作压力 $p_{风管}$/Pa
低压系统	$p_{风管} \leqslant 500$
中压系统	$500 < p_{风管} \leqslant 1500$
高压系统	$p_{风管} > 1500$

1）风管强度应符合现行行业标准《通风管道技术规程》（JGJ/T 141—2017）的规定。

2）金属矩形风管的允许漏风量应符合下列规定：

低压系统风管：
$$L_{low} \leqslant 0.1056 p_{风管}^{0.65} \tag{9-1a}$$

中压系统风管：
$$L_{mid} \leqslant 0.0352 p_{风管}^{0.65} \tag{9-1b}$$

高压系统风管：
$$L_{high} \leqslant 0.0117 p_{风管}^{0.65} \tag{9-1c}$$

式中 L_{low}，L_{mid}，L_{high}——系统风管在相应工作压力下，单位面积风管单位时间内的允许漏风量［$m^3/(h \cdot m^2)$］；

$p_{风管}$——风管系统的工作压力（Pa）。

3）金属圆形风管、非金属风管允许的气体漏风量应为金属矩形风管规定值的 50%。

4）排烟风管应按中压系统风管的规定要求。

检查数量：按风管系统类别和材质分别抽查，不应少于 3 件及 $15m^2$。

检查方法：检查产品合格证明文件和测试报告或进行测试。系统的强度和漏风量测试方法按现行《通风管道技术规程》（JGJ/T 141—2017）的有关规定执行。

（4）风管的安装要求

1）风管的规格、安装位置、标高、走向应符合设计要求，且现场风管的安装不得缩小接口的有效截面。

2）风管接口的连接应严密、牢固，垫片厚度不应小于 3mm，不应凸入管内和法兰外；排烟风管法兰垫片应为不燃材料，薄钢板法兰风管应采用螺栓连接。

3）风管吊、支架的安装应按现行《通风与空调工程施工质量验收规范》（GB 50243—2016）的有关规定执行。

4）风管与风机的连接宜采用法兰连接，或采用不燃材料的柔性短管连接。当风机仅用于防烟、排烟时，不宜采用柔性连接。

5）风管与风机连接若有转弯处宜加装导流叶片，保证气流顺畅。

6）当风管穿越隔墙或楼板时，风管与隔墙之间的空隙应采用水泥砂浆等不燃材料严密填塞。

7）吊顶内的排烟管道应采用不燃材料隔热，并应与可燃物保持不小于150mm的距离。

检查数量：各系统按不小于30%检查。

检查方法：核对材料，尺量检查、直观检查。

（5）风管（道）系统严密性检验

风管（道）系统安装完毕后，应按系统类别进行严密性检验，检验应以主、干管道为主，漏风量应符合设计与风管的规定。

检查数量：按系统不小于30%检查，且不应少于1个系统。

检查方法：系统的严密性检验测试按现行《通风与空调工程施工质量验收规范》（GB 50243—2016）的有关规定执行。

2. 部件的安装

防火阀、排烟防火阀的安装方向、位置会影响动作功能的正常发挥，因此要正确。防火分区隔墙两侧的防火阀离墙越远，则对穿越墙的管道耐火性能要求越高，阀门功能作用越差。设置独立支、吊架保证阀门的稳定性，确保动作性能。设明显标识是为了方便维护管理。

（1）排烟防火阀的安装要求

1）型号、规格及安装的方向、位置应符合设计要求。

2）阀门应顺气流方向关闭，防火分区隔墙两侧的排烟防火阀距墙端面不应大于200mm。

3）手动和电动装置应灵活、可靠，阀门关闭严密。

4）应设独立的支、吊架，当风管采用不燃材料防火隔热时，阀门安装处应有明显标识。

检查数量：各系统按不小于30%检查。

检查方法：尺量检查、直观检查及动作检查。

（2）送风口、排烟阀或排烟口的安装要求

1）送风口、排烟阀或排烟口的安装位置应符合标准和设计要求，并应固定牢靠，表面平整、不变形，调节灵活。

2）排烟口距可燃物或可燃构件的距离不应小于1.5m，以防止火灾时烟气被吸引至排烟阀（口）周围而将附近可燃物高温辐射引发起火。

检查数量：各系统按不小于30%检查。

检查方法：尺量检查、直观检查。

（3）常闭送风口、排烟阀或排烟口的安装要求

在有些情况下，常闭送风口，特别是排烟阀（口）安装在建筑空间的上部，不便于日常维护、检修，发生火灾的特殊情况下在阀体上应急手动操作更是不可能。因此常闭送风口、排烟阀或排烟口的手动驱动装置应固定安装在明显可见、距楼地面 1.3~1.5m 便于操作的位置，预埋套管不得有死弯及瘪陷，手动驱动装置操作应灵活。

检查数量：各系统按不小于 30%检查。

检查方法：尺量检查、直观检查及操作检查。

（4）挡烟垂壁的安装要求

1）型号、规格、下垂的长度和安装位置应符合设计要求。

2）活动挡烟垂壁与建筑结构（柱或墙）面的缝隙不应大于 60mm，由两块或两块以上的挡烟垂帘组成的连续性挡烟垂壁，各块之间不应有缝隙，搭接宽度不应小于 100mm。活动挡烟垂壁在火灾时根据控制信号自动下垂，将烟气围在一定的区域内，以确保防烟分区划分的有效性，因此要保证其严密性。

3）活动挡烟垂壁的手动操作按钮应固定安装在距楼地面 1.3~1.5m 便于操作、明显可见处。

检查数量：全数检查。

检查方法：依据设计图核对，尺量检查、动作检查。

（5）排烟窗的安装要求

排烟窗的设置高度、开启方式及开启的有效性等因素将影响火灾时烟气的排放。

1）型号、规格和安装位置应符合设计要求。

2）安装应牢固、可靠，符合有关门窗施工验收规范要求，并应开启、关闭灵活。

3）手动开启机构或按钮应固定安装在距楼地面 1.3~1.5m，并应便于操作、明显可见。

4）自动排烟窗驱动装置的安装应符合设计和产品技术文件要求，并应灵活、可靠。

检查数量：全数检查。

检查方法：依据设计图核对，操作检查、动作检查。

3. 风机的安装

1）风机的型号、规格应符合设计规定，其出口方向应正确，排烟风机的出口与加压送风机的进口之间的距离应符合第 5 章介绍的相关要求，保证送风机进口不被排出的烟气污染。

检查数量：全数检查。

检查方法：依据设计图核对、直观检查。

2）风机外壳至墙壁或其他设备的距离不应小于 600mm，以方便风机的维护保养。

检查数量：全数检查。

检查方法：依据设计图核对、直观检查。

3）风机应设在混凝土或钢架基础上，且不应设置减振装置；若排烟系统与通风空调系统共用且需要设置减振装置时，不应使用橡胶减振装置。

防排烟风机是特定情况下的应急设备，发生火灾紧急情况，并不需要考虑设备运行所产生的振动和噪声。而减振装置大部分采用橡胶、弹簧或两者的组合，当设备在高温下运行时，橡胶会变形溶化、弹簧会失去弹性或性能变差，影响排烟风机可靠的运行，因此安装排烟风机时不宜设减振装置。若与通风空调系统合用风机时，也不应选用橡胶或含有橡胶减振装置。

检查数量：全数检查。

检查方法：依据设计图核对、直观检查。

4）吊装风机的支、吊架应焊接牢固、安装可靠，其结构形式和外形尺寸应符合设计或设备技术文件要求。

检查数量：全数检查。

检查方法：依据设计图核对、直观检查。

5）风机驱动装置的外露部位应装设防护罩；直通大气的进、出风口应装设防护网或采取其他安全设施，并应设防雨措施，防止风机对人的意外伤害。

检查数量：全数检查。

检查方法：依据设计图核对、直观检查。

9.2 防排烟系统的调试

防排烟系统调试是在系统施工完成后，对系统的调整和测定，以使系统达到设计所要求的参数和效果。防排烟系统的调试应包括设备单机调试和联动调试。单机调试是单个部件、设备动作功能和性能参数的检测和调整，联动调试是对系统的整体功能进行检测和调整。

9.2.1 防排烟系统调试的总体要求

1）系统调试应在系统施工完成及与工程有关的火灾自动报警系统及联动控制设备调试合格后进行。

2）系统调试所使用的测试仪器和仪表，性能应稳定可靠，其精度等级及最小分度值应能满足测定的要求，并应符合国家有关计量法规及检定规程的规定。

3）系统调试应由施工单位负责、监理单位监督，设计单位与建设单位参与和配合。

4）系统调试前，施工单位应编制调试方案，报送专业监理工程师审核批准；调试结束后，必须提供完整的调试资料和报告。

5）系统调试应包括设备单机调试和系统联动调试，并按表 9-10 填写调试记录。

表 9-10 防排烟系统调试检查记录表

工程名称				
施工单位			监理单位	
施工执行标准名称及编号				
项目		《建筑防烟排烟系统技术标准》章节条款编号	施工单位检查记录	监理单位检查记录
单机调试	排烟防火阀调试	7.2.1		
	常闭送风口、排烟阀或排烟口调试	7.2.2		
	活动挡烟垂壁调试	7.2.3		
	自动排烟窗调试	7.2.4		
	送风机、排烟风机调试	7.2.5		
	机械加压送风系统调试	7.2.6		
	机械排烟系统调试	7.2.7		
系统联动调试	机械加压送风联动调试	7.3.1		
	机械排烟联动调试	7.3.2		
	自动排烟窗联动调试	7.3.3		
	活动挡烟垂壁联动调试	7.3.4		
调试人员（签字）		年 月 日		
施工单位项目负责人：（签章） 年 月 日		监理工程师：（签章） 年 月 日		

注：施工过程若用到其他表格，则应作为附件一并归档。

9.2.2 防排烟系统单机调试

对防火阀、排烟防火阀、常闭送风口、排烟阀（口）、自动排烟窗和活动挡烟垂壁的执行机构进行手动开启及复位的试验，是考虑到当前我国在防排烟系统阀门安装质量和阀门本身可靠性方面还存在各种问题。因此通过调试时手动开启及复位试验，能及时发现系统安装及产品质量方面存在的问题，并及时排除，以保证系统能可靠、正常地工作。动作信号的反馈是为了消防控制室操作人员能掌握系统各部件的工作状态，为正确操作系统做判断。

1. 排烟防火阀的调试方法及要求

1）进行手动关闭、复位试验，阀门动作应灵敏、可靠，关闭应严密。

2）模拟火灾，相应区域火灾报警后，同一防火分区内排烟管道上的其他阀门应联动关闭。

3）阀门关闭后的状态信号应能反馈到消防控制室。

4）阀门关闭后应能联动相应的风机停止。

5）调试数量：全数调试。

2. 常闭送风口、排烟阀或排烟口的调试方法及要求

1）进行手动开启、复位试验，阀门动作应灵敏、可靠，远距离控制机构的脱扣钢丝连接不应松弛、脱落。

2）模拟火灾，相应区域火灾报警后，同一防火分区的常闭送风口和同一防烟分区内的排烟阀或排烟口应联动开启。

3）阀门开启后的状态信号应能反馈到消防控制室。

4）阀门开启后应能联动相应的风机启动。

5）调试数量：全数调试。

3. 活动挡烟垂壁的调试方法及要求

1）手动操作挡烟垂壁按钮进行开启、复位试验，挡烟垂壁应灵敏、可靠地启动与到位后停止，下降高度应符合设计要求。

2）模拟火灾，相应区域火灾报警后，同一防烟分区内挡烟垂壁应在60s以内联动下降到设计高度。

3）挡烟垂壁下降到设计高度后应能将状态信号反馈到消防控制室。

4）调试数量：全数调试。

4. 自动排烟窗的调试方法及要求

1）手动操作排烟窗开关进行开启、关闭试验，排烟窗动作应灵敏、可靠。

2）模拟火灾，相应区域火灾报警后，同一防烟分区内排烟窗应能联动开启，并且应在60s内或小于烟气充满储烟仓时间内开启完毕。

3）与消防控制室联动的排烟窗完全开启后，状态信号应反馈到消防控制室。

4）调试数量：全数调试。

5. 送风机、排烟风机调试方法及要求

1）手动开启风机，风机应正常运转2.0h，叶轮旋转方向应正确、运转平稳、无异常振动与声响。

2）应核对风机的铭牌值，并应测定风机的风量、风压、电流和电压，其结果应与设计相符。由于风机的选型是根据系统本身要求的性能参数所决定，而安装位置、安装方式又对风机的性能参数影响很大，如果实测风机风量风压与铭牌标定值或设计要求相差很大，就很难使该正压送风系统或排烟系统达到规范要求，需对系统风机的安装或选型做出调整。

风机风量和风压的测定可使用毕托管和微压计，测定时测定截面位置和测定截面内测点位置要选择合适，否则将会直接影响测量结果的准确性和可靠性。测定风管内的风量和风压时，应选择气流比较均匀稳定的部位，一般选在直管段，尽可能选择远离调节阀门、弯头、三通及送、排风口处。测定风机时，应尽可能使测定断面位于风机的入口和出口处，或者在离风机入口1.5D处和离风机出口2.5D处（D为风机入口或出口处风管直径或当量直径），如果在距离风机入口或出口处较远时，风机的全压应为吸入段测得的全压和压出段测得的全压之和再增加测定断面距风机入口和出口之间的阻力损失值（包括沿程阻力和局部阻力）。

为了求得风管断面内的平均流速和全压值，需求出断面上各点的流速和全压值，然后取其平均值。对于风管断面测点的选取，应根据不同风管分别决定。对于矩形风管，应将矩形断面划分成若干相等的小截面，且使这些小截面尽可能接近正方形，每个断面的小截面数目不得少于 9 个，然后将每个小截面的中心作为测点，如图 9-1 所示。对于圆形风管，应将圆形截面分成若干个面积相等的同心圆环，在每个圆环上布置 4 个测点且使 4 个测点位于互相垂直的两条直径上，如图 9-2 所示。所划分圆环的数目可按表 9-11 选用。

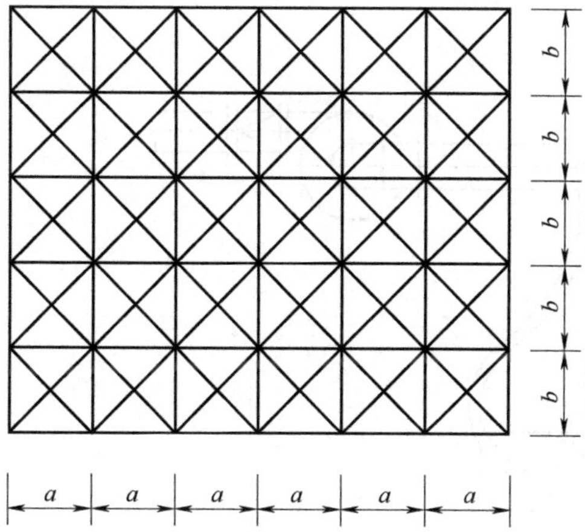

图 9-1 矩形风管测点布置图

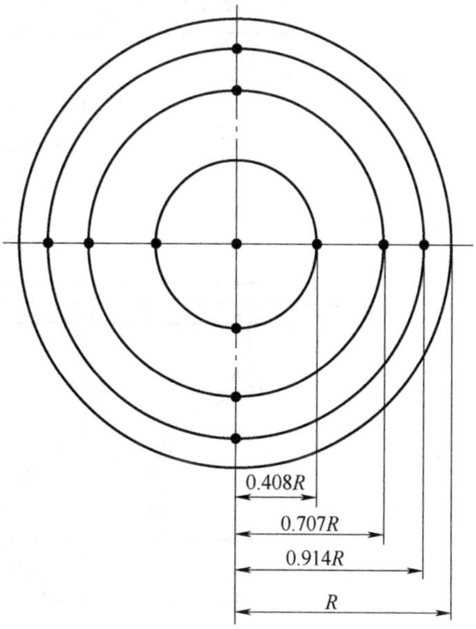

图 9-2 圆形风管测点布置图

表 9-11 圆形管道环数划分推荐表

风管直径/m	0.3	0.35	0.4	0.5	0.6	0.7	0.8	1.0 以上
圆环数	5	6	7	8	10	12	14	16

测点距风管的距离（图 9-2）按下式计算：

$$R_n = R\sqrt{\frac{2n-1}{2m}} \tag{9-2}$$

式中 R——风管的半径（m）；

R_n——从风管中心到第 n 个测点的距离（m）；

n——自风管中心算起测点的顺序号（即圆环顺序号）；

m——风管划分的圆环数。

风机的全压、静压和动压一般可采用毕托管和微压计进行测定。测定时，将毕托管的全压接头与压力计的一端连接，压力计的读数即为该测点的全压值，把静压头与压力计的一端连接，压力计的读数即为该测点的静压值，全压与静压之差即为该测点的动压值。

用U形管压力计进行测定时，其连接方法如图9-3所示。用毕托管与倾斜式微压计测定风压，如图9-4和图9-5所示。

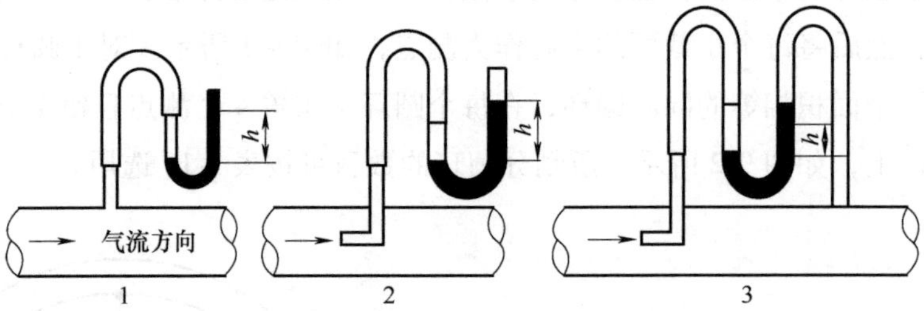

图9-3　用U形管压力计测定风压

1—静压　2—全压　3—动压

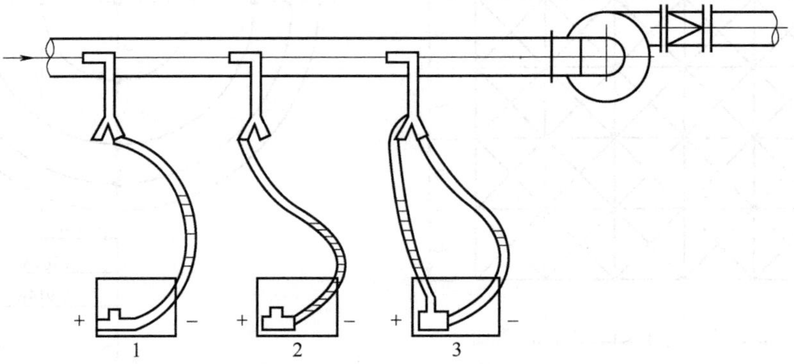

图9-4　吸入段毕托管与倾斜式微压计的连接方法

1—全负压　2—静负压　3—动压

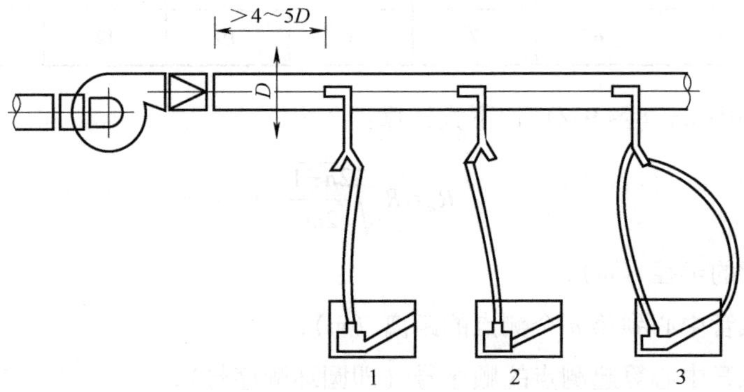

图9-5　压出段毕托管与倾斜式微压计的连接方法

1—全正压　2—静正压　3—动压

如果使用微压计进行测定时，将毕托管的全压接头和微压计的“+”（或正压接头）相连，所测数据即为该点的全压值。将毕托管的静压接头与微压计的“+”（正压接头）相连，所测数据即为该点的静压值。如果将毕托管的全压接头和静压接头分别与微压计的“+”（正压）接头和“-”（负压）接头相连，则所测出的数值即为该测点的动压值。

测定断面的平均全压、静压可按下式计算：

$$\overline{H}=\frac{H_1+H_2+\cdots+H_n}{n} \tag{9-3}$$

式中 H_1，H_2，…，H_n——测定断面各测点的全压或静压值（Pa）。

测定断面的平均动压计算：

当各测点的动压值相差不太大时，其平均动压可按这些测定值的算术平均值按下式计算：

$$H_d=\frac{H_{d1}+H_{d2}+\cdots+H_{dn}}{n} \tag{9-4}$$

式中 H_{d1}，H_{d2}，…，H_{dn}——测定断面各测点的动压值（Pa）；

n——测点总数。

在对风管某一断面进行动压测定时，有时会出现某些测点值为负值或零的情况。如果测定仪器无异常现象时，则通过该断面的流量还是存在的，因此在计算平均动压值时，可将负值做零数来计算，但测点数应包括测点数为零和负值的全部测点。

对于风机出、入口处空气流速的测定，可使用风速仪（常用风速仪有叶轮风速仪、热球风速仪、转杯式风速仪）；也可以使用毕托管配微压计测定其动压值来计算。

如果已知测定断面的平均动压，平均风速可按下式计算：

$$\bar{v}=\sqrt{\frac{2gH_d}{r}} \tag{9-5}$$

式中 g——重力加速度，$g=9.81\text{m/s}^2$；

r——空气的重度（N/m^3）；

H_d——所测断面的平均动压值（Pa）。

在常温条件下（20℃），通常取 $r=1\text{N/m}^3$，于是可将上式写成式（9-6）形式：

$$\bar{v}=4.04\sqrt{H_d} \tag{9-6}$$

有时为了简化计算，节省时间，快速方便，知道平均动压后，可由动压风速换算表直接查出平均风速值。动压换算表在有关的空调设计手册中均有。

在风速测定（或求出）后便可利用下式求出风机的风量：

$$Q=3600F\bar{v} \tag{9-7}$$

式中 Q——风量（m^3/h）；

F——风管断面面积（m^2）；

$\bar{v}$——所测断面的平均风速（m/s）。

风机的平均风量可由下式确定：

$$Q=(Q_x+Q_y)/2 \tag{9-8}$$

式中 Q_x——风机吸入端所测得的风量（m^3/h）；

Q_y——风机压出端所测得风量（m^3/h）。

3）应能在消防控制室手动控制风机的启动、停止，风机的启动、停止状态信号应能反馈到消防控制室。

4）当风机进、出风管上安装单向风阀或电动风阀时，风阀的开启与关闭应与风机的启动、停止同步。

5）调试数量：全数调试。

6. 机械加压送风系统风速和余压的调试方法及要求

机械加压送风系统调试中测试各相应部位性能参数应达到设计要求，若各相应部位的余压值出现低于或高于设计标准要求，均应采取措施做出调整。测试应分上、中、下多点进行。

1）应选取送风系统末端所对应的送风最不利的三个连续楼层模拟起火层及其上下层，封闭避难层（间）仅需选取本层，调试送风系统使上述楼层的楼梯间、前室及封闭避难层（间）的风压值及疏散门的门洞断面风速值与设计值的偏差不大于10%。

2）对楼梯间和前室的调试应单独分别进行，且互不影响。

3）调试楼梯间和前室疏散门的门洞断面风速时，设计疏散门开启的楼层数量应满足：对于楼梯间，采用常开风口，当地上楼梯间为24m以下时，设计2层内的疏散门开启；当地上楼梯间为24m及以上时，设计3层内的疏散门开启；当为地下楼梯间时，设计1层内的疏散门开启。对于前室，采用常闭封口，设计3层内的疏散门开启。

送风口处的风速测试可采用风速仪（常用风速仪有叶轮风速仪、热球风速仪、转杯式风速仪等），测试时应按要求将风口截面划分若干相等接近正方形的小截面，进行多点测量，求其平均风速值。

楼梯间及其前室、合用前室、消防电梯前室、封闭避难层（间）余压值的测试宜使用补偿式微压计进行测量，以确保测量值的准确。测量时，将微压计放置被测试区域内，微压计的“-”端接橡胶管，把橡胶管的另一端经门缝（或其他方式）拉出室外与大气相通，从微压计上读取被测区域内的静压值，即是所保持的余压值。也可将微压计放置在被测区域外与大气相通，微压计的“+”端接橡胶管，将橡胶管另一端拉入被测区域进行测量。

4）调试数量：全数调试。

7. 机械排烟系统风速和风量的调试方法及要求

机械排烟系统调试中，测试排烟口风速、风机排烟量及补风系统各性能参数，以检测设备选型及施工安装质量是否达到设计要求。

1）应根据设计模式，开启排烟风机和相应的排烟阀或排烟口，调试排烟系统使排烟阀或排烟口处的风速值及排烟量值达到设计要求。

2）开启排烟系统的同时，还应开启补风机和相应的补风口，调试补风系统使补风口处的风速值及补风量值达到设计要求。

3）应测试每个风口风速，核算每个风口的风量及其防烟分区总风量。

4）调试数量：全数调试。

9.2.3 防排烟系统联动调试

一旦发生火灾，火灾自动报警系统应能联动送风机、送风口、排烟风机、排烟口、自动排烟窗和活动挡烟垂壁等设备动作，以保证机械加压送风系统和排烟系统的正常运行。

1. 机械加压送风系统的联动调试方法及要求

1）当任何一个常闭送风口开启时，相应的送风机均应能联动启动。

2）与火灾自动报警系统联动调试时，当火灾自动报警探测器发出火警信号后，应在15s内启动与设计要求一致的送风口、送风机，且其联动启动方式应符合现行《火灾自动报警系统设计规范》（GB 50116—2013）的规定，其动作状态信号应反馈到消防控制室。

3）调试数量：全数调试。

2. 机械排烟系统的联动调试方法及要求

1）当任何一个常闭排烟阀或排烟口开启时，排烟风机均应能联动启动。

2）应与火灾自动报警系统联动调试。当火灾自动报警系统发出火警信号后，机械排烟系统应启动有关部位的排烟阀或排烟口、排烟风机；启动的排烟阀或排烟口、排烟风机应与设计和标准要求一致，其动作状态信号应反馈到消防控制室。

3）有补风要求的机械排烟场所，当火灾确认后，补风系统应启动。

4）排烟系统与通风、空调系统合用，当火灾自动报警系统发出火警信号后，应在30s内自动关闭与排烟无关的通风、空调系统。

5）调试数量：全数调试。

3. 自动排烟窗的联动调试方法及要求

1）自动排烟窗应在火灾自动报警系统发出火警信号后联动开启到符合要求的位置。

2）动作状态信号应反馈到消防控制室。

3）调试数量：全数调试。

4. 活动挡烟垂壁的联动调试方法及要求

1）活动挡烟垂壁应在火灾报警后联动下降到设计高度。

2）动作状态信号应反馈到消防控制室。

3）调试数量：全数调试。

9.3 防排烟系统的验收

防排烟系统竣工验收是对系统设计和施工质量的全面检查，主要针对系统设计内容检查和必要的性能测试。

9.3.1 防排烟系统验收的总体要求

防排烟系统施工调试完成后，应由建设单位负责，并组织设计、施工、监理等单位共同进行竣工验收。验收不合格的，不得投入使用。

防排烟系统工程及隐蔽工程验收记录表，应由建设单位填写，综合验收结论由参加验收的各方共同商定并签章，见表 9-12、表 9-13。

表 9-12 防排烟系统工程验收记录表

工程名称		分部工程名称	
施工单位		项目经理	
监理单位		总监理工程师	

序号	验收项目名称	验收内容记录			验收评定结果
		《建筑防烟排烟系统技术标准》章节条款编号	标准或设计要求	检测值	
1	施工资料	8.1.4			
2	综合观感等质量	8.2.1			
3	设备手动功能	8.2.2			
4	设备联动功能	8.2.3			
5	自然通风、自然排烟设施性能	8.2.4			
6	机械防烟系统性能	8.2.5			
7	机械排烟系统性能	8.2.6			
	综合验收结论				

验收单位	施工单位：	项目经理： 年 月 日
	监理单位：	总监理工程师： 年 月 日
	设计单位：	项目负责人： 年 月 日
	建设单位：	建设单位项目负责人： 年 月 日

表 9-13 防排烟系统隐蔽工程验收记录表

<table>
<tr><td>工程名称</td><td colspan="4"></td></tr>
<tr><td>施工单位</td><td colspan="2"></td><td>监理单位</td><td></td></tr>
<tr><td>施工执行标准名称及编号</td><td colspan="2"></td><td>隐蔽部位</td><td></td></tr>
<tr><td>验收项目</td><td colspan="2">《建筑防烟排烟系统技术标准》章节条款编号</td><td colspan="2">验收结果</td></tr>
<tr><td rowspan="4">封闭井道、吊顶内风管安装质量</td><td colspan="2">第 6.3.4 条第 1 款</td><td colspan="2"></td></tr>
<tr><td colspan="2">第 6.3.4 条第 2 款</td><td colspan="2"></td></tr>
<tr><td colspan="2">第 6.3.4 条第 3 款</td><td colspan="2"></td></tr>
<tr><td colspan="2">第 6.3.4 条第 7 款</td><td colspan="2"></td></tr>
<tr><td>风管穿越隔墙、楼板</td><td colspan="2">第 6.3.4 条第 6 款</td><td colspan="2"></td></tr>
<tr><td>施工过程检查记录</td><td colspan="4"></td></tr>
<tr><td>验收结论</td><td colspan="4"></td></tr>
<tr><td rowspan="2">验收单位</td><td>施工单位</td><td colspan="2">监理单位</td><td>建设单位</td></tr>
<tr><td>（公章）

项目负责人：
（签章）</td><td colspan="2">（公章）

项目负责人：
（签章）</td><td>（公章）

项目负责人：
（签章）</td></tr>
</table>

防排烟工程竣工验收时，施工单位应提供下列资料：

1）竣工验收申请报告。

2）施工图、设计说明书、设计变更通知书和设计审核意见书、竣工图。

3）工程质量事故处理报告。

4）防排烟系统施工过程质量检查记录。

5）防排烟系统工程质量控制资料检查记录。

9.3.2 防排烟系统验收的方法及要求

防排烟系统竣工后，应进行验收，包括观感质量验收和功能、性能的验收。

1. 防排烟系统观感质量的综合验收方法及要求

1）风管表面应平整、无损坏；接管合理，风管的连接以及风管与风机的连接应无明显缺陷。

2）风口表面应平整，颜色一致，安装位置正确，风口可调节部件应能正常动作。

3）各类调节装置安装应正确牢固、调节灵活，操作方便。

4）风管、部件及管道的支、吊架形式、位置及间距应符合要求。

5）风机的安装应正确牢固。

6）检查数量：各系统按30%抽查。

2. 防排烟系统设备功能验收

1）按30%抽查各防排烟系统设备，通过手动方式检查其手动功能，检查项目包括：

① 送风机、排烟风机应能正常手动启动和停止，状态信号应在消防控制室显示。

② 送风口、排烟阀或排烟口应能正常手动开启和复位，阀门关闭严密，动作信号应在消防控制室显示。

③ 活动挡烟垂壁、自动排烟窗应能正常手动开启和复位，动作信号应在消防控制室显示。

2）设计联动启动的防排烟系统设备需全部检查其联动功能，检查项目包括：

① 火灾报警后，根据设计模式，相应系统的送风机启动、送风口开启、排烟风机启动、排烟阀或排烟口开启、补风机启动。

② 火灾自动报警系统应在15s内联动相应防烟分区的全部活动挡烟垂壁，60s内挡烟垂壁应开启到位。

③ 火灾自动报警系统启动后，自动排烟窗应在60s内或小于烟气充满储烟仓时间内开启完毕。

④ 各部件、设备动作状态信号应在消防控制室显示。

3. 防排烟系统主要性能参数验收

1）自然通风及自然排烟设施的主要性能验收，按照其30%检查，通过尺量方式检查可开启外窗的面积，检验以下项目并达到设计要求：

① 封闭楼梯间、防烟楼梯间、前室及消防电梯前室可开启外窗的布置方式和面积。

② 避难层（间）可开启外窗或百叶窗的布置方式和面积。

③ 设置自然排烟场所的可开启外窗、排烟窗、可熔性采光带（窗）的布置方式和面积。

2）全数的机械防烟系统的主要性能应验收，检查项目包括：

① 选取送风系统末端所对应的送风最不利的三个连续楼层模拟起火层及其上下层，封闭避难层（间）仅需选取本层，测试前室及封闭避难层（间）的风压值及疏散门的门洞断面风速值，应分别符合标准规范及设计要求，且偏差不大于设计值的10%。

② 对楼梯间和前室的测试应单独分别进行，且互不影响。

③ 测试楼梯间和前室疏散门的门洞断面风速时，应同时开启三个楼层的疏散门。

3）全数的机械排烟系统的主要性能应验收，检查项目包括：

① 开启任一防烟分区的全部排烟口，风机启动后测试排烟口处的风速，风速、风量应符合设计要求且偏差不大于设计值的10%。

② 设有补风系统的场所，应测试补风口风速，风速、风量应符合设计要求且偏差不大于设计值的10%。

9.3.3 防排烟系统工程质量验收判定条件

工程质量是所有防烟和排烟系统正常运行的保障。为了保证工程质量，又能及时投入使用，所以规定了主控项目不允许出现 A 类不合格。防排烟系统工程质量验收判定条件应符合下列规定：

1）系统的设备、部件型号规格与设计不符，无出厂质量合格证明文件及符合国家市场准入制度规定的文件，系统验收不符合防排烟系统设备功能验收和主要性能验收中的任一条款功能及主要性能参数要求的，定为 A 类不合格。

2）防排烟系统工程竣工验收时，施工单位应提供的资料缺少任一件的，定为 B 类不合格。

3）不符合防排烟系统观感质量综合验收要求中任一条的，定为 C 类不合格。

4）系统验收合格判定条件应为：$A=0$ 且 $B\leqslant2$，$B+C\leqslant6$ 为合格，否则为不合格。

9.4 防排烟系统的维护管理

防排烟系统的维护管理是系统正常完好、有效使用的基本保障。消防设施的维护管理由建筑物的产权单位或者受其委托的建筑物业管理单位依法自行管理或者委托具有相应资质的消防技术服务机构实施管理。消防设施维护管理包括值班、巡查、检测、维修、保养、建档等工作。

9.4.1 防排烟系统维护管理的一般要求

建筑防排烟系统应制定维护保养管理制度及操作规程，并应保证系统处于准工作状态。

消防设施维护管理人员应经过专业消防培训，应熟悉防排烟系统的工作原理，性能和操作维护规程。

消防设施因故障维修等原因需暂时停用的，经单位消防安全责任人批准，报消防机构备案，采取消防安全措施后，方可停用检修。

9.4.2 防排烟系统日常维护管理

防排烟系统的日常维护管理有巡视检查、测试检查和检验检查三种方式。

巡视检查是对防排烟系统直观属性的检查。测试检查依照相关标准，对防排烟系统单项功能进行技术测试性的检查。检验检查是依照相关标准，对建筑内防排烟系统与各类消防设施进行联动功能测试和综合技术评价性的检查。

1. 防排烟系统巡视检查

防排烟系统巡视检查主要针对系统组件外观、现场状态、系统检测装置准工作状态、安装部位环境条件等的日常巡查。

1）防排烟系统能否正常使用与系统各组件、配件在日常监控时的现场状态密切相关，机械防排烟系统应始终保持正常运行，不得随意断电或中断。

2）正常工作状态下，正压送风机、排烟风机、通风空调风机电控柜等受控设备应处于自动控制状态，严禁将受控的正压送风机、排烟风机、通风空调风机等电控柜设置在手动位置。

3）消防控制室应能显示系统的手动、自动工作状态及系统内的防排烟风机、防火阀、排烟防火阀的动作状态；应能控制系统的启、停及系统内的防烟风机、排烟风机、防火阀、排烟防火阀、常闭送风口、排烟口，以及电控挡烟垂壁的开、关，并显示其反馈信号。应能停止相关部位正常通风的空调，并接收和显示通风系统内防火阀的反馈信号。

巡视检查每日应至少组织一次，并填写建筑消防设施巡视检查记录，见表 9-14。

表 9-14　建筑消防设施巡视检查记录

巡查项目	巡查内容	年　月　日			
		巡查情况			
		时　分	时　分	时　分	时　分
消防供配电设施	消防电源工作状态				
	自备发电设备状况				
火灾自动报警系统	火灾报警探测器外观				
	区域显示器运行状况、CRT 图形显示器运行状况、火灾报警控制器运行状况				
	手动报警按钮外观				
	火灾警报装置外观				
消防供水设施	消防水池外观				
	消防水箱外观				
	消防水泵工作状态				
	稳压泵、增压泵、气压水罐工作状态				
	水泵接合器外观				
	管网控制阀门启闭状态				
	泵房工作环境				
消火栓、消防炮灭火系统	室内消火栓外观				
	室外消火栓外观				
	消防炮外观				
	启泵按钮外观				
自动喷水灭火系统	喷头外观				
	报警阀组外观				
	末端试水装置压力值				

（续）

巡查项目	巡查内容	年 月 日			
		巡查情况			
		时 分	时 分	时 分	时 分
泡沫灭火系统	泡沫喷头外观				
	泡沫消火栓外观				
	泡沫炮外观				
	泡沫产生器外观				
	泡沫液储罐间环境				
	泡沫液储罐外观				
	比例混合器外观				
	泡沫泵工作状态				
气体灭火系统	喷嘴外观				
	气体灭火控制器工作状态				
	储瓶间环境				
	气体瓶组或储罐外观				
	选择阀、驱动装置等组件外观				
	防护区状况				
防排烟系统	送风阀外观				
	送风机工作状态				
	排烟阀外观				
	电动排烟窗外观				
	自然排烟窗外观				
	排烟机工作状态				
	送风、排烟机房环境				
应急照明和疏散指示标志	应急灯外观				
	应急灯工作状态				
	疏散指示标志外观				
	疏散指示标志工作状态				
应急广播系统	扬声器外观				
	扩音机工作状态				
消防专用电话	分机电话外观				
	插孔电话外观				

（续）

巡查项目	巡查内容	年　月　日			
		巡查情况			
		时　分	时　分	时　分	时　分
防火分隔设施	防火门外观				
	防火门启闭状况				
	防火卷帘外观				
	防火卷帘工作状态				
消防电梯	紧急按钮外观				
	轿厢内电话外观				
	消防电梯工作状态				
灭火器	灭火器外观				
	设置位置状况				
巡查人（签 名）					
备注					

2. 防排烟系统测试检查

防排烟系统测试检查是指建筑使用、管理单位按照国家工程消防技术标准的要求，对已经投入使用的防排烟系统的组件、零部件等按照规定检查周期进行的检查、测试。

（1）每周检查内容及要求

1）风管（道）及风口等部件。目测巡检完好状况，有无异物变形。

2）室外进风口、排烟口。巡检进风口、出风口是否通畅。

3）系统电源。巡查电源状态、电压参数。

（2）每季度检查内容及要求

1）防排烟风机。手动或自动启动试运转，检查有无锈蚀、螺栓松动。

2）挡烟垂壁。手动或自动启动、复位试验，有无升降障碍。

3）排烟窗。手动或自动启动、复位试验，有无开关障碍。

4）供电线路。检查供电线路有无老化，双回路自动切换电源功能等。

（3）每半年检查内容及要求

1）排烟防火阀。手动或自动启动、复位试验检查，有无变形、锈蚀及弹簧性能，确认性能可靠。

2）送风阀或送风口。手动或自动启动、复位试验检查，有无变形、锈蚀及弹簧性能，确认性能可靠。

3）排烟阀或排烟口。手动或自动启动、复位试验检查，有无变形、锈蚀及弹簧性能，确认性能可靠。

防排烟系统测试检查在上述周期内至少组织一次，并填写建筑消防设施测试记录，见表 9-15。

表 9-15 建筑消防设施测试记录

测试时间： 年 月 日			
检测项目		检测内容	实测记录
消防供电配电	消防配电	试验主、备电源切换功能	
	自备发电机组	试验启动发电机组	
	储油设施	核对储油量	
火灾报警系统	火灾报警探测器	试验报警功能	
	手动报警按钮	试验报警功能	
	警报装置	试验警报功能	
	报警控制器	试验报警功能、故障报警功能、火警优先功能、打印机打印功能、火灾显示盘和CRT显示器的显示功能	
	联动控制设备	试验联动控制和显示功能	
消防供水	消防水池	核对储水量	
	消防水箱	核对储水量	
	稳（增）压泵及气压水罐	试验启泵、停泵时的压力工况	
	消防水泵	试验启泵和主、备泵切换功能	
	水泵接合器	试验消防车供水功能	
消火栓消防炮	室内消火栓	试验屋顶消火栓出水及静压	
	室外消火栓	试验室外消火栓出水及静压	
	消防炮	试验消防炮出水	
	启泵按钮	试验远距离启泵功能	
自动喷水系统	报警阀组	试验放水阀放水及压力开关动作信号	
	末端试水装置	试验末端放水及压力开关动作信号	
	水流指示器	核对反馈信号	
泡沫灭火系统	泡沫液储罐	核对泡沫液有效期和储存量	
	泡沫栓	试验泡沫栓出水或出泡沫	
气体灭火系统	瓶组与储罐	核对灭火剂储存量	
	气体灭火控制设备	试验模拟自动启动	
机械加压送风系统	风机	试验联动启动风机	
	送风口	核对送风口风速	
机械排烟系统	风机	试验联动启动风机	
	排烟阀、电动排烟窗	试验联动启动排烟阀、电动排烟窗；核对排烟口风速	
应急照明		试验切断正常供电，测量照度	
疏散指示标志		试验切断正常供电，测量照度	

（续）

测试时间：　　年　　月　　日			
检测项目		检测内容	实测记录
应急广播系统	扩音器	试验联动启动和强制切换功能	
	扬声器	测试音量	
消防专用电话		试验通话质量	
防火分隔	防火门	试验启闭功能	
	防火卷帘	试验手动、机械应急和自动控制功能	
	电动防火阀	试验联动关闭功能	
消防电梯		试验按钮迫降和联动控制功能	
灭火器		核对选型、压力和有效期	
测试人（签名）：			
消防安全责任人或消防安全管理人（签名）：			

3. 防排烟系统检验检查

防排烟系统检验检查是对全部防排烟系统进行一次联动试验和性能检测。系统安装一定时间后，有些设备、部件受环境等因素的影响，其性能可能会发生变化。为保证系统达到当初设计要求，需要进行联动试验及性能检测，对发现的问题及时整改以保证整个防烟、排烟系统的使用功能可靠，在火灾发生时能真正起到作用。但防烟、排烟系统的联动试验属于大型检测，耗费人力物力巨大，综合系统整体失效概率等因素考虑，要求一年至少一次联动测试。防排烟系统检验检查每年至少组织一次，并填写建筑消防设施检验报告，见表 9-16。

表 9-16　建筑消防设施检验报告

检验时间：　　年　　月　　日							
建筑名称				地址			
使用性质		层数		高度		面积	
使用管理单位名称							
建筑消防设施检验情况							
项目	检验结果	存在问题或故障处理情况					
消防供配电							
火灾报警系统							
消防供水							
消火栓消防炮							
自动喷水灭火系统							
泡沫灭火系统							

（续）

检验时间： 年 月 日							
建筑名称				地址			
使用性质		层数		高度		面积	
使用管理单位名称							
建筑消防设施检验情况							
项目	检验结果	存在问题或故障处理情况					
气体灭火系统							
防排烟系统							
疏散指示标志							
应急照明							
应急广播系统							
消防专用电话							
防火分隔							
消防电梯							
灭火器							
检验人（签名）：		消防安全责任人或消防安全管理人（签名）：					

9.4.3 防排烟系统故障分析

防排烟系统主要故障分析见表 9-17。

表 9-17 防排烟系统主要故障分析

组件	故障	故障分析
风口	风速过低	（1）风机选型不当 （2）风道泄漏 （3）风道阻力过大 （4）风口尺寸偏大
	风量过小	（1）风机选型不当 （2）风道泄漏 （3）风道阻力过大
排烟阀	打不开	（1）设备故障，即排烟阀或控制器故障 （2）控制器与排烟阀之间的线路故障
风机	不启动	（1）设备故障，即风机或控制器故障 （2）电源故障 （3）控制回路的线路或控制按钮、控制模块故障 （4）风机控制柜处于手动状态

发现防排烟设施存在问题和故障，检查人员有责任进行故障报告，并填写防排烟设施故障处理登记表，见表 9-18；其他人员有义务向消防设施的主管部门或主管人员进行报告。

表 9-18　防排烟设施故障处理登记表

检查时间	检查人（签名）	检查发现问题或故障	问题或故障处理结果	消防安全主管人员（签名）

存在的问题和故障，当场有条件解决的应立即解决；当场没有条件解决的，应在 24 小时内解决；需要由供应商或者厂家解决的，应在 5 个工作日内处理、解决，恢复正常状态。对于当天无法处理、解决的故障，需要系统暂停工作的，应经单位消防安全责任人批准，报消防机构备案，采取消防安全措施后，方可停用检修。故障排除后，应由主管人员签字认可，故障处理登记表存档备查。

复习题

1. 防排烟系统施工的总体要求有哪些？
2. 防排烟系统风机安装的基本顺序是什么？
3. 防排烟系统淡季调试应做哪些工作？
4. 防排烟系统验收包含哪些内容？
5. 防排烟系统的日常维护方式有哪些？它们分别有什么要求？

第 9 章练习题

扫码进入小程序，完成答题即可获取答案

附　录

附录 A　钢板圆形通风管道计算表（部分）

上行：风量（m^3/h），下行：单位摩擦阻力（Pa/m）

速度/(m/s)	动压/Pa	风管断面直径/mm								
		100	130	140	160	180	200	220	250	280
1.0	0.60	28	40	55	71	91	1123	1351	1756	219
		0.22	0.17	0.14	0.12	0.10	0.09	0.08	0.07	0.06
1.5	1.35	42	60	82	107	136	168	202	262	329
		0.45	0.36	0.29	0.25	0.21	0.19	0.17	0.14	0.12
2.0	2.40	55	80	109	143	181	224	270	349	439
		0.76	0.60	0.49	0.42	0.36	0.31	0.28	0.24	0.21
2.5	3.75	69	100	137	179	226	280	337	437	548
		1.13	0.90	0.74	0.62	0.54	0.47	0.42	0.36	0.31
3.0	5.40	83	100	137	179	226	280	337	437	548
		1.13	0.90	0.74	0.62	0.54	0.47	0.42	0.36	0.31
3.5	7.35	83	120	164	214	272	336	405	542	658
		1.58	1.25	1.03	0.87	0.75	0.66	0.58	0.50	0.43
4.0	9.60	111	160	219	286	362	448	540	698	877
		2.68	2.12	1.75	1.48	1.27	1.12	0.99	0.85	0.74
4.5	12.15	125	180	246	322	408	504	607	786	987
		3.33	2.64	2.17	1.84	1.58	1.39	1.24	1.05	0.92
5.0	15.00	139	200	273	357	453	560	675	873	1097
		4.05	3.21	2.64	2.23	1.93	1.69	1.50	1.28	1.11
5.5	18.15	152	220	300	393	498	616	742	960	1206
		4.84	3.84	3.16	2.67	2.30	2.02	1.80	1.53	1.33
6.0	21.60	166	240	328	429	544	672	810	1048	1316
		5.69	4.51	3.72	3.14	2.71	2.38	2.12	1.08	1.57

（续）

速度/（m/s）	动压/Pa	风管断面直径/mm								
		100	130	140	160	180	200	220	250	280
6.5	25.35	180	260	355	465	589	728	877	1135	1425
		6.61	5.25	4.32	3.65	3.15	2.76	2.46	2.10	1.82
7.0	29.40	194	280	382	500	634	784	945	1222	1535
		7.60	6.03	4.96	4.20	3.62	3.17	2.83	2.41	2.10
7.5	33.75	208	300	410	536	679	840	1012	1310	1645
		8.66	6.87	5.65	4.78	4.12	3.62	3.22	2.75	2.39
8.0	38.40	222	320	437	572	725	896	1080	1397	1754
		9.78	7.76	6.39	5.40	4.66	4.09	3.64	3.10	2.70
8.5	43.35	236	340	464	608	770	952	1147	1484	1864
		10.96	8.70	7.16	6.06	5.23	4.58	4.08	3.48	3.03
9.0	48.60	249	360	492	643	815	1008	1215	1571	1974
		12.22	9.70	7.98	6.75	5.83	5.11	4.55	3.88	3.37
9.5	54.15	263	380	519	679	861	1064	1282	1659	2083
		13.54	10.74	8.85	7.48	6.46	5.66	5.04	4.30	3.74
10.0	60.00	277	400	546	715	906	1120	1350	1746	2193
		14.93	11.85	9.75	8.25	7.12	6.24	5.56	4.74	4.12
10.5	66.15	291	420	574	751	951	1176	1417	1833	2303
		16.38	13.00	10.70	9.05	7.81	6.85	6.10	5.21	4.53
11.0	72.60	305	440	601	786	997	1232	1485	1921	2412
		17.90	14.21	11.70	8.98	8.54	7.49	6.67	5.69	4.95
11.5	79.35	319	460	628	822	1042	1288	1552	2008	2522
		19.49	15.47	12.84	10.77	9.30	8.15	7.26	6.20	5.39
12.0	86.40	333	480	656	858	1087	1344	1620	2095	2632
		21.14	16.78	13.82	11.69	10.09	8.85	7.88	6.72	5.84
12.5	93.75	346	500	683	894	1132	1400	1687	2183	2741
		22.86	18.14	14.94	12.64	10.91	9.57	8.52	7.27	6.32
13.0	101.40	360	521	710	929	1178	1456	1755	2270	2851
		24.64	19.56	16.11	13.62	11.76	10.31	9.19	7.84	6.82
13.5	109.35	374	541	737	965	1223	1512	1822	2357	2961
		26.49	21.03	17.32	14.65	12.64	11.09	9.88	8.43	7.33
14.0	117.60	388	561	765	1001	1268	1568	1890	2444	3070
		28.41	22.55	18.87	15.71	13.56	11.89	10.60	9.04	7.86
14.5	126.15	402	581	792	1036	11314	1624	1957	2532	3180
		30.39	24.13	19.87	16.81	14.51	12.72	11.34	9.67	8.41

（续）

速度/(m/s)	动压/Pa	风管断面直径/mm								
		100	130	140	160	180	200	220	250	280
15.0	135.00	416	601	819	1072	1359	1680	2025	2619	3290
		32.44	25.75	21.21	17.94	15.49	13.58	12.10	10.33	8.98
15.5	144.15	430	621	847	1108	1404	1736	2092	2706	3399
		34.56	27.43	22.59	19.11	16.50	14.47	12.89	11.00	9.56
16.0	153.60	443	641	874	1144	1450	1792	2160	2794	3509
		36.74	29.17	24.02	20.32	17.54	15.38	13.71	11.70	10.17

速度/(m/s)	动压/Pa	风管断面直径/mm								
		320	360	400	450	500	560	630	700	800
1.0	0.60	287	363	449	569	703	880	1115	1378	1801
		0.05	0.04	0.04	0.03	0.03	0.02	0.02	0.02	0.02
1.5	1.35	430	545	674	853	1054	1321	1673	2066	2701
		0.10	0.09	0.08	0.07	0.06	0.05	0.04	0.04	0.03
2.0	2.40	574	727	898	1137	1405	1761	2230	2755	3601
		0.17	0.15	0.13	0.11	0.10	0.09	0.08	0.07	0.06
2.5	3.75	717	908	1123	1422	1757	2201	2788	3444	45011
		0.26	0.23	0.20	0.17	0.15	0.13	0.11	0.10	0.08
3.0	5.40	860	1090	1347	1706	2108	2641	3345	4133	5402
		0.37	0.32	0.28	0.24	0.21	0.18	0.16	0.14	0.12
3.5	7.35	1004	1272	1572	1991	2459	3087	3903	4821	6302
		0.49	0.42	0.37	0.32	0.28	0.24	0.21	0.19	0.16
4.0	9.60	1147	1454	1796	2275	2811	3521	4460	5510	7202
		0.62	0.54	0.47	0.41	0.36	0.31	0.27	0.24	0.20
4.5	12.15	1291	1635	2021	2559	3162	3962	5018	6199	8102
		0.78	0.67	0.59	0.51	0.45	0.39	0.34	0.30	0.25
5.0	15.00	1434	1817	2245	2844	3515	4402	5575	6888	9003
		0.94	0.82	0.72	0.62	0.55	0.48	0.41	0.36	0.31
5.5	18.15	1578	1999	2470	3128	3864	4842	6133	7576	9903
		1.13	0.98	0.86	0.74	0.65	0.57	0.49	0.43	0.37
6.0	21.60	1721	2180	2694	3412	4216	5282	6691	8265	10803
		1.33	1.15	1.01	0.87	0.77	0.67	0.58	0.51	0.43
6.5	25.35	1864	2362	2919	3697	4567	5722	7248	8954	11703
		1.55	1.34	1.17	1.02	0.89	0.78	0.68	0.59	0.51
7.0	29.40	2008	2544	3143	3981	4918	6163	7806	9643	12604
		1.78	1.54	1.35	1.17	1.03	0.90	0.78	0.68	0.58

（续）

速度/（m/s）	动压/Pa	风管断面直径/mm								
		320	360	400	450	500	560	630	700	800
7.5	33.75	2151	2725	3368	4266	5270	6603	8363	10332	13504
		2.02	1.75	1.54	1.33	1.17	1.02	0.88	0.78	0.66
8.0	38.40	2295	2907	3592	4550	5621	7043	8921	11020	14404
		2.29	1.98	1.74	1.51	1.32	1.15	1.00	0.88	0.75
8.5	43.35	2438	3089	3817	4834	5972	7483	9478	11709	15304
		2.57	2.22	1.95	1.69	1.49	1.30	1.12	0.99	0.84
9.0	48.60	2581	3271	4041	5119	6324	7923	10036	12398	16205
		2.86	2.48	2.18	1.88	1.66	1.44	1.25	1.10	0.94
9.5	54.15	2725	3452	4266	5403	6675	8363	10593	13087	17105
		3.17	2.74	2.41	2.09	1.84	1.60	1.39	1.22	1.04
10.0	60.00	2868	3634	4490	5687	7026	8804	11151	13775	18005
		3.50	3.03	2.66	2.30	2.02	1.77	1.53	1.35	1.15
10.5	66.15	3012	3816	4715	5972	7378	9244	11709	14464	18906
		3.84	3.32	2.92	2.53	2.22	1.94	1.68	1.48	1.26
11.0	72.60	3155	3997	4939	6256	7729	9684	12266	15153	19806
		4.20	3.63	3.19	2.76	2.43	2.12	1.84	1.62	1.38
11.5	79.35	3298	4179	5164	6541	8080	10124	12824	15842	20706
		4.57	3.95	3.47	3.01	2.65	2.31	2.00	1.76	1.50
12.0	86.40	3442	4361	5388	6825	8432	10564	13381	16530	21606
		4.96	4.29	3.77	3.26	2.87	2.50	2.17	1.91	1.62
12.5	93.75	3585	4542	5613	7109	8783	11005	13939	17219	22507
		5.36	4.64	4.08	3.53	3.10	2.72	2.35	2.07	1.76
13.0	101.40	3729	4724	5837	7394	9134	11445	14496	17908	23407
		5.78	5.00	4.40	3.81	3.35	2.92	2.53	2.23	1.90
13.5	109.35	3872	4906	6062	7678	9485	11885	15054	18597	24307
		6.22	5.38	4.73	4.09	3.60	3.14	2.72	2.39	2.04
14.0	117.60	4016	5087	6286	7962	9834	12325	15611	19286	25207
		6.67	5.77	5.07	4.39	3.86	3.37	2.92	2.57	2.19
14.5	126.15	4159	5269	6511	8247	10188	12765	16769	19974	26108
		7.13	6.17	5.42	4.70	4.13	3.60	3.12	2.75	2.34
15.0	135.00	4302	5451	6735	8531	10539	13205	16726	20663	27008
		7.61	6.59	5.79	5.01	4.41	3.85	3.33	2.93	2.50

（续）

速度/(m/s)	动压/Pa	风管断面直径/mm								
		320	360	400	450	500	560	630	700	800
15.5	144.15	4446	5633	6960	8816	10891	13646	17284	21352	27908
		8.11	7.02	6.17	5.34	4.70	4.10	3.55	3.13	2.66
16.0	153.60	4589	5814	7184	9100	11242	14086	17842	22401	28808
		8.62	7.46	6.56	5.68	5.00	4.36	3.78	3.32	2.83

速度/(m/s)	动压/Pa	风管断面直径/mm							
		900	1000	1120	1250	1400	1600	1800	2000
1.0	0.60	2280	2816	3528	4397	5518	7211	9130	11276
		0.01	0.01	0.01	0.01	0.01	0.01	0.01	0.01
1.5	1.35	3420	4224	5292	6595	8277	10817	13696	16914
		0.03	0.03	0.02	0.02	0.02	0.01	0.01	0.01
2.0	2.40	4560	5632	7056	8793	11036	14422	18261	22552
		0.05	0.04	0.04	0.03	0.03	0.02	0.02	0.02
2.5	3.75	5700	7040	8819	10992	13795	18028	22826	28190
		0.07	0.06	0.06	0.05	0.04	0.04	0.03	0.03
3.0	5.40	6840	8448	10583	13190	16554	21633	27391	33828
		0.10	0.09	0.08	0.07	0.06	0.05	0.04	0.04
3.5	7.35	7980	9856	12347	15388	19313	25239	31956	39465
		0.14	0.12	0.11	0.09	0.08	0.07	0.06	0.05
4.0	9.60	9120	11265	14111	17587	22072	28845	36522	45103
		0.18	0.15	0.14	0.12	0.10	0.09	0.08	0.07
4.5	12.15	10260	12673	15875	19785	24831	32450	41087	50741
		0.22	0.19	0.17	0.15	0.13	0.11	0.10	0.08
5.0	15.00	11400	14081	17639	21983	27590	36056	45652	56379
		0.27	0.24	0.21	0.18	0.16	0.13	0.12	0.10
5.5	18.15	12540	15489	19403	24182	30349	39661	50217	62017
		0.32	0.28	0.25	0.22	0.19	0.16	0.14	0.12
6.0	21.60	13680	16897	21167	26380	33108	43267	54782	67655
		0.38	0.33	0.29	0.25	0.22	0.09	0.16	0.14
6.5	25.35	14820	18305	22930	28579	35867	46872	59348	73293
		0.44	0.39	0.34	0.30	0.26	0.22	0.19	0.17
7.0	29.40	15960	19713	24694	30777	38626	50478	63913	78931
		0.50	0.44	0.39	0.34	0.30	0.25	0.22	0.19
7.5	33.75	17100	21121	26458	32975	41385	54083	68478	84569
		0.57	0.51	0.44	0.39	0.34	0.29	0.25	0.22

（续）

速度/(m/s)	动压/Pa	风管断面直径/mm							
		900	1000	1120	1250	1400	1600	1800	2000
8.0	38.40	18240	22529	28222	35174	44144	57689	73043	90207
		0.65	0.57	0.50	0.44	0.38	0.33	0.28	0.25
8.5	43.35	19381	23937	29986	37372	46903	61295	77608	95845
		0.73	0.64	0.56	0.49	0.43	0.37	0.32	0.28
9.0	48.60	20521	25345	31750	39570	49663	64900	82174	101483
		0.81	0.72	0.63	0.55	0.48	0.41	0.35	0.31
9.5	54.15	21661	26753	33514	41769	52422	68506	86739	107121
		0.90	0.79	0.69	0.61	0.53	0.45	0.39	0.35
10.0	60.00	22801	28161	35278	43967	55181	72111	91304	112759
		0.99	0.88	0.76	0.67	0.59	0.50	0.43	0.38
10.5	66.15	23941	29569	37042	46165	57940	75717	95869	118396
		1.09	0.96	0.84	0.74	0.64	0.55	0.48	0.42
11.0	72.60	25081	30978	38805	48364	60699	79322	100434	124034
		1.19	1.05	0.92	0.80	0.70	0.60	0.52	0.46
11.5	79.35	26221	32386	40569	50562	63458	82928	105000	129672
		1.30	1.14	1.00	0.88	0.77	0.65	0.57	0.50
12.0	86.40	27361	33794	42333	52760	66217	86534	109565	135310
		1.41	1.24	1.08	0.95	0.83	0.71	0.62	0.54
12.5	93.75	28501	35202	44097	54959	68976	90139	114130	140948
		1.52	1.34	1.17	1.03	0.90	0.77	0.67	0.59
13.0	101.40	29641	36610	45861	57157	71735	93745	118695	146586
		1.64	1.45	1.27	1.11	0.97	0.83	0.72	0.63
13.5	109.35	30781	38018	47625	59355	74494	97350	123260	152224
		1.77	1.56	1.36	1.19	1.04	0.89	0.77	0.68
14.0	117.60	31921	39426	49389	61554	77253	100956	127826	157862
		1.90	1.67	1.46	1.28	1.12	0.95	0.83	0.73
14.5	126.15	33061	40834	51153	63752	80012	104561	132391	163500
		2.03	1.79	1.56	1.37	1.20	1.02	0.89	0.78
15.0	135.00	34201	42242	52916	65950	82771	108167	136956	169138
		2.17	1.91	1.67	1.46	1.28	1.09	0.95	0.83
15.5	144.15	35341	43650	54680	68149	85530	111773	141521	174776
		2.31	2.03	1.78	1.56	1.36	1.16	1.01	0.89
16.0	153.60	36481	45058	56444	70347	88289	115378	146086	180414
		2.45	2.16	1.89	1.66	1.45	1.23	1.07	0.95

附录B　钢板矩形通风管道计算表（部分）

上行：风量（m^3/h），下行：单位摩擦阻力（Pa/m）

速度/(m/s)	动压/Pa	风管断面直径/mm								
		1250×500	1000×630	800×800	1250×630	1600×500	1000×800	1250×800	1000×1000	1600×630
2.0	2.4	4457	4501	4574	5624	5709	5721	7150	7157	7203
		0.0077	0.006	0.006	0.005	0.006	0.006	0.005	0.004	0.005
2.5	3.75	5572	5626	5717	7030	7136	7151	8937	8946	9004
		0.010	0.009	0.009	0.008	0.009	0.008	0.007	0.009	0.009
3.0	5.40	6666	6751	6860	8426	8563	8582	10720	10740	10800
		0.014	0.013	0.012	0.012	0.012	0.011	0.010	0.009	0.011
3.5	7.35	7800	7876	8004	9842	9990	10010	12510	12530	12610
		0.019	0.017	0.016	0.015	0.017	0.014	0.013	0.012	0.014
4.0	9.60	8914	9002	9147	11250	11420	11440	14000	14310	14410
		0.024	0.022	0.021	0.020	0.022	0.018	0.016	0.016	0.018
4.5	12.15	10030	10130	10290	12650	12840	12870	16070	16100	16210
		0.030	0.027	0.026	0.024	0.024	0.023	0.020	0.020	0.022
5.0	15.00	11140	11250	11430	14060142	14270	14300	17870	17890	18010
		0.036	0.033	0.032	0.030	0.034	0.028	0.025	0.024	0.027
5.5	18.15	12260	12380	12580	15470	15700	15730	19660	19680	19310
		0.043	0.039	0.038	0.036	0.040	0.033	0.030	0.029	0.033
6.0	21.60	13370	13500	13720	16870	17130	17160	21450	21470	21610
		0.051	0.051	0.051	0.042	0.047	0.039	0.035	0.034	0.038
6.5	25.35	14490	14630	14860	18280	18550	18590	23240	23260	23410
		0.059	0.054	0.052	0.049	0.055	0.045	0.041	0.039	0.045
7.0	29.40	15600	15750	16010	19680	19980	20020	25020	25050	25210
		0.068	0.062	0.059	0.056	0.063	0.052	0.047	0.045	0.051
7.5	33.75	16710	16880	17150	21090	21410	21450	26810	26840	27010
		0.078	0.071	0.068	0.064	0.072	0.060	0.053	0.052	0.059
8.0	38.40	17830	18000	18290	22500	22830	22880	28600	28630	28810
		0.088	0.090	0.077	0.072	0.081	0.067	0.060	0.059	0.066
8.5	43.35	18940	19130	19440	23902	24260	24320	30390	30420	30610
		0.099	0.090	0.086	0.081	0.091	0.076	0.068	0.066	0.074

（续）

速度/（m/s）	动压/Pa	风管断面直径/mm								
		1250×500	1000×630	800×800	1250×630	1600×500	1000×800	1250×800	1000×1000	1600×630
9.0	48.60	20058	20254	20581	25308	25689	25745	32175	32206	32414
		1.08	0.98	0.94	0.89	1.00	0.83	0.74	0.72	0.81
9.5	54.15	21172	21379	21724	26714	27116	27176	33962	33995	34215
		1.20	1.08	1.04	0.99	1.11	0.92	0.82	0.79	0.90
10.0	60.00	22286	22504	22868	28120	28543	28606	35749	35784	36015
		1.32	1.20	1.15	1.09	1.22	1.01	0.90	0.88	0.99
10.5	66.15	23401	23629	24011	29526	29971	30036	37537	37574	37816
		1.45	1.31	1.26	1.19	1.34	1.11	0.99	0.96	1.09
11.0	72.60	24515	24755	25154	30932	31398	31467	39324	39363	39617
		1.58	1.44	1.38	1.30	1.46	1.21	1.08	1.05	1.19
11.5	79.35	25629	25880	26298	32338	32825	32897	41112	41152	41418
		1.72	1.56	1.50	1.42	1.59	1.32	1.18	1.15	1.30
12.0	86.40	26743	27005	27441	33744	34252	34327	42899	42941	43219
		1.87	1.70	1.63	1.54	1.73	1.43	1.28	1.24	1.41
12.5	93.75	27858	28130	28584	35150	35679	35757	44687	44730	45019
		2.02	1.84	1.76	1.67	1.87	1.55	1.39	1.34	1.52
13.0	101.40	28972	29256	29728	26556	37106	37188	46474	46520	46820
		2.18	1.98	1.90	1.80	2.02	1.67	1.49	1.45	1.64
13.5	109.35	30386	30381	30871	37962	38534	38618	48262	28309	48621
		2.35	2.13	2.04	1.93	2.17	1.80	1.61	1.56	1.76
14.0	117.60	31201	31506	32015	39368	39961	40048	50049	50098	50422
		2.52	2.28	2.19	1.07	2.33	1.93	1.72	1.67	1.89
14.5	126.15	32315	32631	33158	40774	41388	41479	51837	51887	52222
		2.69	2.44	2.34	2.22	2.49	2.06	1.85	1.79	2.02
15.0	135.00	33429	33756	34301	42180	42815	42909	53624	53676	54023
		2.87	2.61	2.50	2.37	2.66	2.20	1.97	1.91	2.16
15.5	144.15	34544	34882	35445	43586	44242	44339	55412	55466	55824
		3.06	2.78	2.66	2.52	2.83	2.35	2.10	2.04	2.30
16.0	153.60	35658	36007	36588	44992	45669	45769	57199	57255	57625
		3.25	2.95	2.83	2.68	3.01	2.49	2.23	2.16	2.45

（续）

速度/(m/s)	动压/Pa	风管断面直径/mm						
		1250×1000	1600×800	2000×800	1600×1000	2000×1000	1600×1250	2000×1250
1.0	0.6	4473	4579	5726	5728	7163	7165	8960
		0.01	0.01	0.01	0.01	0.01	0.01	0.01
1.5	1.35	6709	6868	8589	8592	10745	10748	13440
		0.02	0.02	0.02	0.02	0.02	0.02	0.02
2.0	2.4	8945	9157	11452	11456	14327	14330	17921
		0.04	0.04	0.04	0.03	0.03	0.03	0.03
2.5	3.75	11181	11447	14314	14321	17908	17913	22401
		0.06	0.06	0.06	0.05	0.05	0.04	0.04
3.0	5.40	13418	13736	17177	17185	21490	21495	26881
		0.08	0.08	0.08	0.07	0.06	0.06	0.05
3.5	7.35	15654	16025	20040	20049	25072	25078	31361
		0.11	0.11	0.10	0.09	0.09	0.08	0.07
4.0	9.60	17890	18315	22903	22913	28653	28661	35841
		0.14	0.14	0.13	0.12	0.11	0.10	0.09
4.5	12.15	20126	20604	25766	25777	32235	32243	40321
		0.17	0.18	0.16	0.15	0.14	0.13	0.12
5.0	15.00	22363	22893	28629	28641	35817	35826	44801
		0.21	0.22	0.20	0.18	0.17	0.16	0.14
5.5	18.15	24599	25183	31492	31505	39398	39408	49281
		0.25	0.26	0.24	0.22	0.20	0.19	0.17
6.0	21.60	26835	27472	34355	34369	42980	42991	53762
		0.29	0.31	0.28	0.26	0.24	0.22	0.20
6.5	25.35	29071	29761	37218	37233	46562	46574	58242
		0.34	0.36	0.33	0.30	0.27	0.26	0.23
7.0	29.40	31308	32051	40080	40098	50143	50156	62722
		0.39	0.41	0.38	0.35	0.31	0.30	0.27
7.5	33.75	33544	34340	42943	42962	53725	53739	67202
		0.45	0.47	0.43	0.39	0.36	0.34	0.30
8.0	38.40	35780	36629	45806	45826	57307	57321	71682
		0.50	0.53	0.49	0.45	0.41	0.38	0.34
8.5	43.35	38016	38919	48669	48690	60888	60904	76162
		0.57	0.60	0.55	0.50	0.46	0.43	0.38

（续）

速度/（m/s）	动压/Pa	风管断面直径/mm						
		1250×1000	1600×800	2000×800	1600×1000	2000×1000	1600×1250	2000×1250
9.0	48.60	40253	41208	51532	51554	64470	64486	80642
		0.63	0.66	0.61	0.56	0.51	0.48	0.43
9.5	54.15	42489	43497	54395	54418	68052	68069	85122
		0.70	0.74	0.68	0.62	0.56	0.53	0.47
10.0	60.00	44725	45787	57258	57282	71633	71652	89603
		0.77	0.81	0.75	0.68	0.62	0.58	0.52
10.5	66.15	46961	48076	60121	60146	75215	75234	94083
		0.85	0.89	0.82	0.75	0.68	0.64	0.57
11.0	72.60	49198	50365	62983	63010	78797	78817	98563
		0.93	0.97	0.90	0.82	0.75	0.70	0.63
11.5	79.35	51434	52655	65846	65875	82378	82399	103043
		1.01	1.06	0.98	0.89	0.81	0.76	0.68
12.0	86.40	53670	54944	68709	68739	86960	85982	107523
		1.10	1.15	1.06	0.97	0.88	0.83	0.74
12.5	93.75	55906	57233	71572	71603	89542	89564	112003
		1.19	1.25	1.15	1.05	0.95	0.90	0.80
13.0	101.40	58143	59523	74435	74467	93123	93147	116483
		1.28	1.34	1.24	1.13	1.03	0.97	0.87
13.5	109.35	60379	61812	77298	77331	96705	96730	120964
		1.37	1.44	1.33	1.22	1.11	1.04	0.93
14.0	117.60	62615	64101	80161	80195	100287	100312	125444
		1.47	1.55	1.43	1.30	1.19	1.11	1.00
		1250	1000	800	1250	1600	1000	1000
14.5	126.15	64851	66391	83024	83059	103868	103895	129924
		1.58	1.66	1.53	1.40	1.27	1.19	1.07
15.0	135.00	67088	68680	85887	85923	107450	107477	134404
		1.68	1.77	1.63	1.49	1.35	1.27	1.14
15.5	144.15	69324	70969	88749	88787	111031	111060	138884
		1.79	1.89	1.74	1.59	1.44	1.36	1.22
16.0	153.60	71560	73259	91612	91651	114613	114643	143364
		1.91	2.01	1.85	1.69	1.53	1.44	1.29

附录 C　局部阻力系数表（部分）

序号	名称	图形和断面	局部阻力系数 ξ（ξ 值以图内所示的速度 v 计算）											
1	伞形风帽管边尖锐	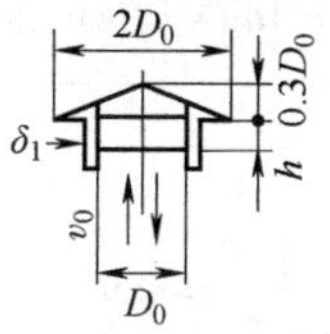		h/D_0										
				0.1	0.2	0.3	0.4	0.5	0.6	0.7	0.8	0.9	1.0	∞
			排风	2.63	1.83	1.53	1.39	1.31	1.19	1.15	1.08	0.07	1.06	1.06
			进风	4.00	2.30	1.60	1.30	1.15	1.10	—	1.00	—	1.00	—
2	带扩散管的伞形风帽	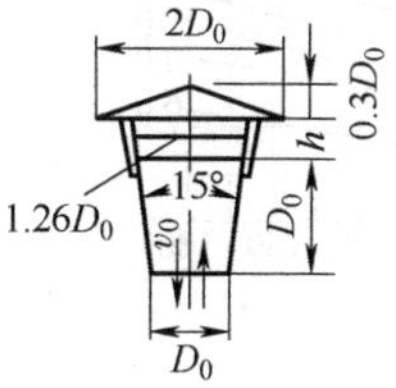	排风	1.32	0.77	0.60	0.48	0.41	0.30	0.29	0.28	0.25	0.25	0.25
			进风	2.60	1.30	0.80	0.70	0.60	0.60	—	0.60	—	0.60	—
3	渐扩管	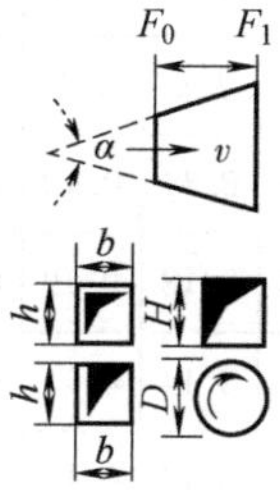	$\frac{F_1}{F_0}$	α/(°)										
				10	15	20	25	30						
			1.25	0.02	0.03	0.05	0.06	0.07						
			1.50	0.03	0.06	0.10	0.12	0.13						
			1.75	0.05	0.09	0.14	0.17	0.19						
			2.00	0.06	0.13	0.20	0.23	0.26						
			2.25	0.08	0.16	0.26	0.38	0.33						
			3.50	0.09	0.19	0.30	0.36	0.39						
4	渐扩管	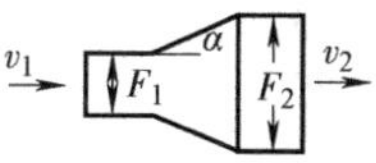	α/(°)	22.5	30	45	90							
			ξ_1	0.6	0.8	0.9	1.0							
5	突扩	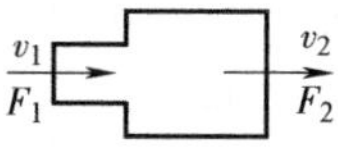	$\frac{F_2}{F_0}$	0	0.1	0.2	0.3	0.4	0.5	0.6	0.7	0.9	1.0	
			ξ_1	1.0	0.81	0.64	0.49	0.36	0.25	0.16	0.09	0.01	0	
6	突缩	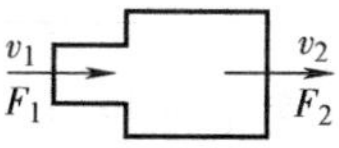	$\frac{F_1}{F_2}$	0	0.1	0.2	0.3	0.4	0.5	0.6	0.7	0.9	1.0	
			ξ_1	0.5	0.47	0.42	0.38	0.34	0.30	0.25	0.20	0.09	0	
7	渐缩管	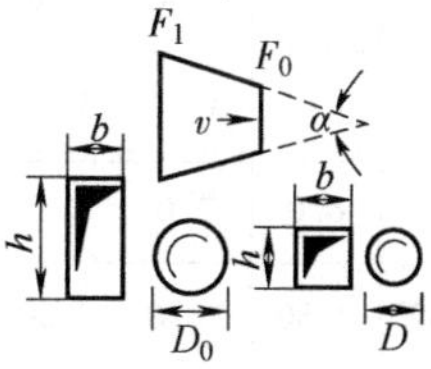	当 $\alpha \leq 45°$ 时 $\xi = 0.10$											

（续）

<table>
<tr><th>序号</th><th>名称</th><th>图形和断面</th><th>局部阻力系数 ξ（ξ 值以图内所示的速度 v 计算）</th></tr>
<tr><td>8</td><td>伞形罩</td><td>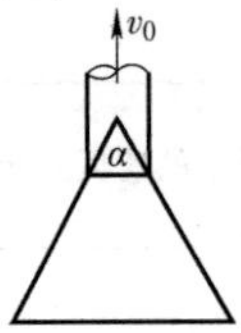
</td><td>
<table>
<tr><td>$\alpha/(°)$</td><td>20</td><td>40</td><td>60</td><td>90</td><td>100</td></tr>
<tr><td>圆形</td><td>0.11</td><td>0.06</td><td>0.09</td><td>0.16</td><td>0.27</td></tr>
<tr><td>矩形</td><td>0.19</td><td>0.13</td><td>0.16</td><td>0.25</td><td>0.33</td></tr>
</table></td></tr>
<tr><td>9</td><td>圆方弯管</td><td>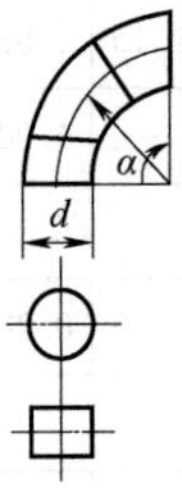
</td><td>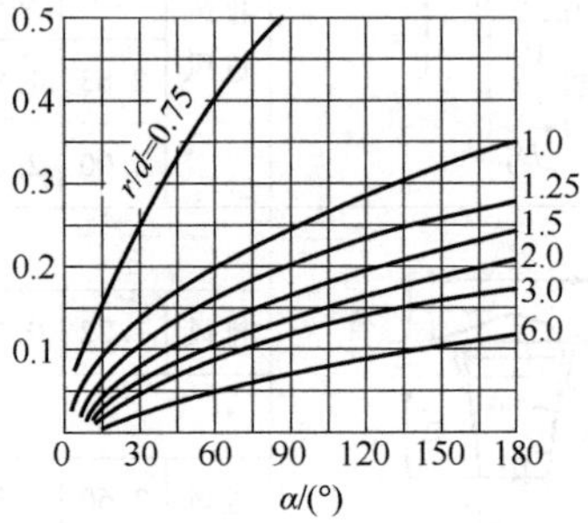
</td></tr>
<tr><td>10</td><td>矩形弯头</td><td>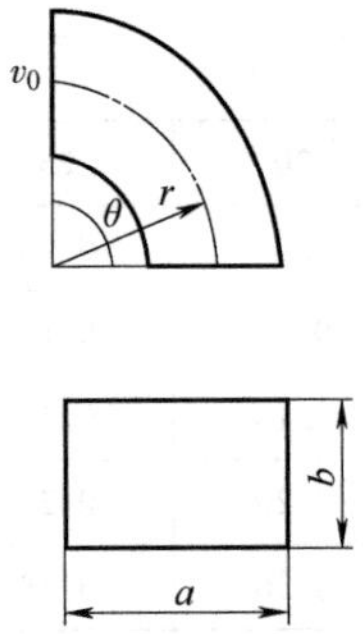
</td><td>
<table>
<tr><td rowspan="2">r/b</td><td colspan="11">a/b</td></tr>
<tr><td>0.25</td><td>0.5</td><td>0.75</td><td>1.0</td><td>1.5</td><td>2.0</td><td>3.0</td><td>4.0</td><td>5.0</td><td>6.0</td><td>8.0</td></tr>
<tr><td>0.5</td><td>1.5</td><td>1.4</td><td>1.3</td><td>1.2</td><td>1.1</td><td>1.0</td><td>1.0</td><td>1.1</td><td>1.1</td><td>1.2</td><td>1.2</td></tr>
<tr><td>0.75</td><td>0.57</td><td>0.52</td><td>0.48</td><td>0.44</td><td>0.40</td><td>0.39</td><td>0.39</td><td>0.40</td><td>0.42</td><td>0.43</td><td>0.44</td></tr>
<tr><td>1.0</td><td>0.27</td><td>0.25</td><td>0.23</td><td>0.21</td><td>0.19</td><td>0.18</td><td>0.18</td><td>0.19</td><td>0.20</td><td>0.27</td><td>0.21</td></tr>
<tr><td>1.5</td><td>0.22</td><td>0.20</td><td>0.19</td><td>0.17</td><td>0.15</td><td>0.14</td><td>0.14</td><td>0.15</td><td>0.16</td><td>0.17</td><td>0.17</td></tr>
<tr><td>2.0</td><td>0.20</td><td>0.18</td><td>0.16</td><td>0.15</td><td>0.14</td><td>0.13</td><td>0.13</td><td>0.14</td><td>0.14</td><td>0.15</td><td>0.15</td></tr>
</table></td></tr>
<tr><td>11</td><td>弯头带导流叶片</td><td></td><td>单叶式 $\xi=0.35$
双叶式 $\xi=0.10$</td></tr>
<tr><td>12</td><td>乙字管</td><td>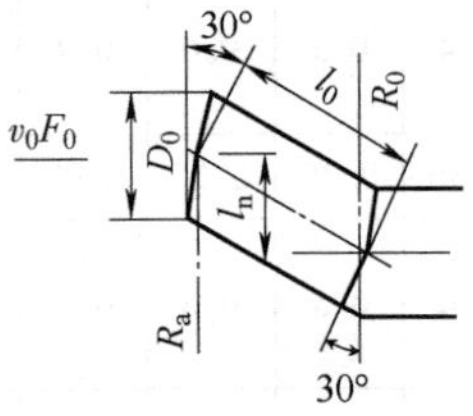
</td><td>
<table>
<tr><td>t_0/D_0</td><td>0</td><td>1.0</td><td>2.0</td><td>3.0</td><td>4.0</td><td>5.0</td><td>6.0</td></tr>
<tr><td>R_0/D_0</td><td>0</td><td>1.9</td><td>3.74</td><td>5.60</td><td>7.46</td><td>9.30</td><td>11.3</td></tr>
<tr><td>ξ</td><td>0</td><td>0.15</td><td>0.15</td><td>0.16</td><td>0.16</td><td>0.16</td><td>0.16</td></tr>
</table></td></tr>
<tr><td>13</td><td>乙形弯</td><td>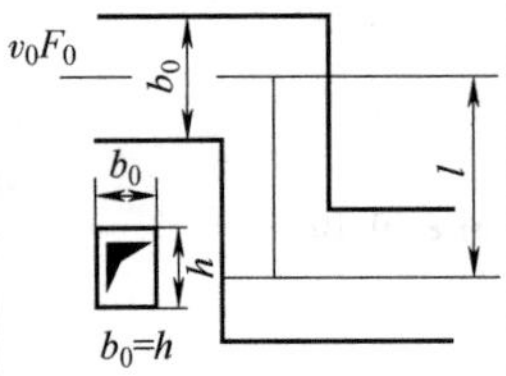
</td><td>
<table>
<tr><td>l/b_0</td><td>0</td><td>0.4</td><td>0.6</td><td>0.8</td><td>1.0</td><td>1.2</td><td>1.4</td><td>1.6</td><td>1.8</td><td>2.0</td></tr>
<tr><td>ξ</td><td>0</td><td>0.62</td><td>0.89</td><td>1.61</td><td>2.63</td><td>3.61</td><td>4.01</td><td>4.18</td><td>4.22</td><td>4.18</td></tr>
<tr><td>l/b_0</td><td>2.4</td><td>2.8</td><td>3.2</td><td>4.0</td><td>5.0</td><td>6.0</td><td>7.0</td><td>9.0</td><td>10.0</td><td>∞</td></tr>
<tr><td>ξ</td><td>3.75</td><td>3.31</td><td>3.20</td><td>3.08</td><td>2.92</td><td>2.80</td><td>2.70</td><td>2.50</td><td>2.41</td><td>2.30</td></tr>
</table></td></tr>
</table>

（续）

序号	名称	图形和断面	局部阻力系数 ξ（ξ 值以图内所示的速度 v 计算）

14 Z形管

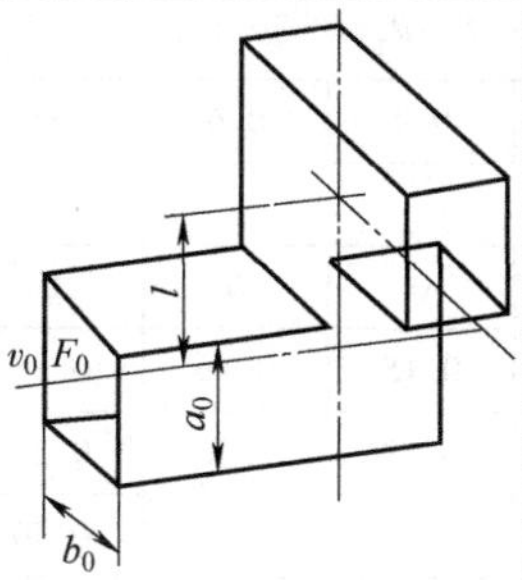

l/b_0	0	0.4	0.6	0.8	1.0	1.2	1.4	1.6	1.8	2.0
ξ	1.15	2.40	2.90	3.31	3.44	3.40	3.36	3.28	3.20	3.11
l/b_0	2.4	2.8	3.2	4.0	5.0	6.0	7.0	9.0	10.0	∞
ξ	3.16	3.18	3.15	3.00	2.89	2.78	2.70	2.50	2.41	2.30

15 合流三通

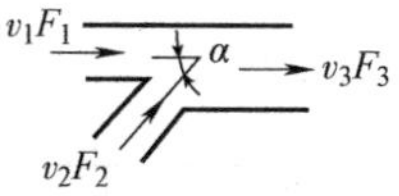

$F_1+F_2=F_3, \alpha=30°$

$\frac{L_2}{L_3}$ \ F_2/F_3	0.00	0.03	0.05	0.1	0.2	0.3	0.4	0.5	0.6	0.7	0.8	1.0
	ξ_2											
0.06	-1.13	-0.07	-0.30	1.82	10.1	23.3	41.5	66.2	—	—	—	—
0.10	-1.22	-1.00	-0.75	0.02	2.88	7.34	13.4	21.1	29.4	—	—	—
0.20	-1.50	-1.35	-1.22	-0.84	-0.05	1.4	2.70	4.46	6.48	8.70	11.4	17.3
0.33	-2.00	-1.80	-1.70	-1.40	-0.72	-0.12	0.52	1.20	1.89	2.56	3.30	4.80
0.50	-3.00	-2.80	-2.60	-2.24	-1.44	-0.90	-0.36	0.14	0.56	0.84	1.18	1.53
	ξ_1											
0.01	0.00	0.06	0.04	-0.10	-0.81	-2.10	-4.07	-6.60	—	—	—	—
0.10	0.01	0.10	0.08	0.04	-0.33	-1.06	-2.14	-3.60	-5.40	—	—	—
0.20	0.06	0.10	0.13	0.16	0.06	-0.24	-0.73	-1.40	-2.30	-3.34	-3.59	-8.64
0.33	0.42	0.45	0.48	0.51	0.52	0.32	0.07	-0.32	-0.83	-1.47	-2.19	-4.00
0.50	1.40	1.40	1.40	1.36	1.26	1.09	0.86	0.53	0.15	-0.52	-0.82	-2.07

16 合流三通（分支管）

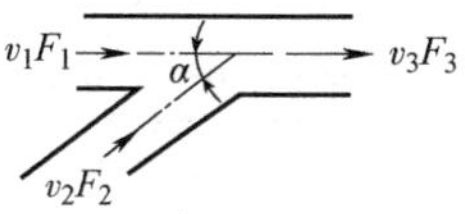

$F_1+F_2>F_3$
$F_1=F_3$
$\alpha=30°$

$\frac{L_2}{L_3}$ \ F_2/F_3	0.1	0.2	0.3	0.4	0.6	0.8	1.0
	ξ_2						
0	-1.00	-1.00	-1.00	-1.00	-1.00	-1.00	-1.00
0.1	0.21	-0.46	-0.57	-0.60	-0.62	-0.63	-0.63
0.2	3.1	0.37	-0.06	-0.20	-0.28	-0.30	-0.35
0.3	7.6	1.5	0.50	0.20	0.05	-0.08	-0.10
0.4	13.50	2.95	1.15	0.59	0.26	0.18	0.16
0.5	21.2	4.58	1.78	0.97	0.44	0.35	0.27
0.6	30.4	6.42	2.60	1.37	0.64	0.46	0.31
0.7	41.3	8.5	3.40	1.77	0.76	0.56	0.40
0.8	53.8	11.5	4.22	2.14	0.85	0.53	0.45
0.9	58.0	14.2	5.30	2.58	0.89	0.52	0.40
1.0	83.7	17.3	6.33	2.92	0.89	0.39	0.27

（续）

序号	名称	图形和断面	局部阻力系数 ξ（ξ 值以图内所示的速度 v 计算）
17	合流三通（直管）	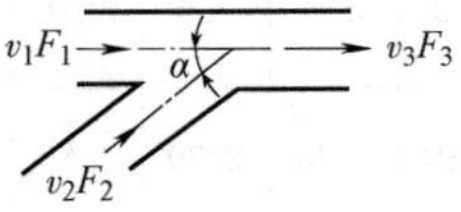 $F_1+F_2>F_3$ $F_1=F_3$ $\alpha=30°$	见下表
18	90°圆形弯头及非90°弯头	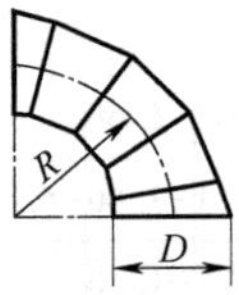	见下表
19	圆形弯头	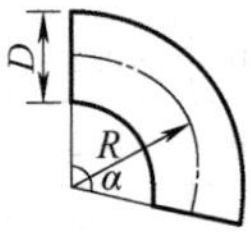	见下表
20	风管入口装设孔板	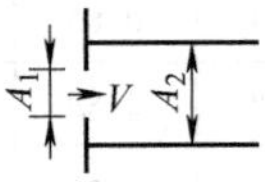	见下表

17 合流三通（直管）：

$\frac{L_2}{L_3}$	F_2/F_3						
	0.1	0.2	0.3	0.4	0.6	0.8	1.0
	ζ_1						
0	0	0	0	0	0	0	0
0.1	0.02	0.11	0.13	0.15	0.16	0.17	0.17
0.2	−0.33	0.01	0.13	0.18	0.20	0.24	0.29
0.3	−1.10	−0.25	−0.01	0.10	0.22	0.30	0.35
0.4	−2.14	−0.75	−0.30	−0.05	0.17	0.26	0.36
0.5	−3.60	−1.43	−0.70	−0.35	0	0.21	0.32
0.6	−5.40	−2.35	−1.25	−0.70	−0.20	0.06	0.25
0.7	−7.60	−3.40	−1.95	−1.2	−0.50	−0.15	1.10
0.8	−10.1	−4.61	−2.74	−1.82	−0.90	−0.43	−0.15
0.9	−13.0	−6.02	−3.70	−2.55	−1.40	−0.80	−0.45
1.0	−16.3	−7.30	−4.75	−3.35	−1.90	−1.17	−0.75

18 90°圆形弯头及非90°弯头：

$\alpha=90°$				
R/D	二中节二端节	三中节二端节	五中节二端节	八中节二端节
1.0	0.29	0.28	0.24	0.24
1.5	0.25	0.23	0.21	0.21

非90°弯头的阻力系数修正值

$\zeta\alpha=C\alpha\zeta 90°$	α	60°	45°	30°
	Cα	0.8	0.6	0.4

19 圆形弯头：

α	R							
	D	1.5D	2D	2.5D	3D	6D	10D	
7.5	0.028	0.021	0.018	0.016	0.014	0.01	0.008	
15	0.058	0.044	0.037	0.033	0.029	0.021	0.016	$\zeta=0.008\frac{\alpha^{0.75}}{n^{0.6}}$
30	0.11	0.081	0.069	0.061	0.054	0.038	0.030	
60	0.18	0.41	0.12	0.10	0.091	0.064	0.051	式中 $n=\frac{R}{D}$
90	0.23	0.18	0.15	0.13	0.12	0.083	0.066	
120	0.27	0.20	0.17	0.15	0.13	0.10	0.076	
150	0.30	0.22	0.19	0.17	0.15	0.11	0.084	
180	0.33	0.25	0.21	0.18	0.16	0.12	0.092	

20 风管入口装设孔板：

A_1/A_2	
0.4	9.61
0.6	3.08
0.8	1.17
1.0	0.48

（续）

序号	名称	图形和断面	局部阻力系数 ξ（ξ 值以图内所示的速度 v 计算）		
21	风管入口装设圆形排风罩	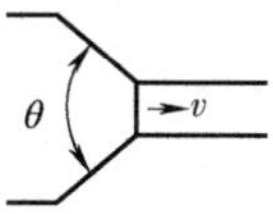	θ	20.0	0.02
				40.0	0.03
				60.0	0.05
				90.0	0.11
				120.0	0.20
22	风管入口装设矩形排风罩	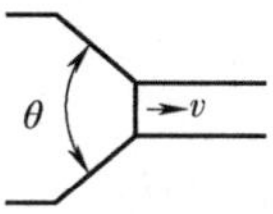	θ	20.0	0.13
				40.0	0.08
				60.0	0.12
				90.0	0.19
				120.0	0.27
23	矩形断面直角弯头小型叶片	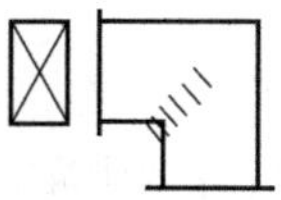	0.35		
24	矩形断面直角弯头小型机翼叶片	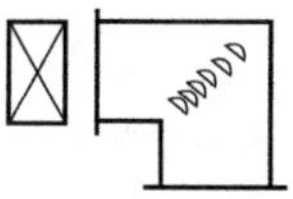	0.10		
25	矩形断面直角弯头一片大型叶片	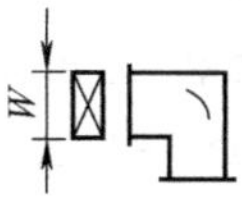	0.56		

参考文献

[1] 季经纬. 建筑防排烟工程 [M]. 徐州：中国矿业大学出版社，2020.

[2] 徐志胜，姜学鹏. 防排烟工程 [M]. 北京：机械工业出版社，2011.

[3] 张卢妍. 建筑防烟排烟技术与应用 [M]. 北京：中国人民公安大学出版社，2020.

[4] 李思成. 火场排烟技术 [M]. 北京：中国人民公安大学出版社，2019.

[5] 李念慈，张明灿，万月明. 建筑消防工程技术 [M]. 北京：中国建材工业出版社，2006.

[6] 杜红. 防排烟技术 [M]. 北京：中国人民公安大学出版社，2014.

[7] 吕建，赖艳萍，梁茵. 建筑防排烟工程 [M]. 天津：天津大学出版社，2012.

[8] 张吉光，史自强，崔红社. 高层建筑和地下建筑通风与防排烟 [M]. 北京：中国建筑工业出版社，2005.

[9] 李引擎. 建筑防火性能化设计 [M]. 北京：化学工业出版社，2005.

[10] 赵国凌. 防排烟工程 [M]. 天津：天津科技翻译出版公司，1991.

[11] 吕春华. 建筑消防设施设计图说 [M]. 济南：山东科学技术出版社，2005.

[12] 赵爱平. 空气调节工程 [M]. 北京：科学出版社，2008.

[13] 霍然，胡源，李元洲，等. 建筑火灾安全工程导论 [M]. 2 版. 合肥：中国科学技术大学出版社，2009.

[14] 全国勘察设计注册工程师公用设备专业管理委员会秘书处. 全国勘察设计注册公用设备工程师暖通空调专业考试复习教材 [M]. 3 版. 北京：中国建筑工业出版社，2018.

[15] 中国建筑标准设计研究院.《建筑防烟排烟系统技术标准》图示 [M]. 北京：中国计划出版社，2018.

[16] 范维澄，王清安，姜冯辉，等. 火灾简明学教程 [M]. 合肥：中国科学技术大学出版社，1995.

[17] 中华人民共和国住房和城乡建设部. 建筑防火通用规范：GB 55037—2022 [S]. 北京：中国计划出版社，2023.

[18] 中华人民共和国住房和城乡建设部. 消防设施通用规范：GB 55036—2022 [S]. 北京：中国计划出版社，2023.

[19] 中华人民共和国公安部. 建筑防烟排烟系统技术标准：GB 51251—2017 [S]. 北京：中国计划出版社，2018.

[20] 中华人民共和国公安部. 建筑设计防火规范：GB 50016—2014 [S]. 北京：中国计划出版社，2018.

[21] 刘宏慢. 机械防烟加压送风量计算方法适用探讨 [J]. 消防科学与技术，2019，38 (12)：1707-1710.

[22] 石明杨，孙立，何龙. 对负担多个防烟分区的排烟系统设计分析 [J]. 消防科学与技术，2022，41 (8)：1051-1055.

[23] 张一天，王梓蘅，李思成. 室外风和机械排烟对机械排烟效果的影响 [J]. 消防科学与技术，2019，38 (3)：326-331.

[24] 杨志增，靳红雨. 合用前室机械防烟系统的防烟效果研究 [J]. 消防科学与技术，2015，34（3）：322-324.

[25] 李玉峰，张宏，霍岩，等. 电梯上行对加压前室的防烟效果影响 [J]. 火灾科学，2018，27（4）：236-240.

[26] 孙于萍，宋国盛，胡文杰，等. 基于风机效能的防烟系统泄压阀式压力控制方法及试验研究 [J]. 建筑科学，2019，35（10）：130-135.

[27] 刘博，王春雨，耿伟超，等. 大空间设置上、下悬窗自然排烟效果对比研究 [J]. 中国安全生产科学技术，2022，18（1）：87-94.

[28] 张彤彤，曹笛. 火灾环境下超高层建筑标准层人员疏散模拟与空间优化策略 [J]. 建筑学报，2022，639（2）：16-21.

[29] 王文锋，付海明，姚胜旺，等. 防排烟系统对拱形地铁站厅烟气蔓延的影响 [J]. 地下空间与工程学报，2022，18（4）：1383-1391；1400.

[30] 李镇裕，梁栋，褚燕燕. 高层建筑电梯井内增压效应及防排烟措施 [J]. 科技通报，2016，32（6）：219-223.

[31] 中华人民共和国公安部. 汽车库、修车库、停车场设计防火规范：GB 50067—2014 [S]. 中国计划出版社，2015.

[32] 中华人民共和国公安部. 火灾自动报警系统设计规范：GB 50116—2013 [S]. 北京：中国计划出版社，2014.

[33] 中华人民共和国公安部. 建筑通风和排烟系统用防火阀门：GB 15930—2007 [S]. 北京：中国计划出版社，2007.

[34] 中华人民共和国公安部. 建筑消防设施的维护管理：GB 25201—2010 [S]. 北京：中国标准出版社，2011.

[35] 中华人民共和国住房和城乡建设部. 消防设施通用规范：GB 55036—2022. 北京：中国计划出版社，2022.

[36] 中华人民共和国住房和城乡建设部. 通风管道技术规程：JGJ/T 141—2017 [S]. 北京：中国建筑工业出版社，2017.

[37] 悉地（北京）国际建筑设计顾问有限公司. 电动汽车充换电设施系统设计标准：T/ASC 17—2021 [S]. 北京：中国建筑工业出版社，2021.

[38] 中华人民共和国公安部. 建筑消防设施检测技术规程：XF 503—2004 [S]. 北京：中国标准出版社，2004.

[39] 中华人民共和国公安部. 挡烟垂壁：XF 533—2012 [S]. 北京：中国计划出版社，2013.

[40] 曹强. 深井式立体车库机械系统的设计改进与方案评价 [D]. 衡阳：南华大学，2015.

[41] 程强. 立体智能车库同步升降装置结构设计与有限元分析 [D]. 衡阳：南华大学，2014.

[42] 操宏庆. 深井式地下立体智能停车库消防设计 [J]. 中国市政工程，2021，214（1）：56-58.